注册消防工程师资格考试辅导用书

U0814484

2018年版

消防安全技术实务考前冲刺

主　　编　刘双跃

副 主 编　韩中华

参编人员　（按姓氏笔画排序）

田晴晴　史　昕　刘小芬　刘天琪

刘俊林　张　杰　胡　欢　赵国程

中国劳动社会保障出版社

图书在版编目（CIP）数据

消防安全技术实务考前冲刺：2018 年版 / 刘双跃主编．-- 北京：中国劳动社会保障出版社，2018

注册消防工程师资格考试辅导用书

ISBN 978-7-5167-3664-7

Ⅰ．①消…　Ⅱ．①刘…　Ⅲ．①消防—安全技术—资格考试—自学参考资料　Ⅳ．①TU998.1

中国版本图书馆 CIP 数据核字（2018）第 171801 号

中国劳动社会保障出版社出版发行

（北京市惠新东街 1 号　邮政编码：100029）

*

保定市中画美凯印刷有限公司印刷装订　　新华书店经销

787 毫米 ×1092 毫米　16 开本　20 印张　510 千字

2018 年 7 月第 1 版　　2018 年 9 月第 3 次印刷

定价：60.00 元

营销中心电话：（010）64962347

中国人事考试图书网网址：http：//rsks.class.com.cn

前言

为满足应试人员全方位备考需求，准确理解注册消防工程师资格考试大纲和2018年版教材，更好地开展复习备考，我们特邀长期从事实践工作和教学研究的专家，对考试大纲和2018年版教材进行深入分析，对历年考试情况进行了系统梳理，结合知识点重要程度，组织编写了“注册消防工程师资格考试辅导用书”，包括模拟测试和考前冲刺两个系列。

模拟测试系列丛书，由贴近考试要求、考试题型和考试难度的模拟测试题组成，力求全面、真实地体现考试重点和考试难点，帮助应试人员进行考前测试，检验学习效果。书中还提供了模拟测试题参考答案及解析。

考前冲刺系列丛书，结合2018年版教材和标准规范内容，总结考试规律，对考点进行了全面梳理，以各章主要考点形式呈现，以便应试人员有的放矢，在有限时间内有效提高备考能力。为便于自我测评，图书最后附有一套模拟测试题，帮助应试人员进行考前冲刺。

需要特别说明的是，本套辅导用书的内容如有与现行国家消防技术标准规范不一致之处，应以国家的消防技术标准规范为准。

由于编者水平所限，加之时间仓促，书中难免存在不足，希望读者批评指正。有关意见建议，请发至邮箱 xfszgks@126.com。

目　录

第一部分　备考攻略

第二部分　考点汇集

第三部分　模考实战

第一部分　备考攻略

一、复习方法

结合注册消防工程师资格考试的特点，在吸收各种学习方法理论基本观点的基础之上，特向应试人员推荐以下三种学习方法。

（一）正向学习

正向学习是指从阅读教材开始，经过梳理和记忆知识点，再练习习题，最后参加考试的学习过程。这样的学习过程，适合于时间较充裕，且能自由支配复习时间的应试人员，同时也要求应试人员具备良好的自控力和自学能力。正向学习的优点是学习基础扎实、记忆深刻，通常能取得较好的考试成绩。

采取正向学习要注意以下几点。

1. 学习目标层次化

在具备充足备考时间的情况下，既要确定学习目标，又要将学习目标划分为不同的层次。正向学习首先要明确学习目标，了解某个知识点在知识结构（网）中的位置，在复习时着重从宏观中把握微观，注重知识点的联系。更重要的是要明确知识点的难易程度和应该掌握的层次要求，即认知、理解、应用、分析、综合、评价等不同层次，从中找到或明确学习的重要目标，即知识重点。

明确学习目标并分好层次是正向学习的先决条件。其核心问题是必须形成自我测验、自我矫正、自我补救的自我约束习惯。通常来讲，每学习完一章后，就要对应着学习目标寻找一些检测性习题，对自己进行测验，并及时地反馈评价，以利于矫正和补救。

2. 归纳思维记忆化

在正向学习中的另一个关键问题就是知识点的梳理，在学习教材的同时，通过运用归纳思维，寻找到相关的知识点，形成对知识的特点、核心、性质的认知、理解与运用。在学习教材的基础上进行认真深入的思考，把学习与思考结合起来。归纳学习要善于归纳事物的特点、性质，甚至对消防技术标准规范中的语句、段落、前提条件、应用场景等都要精准把握，同时，以归纳为基础，搜索相同、相近、相反的知识点，把它们放在一起进行识记与理解，以达到更快地理解、掌握、记忆的效果。

（二）反向学习

反向学习是指从做题开始，在做题过程中梳理和记忆知识点，再查阅教材和消防技术标准等，最后参加考试的过程。这样的学习方式，适合于可自由支配复习时间较少的应试人员，充分实现碎片化学习。

选择反向学习要注意以下几点。

1. 问题学习主动性

带着问题去看书，有利于集中注意力，使目的更明确。反向学习要求一边做题，一边梳理知识点和问题，对于不好理解的知识点和问题，还要去教材或标准规范中寻找答案，思考问题和集中注意力去解决问题是反向学习的核心和关键。应试人员在复习备考时解决问题的过程就是应试人员进步、获取知识的过程。

2. 矛盾学习对比性

矛盾的观点是采用对比学习的哲学依据，要对比不同知识点是否具有相同、相近或相反的属性。在消防专业知识中，存在着许多可对比的内容，例如，建筑分类、危险性分类、消防设施等。对比学习的最大优点在于：①对比记忆可以减轻考生的记忆负担，相同的时间内可识记更多的内容。②对比学习有利于区别易混淆的概念、原理，加深对知识的理解。③对比学习要求应试人员把知识按不同的特点进行归类，形成容易检索的程序知识，有利于知识的再现与提取，也有利于知识的灵活运用。

（三）模块学习

所谓的模块学习，就是跨教材的学习。注册消防工程师资格考试中的建筑防火和消防设施两大方面更适合于模块学习。即将《消防安全技术实务（2018年版）》第二篇建筑防火，第四篇其他建筑、场所防火，《消防安全技术综合能力（2018年版）》第二篇建筑防火检查，与《消防安全案例分析（2018年版）》第一篇建筑防火案例分析组合在一起构成“建筑防火模块”；将《消防安全技术实务（2018年版）》第三篇建筑消防设施，《消防安全技术综合能力（2018年版）》第三篇消防设施安装、检测与维护管理，与《消防安全案例分析（2018年版）》第二篇消防设施应用案例分析组合在一起构成“消防设施模块”。对于上述两个模块，鉴于它们之间存在着相同的知识基础和知识点，因此，可以进行跨教材学习。在模块学习过程中，要注意以下几个方面。

1. 具体学习关联性

消防安全技术实务、消防安全技术综合能力和消防安全案例分析的知识点之间存在一定的联系，应试人员把联系的观点运用到学习当中，有助于对消防专业知识的理解，会起到事半功倍的效果。联系学习要求发挥主观能动性，有目的地去探索和寻找模块内部之间共同的知识点及内在联系。

对消防知识掌握的广度与深度直接影响到建立知识点间联系的数量多少，应试人员可以运用辩证思维，通过阅读教材、查阅法规、做题训练，构建新知识点的联系，使之储存在应试人员的大脑之中，使应试人员的知识结构（网）日益扩大、知识点日益增多，把抽象的知识具体化，克服定势思维，同时形成联想记忆。

2. 循序渐进持续性

应试人员在备考学习中第一个误区就是一心求快，不考虑自己的实际水平，拿到书就看，记忆那些既不理解又不懂的防火间距、耐火等级，以及疏散人数等枯燥数据；拿到练习题就做，不求甚解地大量“刷题”。应试人员在备考学习中第二个误区，认为只要肯花时间，多看书、多做练习，考试成绩必然提高。其实不尽然。虽然量变的必然结果是质变，但并不能说任何量变都会引起质变。在现实生活中，有的应试人员时间花得不多、做题量不大为何能明显地提高得分率呢？这就是一个效率问题，不能盲目地投入精力，需要做到循序渐进。最好的方法是采取多遍循环深入的方式来学习，即“先结构，后体系，再到内容细节”。

注册消防工程师资格考试的学习也是一个“先懂，后记，再应用”的过程，如果只是大量地死记教材或规范中枯燥数据及公式，离开了应用场景是无法完成消防工程的计算题目的。应试人员要针对自己的实际情况，采取正确的学习方法，按照循序渐进的方式来备考。

上述三种备考学习方式，也可以在不同的学习阶段混合应用，应根据应试人员自己的实际情况正确选择。随着计算机网络和社交媒体的应用，各种“合作学习群”也是值得提倡的。合作学习有五个不可缺少的要素：①积极互赖，指的是应试人员知道他们不仅要为自己的学习负责，而且要为其所在小组的其他同学的学习负责。②面对面的促进性相互作用。③个人责任，指的是每个应试人员都必须承担一定的学习任务。④社交与表达技能。⑤学习小组自加工，小组必须定期地评价共同活动的情况，保持小组活动的有效性，持续改进提高。

同水平差不多的人一起学习，就有了一个学习伙伴，更何况每位应试人员都有自己的长处；同水平高于你的人一起学习，他就是你的老师，你自然可以学到许多东西；同水平低于你的人一起学习，你是他的老师，也就是“教学相长”，同样可以学到许多东西。合作学习有利于增进备考的技能、技巧与策略，学会有效地表达所学的知识。

二、重点内容

（一）考试大纲

《注册消防工程师资格考试大纲》（以下简称《大纲》）是注册消防工程师资格考试的国家标准，是考试命题的依据，是应试人员的备考指南，其内容和范围体现了注册消防工程师运用所学消防专业知识和技术，完成消防专业技术工作的基本能力。作为参加注册消防工程师考试的学员有必要对《大纲》中的考试目的、考试内容及要求和考试样题进行深入了解，以此做好考前的准备工作。

《消防安全技术实务》科目的考试目的是考查消防专业技术人员在消防安全技术工作中，依据现行消防法律法规及相关规定，熟练运用相关消防专业技术和标准规范，独立辨识、分析、判断和解决消防实际问题的能力。

《消防安全技术实务》科目的考试内容及要求共分为五部分：①燃烧与火灾。②通用建筑防火。③建筑消防设施。④特殊建筑、场所防火。⑤消防安全评估。具体内容及要求如下。

1. 燃烧与火灾

（1）燃烧。运用燃烧机理，分析燃烧的必要条件和充分条件，辨识不同的燃烧类型及其燃烧特点，判断典型物质的燃烧产物和有毒有害性。

（2）火灾。运用火灾科学原理，辨识不同的火灾类别，分析火灾发生的常见原因，认真研究预防和扑救火灾的基本原理，组织制定预防和扑救火灾的技术方法。

（3）爆炸。运用相关爆炸机理，辨识不同形式的爆炸及其特点，分析引起爆炸的主要原因，判断物质的火灾爆炸危险性，组织制定有爆炸危险场所建筑物的防爆措施与方法。

（4）易燃易爆危险品。运用燃烧和爆炸机理，辨识易燃易爆危险品的类别和特性，分析其火灾和爆炸的危险性，判断其防火防爆要求与灭火方法的正确性，组织策划易燃易爆危险品安全管理的方法与措施。

2. 通用建筑防火

（1）生产和储存物品的火灾危险性。根据消防技术标准规范，运用相关消防技术，辨识各类生产和储存物品的火灾危险性，分析、判断生产和储存物品火灾危险性分类的正确性，组织研究、制定控制或降低生产和储存物品火灾风险的方法与措施。

（2）建筑分类与耐火等级。根据消防技术标准规范，运用相关消防技术，辨识、判断不同建筑材料和建筑物构件的燃烧性能、建筑物构件的耐火极限以及不同建筑物的耐火等级，组织研究和制定建筑结构防火的措施。

（3）总平面布局和平面布置。根据消防技术标准规范，运用相关消防技术，辨识建筑物的使用性质和耐火等级，分析、判断建筑规划选址、总体布局以及建筑平面布置的合理性和正确性，组织研究和制定相应的防火技术措施。

（4）防火防烟分区与分隔。根据消防技术标准规范，运用相关消防技术，辨识常用防火防烟分区分隔构件，分析、判断防火墙、防火卷帘、防火门、防火阀、挡烟垂壁等防火防烟分隔设置的正确性，针对不同建筑物和场所，组织研究、确认防火分区划分和防火分隔设施选用的技术要求。

（5）安全疏散。根据消防技术标准规范，运用相关消防技术，针对不同的工业与民用建筑，组织研究、确认建筑疏散设施的设置方法和技术要求，辨识在疏散楼梯形式、安全疏散距离、安全出口宽度等方面存在的隐患，分析、判断建筑安全出口、疏散走道、避难走道、避难层等设置的合理性。

（6）建筑电气防火。根据消防技术标准规范，运用相关消防技术，辨识电气火灾危险性，分析电气火灾发生的常见原因，组织研究、制定电气防火技术措施、方法与要求。

（7）建筑防爆。根据消防技术标准规范，运用相关消防技术，辨识建筑防爆安全隐患，分析、判断爆炸危险环境电气防爆措施的正确性，组织研究、制定爆炸危险性厂房、库房防爆技术措施、方法与要求。

（8）建筑设备防火防爆。根据消防技术标准规范，运用相关消防技术和防爆技术，辨识燃油、燃气锅炉和电力变压器等设施以及采暖、通风与空调系统的火灾爆炸危险性，分析、判断锅炉房、变压器室以及采暖、通风与空调系统防火防爆措施应用的正确性，组织研究、制定建筑设备防火防爆技术措施、方法与要求。

（9）建筑装修、外墙保温材料防火。根据消防技术标准规范，运用相关消防技术，辨识各类装修材料和外墙保温材料的燃烧性能，分析、判断建筑装修和外墙保温材料应用方面存在的火灾隐患，组织研究和解决不同建筑物和场所内部装修与外墙保温系统的消防安全技术问题。

（10）灭火救援设施。根据消防技术标准规范，运用相关消防技术，组织研究、制定消防车道、消防扑救面、消防车作业场地、消防救援窗及屋顶直升机停机坪、消防电梯等消防救援设施的设置技术要求，解决相关技术问题。

3. 建筑消防设施

（1）室内外消防给水系统。根据消防技术标准规范，运用相关消防技术，辨识消防给水系统的类型和特点，分析、判断建筑物室内外消防给水方式的合理性，正确计算消防用水量，解决消防给水系统相关技术问题。

（2）自动水灭火系统。根据消防技术标准规范，运用相关消防技术，辨识自动喷水灭火系统、水喷雾灭火系统、细水雾灭火系统的灭火机理和系统特点，针对不同的保护对象，分析、判断建设工程中自动喷水灭火系统、水喷雾灭火系统、细水雾灭火系统选择和设置的适用性与合理性，解决相关技术问题。

（3）气体灭火系统。根据消防技术标准规范，运用相关消防技术，辨识各类气体灭火系统的灭火机理和系统特点，针对不同的保护对象，分析、判断建设工程中气体灭火系统选择和设置的适用性与合理性，解决相关技术问题。

（4）泡沫灭火系统。根据消防技术标准规范，运用相关消防技术，辨识低倍数、中倍数、高倍数泡沫灭火系统的灭火方式和系统特点，针对不同的保护对象，分析、判断泡沫灭火系统的选择和设置的适用性与合理性，解决相关技术问题。

（5）干粉灭火系统。根据消防技术标准规范，运用相关消防技术，辨识干粉灭火系统的灭火方式和系统特点，针对不同保护对象，分析、判断干粉灭火系统的选择和设置的适用性与合理性，解决相关技术问题。

（6）火灾自动报警系统。根据消防技术标准规范，运用相关消防技术，辨识火灾自动报警系统的报警方式和系统特点，针对不同的建筑和场所，分析和判断系统选择和设置的适用性与合理性，解决相关技术问题。

（7）防烟排烟系统。根据消防技术标准规范，运用相关消防技术，辨识建筑防烟排烟系统的方式和特点，分析、判断系统选择和设置的适用性与合理性，解决相关技术问题。

（8）消防应急照明和疏散指示标志。根据消防技术标准规范，运用相关消防技术，辨识建筑消防应急照明和疏散指示标志设置的方式和特点，针对不同的建筑和场所，分析、判断消防应急照明和疏散指示标志选择和设置的适用性与合理性，解决相关技术问题。

（9）城市消防安全远程监控系统。根据消防技术标准规范，运用相关消防技术，辨识城市消防安全远程监控系统的方式和特点，分析、判断系统选择和设置的适用性与合理性，组织研究、制定系统设置的技术要求和运行使用要求。

（10）建筑灭火器配置。根据消防技术标准规范，运用相关消防技术，辨识不同灭火器的种类与特点，针对不同的建筑和场所，分析、判断灭火器的选择和配置的适用性与合理性，正确计算和配置建筑灭火器。

（11）消防供配电。根据消防技术标准规范，运用相关消防技术，辨识建筑消防用电负荷等级和消防电源的供电负荷等级，针对不同的建筑和场所，分析、判断消防供电方式和消防用电负荷等级，组织研究和解决建筑消防供配电技术问题。

4. 特殊建筑、场所防火

（1）石油化工防火。根据消防技术标准规范，运用相关消防技术，辨识石油化工火灾特点，分析、判断石油化工生产、运输和储存过程中的火灾爆炸危险性，组织研究和制定相应的火灾防控措施，解决相关的消防安全技术问题。

（2）地铁防火。根据消防技术标准规范，运用相关消防技术，辨识地铁建筑火灾特点，分析、判断地铁火灾危险性，组织研究和制定相应的火灾防控措施，解决相关的消防安全技术问题。

（3）城市交通隧道防火。根据消防技术标准规范，运用相关消防技术，辨识隧道建筑火灾特点，分析、判断城市交通隧道的火灾危险性，组织研究和制定相应的火灾防控措施，解决相关的消防安全技术问题。

（4）加油加气站防火。根据消防技术标准规范，运用相关消防技术，辨识加油加气站的火灾特点，分析、判断加油加气站的火灾危险性，组织研究和制定相应的火灾防控措施，解决相关的消防安全技术问题。

（5）发电厂和变电站防火。根据消防技术标准规范，运用相关消防技术，辨识火力发电厂和变电站的火灾特点，分析、判断火力发电厂和变电站的火灾危险性，组织研究和制定相应的火灾防控措施，解决相关的消防安全技术问题。

（6）飞机库防火。根据消防技术标准规范，运用相关消防技术，辨识飞机库建筑的火灾特点，分析、判断飞机库的火灾危险性，组织研究和制定相应的火灾防控措施，解决相关的消防安全技术问题。

（7）汽车库、修车库防火。根据消防技术标准规范，运用相关消防技术，辨识汽车库、修车库的火灾特点，分析、判断汽车库、修车库的火灾危险性，组织研究和制定相应的火灾防控措施，解决相关的消防安全技术问题。

（8）洁净厂房防火。根据消防技术标准规范，运用相关消防技术，辨识洁净厂房的火灾特点，分析、判断洁净厂房的火灾危险性，组织研究和制定相应的火灾防控措施，解决相关的消防安全技术问题。

（9）信息机房防火。根据消防技术标准规范，运用相关消防技术，辨识信息机房的火灾危险性和火灾特点，分析、判断信息机房的火灾危险性，组织研究和制定相应的火灾防控措施，解决相关的消防安全技术问题。

（10）古建筑防火。根据消防技术标准规范和相关管理规定，运用相关消防技术，辨识古建筑的火灾特点，分析、判断古建筑的火灾危险性，组织研究和制定相应的火灾防控措施，解决相关的消防安全技术问题。

（11）人民防空工程防火。根据消防技术标准规范，运用相关消防技术，辨识人民防空工程的火灾特点，分析、判断人民防空工程的火灾危险性，组织研究和制定相应的火灾防控措施，解决相关的消防安全技术问题。

（12）其他建筑、场所防火。根据消防技术标准规范，运用相关消防技术，辨识其他建筑、场所的火灾特点，分析、判断其他建筑、场所的火灾危险性，组织研究和制定相应的火灾防控措施，解决相关的消防安全技术问题。

5. 消防安全评估

（1）火灾风险识别。根据消防技术标准规范，运用相关消防技术，辨识火灾危险源，分析火灾风险，判断火灾预防措施的合理性和有效性，组织制定火灾危险源的管控措施。

（2）火灾风险评估方法。根据消防技术标准规范，运用相关消防技术，辨识、分析区域和建筑的火灾风险，判断火灾风险评估基本流程、评估方法以及基本手段的合理性；运用事件树分析等方法进行火灾风险分析，组织研究、策划、制定对区域和建筑进行风险评估的技术方案。

（3）建筑性能化防火设计评估。运用相关消防技术，辨识和分析建筑火灾危险性，确定建筑消防安全目标，设定火灾场景，分析火灾烟气流动和人员疏散特性以及建筑结构耐火性能，判断火灾烟气及人员疏散模拟计算和建筑耐火性能分析计算手段的合理性，组织研究和确定建筑性能化防火设计的安全性。

（二）考点分布

通过对近三年的考试试题进行分析，《消防安全技术实务》科目的考试题目按篇的分布情况见表1—1。

表1—1　《消防安全技术实务》试题按篇分布统计

考试年份	2015年		2016年		2017年	
统计项目	题量	分值	题量	分值	题量	分值
第一篇　消防基础知识	2	3	3	4	6	7
第二篇　建筑防火	31	38	29	36	28	34
第三篇　建筑消防设施	49	56	46	52	44	52
第四篇　其他建筑、场所防火	14	19	15	20	13	16
第五篇　消防安全评估	4	7	5	6	7	9
其他			2	2	2	2
合计	100	120	100	120	100	120

1. 消防基础知识

第一篇消防基础知识各年分值所占比值：2015年为2.5%、2016年为3.4%、2017年为5.9%。试题按章的分布情况见表1—2。

表1—2 第一篇消防基础知识按章分布统计

考试年份	2015年		2016年		2017年	
统计项目	题量	分值	题量	分值	题量	分值
第一篇 消防基础知识	2	3	3	4	6	7
第一章 燃烧	1	1	2	2	1	2
第二章 火灾	1	2	1	2	3	3
第三章 爆炸	0	0	0	0	1	1
第四章 易燃易爆危险品	0	0	0	0	1	1

2. 建筑防火

第二篇建筑防火各年分值所占比值：2015年为31.7%、2016年为30.5%、2017年为28.8%。试题按章的分布情况见表1—3。

表1—3 第二篇建筑防火按章分布统计

考试年份	2015年		2016年		2017年	
统计项目	题量	分值	题量	分值	题量	分值
第二篇 建筑防火	31	38	29	36	28	34
第一章 概述	0	0	0	0	0	0
第二章 生产和储存物品的火灾危险性分类	2	2	1	2	1	2
第三章 建筑分类与耐火等级	3	3	3	3	1	1
第四章 总平面布局和平面布置	3	3	5	6	5	6
第五章 防火防烟分区与分隔	5	7	4	5	4	5
第六章 安全疏散	7	9	5	6	6	6
第七章 建筑电气防火	1	1	1	1	1	2
第八章 建筑防爆	4	5	2	2	2	2
第九章 建筑设备防火防爆	1	1	2	3	2	3
第十章 建筑装修、保温材料防火	3	4	3	4	3	4
第十一章 灭火救援设施	2	3	3	4	3	3

3. 建筑消防设施

第三篇建筑消防设施各年分值所占比值：2015年为46.7%、2016年为44.1%、2017年为44.1%。试题按章的分布情况见表1—4。

表 1—4 第三篇建筑消防设施按章分布统计

考试年份	2015 年		2016 年		2017 年	
统计项目	题量	分值	题量	分值	题量	分值
第三篇 建筑消防设施	49	56	46	52	44	52
第一章 概述	0	0	0	0	0	0
第二章 消防给水及消火栓系统	6	7	6	7	6	7
第三章 自动喷水灭火系统	8	10	6	8	3	4
第四章 水喷雾灭火系统	4	4	4	4	1	1
第五章 细水雾灭火系统	1	1	0	0	1	1
第六章 气体灭火系统	5	5	5	6	4	6
第七章 泡沫灭火系统	4	4	3	3	4	5
第八章 干粉灭火系统	2	2	1	1	0	0
第九章 火灾自动报警系统	11	14	9	11	13	15
第十章 防烟排烟系统	3	4	4	4	3	3
第十一章 消防应急照明和疏散指示系统	0	0	1	1	0	0
第十二章 城市消防远程监控系统	0	0	1	1	1	1
第十三章 建筑灭火器配置	3	3	4	4	6	7
第十四章 消防供配电	2	2	2	2	2	2

4. 其他建筑、场所防火

第四篇其他建筑、场所防火各年分值所占比值：2015 年为 15.8%、2016 年为 16.9%、2017 年为 13.6%。试题按章的分布情况见表 1—5。

表 1—5 第四篇其他建筑、场所防火按章分布统计

考试年份	2015 年		2016 年		2017 年	
统计项目	题量	分值	题量	分值	题量	分值
第四篇 其他建筑、场所防火	14	19	15	20	13	16
第一章 概述	0	0	0	0	0	0
第二章 石油化工防火	2	3	2	3	2	3
第三章 地铁防火	1	1	1	1	2	2
第四章 城市交通隧道防火	1	1	1	1	1	1
第五章 加油加气站防火	3	4	3	4	1	1
第六章 发电厂与变电站防火	0	0	1	1	2	3
第七章 飞机库防火	0	0	0	0	0	0
第八章 汽车库、修车库防火	3	4	3	4	2	2
第九章 洁净厂房防火	0	0	1	1	0	0
第十章 信息机房防火	0	0	1	2	0	0
第十一章 古建筑防火	1	2	0	0	0	0
第十二章 人民防空工程防火	3	4	2	3	3	4

5. 消防安全评估

第五篇消防安全评估各年分值所占比值：2015 年为 5.8%、2016 年为 5.1%、2017 年为 7.6%。试题按章的分布情况见表 1—6。

表 1—6　　第五篇消防安全评估按章分布统计

考试年份	2015 年		2016 年		2017 年	
统计项目	题量	分值	题量	分值	题量	分值
第五篇　消防安全评估	4	7	5	6	7	9
第一章　概述	0	0	0	0	0	0
第二章　火灾风险识别	1	2	2	2	1	2
第三章　火灾风险评估方法概述	1	2	1	2	0	0
第四章　建筑性能化防火设计评估	2	3	2	2	6	7

（三）重点概述

《消防安全技术实务（2018 年版）》辅导教材的内容分为：第一篇消防基础知识，第二篇建筑防火，第三篇建筑消防设施，第四篇其他建筑、场所防火，第五篇消防安全评估。各篇重点复习内容以及本书汇集的考点如图 1—1 至图 1—9 所示。

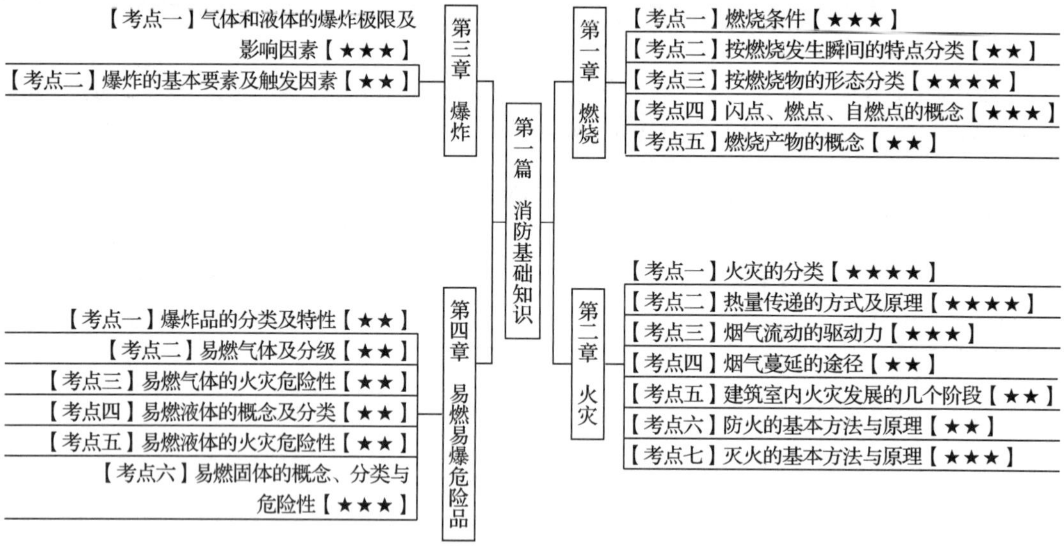

图 1—1　第一篇消防基础知识考点分布

- 第二篇　建筑防火
  - 第一章　概述
    - 无重要考点
  - 第二章　生产和储存物品的火灾危险性分类
    - 【考点一】评定物质火灾危险性的主要指标【★★★】
    - 【考点二】生产火灾危险性分类方法【★★★★★】
    - 【考点三】危险物质的量对火灾危险性类别的影响【★★】
    - 【考点四】储存物品的火灾危险性分类方法及火灾危险性特征【★★★★】
  - 第三章　建筑分类与耐火等级
    - 【考点一】建筑分类【★★★】
    - 【考点二】建筑材料燃烧性能分级【★★】
    - 【考点三】建筑材料及制品燃烧性能等级的附加信息和标识【★★★】
    - 【考点四】建筑构件的耐火性能【★★】
    - 【考点五】建筑构件的燃烧性能【★★】
    - 【考点六】建筑构件的耐火极限的概念及影响要素【★★★★】
    - 【考点七】建筑耐火等级的确定【★★★】
    - 【考点八】厂房和仓库的耐火等级【★★★★】
  - 第四章　总平面布局和平面布置
    - 【考点一】建筑选址及总平面布局【★★★★★】
    - 【考点二】建筑防火间距的确定原则【★★★】
    - 【考点三】厂房的防火间距【★★★★★】
    - 【考点四】仓库的防火间距【★★★】
    - 【考点五】民用建筑的防火间距【★★★】
    - 【考点六】防火间距不足时的消防技术措施【★★】
    - 【考点七】建筑平面布置原则【★★】
    - 【考点八】设备用房布置【★★★★★】
    - 【考点九】人员密集场所布置【★★★】
    - 【考点十】特殊场所布置【★★★】
    - 【考点十一】住宅建筑及设置商业服务网点住宅建筑【★★】
    - 【考点十二】工业建筑附属用房布置【★★】
  - 第五章　防火防烟分区与分隔
    - 【考点一】防火分区的定义【★★】
    - 【考点二】厂房的防火分区【★★★★】
    - 【考点三】仓库的防火分区【★★★】
    - 【考点四】民用建筑的防火分区【★★★★】
    - 【考点五】木结构建筑的防火分区【★★】
    - 【考点六】城市交通隧道的防火分区【★★】
    - 【考点七】防火分区分隔【★★】
    - 【考点八】功能区域分隔【6★】
    - 【考点九】设备用房防火分隔【★★★】
    - 【考点十】中庭火灾危险性及防火设计要求【★★★】
    - 【考点十一】玻璃幕墙防火分隔【★★】
    - 【考点十二】防火墙的设置条件【★★★★】
    - 【考点十三】防火卷帘的设置要求和设置部位【★★★】
    - 【考点十四】防火门窗的分类及要求【★★】
    - 【考点十五】防火水幕、防火阀和排烟防火阀概念【★★★】
    - 【考点十六】防烟分区定义与划分目的【★★】
    - 【考点十七】防烟分区面积划分的要求【★★★】
    - 【考点十八】防烟分区分隔的主要构件【★★★★★】
  - 第六章　安全疏散
    - 【考点一】人员密度计算【★★★】
    - 【考点二】疏散宽度指标【★★★★】
    - 【考点三】疏散距离指标【★★★★】
    - 【考点四】疏散楼梯的布置要求【★★】
    - 【考点五】疏散门的布置要求【★★★★】
    - 【考点六】安全出口设置的基本要求【★★★】
    - 【考点七】公共建筑安全出口的设置要求【★★★】
    - 【考点八】住宅建筑安全出口的设置要求【★★】
    - 【考点九】厂房、仓库安全出口设置要求【★★★】
    - 【考点十】疏散出口的概念及设置要求【★★★】
    - 【考点十一】疏散走道及其设置要求【★★】
    - 【考点十二】避难走道设置要求【★★★】
    - 【考点十三】疏散楼梯间一般要求【★★★】
    - 【考点十四】封闭楼梯间设置要求【6★】
    - 【考点十五】防烟楼梯间概念及分类【★★】
    - 【考点十六】防烟楼梯间的适用范围及设置要求【★★★★】
    - 【考点十七】室外疏散楼梯适用范围及使用规定【★★】
    - 【考点十八】剪刀楼梯概念、特点及防火措施【★★】
    - 【考点十九】避难层的概念及相关要求【★★★★】
    - 【考点二十】避难间的设置要求【★★】
    - 【考点二十一】疏散指示标志设置场所与要求【★★★★】

图 1—2　第二篇建筑防火（第一～六章）考点分布

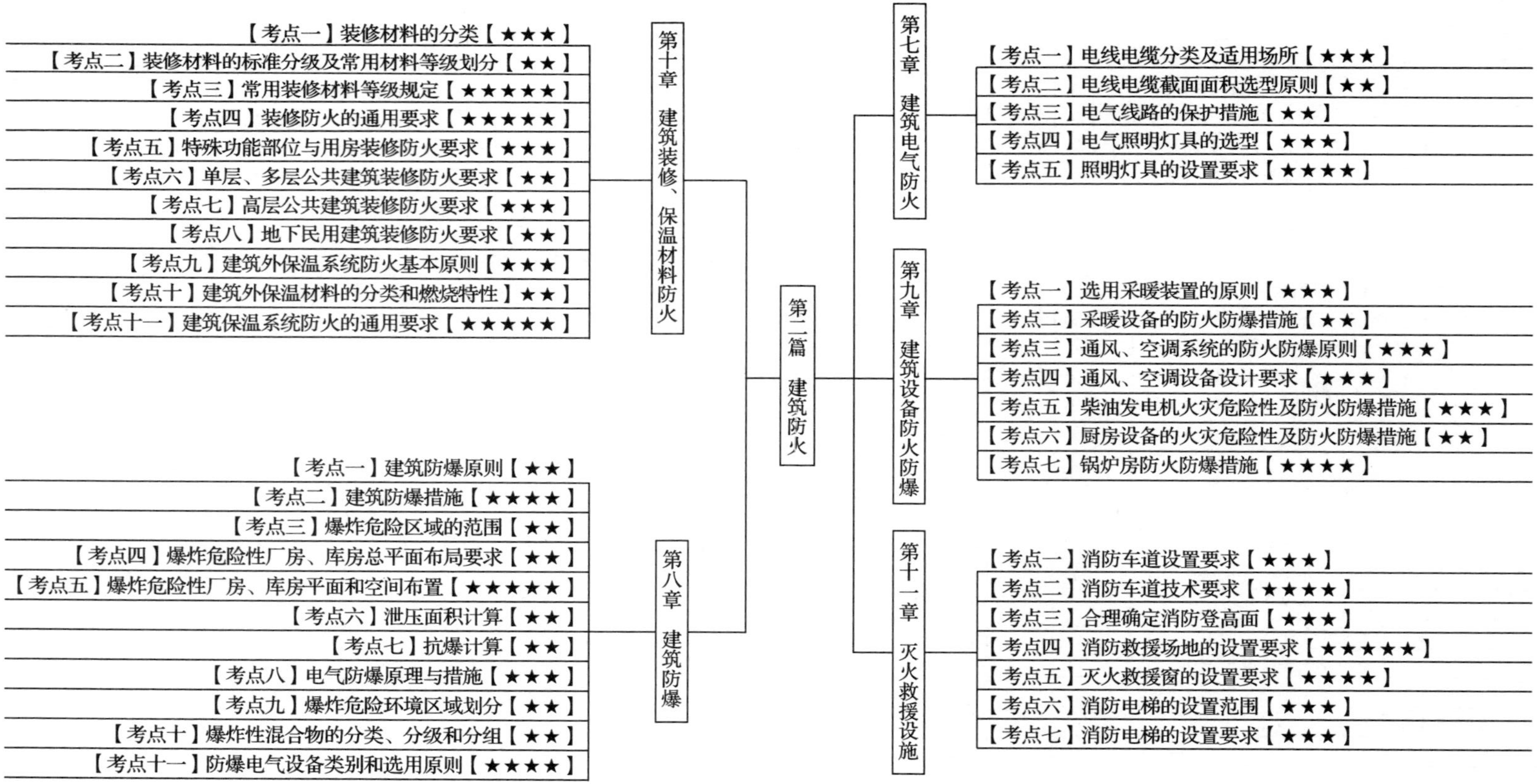

图 1—3 第二篇建筑防火（第七～十一章）考点分布

- 第三篇　建筑消防设施
  - 第一章　概述
    - 无重要考点
  - 第二章　消防给水及消火栓系统
    - 【考点一】消防给水设施【★★】
    - 【考点二】消防水泵设置要求【★★】
    - 【考点三】消防泵的选用要求及规定【★★★★】
    - 【考点四】消防泵的串联和并联【★★★】
    - 【考点五】消防水泵的吸水【★★】
    - 【考点六】消防水泵吸水管、出水管的布置要求【★★】
    - 【考点七】吸水管和出水管上压力表的设置要求【★★】
    - 【考点八】流量和压力测试装置要求【★★】
    - 【考点八】流量和压力测试装置要求【★★】
    - 【考点九】消防水泵的启动装置规定【★★★】
    - 【考点十】消防水泵控制柜的设置要求【★★★★】
    - 【考点十一】消防水泵的动力装置要求【★★】
    - 【考点十二】室外消防给水管道的布置要求【★★★】
    - 【考点十三】室外消防给水管道的管材、阀门和敷设要求【★★】
    - 【考点十四】室内消防给水管道设置要求【★★★】
    - 【考点十五】消防水池的设置要求【★★】
    - 【考点十六】消防水池、高位消防水池的容积【★★】
    - 【考点十七】消防水箱的设置要求【★★★】
    - 【考点十八】室外消火栓的设置范围【★★】
    - 【考点十九】市政消火栓的设置要求【★★★★】
    - 【考点二十】室外消火栓的设置要求【7★】
    - 【考点二十一】室内消火栓系统设置场所【★★★】
    - 【考点二十二】室内消火栓系统类型及其给水方式【★★】
    - 【考点二十三】室内消火栓系统设置要求【7★】
    - 【考点二十四】一般规定【★★】
    - 【考点二十五】消防用水量【★★★】
  - 第三章　自动喷水灭火系统
    - 【考点一】自动喷水灭火系统的分类【★★】
    - 【考点二】湿式系统的工作原理及适用范围【6★】
    - 【考点三】干式系统的工作原理及适用范围【★★★★★】
    - 【考点四】预作用系统的工作原理及适用范围【★★★★】
    - 【考点五】雨淋系统的工作原理及适用范围【★★★★★】
    - 【考点六】水幕系统的工作原理及适用范围【★★】
    - 【考点七】火灾危险等级【★★★★】
    - 【考点八】自动喷水系统设计基本参数【★★★】
    - 【考点九】洒水喷头分类及设置要求【6★】
    - 【考点十】湿式报警阀组组成及工作原理【★★】
    - 【考点十一】干式报警阀组组成及工作原理【★★】
    - 【考点十二】雨淋报警阀组组成及工作原理【★★】
    - 【考点十三】预作用报警装置组成及工作原理【★★★★】
    - 【考点十四】报警阀组设置要求【★★★】
    - 【考点十五】水流指示器组成及设置要求【★★★】
  - 第四章　水喷雾灭火系统
    - 【考点一】水喷雾系统灭火机理【★★★★】
    - 【考点二】水喷雾系统分类【★★★★】
    - 【考点三】水喷雾系统工作原理【★★】
    - 【考点四】水喷雾系统适用范围【★★★】
    - 【考点五】水喷雾系统设置场所【★★】
    - 【考点六】水喷雾灭火系统设计参数【★★★★★】
    - 【考点七】水雾喷头的分类及主要性能参数【★★】
    - 【考点八】水雾喷头布置要求【★★★】
  - 第五章　细水雾灭火系统
    - 【考点一】细水雾的灭火机理【★★】
    - 【考点二】细水雾系统分类【★★★】
    - 【考点三】开式细水雾灭火系统组成及工作原理【★★】
    - 【考点四】闭式细水雾灭火系统工作原理【★★】
    - 【考点五】细水雾灭火系统适用范围【★★★】
    - 【考点六】细水雾系统选型【★★】
    - 【考点七】细水雾系统设计参数【★★】
    - 【考点八】供水装置分类及组成【★★】
    - 【考点九】细水雾喷头分类及设置要求【★★】
  - 第六章　气体灭火系统
    - 【考点一】气体系统灭火机理【★★★★】
    - 【考点二】气体灭火系统分类【★★★】
    - 【考点三】气体灭火系统工作原理【★★★】
    - 【考点四】气体灭火系统控制方式【★★】
    - 【考点五】气体灭火系统适用范围【★★★★】
    - 【考点六】防护区的设置要求【★★★★】
    - 【考点七】设置气体灭火系统的安全要求【★★】
    - 【考点八】二氧化碳灭火系统的设计【★★】
    - 【考点九】其他气体灭火系统的设计【★★★】
    - 【考点十】二氧化碳灭火系统组件及设置要求【★★】
    - 【考点十一】其他气体灭火系统组件及设置要求【7★】

图 1—4　第三篇建筑消防设施（第一～六章）考点分布

- 第三篇 建筑消防设施
  - 第七章 泡沫灭火系统
    - 【考点一】泡沫系统的灭火机理【★★★】
    - 【考点二】泡沫系统的分类【★★★★】
    - 【考点三】泡沫系统选择基本要求【6★】
    - 【考点四】泡沫系统适用场所【★★】
    - 【考点五】低倍数泡沫灭火系统设计要求【★★★★】
    - 【考点六】泡沫—水喷淋系统与泡沫喷雾系统设置要求【★★★★】
  - 第八章 干粉灭火系统
    - 【考点一】干粉灭火剂的类型【★★★】
    - 【考点二】干粉灭火剂注意事项【★★】
    - 【考点三】干粉的灭火机理【★★】
    - 【考点四】干粉灭火系统适用范围【★★】
    - 【考点五】干粉灭火系统设计参数的一般规定【★★】
    - 【考点六】全淹没灭火系统设计参数【★★】
    - 【考点七】局部应用灭火系统设计【★★】
    - 【考点八】预制灭火装置设计要求【★★★】
    - 【考点九】干粉系统组件【★★★】
  - 第九章 火灾自动报警系统
    - 【考点一】火灾探测器分类【★★★★】
    - 【考点二】火灾自动报警系统分类【★★★★】
    - 【考点三】火灾自动报警系统的组成【★★★】
    - 【考点四】火灾自动报警系统工作原理【★★】
    - 【考点五】火灾自动报警系统适用范围【★★】
    - 【考点六】火灾自动报警系统形式选择与设计要求【★★★★】
    - 【考点七】火灾探测器选择的一般规定【★★】
    - 【考点八】点型火灾探测器的选择【★★★★★】
    - 【考点九】线型火灾探测器的选择【★★】
    - 【考点十】吸气式感烟火灾探测器的选择【★★】
    - 【考点十一】火灾自动报警系统设备的设计及设置【8★】
    - 【考点十二】火灾自动报警布线设计要求【★★】
    - 【考点十三】消防联动控制设计的一般规定【★★】
    - 【考点十四】自动喷水灭火系统的联动控制设计要求【★★★★】
    - 【考点十五】消火栓系统的联动与手动控制设计要求【★★】
    - 【考点十六】气体(泡沫)灭火系统的联动控制设计要求【★★★】
    - 【考点十七】防烟排烟系统的联动控制设计要求【★★★★】
    - 【考点十八】防火门及防火卷帘系统的联动控制设计要求【★★★】
    - 【考点十九】火灾警报和消防应急广播系统的联动控制设计要求【★★★★】
    - 【考点二十】消防应急照明和疏散指示系统联动控制设计要求【★★★】
    - 【考点二十一】可燃气体探测报警系统设计要求【★★★★★】
    - 【考点二十二】电气火灾监控系统设计要求【7★】
    - 【考点二十三】消防控制室的建筑防火设计要求【★★★】
    - 【考点二十四】消防控制室的功能要求【★★★★】

图 1—5 第三篇建筑消防设施（第七～九章）考点分布

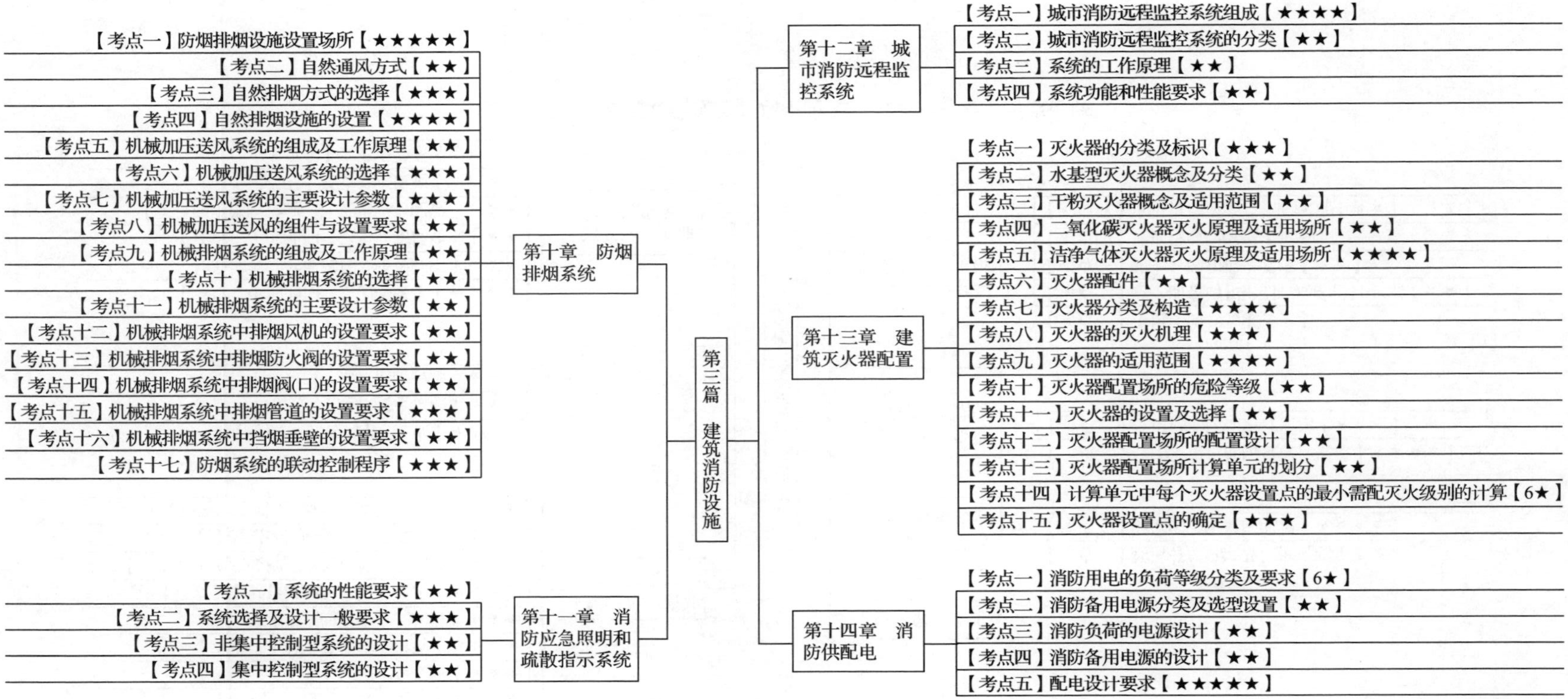

图 1—6 第三篇建筑消防设施（第十～十四章）考点分布

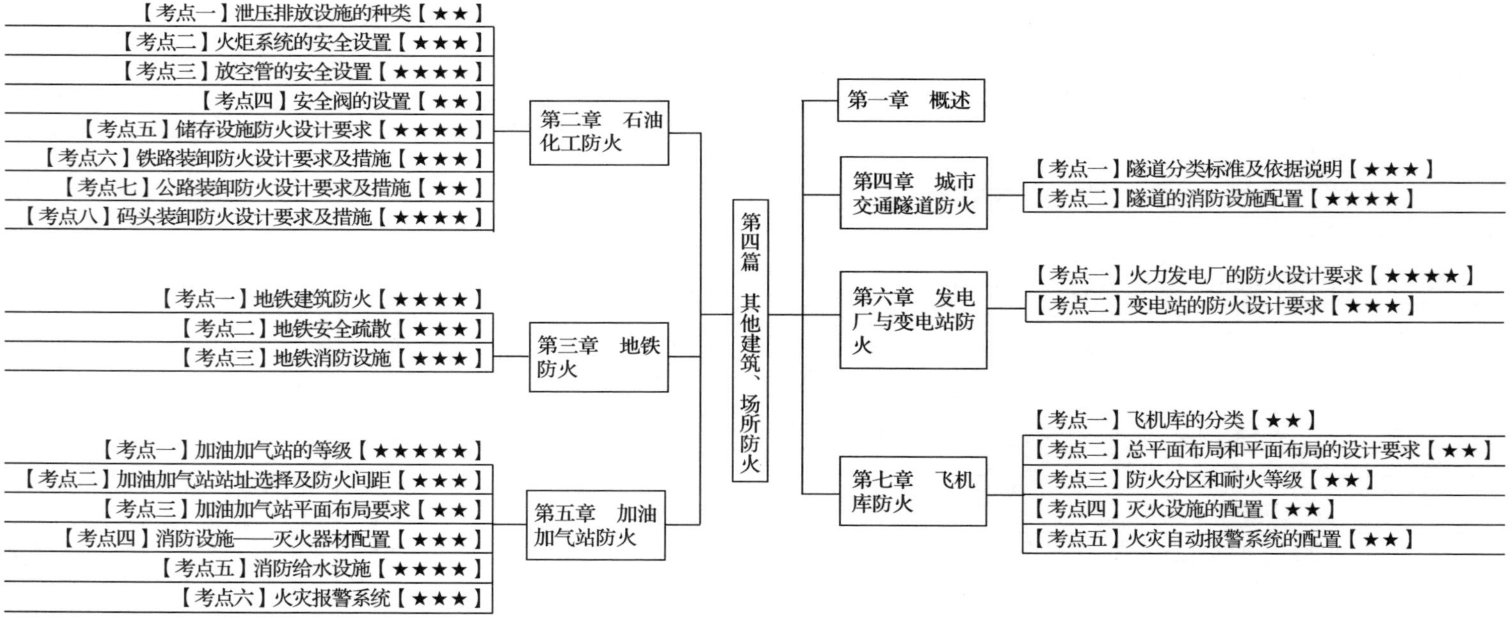

图1—7 第四篇其他建筑、场所防火（第一～七章）考点分布

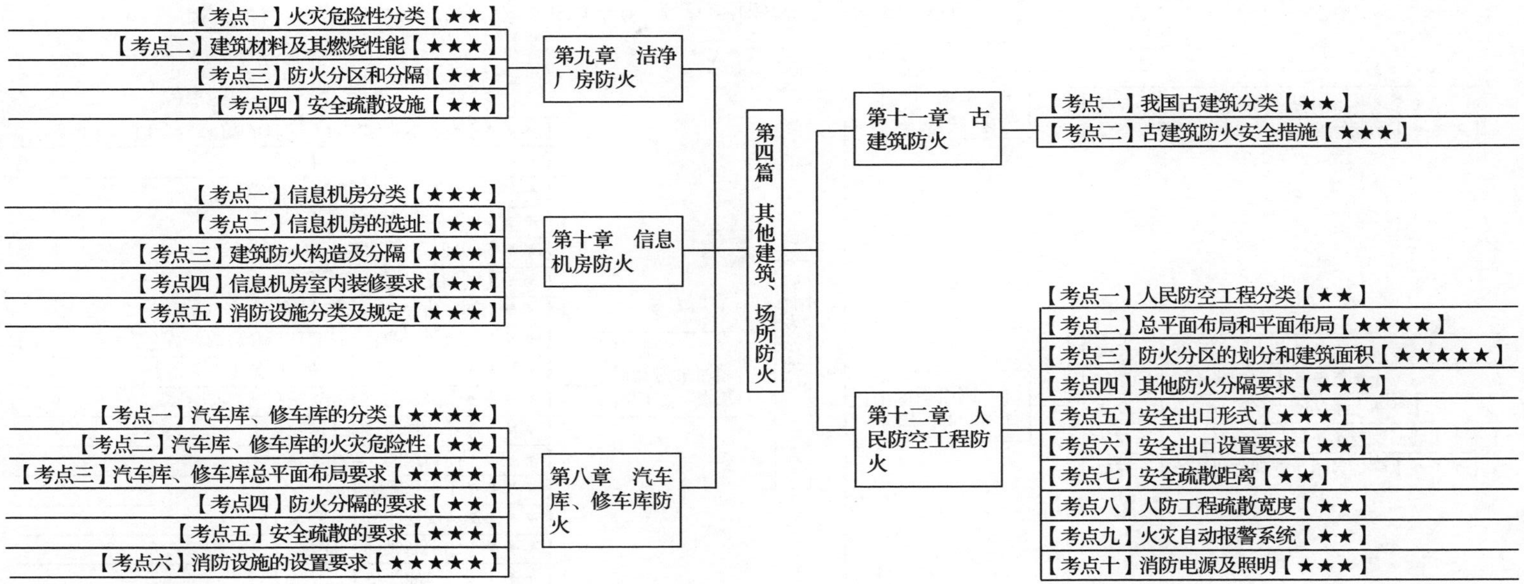

图 1—8　第四篇其他建筑、场所防火（第八～十二章）考点分布

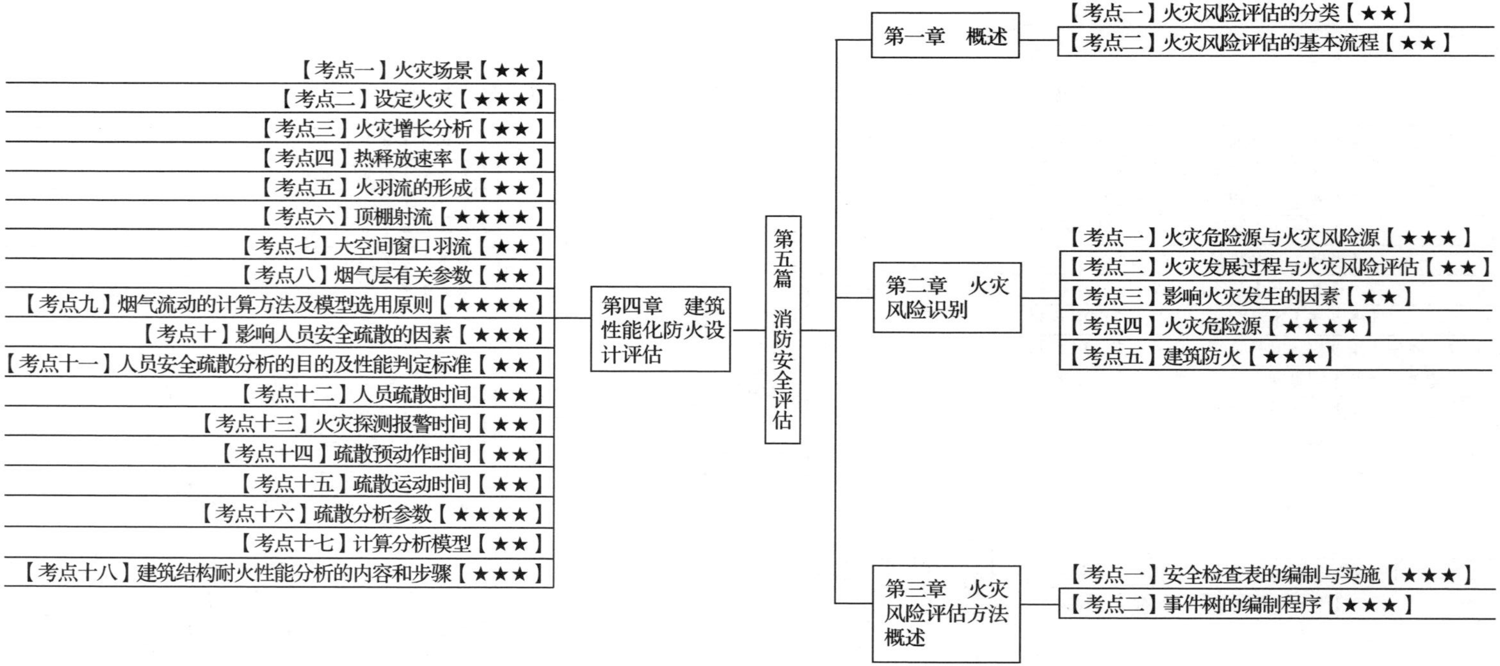

图1—9 第五篇消防安全评估考点分布

三、答题技巧

（一）应试答题通则

了解和掌握常见的答题技巧及注意事项，并将其转化成自己的技能，有利于考试的通过，为此，请关注下列问题和注意事项。

1. 明确答卷要求

在考场上，监考人员会讲一些要求，例如怎样填写姓名、准考证号，怎样填写答案，有时监考人员还会对试卷作一些说明或要求，应试人员要听准，若有不明之处，应立即问清。千万不要拿到试卷就急于埋头做答，造成没按格式要求而错填、漏填或没按要求做题等严重后果。

2. 通览试卷，考虑答题计划

接到试卷首先要看清楚试卷前面的说明和要求，随后冷静、迅速地认真通览一遍试卷。这样做的好处是：①接触每一道题，初步掌握题意，为正式审题解答打下基础。②能够了解整体分量、难易试题的比例和分布，做到心中有数。有些应试人员认为通览试卷浪费时间，其实恰恰相反，这样才能预防错漏，少走弯路，合理利用时间，提高答卷效率。安排答题计划应考虑两个主要准则：一是自己对考试内容的熟知程度，二是不同考题分值的分布。安排好了准备用于每道题的时间后，就要按计划去做。

3. 审清题意，明确考点

审清题意就是要细心读题，推敲题意，掌握已知条件，看准未知条件；判断该题是属于哪部分知识范围，明确解答该题需要哪些基础知识和技能技巧，联想与过去做过的习题有什么异同。认定了知识范围，就确定了它的性质；明确了所需要用的基础知识，就找到了解答的工具；区别了异同，就抓住了特点。

4. 依据题量和能力，科学安排时间

科学使用时间是临场发挥的一项重要策略。科学安排时间的原则是，保证在能得分的地方决不丢分，不易得分的地方力争得分。应试人员心中时刻要意识到，正确把握每一道题要花费的时间，如《消防安全技术实务》科目的单选题共 80 题，每题 1 分，一般来讲，每道题的答题时间就 1 min 左右，当答题超过 1 min 后，就按照最大可能性选择一个答案，做好标记（留给最后，有时间再来思考吧）。千万不要前松后紧，到最后答不完试卷。

5. 留够时间，细心检查订正

考场上常见到以下这种情况：仓促解答，忽视复查审阅，做完就匆匆交卷。考试时间非常宝贵，每分每秒都要加倍珍惜。一般可将考试时间大体分为三段：第一段用三五分钟填写相关项目，通览试卷；第二段做题；第三段检查。

考试时间紧迫，答案往往有错漏，必须最后加以查缺补漏，订正差错。检查答卷，一要检查题目是否有遗漏，二要检查答案是否正确。要对照原题，看是否弄错了题意，是否抄错了字母、符号等。三是留出 2 ~ 5 min 的时间检查机读答题卡。每次考试中，都会有应试人员因答题卡填涂失误而丢分。考试最后几分钟，大家不要忘记检查答题卡上的类型、科目、考号填涂是否正确；仔细核对答题卡所涂答案和题号与试卷上的是否一一相符。检查是一场考试的最后时刻，容易精神紧张，特别需要沉着镇静、认真仔细。

（二）单选题答题技巧

《消防安全技术实务》科目的考试共为 100 题，其中有 80 道为单项选择题，每题 1 分。单项选择题是应试人员提高得分率的关键，一定要在单项选择题上下功夫。从概率的角度讲，确实有25%可能性可以猜对。如果学会或利用一些技巧，排除一些选项，就会大大提高答对的可能性（参考本书第三部分模考实战的参考答案与解析，将更有收获）。

1. 排除法

如果正确答案不能一眼看出，应首先排除明显不正确的选项。尽可能排除一些错误项，可以提高选对答案而得分的概率。

2. 猜测法

如果你不知道确切的答案，也一定不要放弃，要充分利用所学知识去推测。一般来说，排除的选项越多，推测出正确答案的可能性就越大。

3. 比较法

运用比较法，直接把各选项加以比较，并分析它们之间的不同点，集中考虑正确选项和错误选项的关键所在。

（三）多选题答题技巧

《消防安全技术实务》科目的考试试题共为100题，其中有20道为多项选择题，每题2分。多项选择题是比较难得分的，也很难得满分。所以应该以不丢分为原则，就是千万不能选错（参考本书第三部分模考实战的参考答案与解析，将更有收获）。

1. 先找错

根据题意“错选，本题不得分”，所以，集中精力首先在5个选项中选出错误可能性最大的选项。

2. 别少选

根据题意“有2个或2个以上符合题意”，所以，最少选择2个选项。

3. 别多选

根据题意“漏选，所选的每个选项得0.5分”，所以，在至少选择2个选项以后，按照把握性的大小开始选择，最多只能选择4个选项。

第二部分　考点汇集

第一篇
消防基础知识

第一章　燃　　烧

【考点一】燃烧条件【★★★】

燃烧可分为有焰燃烧和无焰燃烧。通常看到的明火都是有焰燃烧；有些固体发生表面燃烧时，有发光发热的现象，但是没有产生火焰，这种燃烧方式则是无焰燃烧。燃烧的发生和发展，必须同时具备三个必要条件，即可燃物、助燃物和引火源（见表2—1—1—1）。当三者相互作用时，燃烧就会发生；否则，燃烧就不会发生。研究表明，大部分燃烧的发生和发展除了具备上述三个必要条件以外，其燃烧过程中还存在未受抑制的自由基作中间体。

表2—1—1—1　燃烧条件

可燃物	能与空气中的氧或其他氧化剂起化学反应的物质，均称为可燃物。按其化学组成，可分为无机可燃物和有机可燃物两大类；按其所处的状态，又可分为可燃固体、可燃液体和可燃气体三大类
助燃物	凡是与可燃物结合能导致和支持燃烧的物质，均称为助燃物，如广泛存在于空气中的氧气。在一定条件下，各种不同的可燃物发生燃烧，均有本身固定的最低氧含量要求。氧含量过低，即使其他必要条件已经具备，燃烧仍不会发生
引火源	使物质开始燃烧的外部热源（能源），均称为引火源。在一定条件下，各种不同可燃物只有达到一定能量才能引起燃烧
链式反应自由基	自由基是一种高度活泼的化学基团，能与其他自由基和分子起反应，从而使燃烧按链式反应的形式扩展，也称游离基

【考点二】按燃烧发生瞬间的特点分类【★★】

按照燃烧形成的条件和发生瞬间的特点，燃烧可分为着火和爆炸（见表2—1—1—2）。

表2—1—1—2　着火和爆炸

着火	可燃物在与空气共存的条件下，当达到某一温度时，与引火源接触即能引起燃烧，并在引火源离开后仍能持续燃烧，这种持续燃烧的现象叫着火。可燃物的着火方式一般分为点燃和自燃两类
爆炸	爆炸是指物质由一种状态迅速地转变成另一种状态，并在瞬间以机械功的形式释放出巨大的能量，或是气体、蒸气在瞬间发生剧烈膨胀等现象

【考点三】按燃烧物形态分类【★★★★】

燃烧物按形态分为气体燃烧、液体燃烧和固体燃烧。

（一）气体燃烧

气体燃烧所需热量仅用于氧化或分解，或者将气体加热到燃点，因此容易燃烧且燃烧速度快。根据燃烧前可燃气体与氧混合状况不同，其燃烧方式分为扩散燃烧和预混燃烧。

（二）液体燃烧

液体燃烧是液体受热时蒸发出来的液体蒸气被分解、氧化达到燃点而燃烧，即蒸发燃烧。因此，液体能否发生燃烧、燃烧速率高低，与液体的蒸气压、闪点、沸点和蒸发速率等性质密切相关。可燃液体会产生闪燃的现象。一般情况下，发生沸溢要比发生喷溅的时间早得多。发生沸溢的时间与原油的种类、水分含量有关（见表 2—1—1—3）。

表 2—1—1—3　闪燃、沸溢和喷溅

闪燃	可燃性液体挥发出来的蒸气分子与空气混合后，达到一定的浓度或者可燃性固体加热到一定温度后，遇明火发生一闪即灭的燃烧
沸溢	液体体积膨胀，向外溢出，同时部分未形成泡沫的油品也被下面的蒸汽膨胀力抛出罐外，使液面猛烈沸腾起来。沸溢过程说明，沸溢形成必须具备以下条件：原油具有形成热波的特性，即沸程宽、密度相差较大；原油中含有乳化水，水遇热波变成蒸汽；原油黏度较大，使水蒸气不容易从下向上穿过油层
喷溅	在重质油品燃烧过程中，随着热波温度的逐渐升高，热波向下传播的距离也不断加大。当热波达到水垫时，水垫的水大量蒸发，蒸汽体积迅速膨胀，以至把水垫上面的液体层抛向空中，向罐外喷射

（三）固体燃烧

根据各类可燃固体的燃烧方式和燃烧特性，固体燃烧的形式大致可分为四种（见表 2—1—1—4）。

表 2—1—1—4　固体燃烧的四种形式

蒸发燃烧	可燃固体在受到火源加热时，先熔融蒸发，随后蒸气与氧气发生燃烧反应。樟脑、萘等易升华物质，在燃烧时不经过熔融过程，但其燃烧现象也可看作是一种蒸发燃烧
表面燃烧	可燃固体的燃烧反应是在其表面由氧和物质直接作用而发生的
分解燃烧	可燃固体在受到火源加热时，先发生热分解，随后分解出的可燃挥发分与氧发生燃烧反应
熏烟燃烧（阴燃）	可燃固体在空气不流通、加热温度较低、分解出的可燃挥发分较少或逸散较快、含水分较多等条件下，往往发生只冒烟而无火焰的燃烧现象

需要指出的是，上述各种燃烧形式的划分不是绝对的，有些可燃固体的燃烧往往包含两种或两种以上的形式。

【考点四】闪点、燃点、自燃点的概念【★★★】

闪点、燃点和自燃点的概念见表 2—1—1—5。

表 2—1—1—5　闪点、燃点和自燃点

闪点	在规定的试验条件下，可燃性液体或固体表面产生的蒸气在试验火焰作用下发生闪燃的最低温度
燃点	在规定的试验条件下，物质在外部引火源作用下表面起火并持续燃烧一定时间所需的最低温度
自燃点	在规定的条件下，可燃物质产生自燃的最低温度称为自燃点。在这一温度时，物质与空气（氧）接触，不需要明火的作用就能发生燃烧

闪点是判断液体火灾危险性大小及对可燃性液体进行分类的主要依据。可燃性液体的闪点越低，其火灾危险性也越大。根据闪点的高低，可以确定生产、加工、储存可燃性液体场所的火灾危险性类别：闪点小于 28℃的为甲类；闪点不小于 28℃，但小于 60℃的为乙类；闪点不小于 60℃的为丙类。

易燃液体的燃点一般高出其闪点 1 ~ 5℃，并且闪点越低，这一差值越小，特别是在敞开的容器中很难将闪点和燃点区分开来。因此，一般用闪点评定易燃液体火灾危险性大小，用燃点衡量固体的火灾危险性大小。

自燃点是衡量可燃物质受热升温导致自燃危险的依据。可燃物的自燃点越低，发生自燃的危险性就越大。不同的可燃物有不同的自燃点，同一种可燃物在不同的条件下自燃点也会发生变化。对于液体、气体可燃物，其自燃点受压力、氧浓度、催化、容器的材质和表面积与体积比等因素的影响。而固体可燃物的自燃点，则受受热熔融、挥发物的数量、固体的颗粒度、受热时间等因素的影响。

【考点五】燃烧产物的概念【★★】

燃烧产生的物质，其成分取决于可燃物的组成和燃烧条件。由燃烧或热解作用产生的全部物质称为燃烧产物，有完全燃烧产物和不完全燃烧产物之分。完全燃烧产物是指可燃物中的 C 被氧化生成 CO_2（气）、H 被氧化生成 H_2O（液）、S 被氧化生成 SO_2（气）等；而 CO、NH_3、醇类、醛类、醚类等是不完全燃烧产物。

燃烧产物中的烟主要是燃烧或热解作用所产生的悬浮于大气中能被人看到的直径一般在 10^{-7} ~ 10^{-4} cm 的极小的炭黑粒子；大直径的粒子容易由烟中落下来，称为烟尘或炭黑。

第二章　火　　灾

【考点一】火灾的分类【★★★★】

根据不同的需要，火灾可以按不同的方式进行分类。依据《火灾分类》（GB/T 4968—2008）的规定，火灾按照燃烧对象的性质分类见表 2—1—2—1。

表 2—1—2—1　　火灾按照燃烧对象性质分类

A 类火灾	固体物质火灾
B 类火灾	液体或可熔化固体物质火灾
C 类火灾	气体火灾
D 类火灾	金属火灾
E 类火灾	带电火灾
F 类火灾	烹饪器具内的烹饪物火灾

依据《生产安全事故报告和调查处理条例》（国务院令第 493 号）的规定，火灾按照火灾事故所造成的灾害损失程度分类见表 2—1—2—2。

表 2—1—2—2　　火灾按照火灾事故所造成的灾害损失程度分类

特别重大火灾	造成 30 人以上死亡，或者 100 人以上重伤，或者 1 亿元以上直接财产损失的火灾
重大火灾	造成 10 人以上 30 人以下死亡，或者 50 人以上 100 人以下重伤，或者 5 000 万元以上 1 亿元以下直接财产损失的火灾
较大火灾	造成 3 人以上 10 人以下死亡，或者 10 人以上 50 人以下重伤，或者 1 000 万元以上 5 000 万元以下直接财产损失的火灾
一般火灾	造成 3 人以下死亡，或者 10 人以下重伤，或者 1 000 万元以下直接财产损失的火灾

【考点二】热量传递的方式及原理【★★★★】

热量传递有三种基本方式，即热传导、热对流和热辐射。热传播的形式与起火点、建筑材料、物质的燃烧性能和可燃物的数量等因素有关。

（一）热传导

热传导又称导热，属于接触传热，是连续介质就地传递热量而又没有各部分之间相对的宏观位移的一种传热方式。不同物质的导热能力各异，通常用热导率，即用单位温度梯度时的热通量来表示物质的导热能力。同种物质的热导率也会因材料的结构、密度、湿度、温度等因素的变化而变化。

（二）热对流

热对流又称对流，是指流体各部分之间发生相对位移，冷热流体相互掺混引起热量传递的方式。热对流中热量的传递与流体流动有密切的关系。当然，由于流体中存在温度差，所以也必然存在导热现象，但导热在整个传热中处于次要地位。工程上常把具有相对位移的流体与所接触的固体表面之间的热传递过程称为对流换热。

（三）热辐射

辐射是物体通过电磁波来传递能量的方式。热辐射是因热的原因而发出辐射能的现象。辐射换热是物体间以辐射的方式进行的热量传递。与导热和对流不同的是，热辐射在传递能量时不需要互相接触即可进行，所以它是一种非接触传递能量的方式，即使在太空，热辐射也能照常进行。

【考点三】烟气流动的驱动力【★★★】

（一）烟囱效应

当建筑物内外的温度不同时，室内外空气的密度随之出现差别，这将引发浮力驱动的流动。如果室内空气温度高于室外，则室内空气将发生向上运动，建筑物越高，这种流动越强。竖井是发生这种现象的主要场合，在竖井中，由于浮力作用产生的气体运动十分显著，通常称这种现象为烟囱效应。烟囱效应是造成烟气向上蔓延的主要因素。

（二）火风压

火风压是指建筑物内发生火灾时，在起火房间内，由于温度上升，气体迅速膨胀，对楼板和四壁形成的压力。火风压的影响主要在起火房间，如果火风压大于进风口的压力，则大量的烟火将通过外墙窗口，由室外向上蔓延；若火风压等于或小于进风口的压力，则烟火便全部从内部蔓延，当它进入楼梯间、电梯井、管道井、电缆井等竖向孔道以后，会大大强化烟囱效应。

（三）外界风的作用

风的存在可在建筑物的周围产生压力分布，而这种压力分布能够影响建筑物内的烟气流动。建筑物外部的压力分布受到多种因素的影响，其中包括风的速度和方向、建筑物的高度和几何形状等。风的影响往往可超过其他驱动烟气运动的力（自然和人工）。一般来说，风朝着建筑物吹过来会在建筑物的迎风侧产生较高滞止压力，这可增强建筑物内的烟气向下风方向的流动性。

【考点四】烟气蔓延的途径【★★】

发生火灾时，建筑内烟气呈水平流动和垂直流动。通常，因建筑构件耐火性能差，隔墙、楼板内孔洞处理不完善，内部装饰装修材料易燃以及防火防烟分隔设施未能发挥有效作用等因素，造成烟气在火灾发生时通过内墙门窗、楼梯间、竖井管道、穿墙管线、闷顶等途径在建筑内蔓延。此外，建筑外墙面窗口有时也会成为高温热烟气及火势向上蔓延的一个途径。

【考点五】建筑室内火灾发展的几个阶段【★★】

建筑室内火灾的发展过程大致可分为初期增长阶段、充分发展阶段和衰减阶段。建筑室内火灾温度—时间曲线如图 2—1—2—1 所示。

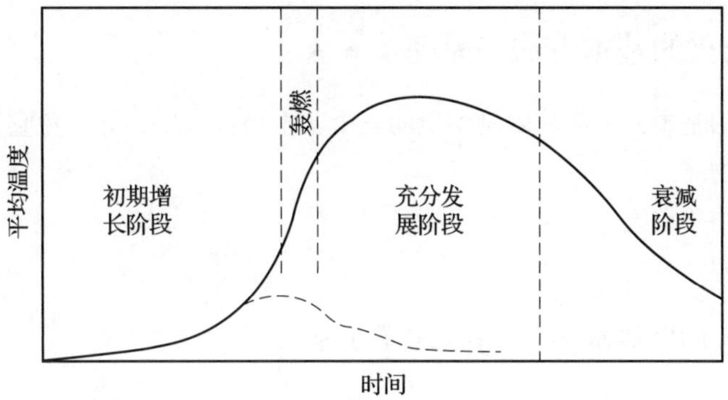

图 2—1—2—1　建筑室内火灾温度—时间曲线

（一）初期增长阶段

初期增长阶段从室内出现明火算起，此阶段燃烧面积较小，只局限于着火点附近的可燃物燃烧，仅局部温度较高，室内各处的温度相差较大，其燃烧状况与敞开环境中的燃烧状况差别不大。由于受可燃物性能、分布和通风、散热等条件的影响，燃烧的发展大多比较缓慢，有可能形成火灾，也有可能中途自行熄灭，如图 2—1—2—1 中虚线所示，燃烧发展不稳定。火灾初期阶段持续时间的长短不定。

（二）充分发展阶段

在建筑室内火灾持续燃烧一定时间后，燃烧范围不断扩大，温度升高，室内的可燃物在高温的作用下，不断分解释放出可燃气体，当房间内温度达到 400 ~ 600℃时，室内绝大部分可燃物起火燃烧，这种在限定空间内可燃物的表面全部卷入燃烧的瞬变状态，称为轰燃。轰燃的出现是燃烧释放的热量在室内逐渐累积与对外散热共同作用、燃烧速率急剧增大的结果。影响轰燃发生最重要的两个因素是辐射和对流情况，即建筑室内上层烟气的热量得失。通常，轰燃的发生标志着室内火灾进入充分发展阶段。

轰燃发生后，室内可燃物出现全面燃烧，可燃物热释放速率很大，室温急剧上升，并出现持续高温，温度可达 800 ~ 1 000℃。之后，火焰和高温烟气在火风压的作用下，会从房间的门窗、孔洞等处大量涌出，沿走廊、吊顶迅速向水平方向蔓延扩散。同时，由于烟囱效应的作用，火势会通过竖向管井、共享空间等向上蔓延。轰燃的发生标志着房间火势的失控，同时，产生的高温会对建筑物的衬里材料及结构造成严重影响。但不是每个火场都会出现轰燃，大空间建筑、比较潮湿的场所就不易发生。

（三）衰减阶段

在火灾充分发展阶段的后期，随着室内可燃物数量的减少，燃烧速度减慢，燃烧强度减弱，温度逐渐下降，一般认为火灾衰减阶段是从室内平均温度降到其峰值的 80% 时算起。随后房间内温度下降显著，直到室内外温度达到平衡为止，火灾完全熄灭。

上述后两个阶段是可燃物数量充足、通风良好情况下，室内火灾的自然发展过程。实际上，一旦室内发生火灾，常常伴有人为的灭火行动或自动灭火设施的启动，因此就会改变火灾的发展进程。不少火灾尚未发展就被扑灭，这样室内就不会出现破坏性的高温。如果灭火过程中可燃材料中的挥发分并未完全析出，可燃物周围的温度在短时间内仍然较高，易造成可燃挥发分继续析出，一旦条件合适，可能会出现死灰复燃的情况，这种情况不容忽视。

【考点六】防火的基本方法与原理【★★】

预防火灾发生的基本方法应从限制燃烧的三个基本条件入手，并避免它们相互作用。

（1）控制可燃物。

（2）隔绝助燃物（空气）。

（3）控制引火源。

【考点七】灭火的基本方法与原理【★★★】

灭火的基本方法与原理见表 2—1—2—3。

表 2—1—2—3 灭火的基本方法与原理

冷却灭火	可燃物一旦达到着火点，就会燃烧或持续燃烧。在一定条件下，将可燃物温度降到着火点以下，燃烧就会停止。对于可燃固体，将其冷却在燃点以下；对于可燃液体，将其冷却在闪点以下，燃烧反应就可能会中止
隔离灭火	在燃烧三要素中，可燃物是燃烧的主要因素。将可燃物与氧气、火焰隔离，就可以中止燃烧、扑灭火灾
窒息灭火	可燃物的燃烧是氧化作用，需要在最低氧浓度以上才能进行，低于最低氧浓度，燃烧不能进行，火灾即被扑灭。一般氧浓度低于 15% 时，就不能维持燃烧
化学抑制灭火	由于有焰燃烧是通过链式反应进行的，如果能有效地抑制自由基的产生或降低火焰中的自由基浓度，即可使燃烧中止。化学抑制灭火的常见灭火剂有干粉灭火剂和七氟丙烷灭火剂

第三章 爆　　炸

【考点一】气体和液体的爆炸极限及影响因素【★★★】

气体和液体的爆炸极限通常用体积分数（%）表示。不同的物质由于其理化性质不同，其爆炸极限也不同；即使是同一种物质，在不同的外界条件下，其爆炸极限也不同。通常，在氧气中的爆炸极限要比在空气中的爆炸极限范围大。除助燃物条件外，对于同种可燃气体，其爆炸极限受以下几方面影响：

（1）火源能量。引燃混合气体的火源能量越大，可燃混合气体的爆炸极限范围越大，爆炸危险性越大。

（2）初始压力。可燃混合气体初始压力增加，爆炸范围增大，爆炸危险性增加。值得注意的是，干燥的一氧化碳和空气的混合气体初始压力上升，其爆炸极限范围缩小。

（3）初温。混合气体初温越高，混合气体的爆炸极限范围越大，爆炸危险性越大。

（4）惰性气体。可燃混合气体中加入惰性气体，会使爆炸极限范围变小，一般上限降低，下限变化比较复杂。当加入的惰性气体超过一定量以后，任何比例的混合气体均不能发生爆炸。

【考点二】爆炸的基本要素及触发因素【★★】

发生爆炸必须具备两个基本要素，一是爆炸介质，二是引爆能源。这两者缺一不可。在生产中，爆炸危险源可以从潜在的爆炸危险性、存在条件及触发因素等几方面来确定，具体包括能量与危险物质、物的不安全状态、人的不安全行为及管理缺陷等。

第四章　易燃易爆危险品

【考点一】爆炸品的分类及特性【★★】

（一）爆炸品的分类

爆炸品指在外界作用下（如受热、撞击等），能发生剧烈的化学反应，瞬时产生大量气体和热量，导致周围压力急剧上升，发生爆炸，从而对周围环境造成破坏的物品。

爆炸品按其爆炸危险性的大小分为以下六项：

（1）有整体爆炸危险的物质和物品。

（2）有迸射危险，但无整体爆炸危险的物质和物品。

（3）有燃烧危险并有局部爆炸危险或局部迸射危险或两种危险都有，但无整体爆炸危险的物质和物品。

（4）不呈现重大危险的物质和物品。

（5）有整体爆炸危险的非常不敏感物质。

（6）无整体爆炸危险的极端不敏感物品。

（二）爆炸品的特性

爆炸品的特性主要表现为其受到摩擦、撞击、振动、高热或其他能量激发后，能产生剧烈的化学反应，并在极短时间内释放大量热量和气体而发生爆炸性燃烧。其主要危险特性包括爆炸性和敏感性。

【考点二】易燃气体及分级【★★】

易燃气体是温度在20℃和标准大气压为101.3 kPa条件下满足下列条件之一的气体：

（1）爆炸下限小于或等于13%的气体。

（2）燃烧范围大于或等于12%的气体。

易燃气体分为两级：Ⅰ级，爆炸下限小于10%；或者不论爆炸下限如何，爆炸极限范围不小于12%；Ⅱ级，爆炸下限不小于10%，但小于13%，并且爆炸极限范围小于12%。实际应用中，通常还将爆炸下限小于10%的气体归为甲类火灾危险物质，爆炸下限不小于10%的气体归为乙类火灾危险物质。

【考点三】易燃气体的火灾危险性【★★】

（一）易燃易爆性

易燃气体的主要危险性是易燃易爆性。易燃气体着火或爆炸的难易程度，除受引火源能量大小的影响外，还主要取决于其化学组成，而其化学组成又决定着气体燃烧浓度范围的大小、自燃点的高低、燃烧速度的快慢和发热量的多少。

（二）扩散性

处于气体状态的任何物质都没有固定的形状和体积，并且能自发地充满任何容器。由于气体的分子间距大，相互作用力小，所以非常容易扩散。

（三）可缩性和膨胀性

任何物体都有热胀冷缩的性质，气体也不例外，其体积也会因温度的升降而胀缩，并且胀缩的幅度比液体要大得多。气体的可缩性和膨胀性特点如下：

（1）当压力不变时，气体的温度与体积成正比，即温度越高，体积越大。

（2）当温度不变时，气体的体积与压力成反比，即压力越大，体积越小。

（3）在体积不变时，气体的温度与压力成正比，即温度越高，压力越大。

（四）带电性

任何物体的摩擦都会产生静电，氢气、乙烯、乙炔、天然气、液化石油气等从管口或破损处高速喷出时也同样能产生静电。

（五）腐蚀性、毒害性

（1）腐蚀性。主要是指一些含氢、硫元素的气体具有的腐蚀性。例如，硫化氢、硫氧化碳、氨等都能腐蚀设备，削弱设备的耐压强度，严重时可导致设备系统裂隙、漏气，引起火灾等事故。

（2）毒害性。一氧化碳、硫化氢、二甲胺、氨、溴甲烷、二硼烷、二氯硅烷、锗烷、三氟氯乙烯等气体，除具有易燃易爆性外，还有相当的毒害性，因此，在处理或扑救此类有毒气体火灾时，应特别注意防止中毒。

【考点四】易燃液体的概念及分类【★★】

易燃液体是闭杯试验闪点小于60℃的液体、液体混合物或含有固体混合物的液体，但不包括由于存在其他危险已列入其他类别管理的液体。

易燃液体分为以下三级（见表2—1—4—1）。

表2—1—4—1 易燃液体的分级

级别	闪点（闭杯）	初沸点
Ⅰ	—	≤35℃
Ⅱ	＜23℃	＞35℃
Ⅲ	≥23℃且＜60℃	＞35℃

【考点五】易燃液体的火灾危险性【★★】

易燃液体的火灾危险性见表2—1—4—2。

表2—1—4—2 易燃液体的火灾危险性

易燃性	液体的燃烧是通过其挥发出的蒸气与空气形成的可燃性混合物，在一定的比例范围内遇明火点燃而实现的，因而实质上是液体蒸气的氧化还原反应。易燃液体燃烧的难易程度，即火灾危险的大小，主要取决于它们分子结构和分子量的大小
爆炸性	当挥发出的易燃蒸气与空气混合，达到爆炸浓度范围时，遇明火就发生爆炸。易燃液体的挥发性越强，这种爆炸危险就越大。不同液体的蒸发速度随其所处状态的不同而变化，影响其蒸发速度的因素有温度、沸点、密度、压力、流速等

续表

受热膨胀性	易燃液体也有受热膨胀性，储存于密闭容器中的易燃液体受热后，本身体积膨胀的同时蒸气压力增加。若超过了容器所能承受的压力限度，就会造成容器膨胀，以至爆裂
流动性	流动性是液体的通性，易燃液体的流动性增加了火灾危险性。为了防止液体泄漏、流散，在储存时应备事故槽（罐），构筑防火堤，设水封井等。液体着火时，应设法堵截流散的液体，防止其蔓延扩散
带电性	多数易燃液体在灌注、输送、喷流过程中能够产生静电，当静电荷聚集到一定程度则放电发火，有引起着火或爆炸的危险
毒害性	易燃液体本身或其蒸气大都具有毒害性，有的还有刺激性和腐蚀性。易燃液体蒸发气体通过呼吸道、消化道、皮肤进入人体，造成人身中毒。中毒的程度与蒸气浓度和作用时间有关。浓度低、时间短则中毒程度轻，反之则重

【考点六】易燃固体的概念、分类与危险性【★★★】

（一）易燃固体的概念

易燃固体是指燃点低，对热、撞击、摩擦敏感，易被外部火源点燃，燃烧迅速，并可能散发出有毒烟雾或有毒气体的固体。但不包括已列入爆炸品的物质。

（二）易燃固体的分类

易燃固体包括在运输条件下容易燃烧或由于摩擦可能引燃或助燃的固体，不充分稀释可能发生爆炸的固体退敏爆炸品，可能发生强烈放热反应的自反应物质。

（1）易燃烧的固体和通过摩擦可能起火的固体。

（2）固态退敏爆炸品。固态退敏爆炸品是指为抑制爆炸性物质的爆炸性能，用水或酒精湿润爆炸性物质，或者用其他物质稀释爆炸性物质后，形成的均匀固态混合物。

（3）自反应物质。自反应物质是指即使没有氧气，也容易发生激烈放热分解的热不稳定物质。

（三）易燃固体的火灾危险性

（1）燃点低、易点燃。

（2）遇酸、氧化剂易燃易爆。

（3）本身或燃烧产物有毒。

第二篇
建筑防火

第一章 概　　述

本章内容较少，容易理解和掌握。

第二章　生产和储存物品的火灾危险性分类

【考点一】评定物质火灾危险性的主要指标【★★★】

对物质火灾危险性的评定，主要是依据其理化性质。物料状态不同，评定的指标也不同。

（一）评定气体火灾危险性的主要指标

爆炸极限和自燃点是评定气体火灾危险性的主要指标。可燃气体的爆炸浓度极限范围越大，爆炸下限越低，越容易与空气或其他助燃气体形成爆炸性气体混合物，其火灾爆炸危险性越大。可燃气体的自燃点越低，遇有高温表面等热源引燃的可能性越大，火灾爆炸的危险性越大。另外，气体的化学性质活泼与否、扩散性和相对密度、带电性和受热膨胀性等也都从不同角度揭示了其火灾危险性。

（二）评定液体火灾危险性的主要指标

闪点是评定液体火灾危险性的主要指标。闪点越低的液体，越易挥发而形成爆炸性气体混合物，引燃也越容易。对于可燃液体，通常还用自燃点作为评定火灾危险性的指标，自燃点越低的液体，越易发生自燃。此外，液体的爆炸温度极限、受热蒸发性、流动扩散性和带电性也是衡量液体火灾危险性的指标。

（三）评定固体火灾危险性的主要指标

对于绝大多数可燃固体来说，熔点和燃点是评定其火灾危险性的主要标志参数。在评定时，还应从其反应危险性、燃烧危险性、毒害性、腐蚀性和放射性等方面进行分析。

【考点二】生产火灾危险性分类方法【★★★★★】

依据《建筑设计防火规范》(GB 50016—2014)，根据生产中使用或产生的物质性质及其数量等因素划分，生产的火灾危险性可分为甲、乙、丙、丁、戊类（见表 2—2—2—1）。

表 2—2—2—1　　生产的火灾危险性分类

生产的火灾危险性类别	使用或产生下列物质生产的火灾危险性特征
甲	1. 闪点小于 28℃的液体 2. 爆炸下限小于 10% 的气体 3. 常温下能自行分解或在空气中氧化能导致迅速自燃或爆炸的物质 4. 常温下受到水或空气中水蒸气的作用，能产生可燃气体并引起燃烧或爆炸的物质 5. 遇酸、受热、撞击、摩擦、催化以及遇有机物或硫黄等易燃的无机物，极易引起燃烧或爆炸的强氧化剂 6. 受撞击、摩擦或与氧化剂、有机物接触时能引起燃烧或爆炸的物质 7. 在密闭设备内操作温度不小于物质本身自燃点的生产

续表

生产的火灾危险性类别	使用或产生下列物质生产的火灾危险性特征
乙	1. 闪点不小于 28℃，但小于 60℃的液体 2. 爆炸下限不小于 10% 的气体 3. 不属于甲类的氧化剂 4. 不属于甲类的易燃固体 5. 助燃气体 6. 能与空气形成爆炸性混合物的浮游状态的粉尘、纤维，闪点不小于 60℃的液体雾滴
丙	1. 闪点不小于 60℃的液体 2. 可燃固体
丁	1. 对不燃烧物质进行加工，并在高温或熔化状态下经常产生强辐射热、火花或火焰的生产 2. 利用气体、液体、固体作为燃料或将气体、液体进行燃烧作他用的各种生产 3. 常温下使用或加工难燃烧物质的生产
戊	常温下使用或加工不燃烧物质的生产

【考点三】危险物质的量对火灾危险性类别的影响【★★】

依据《建筑设计防火规范》(GB 50016—2014）的规定，同一座厂房或厂房的任一防火分区内有不同火灾危险性生产时，厂房或防火分区内的生产火灾危险性类别应按火灾危险性较大的部分确定；当生产过程中使用或产生易燃、可燃物的量较少，不足以构成爆炸或火灾危险时，可按实际情况确定；当符合下述条件之一时，可按火灾危险性较小的部分确定：

(1）火灾危险性较大的生产部分占本层或本防火分区建筑面积的比例小于 5% 或丁、戊类生产厂房的油漆工段小于 10%，且发生火灾事故时不足以蔓延到其他部位或火灾危险性较大的生产部分采取了有效的防火措施。

(2）丁、戊类厂房内的油漆工段，当采用封闭喷漆工艺，封闭喷漆空间内保持负压、油漆工段设置可燃气体探测报警系统或自动抑爆系统，且油漆工段占所在防火分区建筑面积的比例不大于 20%。

【考点四】储存物品的火灾危险性分类方法及火灾危险性特征【★★★★】

(一）储存物品的火灾危险性分类

(1）储存物品的分类方法，主要是根据储存物品本身的火灾危险性，吸收仓库储存管理经验，并参考《危险货物运输规则》相关内容划分的（见表 2—2—2—2）。

(2）同一座仓库或仓库的任一防火分区内储存不同火灾危险性物品时，仓库或防火分区的火灾危险性应按火灾危险性最大的物品确定。

(3）丁、戊类储存物品仓库的火灾危险性，当可燃包装重量大于物品本身重量的 1/4 或可燃包装体积大于物品本身体积的 1/2 时，应按丙类确定。

表 2—2—2—2　　储存物品的火灾危险性分类

储存物品的火灾危险性类别	储存物品的火灾危险性特征
甲	1. 闪点小于 28℃的液体 2. 爆炸下限小于 10% 的气体，受到水或空气中水蒸气的作用能产生爆炸下限小于 10% 气体的固体物质 3. 常温下能自行分解或在空气中氧化能导致迅速自燃或爆炸的物质 4. 常温下受到水或空气中水蒸汽的作用，能产生可燃气体并引起燃烧或爆炸的物质 5. 遇酸、受热、撞击、摩擦以及遇有机物或硫磺等易燃的无机物，极易引起燃烧或爆炸的强氧化剂 6. 受撞击、摩擦或与氧化剂、有机物接触时能引起燃烧或爆炸的物质
乙	1. 闪点不小于 28℃，但小于 60℃的液体 2. 爆炸下限不小于 10% 的气体 3. 不属于甲类的氧化剂 4. 不属于甲类的易燃固体 5. 助燃气体 6. 常温下与空气接触能缓慢氧化，积热不散引起自燃的物品
丙	1. 闪点不小于 60℃的液体 2. 可燃固体
丁	难燃烧物品
戊	不燃烧物品

（二）储存物品的火灾危险性特征

（1）甲类储存物品的火灾危险性特征。主要是依据《危险货物运输规则》中Ⅰ级易燃固体、Ⅰ级易燃液体、Ⅰ级氧化剂、Ⅰ级自燃物品、Ⅰ级遇水燃烧物品和可燃气体特性进行划分。

（2）乙类储存物品的火灾危险性特征。主要是根据《危险货物运输规则》中Ⅱ级易燃固体、Ⅱ级易燃液体、Ⅱ级氧化剂、助燃气体、Ⅱ级自燃物品的特性划分的，这类物品的火灾危险性仅次于甲类。

（3）丙、丁、戊类储存物品的火灾危险性特征。主要是根据有关仓库调查和储存管理情况划分的。

（4）石油库储存液化烃、易燃和可燃液体的火灾危险性分类方法。《石油库设计规范》（GB 50074—2014）和《石油化工企业设计防火规范》（GB 50160—2008）将石油库储存液化烃、易燃和可燃液体的火灾危险性分为三类，与《建筑设计防火规范》（GB 50016—2014）基本一致，只是对甲类、乙类、丙类储存物品视需要作了适当细化，便于针对不同火灾危险性级别的储存物品采取不同的安全措施。

第三章　建筑分类与耐火等级

【考点一】建筑分类【★★★】

（一）按使用性质分类

（1）民用建筑。民用建筑根据其建筑高度和层数可分为单、多层民用建筑和高层民用建筑。高层民用建筑根据其建筑高度、使用功能和楼层的建筑面积可分为一类和二类。民用建筑的分类见表2—2—3—1，表中未列入的建筑根据表中内容类比确定类别。

表2—2—3—1　　民用建筑的分类

名称	高层民用建筑		单、多层民用建筑
	一类	二类	
住宅建筑	建筑高度大于54 m的住宅建筑（包括设置商业服务网点的住宅建筑）	建筑高度大于27 m，但不大于54 m的住宅建筑（包括设置商业服务网点的住宅建筑）	建筑高度不大于27 m的住宅建筑（包括设置商业服务网点的住宅建筑）
公共建筑	1. 建筑高度大于50 m的公共建筑 2. 建筑高度24 m以上部分，任一楼层建筑面积大于1 000 m^2的商店、展览、电信、邮政、财贸金融建筑和其他多种功能组合的建筑 3. 医疗建筑、重要公共建筑 4. 省级及以上的广播电视和防灾指挥调度建筑、网局级和省级电力调度建筑 5. 藏书超过100万册的图书馆、书库	除一类高层公共建筑外的其他高层公共建筑	1. 建筑高度大于24 m的单层公共建筑 2. 建筑高度不大于24 m的其他公共建筑

（2）工业建筑。工业建筑是指工业生产性建筑。工业建筑按照使用性质的不同，分为加工、生产类厂房和仓储类库房两大类，厂房和仓库又按其生产或储存物质的性质进行分类。

（3）农业建筑。农业建筑是指农副产业生产建筑。

（二）按建筑结构形式和建造材料构成分类

（1）木结构。主要承重构件是木材。

（2）砖木结构。主要承重构件用砖石和木材做成。

（3）砖混结构。竖向承重构件采用砖墙或砖柱，水平承重构件采用钢筋混凝土楼板、屋面板。

（4）钢筋混凝土结构。钢筋混凝土做柱、梁、楼板及屋顶等建筑的主要承重构件，砖或其他轻质材料做墙体等围护构件。

（5）钢结构。主要承重构件全部采用钢材。

（6）钢混结构。屋顶采用钢结构，其他主要承重构件采用钢筋混凝土结构。

（7）其他结构。

（三）按建筑高度分类

（1）单层、多层建筑。27 m以下的住宅建筑、建筑高度不超过24 m（或已超过24 m，但为单层）的公共建筑和工业建筑。

（2）高层建筑。建筑高度大于27 m的住宅建筑和建筑高度大于24 m的非单层建筑。我国称建筑高度超过100 m的高层建筑为超高层建筑。

【考点二】建筑材料燃烧性能分级【★★】

（一）建筑材料及制品的燃烧性能等级

国外（欧盟）在火灾科学基础理论发展的基础上，建立了建筑材料燃烧性能相关分级体系，分为A1、A2、B、C、D、E、F七个等级。依据《建筑材料及制品燃烧性能分级》（GB 8624—2012）的规定，我国建筑材料及制品的燃烧性能等级见表2—2—3—2。

表2—2—3—2　建筑材料及制品的燃烧性能等级

燃烧性能等级	名称
A	不燃材料（制品）
B_1	难燃材料（制品）
B_2	可燃材料（制品）
B_3	易燃材料（制品）

（二）建筑材料及制品燃烧性能等级判据

建筑材料及制品燃烧性能等级判据的主要参数有：

（1）材料。

（2）燃烧滴落物/微粒。

（3）临界热辐射通量。

（4）燃烧增长速率指数（FIGRA）。

（5）$THR_{600\ s}$。

（三）平板状建筑材料及制品的燃烧性能等级判据

平板状建筑材料及制品的燃烧性能等级判据：满足A1、A2级即为A级，满足B级、C级即为B_1级，满足D级、E级即为B_2级。

【考点三】建筑材料及制品燃烧性能等级的附加信息和标识【★★★】

（一）附加信息

（1）建筑材料及制品燃烧性能等级附加信息包括产烟特性、燃烧滴落物/微粒等级和烟气毒性等级。

（2）对于A2级、B级和C级建筑材料及制品应给出产烟特性等级、燃烧滴落物/微粒等级（铺地材料除外）、烟气毒性等级。

（3）对于D级建筑材料及制品应给出产烟特性等级、燃烧滴落物/微粒等级。

（二）附加信息标识

当按规定需要显示附加信息时，燃烧性能等级标识如图2—2—3—1所示。

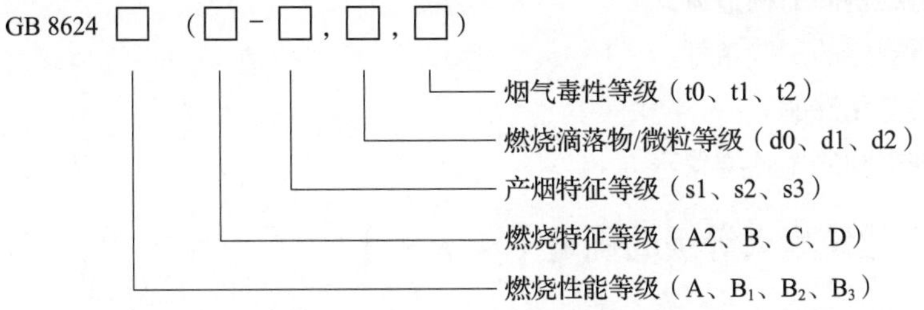

图2—2—3—1 燃烧性能等级标识

【考点四】建筑构件的耐火性能【★★】

建筑构件主要包括建筑内的墙、柱、梁、楼板、门、窗等，一般来讲，建筑构件的耐火性能包括两部分内容：一是构件的燃烧性能，二是构件的耐火极限。耐火建筑构配件在火灾中起着阻止火势蔓延、延长支撑时间的作用。

【考点五】建筑构件的燃烧性能【★★】

建筑构件的燃烧性能主要是指组成建筑构件材料的燃烧性能。某些材料的燃烧性能因已有共识而无须进行检测；但有些材料，特别是一些新型建材，则需要通过试验来确定其燃烧性能。通常，我国把建筑构件按其燃烧性能分为三类，即不燃性构件、难燃性构件和可燃性构件。

为确保建筑物在受到火灾危害时在一定时间内不垮塌，并阻止、延缓火灾的蔓延，建筑构件多采用不燃烧材料或难燃材料。在建筑构件的选用上，总是尽可能地不增加建筑物的火灾荷载。

【考点六】建筑构件的耐火极限的概念及影响要素【★★★★】

（一）耐火极限的概念

耐火极限是指在标准耐火试验条件下，建筑构件、配件或结构从受到火的作用时起，到失去承载能力、完整性或隔热性时止的这段时间，用小时（h）表示。其中：

（1）承载能力是指在标准耐火试验条件下，承重或非承重建筑构件在一定时间内抵抗垮塌的能力。

（2）耐火完整性是指在标准耐火试验条件下，当建筑分隔构件某一面受火时，能在一定时间内防止火焰和热气穿透或在背火面出现火焰的能力。

（3）耐火隔热性是指在标准耐火试验条件下，当建筑分隔构件某一面受火时，能在一定时间内其背火面温度不超过规定值的能力。

（二）影响耐火极限的要素

在火灾中，建筑耐火构配件起着阻止火势蔓延扩大、延长支撑时间的作用，它们的耐火性能直接决定着建筑物在火灾中的失稳和倒塌的时间。影响建筑构配件耐火性能的因素较多，主要有：

（1）材料本身的属性。

（2）建筑构配件的结构特性。

（3）材料与结构间的构造方式。

（4）标准所规定的试验条件。

（5）材料的老化性能。

（6）火灾种类和使用环境要求等。

【考点七】建筑耐火等级的确定【★★★】

（1）在防火设计中，建筑整体的耐火性能是保证建筑结构在发生火灾时不发生较大破坏的根本，而单一建筑结构构件的燃烧性能和耐火极限是确定建筑整体耐火性能的基础。

（2）建筑耐火等级是由组成建筑物的墙、柱、楼板、屋顶承重构件和吊顶等主要构件的燃烧性能和耐火极限决定的，共分为四级。

（3）建筑构件的耐火性能是以楼板的耐火极限为基准，再根据其他构件在建筑物中的重要性和耐火性能可能的目标值调整后确定的。耐火等级为一级的建筑物楼板的耐火极限定为 1.5 h，二级建筑物楼板的耐火极限定为 1 h，以下级别的则相应降低要求。

（4）其他结构构件按照在结构中所起的作用以及耐火等级的要求而确定相应的耐火极限时间。

【考点八】厂房和仓库的耐火等级【★★★★】

厂房和仓库的耐火等级可分为一、二、三、四级，相应建筑构件的燃烧性能和耐火极限见表 2—2—3—3 的规定。

表 2—2—3—3　不同耐火等级厂房和仓库建筑构件的燃烧性能和耐火极限　（单位：h）

构件名称		耐火等级			
		一级	二级	三级	四级
墙	防火墙	不燃性 3.00	不燃性 3.00	不燃性 3.00	不燃性 3.00
	承重墙	不燃性 3.00	不燃性 2.50	不燃性 2.00	难燃性 0.50
	楼梯间和前室的墙，电梯井的墙	不燃性 2.00	不燃性 2.00	不燃性 1.50	难燃性 0.50
	疏散走道两侧的隔墙	不燃性 1.00	不燃性 1.00	不燃性 0.50	难燃性 0.25
	非承重外墙 房间隔墙	不燃性 0.75	不燃性 0.50	难燃性 0.50	难燃性 0.25
柱		不燃性 3.00	不燃性 2.50	不燃性 2.00	难燃性 0.50

续表

构件名称	耐火等级			
	一级	二级	三级	四级
梁	不燃性 2.00	不燃性 1.50	不燃性 1.00	难燃性 0.50
楼板	不燃性 1.50	不燃性 1.00	不燃性 0.75	难燃性 0.50
屋顶承重构件	不燃性 1.50	不燃性 1.00	难燃性 0.50	可燃性
疏散楼梯	不燃性 1.50	不燃性 1.00	不燃性 0.75	可燃性
吊顶（包括吊顶格栅）	不燃性 0.25	难燃性 0.25	难燃性 0.15	可燃性

注：二级耐火等级建筑采用不燃材料的吊顶，其耐火极限不限

厂房、仓库的耐火等级、建筑面积、层数等与其生产或储存的类型有着密不可分的关系。对于甲、乙类生产或储存的厂房或仓库，由于其生产或储存的物品危险性大，因此这类生产场所或仓库不应设置在地下或半地下，而且对这类场所的防火安全性能的要求也比其他类型的厂房和仓库更高，在设计、使用时都应特别注意。

第四章　总平面布局和平面布置

【考点一】建筑选址及总平面布局【★★★★★】

（一）建筑选址

（1）周围环境。各类建筑在规划建设时，要考虑周围环境的相互影响。

（2）地势条件。建筑选址时，还要充分考虑和利用自然地形、地势条件。

（3）主导风向。散发可燃气体、可燃蒸气和可燃粉尘的车间、装置等，宜布置在明火或散发火花地点的常年主导风向的下风向或侧风向。液化石油气储罐区宜布置在本单位或本地区全年最小频率风向的上风侧，并选择通风良好的地点独立设置。易燃材料的露天堆场宜设置在天然水源充足的地方，并宜布置在本单位或本地区全年最小频率风向的上风侧。

（二）建筑总平面布局

（1）合理布置建筑。应根据各建筑物的使用性质、规模、火灾危险性，以及所处的环境、地形、风向等因素合理布置，建筑之间留有足够的防火间距，以消除或减少建筑物之间及周边环境的相互影响和火灾危害。

（2）合理划分功能区域。规模较大的企业要根据实际需要，合理划分生产区、储存区（包括露天储存区）、生产辅助设施区、行政办公和生活福利区等。同一企业内，若有不同火灾危险的生产建筑，则应尽量将火灾危险性相同的或相近的建筑集中布置，以利于采取防火防爆措施，便于安全管理。易燃、易爆的工厂和仓库的生产区、储存区内不得修建办公楼、宿舍等民用建筑。

【考点二】建筑防火间距的确定原则【★★★】

发生火灾时建筑物可能产生的热辐射强度是确定防火间距应考虑的主要因素。防火间距主要是根据当前消防扑救力量，并结合火灾实例和消防灭火的实际经验确定的。

（一）防止火灾蔓延

根据火灾发生后产生的辐射热对相邻建筑的影响，一般不考虑飞火、风速等因素。火灾实例表明，一、二级耐火等级的单、多层建筑，保持 6 ～ 10 m 的防火间距，在有消防队进行扑救的情况下，一般不会蔓延到相邻建筑物。根据建筑的实际情形，将一、二级耐火等级多层建筑之间的防火间距定为 6 m。三、四级耐火等级的民用建筑之间的防火间距，因耐火等级低，受热辐射作用易着火而致火势蔓延，所以防火间距在一、二级耐火等级建筑的要求基础上有所增加。

（二）保障灭火救援场地需要

防火间距还应满足消防车的最大工作回转半径和扑救场地的需要。建筑物高度不同，需使用的消防车不同，操作场地也就不同。对单、多层建筑，使用普通消防车即可；而对高层建筑，则还要使用曲臂、云梯等登高消防车。考虑到扑救高层建筑需要使用曲臂、云梯等登高消防车车辆，为满足消防车辆通行、停靠、操作的需要，结合实践经验，规定一、二级耐火等级高层建筑之间的防火间距不应小于 13 m。

（三）节约土地资源

确定建筑之间的防火间距，既要综合考虑防止火灾向邻近建筑蔓延扩大和灭火救援的需要，又要考虑节约用地的因素。如果设定的防火间距过大，就会造成土地资源的浪费。

（四）防火间距的计算

防火间距应按相邻建筑物外墙的最近距离计算，如外墙有凸出的可燃构件，则应从其凸出部分的外缘算起，如为储罐或堆场，则应从储罐外壁或堆场的堆垛外缘算起。

【考点三】厂房的防火间距【★★★★★】

（1）厂房之间及其与乙、丙、丁、戊类仓库和民用建筑等的防火间距不应小于《消防安全技术实务（2018 年版）》中表 2—4—1 的规定。

（2）甲类厂房与重要公共建筑的防火间距不应小于 50 m，与明火或散发火花地点的防火间距不应小于 30 m。

（3）厂房外附设化学易燃物品的设备时，其室外设备外壁与相邻厂房室外附设设备的外壁或相邻厂房外墙的防火间距，不应小于《消防安全技术实务（2018 年版）》中表 2—4—1 的规定。用不燃材料制作的室外设备，可按一、二级耐火等级建筑确定。总容量不大于 15 m^3 的丙类液体储罐，当直埋于厂房外墙外，且面向储罐一面 4.0 m 范围内的外墙为防火墙时，其防火间距不限。

（4）厂区围墙与厂区内建筑的间距不宜小于 5 m，围墙两侧建筑的间距应满足相应建筑的防火间距要求。

（5）同一座 U 形或山形厂房中相邻两翼之间的防火间距，不宜小于《建筑设计防火规范》（GB 50016—2014）的规定，但当厂房的占地面积小于《建筑设计防火规范》（GB 50016—2014）规定的每个防火分区最大允许建筑面积时，其防火间距可为 6 m。

【考点四】仓库的防火间距【★★★】

（1）甲类仓库之间及其与其他建筑、明火或散发火花地点、铁路、道路等的防火间距不应小于表 2—2—4—1 的规定。

表 2—2—4—1　甲类仓库之间及其与其他建筑、明火或散发火花地点、铁路、道路等的防火间距　（单位：m）

名称		甲类仓库（储量，t）			
		甲类储存物品第 3、4 项		甲类储存物品第 1、2、5、6 项	
		≤ 5	> 5	≤ 10	> 10
高层民用建筑、重要公共建筑		50			
裙房、其他民用建筑、明火或散发火花地点		30	40	25	30
甲类仓库		20	20	20	20
厂房和乙、丙、丁、戊类仓库	一、二级	15	20	12	15
	三级	20	25	15	20
	四级	25	30	20	25

续表

名称		甲类仓库（储量，t）			
		甲类储存物品第 3、4 项		甲类储存物品第 1、2、5、6 项	
		≤ 5	> 5	≤ 10	> 10
电力系统电压为 35 ~ 500 kV 且每台变压器容量不小于 10 MV·A 的室外变、配电站，工业企业的变压器总油量大于 5 t 的室外降压变电站		30	40	25	30
厂外铁路线中心线		40			
厂内铁路线中心线		30			
厂外道路路边		20			
厂内道路路边	主要	10			
	次要	5			

注：甲类仓库之间的防火间距，当第 3、4 项物品储量不大于 2 t，第 1、2、5、6 项物品储量不大于 5 t 时，不应小于 12 m，甲类仓库与高层仓库的防火间距不应小于 13 m。

（2）乙、丙、丁、戊类仓库之间及其与民用建筑之间的防火间距，不应小于表 2—2—4—2 的规定。

表 2—2—4—2　乙、丙、丁、戊类仓库之间及与民用建筑之间的防火间距　（单位：m）

名称			乙类仓库			丙类仓库				丁、戊类仓库			
			单、多层		高层	单、多层			高层	单、多层			高层
			一、二级	三级	一、二级	一、二级	三级	四级	一、二级	一、二级	三级	四级	一、二级
乙、丙、丁、戊类仓库	单、多层	一、二级	10	12	13	10	12	14	13	10	12	14	13
		三级	12	14	15	12	14	16	15	12	14	16	15
		四级	14	16	17	14	16	18	17	14	16	18	17
	高层	一、二级	13	15	13	13	15	17	13	13	15	17	13
民用建筑	裙房，单、多层	一、二级	25			10	12	14	13	10	12	14	13
		三级	25			12	14	16	15	12	14	16	15
		四级	25			14	16	18	17	14	16	18	17
	高层	一类	50			20	25	25	20	15	18	18	15
		二类	50			15	20	20	15	13	15	15	13

注：1. 单层、多层戊类仓库之间的防火间距，可按本表减少 2 m。

2. 两座仓库的相邻外墙均为防火墙时，防火间距可以减小，但丙类仓库不应小于 6 m；丁、戊类仓库不应小于 4 m。两座仓库相邻较高一面外墙为防火墙，或相邻两座高度相同的一、二级耐火等级建筑中相邻任一侧外墙为防火墙且屋顶的耐火极限不低于 1.00 h，且总占地面积不大于《建筑设计防火规范》（GB 50016—2014）有关一座仓库的最大允许占地面积规定时，其防火间距不限。

3. 除乙类第 6 项物品外的乙类仓库，与民用建筑之间的防火间距不宜小于 25 m，与重要公共建筑的防火间距不应小于 50 m，与铁路、道路等的防火间距不宜小于本表中甲类仓库与铁路、道路等的防火间距。

【考点五】民用建筑的防火间距【★★★】

民用建筑之间的防火间距不应小于表2—2—4—3的规定。

表2—2—4—3 民用建筑之间的防火间距 （单位：m）

建筑类别		高层民用建筑	裙房和其他民用建筑		
		一、二级	一、二级	三级	四级
高层民用建筑	一、二级	13	9	11	14
裙房和其他民用建筑	一、二级	9	6	7	9
	三级	11	7	8	10
	四级	14	9	10	12

【考点六】防火间距不足时的消防技术措施【★★】

当防火间距由于场地等原因，难以满足国家有关消防技术规范的要求时，可根据建筑物的实际情况，采取以下几种措施：

（1）改变建筑物的生产和使用性质，尽量降低建筑物的火灾危险性，改变房屋部分结构的耐火性能，提高建筑物的耐火等级。

（2）调整生产厂房的部分工艺流程，限制库房内储存物品的数量，提高部分构件的耐火极限和燃烧性能。

（3）将建筑物的普通外墙改造为防火墙或减少相邻建筑的开口面积，如开设门窗，应采用防火门窗或加防火水幕保护。

（4）拆除部分耐火等级低、占地面积小，使用价值低且与新建筑物相邻的原有陈旧建筑物。

（5）设置独立的室外防火墙。在设置防火墙时，应兼顾通风排烟和破拆扑救，切忌盲目设置，顾此失彼。

【考点七】建筑平面布置原则【★★】

（1）建筑内部某部位着火时，能限制火灾和烟气在建筑内部和外部的蔓延，并为人员疏散、消防人员的救援和灭火提供保护。

（2）建筑物内部某处发生火灾时，减少对邻近（上下层、水平相邻空间）分隔区域受到强辐射热和烟气的影响。

（3）便于消防人员进行救援、利用灭火设施进行作战活动。

（4）有火灾或爆炸危险的建筑，其设备设置部位应能防止对人员和贵重设备造成影响或危害；或采取措施防止发生火灾或爆炸，及时控制灾害的蔓延扩大。

（5）除为满足民用建筑使用功能所设置的附属库房外，民用建筑内不应设置生产车间和其他库房。经营、存放和使用甲、乙类火灾危险性物品的商店、作坊的储藏间，严禁附设在民用建筑内。

【考点八】设备用房布置【★★★★★】

（一）锅炉房、变压器室

燃油或燃气锅炉、油浸电力变压器、充有可燃油的高压电容器和多油开关等，宜设置在建筑外的专用房间内；当确需贴邻民用建筑布置，应采用防火墙与所贴邻的建筑分隔，且不应贴邻人员密集场所，该专用房间的耐火等级不应低于二级；确需布置在民用建筑内时，不应布置在人员密集场所的上一层、下一层或贴邻，并应符合下列规定：

（1）燃油和燃气锅炉房、变压器室应设置在首层或地下一层靠外墙部位，但常（负）压燃油、燃气锅炉可设置在地下二层，当常（负）压燃气锅炉距安全出口的距离不小于 6 m 时，可设置在屋顶上。燃油锅炉应采用丙类液体作燃料，采用相对密度不小于 0.75 的可燃气体为燃料的锅炉，不得设置在地下或半地下。

（2）锅炉房、变压器室的疏散门均应直通室外或安全出口。

（3）锅炉房、变压器室等与其他部位之间应采用耐火极限不低于 2.00 h 的防火隔墙和 1.50 h 的不燃性楼板分隔。在隔墙和楼板上不应开设洞口，确需在隔墙上设置门、窗时，应采用甲级防火门、窗。

（4）当锅炉房内设置储油间时，其总储存量不应大于 1 m^3，且储油间应采用耐火极限不低于 3.00 h 的防火隔墙与锅炉间分隔；当确需在防火隔墙上设置门时，应采用甲级防火门。

（5）变压器室之间、变压器室与配电室之间，应设置耐火极限不低于 2.00 h 的防火隔墙。

（6）油浸变压器、多油开关室、高压电容器室，应设置防止油品流散的设施。油浸变压器下面应设置储存变压器全部油量的事故储油设施。

（7）锅炉的容量应符合《锅炉房设计规范》（GB 50041—2008）的规定。油浸电力变压器的总容量不应大于 1 260 kV・A，单台容量不应大于 630 kV・A。

（8）应设置火灾报警装置。

（9）应设置与锅炉、油浸变压器容量和建筑规模相适应的灭火设施。

（10）燃气锅炉房应设置爆炸泄压设施。燃油、燃气锅炉房应设置独立的通风系统，并应符合《建筑设计防火规范》（GB 50016—2014）的规定。

（二）柴油发电机房

布置在民用建筑内的柴油发电机房时应符合下列规定：

（1）宜布置在建筑物的首层及地下一、二层，不应布置在人员密集场所的上一层、下一层或贴邻。

（2）应采用耐火极限不低于 2.00 h 的防火隔墙和不低于 1.50 h 的不燃性楼板与其他部位隔开，门应采用甲级防火门。

（3）机房内设置储油间时，其总储存量不应大于 1.0 m^3，储油间应采用耐火极限不低于 3.00 h 的防火隔墙与发电机房分隔；确需在防火隔墙上开门时，应设置甲级防火门。

（4）应设置火灾报警装置。

（5）应设置与柴油发电机容量和建筑规模相适应的灭火设施，当建筑内其他部位设置自动喷火灭火系统时，机房内应设置自动喷水灭火系统。

（三）液化石油气瓶组

建筑采用瓶装液化石油气瓶组供气时，应符合下列规定：

（1）应设置独立的瓶组间。

（2）瓶组间不应与住宅建筑、重要公共建筑和其他高层公共建筑贴邻，液化石油气气瓶的总容积不大于 1 m^3 的瓶组间与所服务的其他建筑贴邻时，应采用自然气化方式供气。

（3）液化石油气气瓶的总容积大于 1 m^3、不大于 4 m^3 的独立瓶组间，与所服务建筑的防火间距应符合本规范表 2—2—4—4 的规定。

表 2—2—4—4　液化石油气气瓶的独立瓶组间与所服务建筑的防火间距　（单位：m）

名称		液化石油气气瓶的独立瓶组间的总容积 V/m^3	
		$V \leq 2$	$2 < V \leq 4$
明火或散发火花地点		25	30
重要公共建筑、一类高层民用建筑		15	20
裙房和其他民用建筑		8	10
道路（路边）	主要	10	
	次要	5	

注：气瓶总容积应按配置气瓶个数与单瓶几何容积的乘积计算。

（4）在瓶组间的总出气管道上应设置紧急事故自动切断阀。

（5）瓶组间应设置可燃气体浓度报警装置。

（6）其他防火要求应符合《城镇燃气设计规范》（GB 50028—2006）的规定。

（四）消防控制室

消防控制室是建筑物内防火、灭火设施的显示控制中心，是扑救火灾的指挥中心，是保障建筑物安全的要害部位之一，应设在交通方便和发生火灾后不易燃烧的部位，其设置应符合下列规定：

（1）单独建造的消防控制室，其耐火等级不应低于二级。

（2）附设在建筑物内的消防控制室，宜设置在建筑物内首层或地下一层，并宜布置在靠外墙部位，且应采用耐火极限不低于 2.00 h 的防火隔墙和不低于 1.50 h 的楼板与其他部位隔开，疏散门应直通室外或安全出口。

（3）严禁与消防控制室无关的电气线路和管路穿过。

（4）不应设置在电磁场干扰较强及其他可能影响消防控制设备工作的设备用房附近。

（五）消防设备用房

（1）附设在建筑物内的消防设备用房，如固定灭火系统的设备室、消防水泵房和通风空气调节机房、防烟排烟机房等，应采用耐火极限不低于 2.00 h 的隔墙和 1.50 h 的楼板与其他部位隔开。

（2）独立建造的消防水泵房的耐火等级不应低于二级；附设在建筑内的消防水泵房，不应设置在地下三层及以下，或地下室内地面与室外出入口地坪高差大于 10 m 的地下楼层中；疏散门应直通室外或安全出口。

（3）通风、空调机房和变配电室开向建筑内的门应采用甲级防火门，消防控制室和其他设备房间开向建筑内的门应采用乙级防火门。消防水泵房的门应采用甲级防火门；消防电梯机房与普通电梯机房之间应采用耐火极限不低于 2.00 h 的隔墙分开，如开门，应设甲级防火门。

【考点九】人员密集场所布置【★★★】

（一）观众厅、会议厅、多功能厅

建筑内的观众厅、会议厅、多功能厅等人员密集场所，宜布置在首层或二、三层。设置在三级耐火等级的建筑内时，不应布置在三层及以上楼层。确需布置在其他楼层时，应符合下列规定：

（1）各厅、室的疏散门不应少于 2 个，且建筑面积不宜大于 400 m^2。

（2）设置在地下或半地下时，宜设置在地下一层，不应设置在地下三层及以下楼层。

（3）当设置在高层建筑内时，应设置火灾自动报警系统和自动喷水灭火系统等消防设施。

（二）歌舞娱乐放映游艺场所

歌舞厅、录像厅、夜总会、卡拉 OK 厅（含具有卡拉 OK 功能的餐厅）、放映厅、游艺厅（含电子游艺厅）、桑拿浴室（不包括洗浴部分）、网吧等歌舞娱乐放映游艺场所的布置应符合下列规定：

（1）不应布置在地下二层及以下楼层。

（2）宜布置在首层或二、三层的靠外墙部位。

（3）不宜布置在袋形走道的两侧和尽端。

（4）确需布置在地下一层时，地下一层的地面与室外出入口地坪的高差不应大于 10 m。

（5）确需布置在地下或四层及以上楼层时，一个厅、室的建筑面积不应超过 200 m^2。

（6）应采用耐火极限不低于 2.00 h 的防火隔墙和不低于 1.00 h 的不燃性楼板与其他场所隔开，设置在厅、室墙上的门和该场所与建筑内其他部位相通的门应采用乙级防火门。

（三）剧场、电影院、礼堂

剧场、电影院、礼堂宜设置在独立的建筑内；采用三级耐火等级建筑时，不应超过两层；确需设置在其他民用建筑内时，应至少设置 1 个独立的安全出口和疏散楼梯，并应符合下列规定：

（1）应采用耐火极限不低于 2.00 h 的防火隔墙和甲级防火门与其他区域分隔。

（2）设置在一、二级耐火等级的建筑内时，观众厅宜布置在首层、二层或三层；确需要布置在四层及以上楼层时，一个厅、室的疏散门不应少于 2 个，且每个观众厅的建筑面积不宜大于 400 m^2。

（3）设置在三级耐火等级的建筑内时，不应布置在三层及以上楼层。

（4）设置在地下或半地下时，宜设置在地下一层，不应设置在地下三层及以下楼层。

（5）设置在高层建筑内，应布置火灾自动报警系统及自动喷水灭火系统等自动灭火系统。

（四）商店、展览建筑

商店建筑、展览建筑采用三级耐火等级建筑时，不应超过两层；采用四级耐火等级建筑时，应为单层。营业厅、展览厅设置在三级耐火等级的建筑内时，应布置在首层或二层；设置在四级耐火等级的建筑内时，应布置在首层。

营业厅、展览厅不应设置在地下三层及以下楼层。地下或半地下营业厅、展览厅不应经营、储存和展示甲类、乙类火灾危险性物品。

【考点十】特殊场所布置【★★★】

（一）老年人建筑及儿童活动场所

老年人建筑及托儿所、幼儿园的儿童用房和儿童游乐厅等儿童活动场所宜设置在独立的建筑内，且不应设置在地下或半地下。应符合下列规定：

（1）设置在一、二级耐火等级的建筑内时，应设置在建筑物的首层或二、三层。

（2）设置在三级耐火等级的建筑内时，应设置在首层及二层。

（3）设置在四级耐火等级的建筑内时，应设置在首层。

（4）设置在高层建筑内时，应设置独立的安全出口和疏散楼梯。

（5）设置在单、多层建筑内时，宜设置独立的安全出口和疏散楼梯。

（二）医院和疗养院的住院部分

医院和疗养院的住院部分不应设置在地下或半地下。医院和疗养院的住院部分设置在三级耐火等级建筑内时，不应超过两层；设置在四级耐火等级建筑内时，应为单层；设置在三级耐火等级的建筑内时，应布置在首层或二层；设置在四级耐火等级建筑内时，应布置在首层。

医院和疗养院的病房楼内相邻护理单元之间应采用耐火极限不低于 2.00 h 的防火隔墙分隔，隔墙上的门应采用乙级防火门，设置在走道上的防火门应采用常开防火门。

（三）教学建筑、食堂、菜市场

教学建筑、食堂、菜市场设置在三级耐火等级建筑内时，不应超过两层；设置在四级耐火等级建筑内时，应为单层；设置在三级耐火等级的建筑内时，应布置在首层或二层；设置在四级耐火等级的建筑内时，应布置在首层。

【考点十一】住宅建筑及设置商业服务网点住宅建筑【★★】

（1）除商业服务网点外，住宅建筑与其他使用功能的建筑合建时，应符合下列规定：

1）住宅部分与非住宅部分之间，应采用耐火极限不低于 2.00 h 且无门、窗、洞口的防火隔墙和不低于 1.50 h 的不燃性楼板进行完全分隔；当为高层建筑时，应采用无门、窗、洞口的防火墙和耐火极限不低于 2.00 h 的不燃性楼板完全分隔。建筑外墙上、下层开口之间的防火措施应符合《建筑设计防火规范》（GB 50016—2014）的规定。

2）住宅部分与非住宅部分的安全出口和疏散楼梯应分别独立设置；为住宅部分服务的地上车库应设置独立的疏散楼梯或安全出口，地下车库的疏散楼梯应按《建筑设计防火规范》（GB 50016—2014）的规定进行分隔。

3）住宅部分和非住宅部分的安全疏散、防火分区和室内消防设施配置，可根据各自的建筑高度分别按照《建筑设计防火规范》（GB 50016—2014）有关住宅建筑和公共建筑的规定执行；该建筑的其他防火设计应根据建筑的总高度和建筑规模按《建筑设计防火规范》（GB 50016—2014）中有关公共建筑的规定执行。

（2）设置商业服务网点的住宅建筑，其居住部分与商业服务网点之间应采用耐火极限不低于 2.00 h 且无门、窗、洞口的防火隔墙和不低于 1.50 h 的不燃性楼板完全分隔，住宅部分和商业服务网点部分的安全出口和疏散楼梯应分别独立设置。

（3）商业服务网点中每个分隔单元之间应采用耐火极限不低于 2.00 h 且无门、窗、洞口的防火隔墙相互分隔，当每个分隔单元任一层建筑面积大于200 m^2时，该层应设置2个安全出口或疏散门。每个分隔单元内的任一点至最近直通室外的出口的直线距离不应大于《建筑设计防火规范》（GB 50016—2014）中有关多层其他建筑位于袋形走道两侧或尽端的疏散门到最近安全出口的最大直线距离，室内楼梯的距离可按其水平投影长度的1.50倍计算。

【考点十二】工业建筑附属用房布置【★★】

（一）办公室、休息室

（1）甲、乙类生产场所（仓库）不应设置在地下或半地下。

（2）办公室、休息室等不应设置在甲、乙类厂房内，确需贴邻本厂房时，其耐火等级不应低于二级，并应采用耐火极限不低于3.00 h的防爆墙与厂房分隔，且应设置独立的安全出口。

（3）办公室、休息室设置在丙类厂房内时，应采用耐火极限不低于2.50 h的防火隔墙和1.00 h的楼板与其他部位分隔，并应至少设置1个独立的安全出口。如隔墙上需开设相互连通的门时，应采用乙级防火门。

（4）办公室、休息室等严禁设置在甲、乙类仓库内，且不应贴邻建造。

（5）办公室、休息室设置在丙、丁类仓库内时，应采用耐火极限不低于2.50 h的防火隔墙和1.00 h的楼板与库房分隔，并应设置独立的安全出口。如隔墙上需开设相互连通的门时，应采用乙级防火门。

（6）员工宿舍严禁设置在厂房、仓库内。

（二）液体中间储罐

（1）厂房中的丙类液体中间储罐应设置在单独房间内，其容积不应大于5 m^3。

（2）设置该中间储罐的房间，应采用耐火极限不低于3.00 h的防火隔墙和1.50 h的楼板与其他部位分隔，房间的门应采用甲级防火门。

（三）附属仓库

（1）厂房内设置不超过一昼夜需要量的甲、乙类中间仓库时，中间仓库应靠外墙布置，并应采用防火墙和耐火极限不低于1.50 h的不燃性楼板与其他部分隔开。

（2）厂房内设置丙类仓库时，必须采用防火墙和耐火极限不低于1.50 h的楼板与厂房隔开，设置丁、戊类仓库时，采用耐火极限不低于2.50 h的防火隔墙和1.00 h的楼板与其他部位隔开。

第五章　防火防烟分区与分隔

【考点一】防火分区的定义【★★】

（1）防火分区是指在建筑内部采用防火墙和楼板及其他防火分隔设施分隔而成，能在一定时间内阻止火势向同一建筑的其他区域蔓延的防火单元。

（2）防火分区的面积大小应根据建筑物的使用性质、高度、火灾危险性、消防扑救能力等因素确定。

（3）不同类别的建筑其防火分区的划分有不同的标准。

【考点二】厂房的防火分区【★★★★】

根据不同的生产火灾危险性类别，合理确定厂房的层数和建筑面积，可以有效防止火灾蔓延扩大，减少损失。甲类生产具有易燃、易爆的特性，容易发生火灾和爆炸，疏散和救援困难，如层数多则更难扑救，严重者对结构产生严重破坏。因此，甲类厂房除因生产工艺需要外，宜采用单层建筑。

为适应生产需要建设大面积厂房和布置连续生产线工艺时，防火分区采用防火墙分隔比较困难。对此，除甲类厂房外，规范允许采用防火分隔水幕或防火卷帘等进行分隔。厂房的防火分区面积应根据其生产的火灾危险性类别、厂房的层数和厂房的耐火等级等因素确定。各类厂房的防火分区的最大允许建筑面积应符合表 2—2—5—1 的要求。对于一些特殊的工业建筑，防火分区的面积可适当扩大，但必须满足规范规定的相关要求。厂房内的操作平台、检修平台，当使用人数少于 10 人时，其面积可不计入所在防火分区的建筑面积内。

表 2—2—5—1　　厂房的层数和每个防火分区的最大允许建筑面积

生产的火灾危险性类别	厂房的耐火等级	最多允许层数	每个防火分区的最大允许建筑面积 /m^2			
			单层厂房	多层厂房	高层厂房	地下或半地下厂房（包括地下或半地下室）
甲	一级 二级	宜采用单层	4 000 3 000	3 000 2 000	— —	— —
乙	一级 二级	不限 6	5 000 4 000	4 000 3 000	2 000 1 500	— —
丙	一级 二级 三级	不限 不限 2	不限 8 000 3 000	6 000 4 000 2 000	3 000 2 000 —	500 500 —
丁	一、二级 三级 四级	不限 3 1	不限 4 000 1 000	不限 2 000 —	4 000 — —	1 000 — —
戊	一、二级 三级 四级	不限 3 1	不限 5 000 1 500	不限 3 000 —	6 000 — —	1 000 — —

厂房内设置自动灭火系统时，每个防火分区的最大允许建筑面积可按表 2—2—5—1 的规定增加 1.0 倍。当丁、戊类的地上厂房内设置自动灭火系统时，每个防火分区的最大允许建筑面积不限。厂房内局部设置自动灭火系统时，其防火分区的增加面积可按该局部面积的 1.0 倍计算。

【考点三】仓库的防火分区【★★★】

（1）除了对仓库总的占地面积进行限制外，库房防火分区之间的水平分隔必须采用防火墙分隔，不能采用其他分隔方式替代。

（2）设置在地下、半地下的仓库，火灾时室内气温高，烟气浓度比较高，热分解产物成分复杂、毒性大，而且威胁上部仓库的安全，因此甲、乙类仓库不应附设在建筑物的地下室和半地下室内。

（3）仓库层数和面积应符合《消防安全技术实务（2018 年版）》中表 2—5—2 的规定。

（4）仓库内设置自动灭火系统时，除冷库的防火分区外，每座仓库的最大允许占地面积和每个防火分区的最大允许建筑面积可按《消防安全技术实务（2018 年版）》表 2—5—2 的规定增加 1.0 倍。

【考点四】民用建筑的防火分区【★★★★】

（1）不同耐火等级民用建筑防火分区的最大允许建筑面积应符合表 2—2—5—2 的规定。

表 2—2—5—2　不同耐火等级民用建筑防火分区的最大允许建筑面积

名称	耐火等级	防火分区的最大允许建筑面积（m^2）	备注
高层民用建筑	一、二级	1 500	对于体育馆、剧场的观众厅，防火分区的最大允许建筑面积可适当增加
单、多层民用建筑	一、二级	2 500	
	三级	1 200	—
	四级	600	—
地下或半地下建筑（室）	一级	500	设备用房的防火分区最大允许建筑面积不应大于 1 000 m^2

（2）一、二级耐火等级建筑内的营业厅、展览厅，当设置自动灭火系统和火灾自动报警系统并采用不燃或难燃装修材料时，每个防火分区的最大允许建筑面积可适当增加，并应符合下列规定：

1）设置在高层建筑内时，不应大于 4 000 m^2。

2）设置在单层建筑内或仅设置在多层建筑的首层内时，不应大于 10 000 m^2。

3）设置在地下或半地下时，不应大于 2 000 m^2。

（3）总建筑面积大于 20 000 m^2 的地下或半地下商店，应采用无门、窗、洞口的防火墙，耐火极限不低于 2.00 h 的楼板分隔为多个建筑面积不大于 20 000 m^2 的区域。相邻区域确需局部连通时，应采用符合规定的下沉式广场等室外开敞空间、防火隔间、避难走道、防烟楼梯间等方式进行连通。

【考点五】木结构建筑的防火分区【★★】

建筑高度不大于 18 m 的住宅建筑，建筑高度不大于 24 m 的办公建筑或丁、戊类厂房（库房）的房间隔墙和非承重外墙可采用木骨架组合墙体，其他建筑的非承重外墙不得采用木骨架组合墙体。

（1）民用建筑及丁、戊类厂房可采用木结构建筑或木结构组合建筑时，其允许层数和建筑高度应符合表 2—2—5—3 的规定，木结构建筑防火墙间的允许建筑长度和每层最大允许建筑面积应符合表 2—2—5—4 的规定。

表 2—2—5—3 木结构建筑或木结构组合建筑的允许层数和允许建筑高度

木结构建筑的形式	普通木结构建筑	轻型木结构建筑	胶合木结构建筑		木结构组合建筑
允许层数 / 层	2	3	1	3	7
允许建筑高度 /m	10	10	不限	15	24

表 2—2—5—4 木结构建筑防火墙间的允许建筑长度和每层最大允许建筑面积

层数 / 层	防火墙间的允许建筑长度 /m	防火墙间的每层最大允许建筑面积 /m²
1	100	1 800
2	80	900
3	60	600

（2）附设在木结构住宅建筑内的机动车库、发电机间、配电间、锅炉间，应采用耐火极限不低于 2.00 h 的防火隔墙和耐火极限不低于 1.00 h 的不燃性楼板与其他部位分隔，不宜开设与室内相通的门、窗、洞口，确需开设时，可开设一樘不直通卧室的乙级防火门。机动车库的建筑面积不宜大于 60 m^2。

【考点六】城市交通隧道的防火分区【★★】

（1）隧道内的变电站、管廊、专用疏散通道、通风机房及其他辅助用房等，应采取耐火极限不低于 2.00 h 的防火隔墙和乙级防火门等分隔措施与车行隧道分隔。

（2）隧道内附设的地下设备用房的每个防火分区的最大允许建筑面积不应大于 1 500 m^2。

【考点七】防火分区分隔【★★】

划分防火分区应考虑水平方向的划分和垂直方向的划分。

（1）水平防火分区，即采用一定耐火极限的墙、楼板、门窗等防火分隔物进行分隔的空间。每个楼层可根据面积要求划分成多个防火分区。

（2）按垂直方向划分的防火分区也称竖向防火分区，可把火灾控制在一定的楼层范围内，防止火灾向其他楼层垂直蔓延，主要采用具有一定耐火极限的楼板做分隔构件。高层建筑在垂直方向一般以每个楼层为单元划分防火分区，所有建筑物的地下室在垂直方向尽量以每个楼层为单元划分防火分区。

【考点八】功能区域分隔【6 ★】

（一）歌舞娱乐放映游艺场所

（1）确需布置在地下或一、二级耐火等级建筑的四层及以上楼层时，一个厅、室的建筑面积不应超过 200 m^2。

（2）厅、室之间及与建筑的其他部位之间，应采用耐火极限不低于 2.00 h 的防火隔墙和不低于 1.00 h 的不燃性楼板分隔，设置在厅、室墙上的门和该场所与建筑内其他部位相通的门均应采用乙级防火门。

（3）歌舞娱乐放映游艺场所相互分隔的独立房间应是独立的防火分隔单元。单元之间或与其他场所之间的分隔墙上，除疏散门外，不应开设其他门、窗、洞口。

（二）人员密集场所

建筑内会议厅、多功能厅等人员密集的厅、室确需布置在一、二级耐火等级建筑的四层及以上楼层时，一个厅、室的建筑面积不宜大于 400 m^2。

剧场、电影院、礼堂设置在一、二级耐火等级的其他民用建筑内时，应采用耐火极限不低于 2.00 h 的防火隔墙和甲级防火门与其他区域分隔；布置在四层及以上楼层时，每个观众厅的建筑面积不宜大于 400 m^2。

（三）医院、疗养院建筑

医院、疗养院建筑指医院或疗养院内的病房楼、门诊楼、手术部或疗养楼、医技楼等直接为病人提供诊查、治疗和休养服务的建筑。

（1）在按照规范要求划分防火分区后，病房楼的每个防火分区还需根据面积大小和疏散路线进一步分隔，以便将火灾控制在更小的区域内。

（2）医院和疗养院的病房楼内相邻护理单元之间应采用耐火极限不低于 2.00 h 的防火隔墙分隔，隔墙上的门应采用乙级防火门，设置在走道上的防火门应采用常开防火门。

（四）住宅

住宅建筑的火灾危险性与其他功能的建筑有较大差别，需独立建造。当将住宅与其他功能场所空间组合在同一座建筑内时，需在水平与竖直方向采取防火分隔措施与其他部分分隔，并使各自的疏散设施相互独立、互不连通。在水平方向，应采用无门窗洞口的防火墙分隔；在竖向，应采用楼板分隔，并在建筑立面开口位置的上、下楼层分隔处采用防火挑檐、窗槛墙等防止火灾蔓延。

住宅建筑与其他使用功能的建筑合建时，应符合下列规定：

（1）住宅部分与非住宅部分之间，应采用耐火极限不低于 1.50 h 的不燃性楼板和耐火极限不低于 2.00 h 且无门、窗、洞口的防火隔墙完全分隔；当为高层建筑时，应采用耐火极限不低于 2.00 h 的不燃性楼板和无门、窗、洞口的防火墙完全分隔，住宅部分与非住宅部分相接处上下层开口之间应设置高度不小于 1.2 m 的实体墙或挑出宽度不小于 1.0 m、长度不小于开口宽度的防火挑檐；当室内设置自动喷水灭火系统时，上下层开口之间的实体墙高度不应小于 8.0 m。

（2）设置商业服务网点的住宅建筑，居住部分与商业服务网点之间应采用耐火极限不低于 1.50 h 的不燃性楼板和耐火极限不低于 2.00 h 且无门、窗、洞口的防火隔墙完全分隔，住宅部分和商业服务网点部分的安全出口和疏散楼梯应分别独立设置。

（3）商业服务网点中每个分隔单元之间应采用耐火极限不低于 2.00 h 且无门、窗、洞口的防火隔墙相互分隔。

【考点九】设备用房防火分隔【★★★】

（1）附设在建筑内的消防控制室、灭火设备室、消防水泵房和通风空气调节机房、变配电室等，应采用耐火极限不低于 2.00 h 的防火隔墙和不低于 1.50 h 的楼板与其他部位分隔。设置在丁、戊类厂房内的通风机房应采用耐火极限不低于 1.00 h 的防火隔墙和不低于 0.50 h 的楼板与其他部位分隔。通风空气调节机房和变配电室开向建筑内的门应采用甲级防火门，消防控制室和其他设备房开向建筑内的门应采用乙级防火门。

（2）锅炉房、变压器室等与其他部位之间应采用耐火极限不低于 2.00 h 的防火隔墙和不低于 1.50 h 的不燃性楼板分隔。在隔墙和楼板上不应开设洞口，必须在隔墙上开设门、窗时，应设置甲级防火门、窗。

（3）锅炉房内设置的储油间，其总储存量最不应大于 1 m^3，且储油间应采用耐火极限不低于 3.00 h 的防火隔墙与锅炉间分隔；确需在防火隔墙上设置门时，应采用甲级防火门。变压器室之间、变压器室与配电室之间，应设置耐火极限不低于 2.00 h 的防火隔墙。油浸变压器、多油开关室、高压电容器室，应设置防止油品流散的设施。

（4）布置在民用建筑内的柴油发电机房时应符合下列规定：

1）应采用耐火极限不低于 2.00 h 的防火隔墙和不低于 1.50 h 的不燃性楼板与其他部位隔开，门应采用甲级防火门。

2）机房内设置储油间时，其总储存量不应大于 1 m^3，储油间应采用耐火极限不低于 3.00 h 的防火隔墙与发电机房分隔；确需在防火隔墙上开门时，应设置甲级防火门。

【考点十】中庭火灾危险性及防火设计要求【★★★】

（一）中庭建筑的火灾危险性

设计中庭建筑最大的问题是发生火灾时，其防火分区被上、下贯通的大空间破坏。因此，当中庭防火设计不合理或管理不善时，有火灾急速扩大的可能性，其危险在于：

（1）火灾不受限制地急剧扩大。中庭空间一旦失火，属于“燃料控制型”燃烧，因此很容易使火势迅速扩大。

（2）烟气迅速扩散。由于中庭空间形似烟囱，因此易产生烟囱效应。若在中庭下层发生火灾，烟火易于进入中庭；若在上层发生火灾，中庭空间未考虑排烟时，就会向下部楼层扩散，进而扩散到整个建筑物。

（3）疏散危险。由于烟气在多层楼迅速扩散，楼内人员会产生心理恐惧，人们争先恐后逃生，极易出现伤亡。

（4）自动喷水灭火设备难启动。中庭空间的顶棚很高，因此采取普通的火灾探测和自动喷水灭火装置等方法不能达到火灾早期探测和初期灭火的效果。即使在顶棚下设置了自动洒水喷头，由于太高，温度达不到额定值，洒水喷头也无法启动。

（二）中庭建筑火灾的防火设计要求

在建筑物内设置中庭时，防火分区的建筑面积应按上、下层相连通的建筑面积叠加计算。当中庭相连通的建筑面积和大于一个防火分区的最大允许建筑面积时，应符合下列规定：

（1）与周围相连通的空间进行防火分隔。采用防火隔墙时，其耐火极限不应低于 1.00 h；采用防火玻璃墙时，其耐火隔热性和耐火完整性不应低于 1.00 h，采用耐火完整性不低于 1.00 h 的非隔热性防火玻璃墙时，应设置自动喷水灭火系统保护；采用防火卷帘时，其耐火极限不应低于 3.00 h，并应符合卷帘分隔的规定；与中庭相连通的门、窗，应采用火灾时能自行关闭的甲级防火门、窗。

（2）高层建筑内的中庭回廊应设置自动喷水灭火系统和火灾自动报警系统。

（3）中庭应设置排烟设施。

（4）中庭内不应布置可燃物。

【考点十一】玻璃幕墙防火分隔【★★】

在发生火灾时，玻璃幕墙在火灾初期即会爆裂，导致火灾在建筑物内蔓延，垂直的玻璃幕墙与楼板、隔墙间的缝隙是火灾扩散的途径。玻璃幕墙的防火措施有以下几方面的要求：

（1）除《建筑设计防火规范》另有规定外，应在每层楼板外沿设置高度不低于 1.2 m 的实体墙或挑出宽度不小于 1.0 m、长度不小于开口宽度的防火挑檐。

（2）当室内设置自动喷水灭火系统时，该部分墙体的高度不应小于 0.8 m。

（3）当上、下层开口之间设置实体墙确有困难时，可设置防火玻璃墙，高层建筑的防火玻璃墙的耐火完整性不应低于 1.00 h，多层建筑的防火玻璃墙的耐火完整性不应低于 1.50 h，外窗的耐火完整性不应低于防火玻璃墙的耐火完整性要求。

（4）住宅建筑外墙上相邻户开口之间的墙体宽度不应小于 1.0 m；小于 1.0 m 时，应在开口之间设置凸出外墙不小于 0.6 m 的隔板。

（5）实体墙、防火挑檐和隔板的耐火极限和燃烧性能，均不应低于相应耐火等级建筑外墙的要求。

【考点十二】防火墙的设置条件【★★★★】

防火墙是防止火灾蔓延至相邻区域且耐火极限不低于 3.00 h 的不燃性墙体。防火墙是分隔水平防火分区或防止建筑间火灾蔓延的重要分隔构件。在设置时应满足下列要求：

（1）防火墙应直接设置在建筑的基础或框架、梁等承重结构上，框架、梁等承重结构的耐火极限不应低于防火墙的耐火极限。防火墙应从楼地面基层隔断至梁、楼板或屋面板的底面基层。当高层厂房（仓库）屋顶承重结构和屋面板的耐火极限低于 1.00 h，其他建筑屋顶承重结构和屋面板的耐火极限低于 0.50 h 时，防火墙应高出屋面 0.5 m 以上。

（2）防火墙横截面中心线水平距离天窗端面小于 4.0 m，且天窗端面为可燃性墙体时，应采取防止火势蔓延的措施。

（3）建筑外墙为难燃性或可燃性墙体时，防火墙应凸出墙的外表面 0.4 m 以上，且防火墙两侧的外墙均应为宽度不小于 2.0 m 的不燃性墙体，其耐火极限不应低于外墙的耐火极限。建筑外墙为不燃性墙体时，防火墙可不凸出墙的外表面，紧靠防火墙两侧的门、窗、洞口之间最近边缘的水平距离不应小于 2.0 m；采取设置乙级防火窗等防止火灾水平蔓延的措施时，该距离不限。

（4）建筑内的防火墙不宜设置在转角处，确需设置时，内转角两侧墙上的门、窗、洞口之间最近边缘的水平距离不应小于 4.0 m；采取设置乙级防火窗等防止火灾水平蔓延的措施时，该距离不限。

（5）防火墙上不应开设门、窗、洞口，确需开设时，应设置不可开启或发生火灾时能自动关闭的甲级防火门、窗。可燃气体和甲、乙、丙类液体的管道严禁穿过防火墙。防火墙内不应设置排气道。其他管道不宜穿过防火墙，确需穿过时，应采用防火封堵材料将墙与管道之间的空隙紧密填实，穿过防火墙处的管道保温材料应采用不燃材料。当管道为难燃及可燃材料时，应在防火墙两侧的管道上采取防火措施。

（6）防火墙的构造应能在防火墙任意一侧的屋架、梁、楼板等受到火灾的影响而被破坏时，不会导致防火墙倒塌。

【考点十三】防火卷帘的设置要求和设置部位【★★★】

防火卷帘是在一定时间内，连同框架能满足耐火稳定性和完整性要求的卷帘，由帘板、卷轴、电动机、导轨、支架、防护罩和控制机构等组成。防火卷帘主要用于需要进行防火分隔的墙体，特别是防火墙、防火隔墙上因生产、使用等需要开设较大开口而又无法设置防火门时的防火分隔。

（一）设置要求

防火分隔部位设置防火卷帘时，应符合以下规定：

（1）除中庭外，当防火分隔部位的宽度不大于 30 m 时，防火卷帘的宽度不应大于 10 m；当防火分隔部位的宽度大于 30 m 时，防火卷帘的宽度不应大于该部位宽度的 1/3，且不应大于 20 m。

（2）防火卷帘应具有火灾时靠自重自动关闭的功能；不应采用水平、侧向防火卷帘。

（3）除另有规定外，防火卷帘的耐火极限不应低于规范对所设置部位墙体的耐火极限要求。当防火卷帘的耐火极限符合《门和卷帘的耐火试验方法》（GB/T 7633—2008）有关耐火完整性和耐火隔热性的判定条件时，可不设置自动喷水灭火系统保护。当防火卷帘的耐火极限仅符合《门和卷帘的耐火试验方法》（GB/T 7633—2008）有关耐火完整性的判定条件时，应设置自动喷水灭火系统保护。自动喷水灭火系统的设计应符合《自动喷水灭火系统设计规范》（GB 50084—2017）的规定，但火灾延续时间不应小于该防火卷帘的耐火极限。

（4）防火卷帘应具有防烟性能，与楼板、梁、墙、柱之间的空隙应采用防火封堵材料封堵。

（5）需在火灾发生时自动降落的防火卷帘，应具有信号反馈的功能。

（6）其他要求，应符合《防火卷帘》（GB 14102—2005）的规定。

（二）设置部位

防火卷帘一般设置在电梯厅、自动扶梯周围，中庭与楼层走道、过厅相通的开口部位，生产车间中大面积工艺洞口以及设置防火墙有困难的部位等。

【考点十四】防火门窗的分类及要求【★★】

（一）防火门

防火门是指具有一定耐火极限，且在发生火灾时能自行关闭的门。建筑中设置的防火门，应保证门的防火和防烟性能符合《防火门》（GB 12955—2015）的有关规定，并经消防产品质量检测中心检测试验认证后才能使用。

1. 分类

（1）按耐火极限划分。防火门按耐火性能的分类及代号见表2—2—5—5。

表2—2—5—5 按耐火性能分类

<table>
<tr><th>名称</th><th colspan="2">耐火性能</th><th>代号</th></tr>
<tr><td rowspan="5">隔热防火门（A类）</td><td colspan="2">耐火隔热性≥0.50 h
耐火完整性≥0.50 h</td><td>A0.50（丙级）</td></tr>
<tr><td colspan="2">耐火隔热性≥1.00 h
耐火完整性≥1.00 h</td><td>A1.00（乙级）</td></tr>
<tr><td colspan="2">耐火隔热性≥1.50 h
耐火完整性≥1.50 h</td><td>A1.50（甲级）</td></tr>
<tr><td colspan="2">耐火隔热性≥2.00 h
耐火完整性≥2.00 h</td><td>A2.00</td></tr>
<tr><td colspan="2">耐火隔热性≥3.00 h
耐火完整性≥3.00 h</td><td>A3.00</td></tr>
<tr><td rowspan="4">部分隔热防火门（B类）</td><td rowspan="4">耐火隔热性≥0.50 h</td><td>耐火完整性≥1.00 h</td><td>B1.00</td></tr>
<tr><td>耐火完整性≥1.50 h</td><td>B1.50</td></tr>
<tr><td>耐火完整性≥2.00 h</td><td>B2.00</td></tr>
<tr><td>耐火完整性≥3.00 h</td><td>B3.00</td></tr>
<tr><td rowspan="4">非隔热防火门（C类）</td><td colspan="2">耐火完整性≥1.00 h</td><td>C1.00</td></tr>
<tr><td colspan="2">耐火完整性≥1.50 h</td><td>C1.50</td></tr>
<tr><td colspan="2">耐火完整性≥2.00 h</td><td>C2.00</td></tr>
<tr><td colspan="2">耐火完整性≥3.00 h</td><td>C3.00</td></tr>
</table>

（2）按材料划分，可分为木质、钢质、钢木质和其他材质防火门。

（3）按门扇结构划分，可分为带亮子，不带亮子；单扇、多扇。

2. 防火要求

（1）疏散通道上的防火门应向疏散方向开启，并在关闭后应能从任一侧手动开启。设置防火门的部位，一般为房间的疏散门或建筑某一区域的安全出口。建筑内设置的防火门既要能保持建筑防火分隔的完整性，又要能方便人员疏散和开启。因此，防火门的开启方式、开启方向等均要保证在紧急情况下人员能快捷开启，不会导致阻塞。

（2）除管井检修门和住宅的户门外，防火门应能自动关闭；双扇防火门应具有按顺序关闭的功能。

（3）除允许设置常开防火门的位置外，其他位置的防火门均应采用常闭防火门。常闭防火门应在门扇的明显位置设置“保持防火门关闭”等提示标识。为方便平时经常有人通行而需要保持常开的防火门，在发生火灾时，应具有自动关闭和信号反馈功能，如设置与报警系统联动的控制装置和闭门器等。

（4）为保证分区间的相互独立，设在变形缝附近的防火门，应设在楼层较多的一侧，并保证防火门开启时门扇不跨越变形缝，防止烟火通过变形缝蔓延。

（5）防火门关闭后应具有防烟性能。

（6）甲、乙、丙级防火门应符合现行国家标准《防火门》（GB 12955—2015）的规定。

（二）防火窗

防火窗是采用钢窗框、钢窗扇及防火玻璃制成的，能起到隔离和阻止火势蔓延的窗，一般设置在防火间距不足部位的建筑外墙上的开口或天窗，建筑内的防火墙或防火隔墙上需要观察等部位以及需要防止火灾竖向蔓延的外墙开口部位。

（1）防火窗按照安装方法可分固定窗扇与活动窗扇两种：

1）固定窗扇防火窗不能开启，平时可以采光、遮挡风雨，发生火灾时可以阻止火势蔓延。

2）活动窗扇防火窗能够开启和关闭，起火时可以自动关闭、阻止火势蔓延，开启后可以排除烟气，平时还可以采光和通风。为了使防火窗的窗扇能够开启和关闭，需要安装自动和手动开关装置。

（2）防火窗的耐火极限与防火门相同。设置在防火墙、防火隔墙上的防火窗应采用不可开启的窗扇或具有火灾时能自行关闭的功能。

【考点十五】防火水幕、防火阀和排烟防火阀概念【★★★】

（一）防火分隔水幕

防火分隔水幕可以起到防火墙的作用，在某些需要设置防火墙或其他防火分隔物而无法设置的情况下，可采用防火水幕进行分隔。

（二）防火阀

防火阀是在一定时间内能满足耐火稳定性和耐火完整性要求，用于管道内阻火的活动式封闭装置。空调、通风管道一旦窜入烟火，就会导致火灾大范围蔓延。

（1）在风道贯通防火分区的部位（防火墙）必须设置防火阀。

（2）防火阀平时处于开启状态，发生火灾时，当管道内烟气温度达到70℃时，易熔合金片就会熔断断开，防火阀就会自动关闭。

（三）排烟防火阀

（1）排烟防火阀是安装在排烟系统管道上起隔烟、阻火作用的阀门。它在一定时间内能满足耐火稳定性和耐火完整性的要求，具有手动和自动功能。当管道内的烟气达到280℃时，排烟防火阀自动关闭。

（2）排烟防火阀的设置部位：排烟管进入排风机房处，穿越防火分区的排烟管道上，排烟系统的支管上。

【考点十六】防烟分区定义与划分目的【★★】

防烟分区是在建筑内部采用挡烟设施分隔而成，能在一定时间内防止火灾烟气向同一防火分区的其余部分蔓延的局部空间。

（1）划分防烟分区的目的：

1）一是为了在发生火灾时，将烟气控制在一定范围内。

2）二是为了提高排烟口的排烟效果。

（2）防烟分区一般应结合建筑内部的功能分区和排烟系统的设计要求进行划分，不设排烟设施的部位（包括地下室）可不划分防烟分区。

【考点十七】防烟分区面积划分的要求【★★★】

设置排烟系统的场所或部位应划分防烟分区。

（1）防烟分区的最大允许面积，当空间净高小于等于 3.0 m 时，不应大于 500 m^2；当空间净高大于 3.0 m、小于等于 6.0 m 时，不应大于 1 000 m^2；当空间净高大于 6.0 m、小于等于 9.0 m 时，不应大于 2 000 m^2。

（2）设置防烟分区应满足以下几个要求：

1）防烟分区应采用挡烟垂壁、隔墙、结构梁等划分。

2）防烟分区不应跨越防火分区。

3）每个防烟分区的建筑面积不宜超过规范要求。

4）采用隔墙等形成封闭的分隔空间时，该空间宜作为一个防烟分区。

5）储烟仓高度不应小于空间净高的 10%，且不应小于 500 mm，同时应保证疏散所需的清晰高度；最小清晰高度应由计算确定。

6）有特殊用途的场所应单独划分防烟分区。

【考点十八】防烟分区分隔的主要构件【★★★★★】

划分防烟分区的构件主要有挡烟垂壁、隔墙、防火卷帘、建筑横梁等。其中隔墙即非承重、只起分隔作用的墙体。

（一）挡烟垂壁

（1）挡烟垂壁是用不燃材料制成，垂直安装在建筑顶棚、横梁或吊顶下，在发生火灾时能形成一定的蓄烟空间的挡烟分隔设施。

（2）挡烟垂壁常设置在烟气扩散流动的路线上烟气控制区域的分界处，和排烟设备配合进行有效排烟。其从顶棚下垂的高度一般应距顶棚面 50 cm 以上，称为有效高度。当室内发生火灾时，所产生的烟气由于浮力作用而积聚在顶棚下，只要烟层的厚度小于挡烟垂壁的有效高度，烟气就不会向其他场所扩散。

（3）挡烟垂壁分固定式和活动式两种。固定式挡烟垂壁是指固定安装的、能满足设定挡烟高度的挡烟垂壁；活动式挡烟垂壁可从初始位置自动运行至挡烟工作位置，并满足设定挡烟高度的挡烟垂壁。

（二）建筑横梁

当建筑横梁的高度超过 50 cm 时，该横梁可作为挡烟设施使用。

第六章　安 全 疏 散

【考点一】人员密度计算【★★★】

（一）办公建筑

（1）办公建筑包括办公室用房、公共用房、服务用房和设备用房等部分。

（2）办公室用房包括普通办公室和专用办公室。专用办公室是指设计绘图室和研究工作室等。

（3）人员密度可按普通办公室每人使用面积 4 m^2，设计绘图室每人使用面积 6 m^2，研究工作室每人使用面积 5 m^2 计算。

（4）公共用房包括会议室、对外办事厅、接待室、陈列室、公用厕所、开水间等。

（5）会议室分中、小会议室和大会议室，中、小会议室每人使用面积：有会议桌的不应小于 1.80 m^2，无会议桌的不应小于 0.80 m^2。

（二）商场

商店的疏散人数应按每层营业厅的建筑面积乘以表 2—2—6—1 规定的人员密度计算。对于建材商店、家具和灯饰展示建筑，其人员密度可按表 2—2—6—1 中规定值的 30% 确定。

表 2—2—6—1　　商店营业厅内的人员密度　　（单位：人 /m^2）

楼层位置	地下第二层	地下第一层	地上第一、第二层	地上第三层	地上第四层及以上各层
人员密度	0.56	0.60	0.43 ~ 0.60	0.39 ~ 0.54	0.30 ~ 0.42

（三）歌舞娱乐放映游艺场所

（1）歌舞娱乐放映游艺场所中录像厅的疏散人数应根据厅、室的建筑面积按不小于 1.0 人 /m^2 计算。

（2）其他歌舞娱乐放映游艺场所的疏散人数应根据厅、室的建筑面积按不小于 0.5 人 /m^2 计算。

（四）餐饮场所

餐馆、饮食店、食堂等餐饮场所由餐厅或饮食厅、公用部分、厨房或饮食制作间和辅助部分组成。100 座及 100 座以上餐馆、食堂中的餐厅与厨房（包括辅助部分）的面积比（简称餐厨比）应符合：餐馆的餐厨比宜为 1∶1.1，食堂的餐厨比宜为 1∶1。餐馆、饮食店、食堂的餐厅与饮食厅每座最小使用面积可按表 2—2—6—2 取值。

表 2—2—6—2　　餐馆、饮食店、食堂的餐厅与饮食厅每座最小使用面积　　（单位：m^2/ 座）

类别 等级	餐馆餐厅	饮食店饮食厅	食堂餐厅
一	1.30	1.30	1.10
二	1.10	1.10	0.85
三	1.00	—	—

（五）有固定座位的场所

除剧场、电影院、礼堂、体育馆外，其疏散人数可按实际座位数的1.1倍计算。

（六）展览厅

展览厅的疏散人数应根据展览厅的建筑面积和人员密度计算，展览厅的人员密度以不宜小于0.75人/m^2计算。

【考点二】疏散宽度指标【★★★★】

我国现行规范根据允许疏散时间来确定疏散通道的百人宽度指标，从而计算出安全出口的总宽度，即实际需要设计的最小宽度。

（一）百人宽度指标

百人宽度指标是每百人在允许疏散时间内，以单股人流形式疏散所需的疏散宽度。

$$百人宽度指标=\frac{单股人流宽度\times 100}{疏散时间\times 每分钟每股人流通过人数} \qquad (2—2—6—1)$$

一般情况下，一、二级耐火等级建筑疏散时间控制在2 min，三级耐火等级建筑疏散时间控制在1.5 min，根据式2—2—6—1可以计算出不同建筑每百人所需宽度。影响安全出口宽度的因素有很多，如建筑物的耐火等级与层数、使用人数、允许疏散时间、疏散路线是平地还是阶梯等。防火规范中规定的百人宽度指标是通过计算、调整得出的。

（二）疏散宽度

1. 厂房的疏散宽度

厂房内疏散楼梯、走道、门的各自总净宽度，应根据疏散人数按每百人的最小疏散净宽度计算确定（见表2—2—6—3）。但疏散楼梯最小净宽度不宜小于1.1 m，疏散走道的净宽度不宜小于1.4 m，厂房内疏散出口的最小净宽度不宜小于0.9 m。首层外门的总净宽度应按该层及以上疏散人数最多一层的疏散人数计算。

表2—2—6—3　厂房疏散楼梯、走道和门的每百人净宽度指标　（单位：m/百人）

厂房层数（层）	1～2	3	≥4
宽度指标	0.6	0.8	1.0

2. 高层民用建筑的疏散宽度

（1）高层民用建筑的疏散外门、走道和楼梯的各自总宽度，应按1 m/百人计算确定。

（2）除《建筑设计防火规范》（GB 50016—2014）另有规定外，公共建筑内疏散门和安全出口的净宽度不应小于0.90 m，疏散走道和疏散楼梯的净宽度不应小于1.10 m。

（3）高层公共建筑的疏散楼梯和首层楼梯间的疏散门、首层疏散外门和疏散走道的最小净宽度应符合表2—2—6—4的要求。

表2—2—6—4　高层公共建筑的疏散楼梯和首层楼梯间的疏散门、首层疏散外门和疏散走道的最小净宽度　（单位：m）

建筑类别	楼梯间的首层疏散门、首层疏散外门	走道净宽		疏散楼梯
		单面布房	双面布房	
高层医疗建筑	1.30	1.40	1.50	1.30
其他高层公共建筑	1.20	1.30	1.40	1.20

3. 体育馆的疏散宽度

体育馆供观众疏散的所有内门、外门、楼梯和走道的各自总宽度，应按表 2—2—6—5 的规定计算确定。

表 2—2—6—5 体育馆每百人所需最小疏散净宽度 （单位：m/ 百人）

<table>
<tr><th colspan="3">观众厅座位数范围 / 座</th><th>3 000 ~ 5 000</th><th>5 001 ~ 10 000</th><th>10 001 ~ 20 000</th></tr>
<tr><td rowspan="3">疏散部位</td><td rowspan="2">门和走道</td><td>平坡地面</td><td>0.43</td><td>0.37</td><td>0.32</td></tr>
<tr><td>阶梯地面</td><td>0.50</td><td>0.43</td><td>0.37</td></tr>
<tr><td colspan="2">楼梯</td><td>0.50</td><td>0.43</td><td>0.37</td></tr>
</table>

4. 剧场、电影院、礼堂的疏散宽度

剧院、电影院、礼堂等人员密集的公共场所的疏散走道、疏散楼梯、疏散出口或安全出口的各自总宽度应根据其通过人数和表 2—2—6—6 所示的疏散净宽度指标计算确定，并应符合下列规定。

（1）观众厅内疏散走道的净宽度，应按每百人不小于 0.6 m 的净宽度计算，且不应小于 1.0 m；边走道的净宽度不宜小于 0.8 m。

在布置疏散走道时，横走道之间的座位排数不宜超过 20 排；纵走道之间的座位数，剧院、电影院、礼堂等每排不宜超过 22 个，体育馆每排不宜超过 26 个，前后排座椅的排距不小于 0.9 m 时，可增加 1 倍，但不得超过 50 个，仅一侧有纵走道时，座位数应减少一半。

（2）剧院、电影院、礼堂等所供观众疏散的所有内门、外门、楼梯和走道的各自总净宽度，应根据疏散人数按每 100 人的最小疏散净宽度不小于表 2—2—6—6 的规定计算确定

表 2—2—6—6 剧场、电影院、礼堂等场所每百人所需最小疏散净宽度 （单位：m/ 百人）

<table>
<tr><th colspan="3">观众厅座位数 / 座</th><th>≤ 2 500</th><th>≤ 1 200</th></tr>
<tr><td colspan="3">耐火等级</td><td>一、二级</td><td>三级</td></tr>
<tr><td rowspan="3">疏散部位</td><td rowspan="2">门和走道</td><td>平坡地面</td><td>0.65</td><td>0.85</td></tr>
<tr><td>阶梯地面</td><td>0.75</td><td>1. 00</td></tr>
<tr><td colspan="2">楼梯</td><td>0.75</td><td>1.00</td></tr>
</table>

5. 木结构建筑的疏散宽度

木结构建筑内疏散走道、安全出口、疏散楼梯和房间疏散门的净宽度，应根据疏散人数按每百人的最小疏散净宽度不小于表 2—2—6—7 的规定计算确定。

表 2—2—6—7 木结构建筑内疏散走道、安全出口、疏散楼梯和房间疏散门每百人所需最小疏散净宽度 （单位：m/ 百人）

层数	地上 1 ~ 2 层	地上 3 层
最小疏散净宽度	0.75	1.00

6. 其他民用建筑

（1）除剧场、电影院、礼堂、体育馆外的其他公共建筑，其房间疏散门，安全出口、疏散走道和疏散楼梯的各自总宽度，应符合下列规定：

1）房间疏散门、安全出口、疏散走道和疏散楼梯的各自总宽度，应按表 2—2—6—8 的规定计算确定。当疏散人数不等时，疏散楼梯总净宽度应按该层及以上各楼层人数最多的一层人数计算，地上建筑内下层楼梯的总净宽度应按该层及以上疏散人数最多一层的人数计算；地下建筑内上层楼梯的总净宽度应按该层及以下疏散人数最多一层的人数计算。

表 2—2—6—8　其他公共建筑中安全出口、疏散走道和疏散楼梯的每百人所需最小疏散净宽度　（单位：m/ 百人）

建筑层数		耐火等级		
		一、二级	三级	四级
地上楼层	1 ~ 2 层	0.65	0.75	1.00
	3 层	0.75	1.00	—
	≥ 4 层	1.00	1.25	—
地下楼层	与地面出入口地面的高差≤ 10 m	0.75	—	—
	与地面出入口地面的高差＞ 10 m	1.00	—	—

2）地下或半地下人员密集的厅、室和歌舞娱乐放映游艺场所，其房间疏散门、安全出口、疏散走道和疏散楼梯的各自总宽度，应按每百人不小于 1.00 m 计算确定。

（2）当建筑物使用人数不多，其安全出口的宽度经计算数值又很小时，为便于人员疏散，首层疏散外门、楼梯和走道应满足以下最小宽度的要求：

1）公共建筑内疏散出口和安全出口的净宽度不应小于 0.90 m，疏散走道和疏散楼梯的净宽度不应小于 1.10 m。

2）人员密集的公共场所，如体育馆观众厅，疏散门的净宽度不应小于 1.40 m。

人员密集的公共场所的室外疏散通道的净宽度不应小于 3.00 m，并应直接通向宽敞地带。

【考点三】疏散距离指标【★★★★】

安全疏散距离包括两个部分：一是房间内最远点到房门的疏散距离，二是从房门到疏散楼梯间或外部出口的距离。我国规范采用限制安全疏散距离的办法来保证疏散行动时间。

（一）厂房的安全疏散距离

厂房内任一点至最近安全出口的直线距离不应大于表 2—2—6—9 的规定。

表 2—2—6—9　厂房内任一点至最近安全出口的直线距离　（单位：m）

生产的火灾危险性类别	耐火等级	单层厂房	多层厂房	高层厂房	地下、半地下厂房或厂房的地下室、半地下室
甲	一、二级	30.0	25.0	—	—
乙	一、二级	75.0	50.0	30.0	—

续表

生产的火灾危险性类别	耐火等级	单层厂房	多层厂房	高层厂房	地下、半地下厂房或厂房的地下室、半地下室
丙	一、二级	80.0	60.0	40.0	30.0
	三级	60.0	40.0	—	—
丁	一、二级	不限	不限	50.0	45.0
	三级	60.0	50.0	—	—
	四级	50.0	—	—	—
戊	一、二级	不限	不限	75.0	60.0
	三级	100.0	75.0	—	—
	四级	60.0	—	—	—

（二）公共建筑的安全疏散距离

依据《建筑设计防火规范》（GB 50016—2014）的规定，公共建筑的安全疏散距离应符合下列规定。

（1）直通疏散走道的房间疏散门至最近安全出口的直线距离应符合表2—2—6—10的规定。

表2—2—6—10　直通疏散走道的房间疏散门至最近安全出口的直线距离　（单位：m）

名称			位于两个安全出口之间的疏散门			位于袋形走道两侧或尽端的疏散门		
			耐火等级			耐火等级		
			一、二级	三级	四级	一、二级	三级	四级
托儿所、幼儿园、老年人建筑			25	20	15	20	15	10
歌舞娱乐放映游艺场所			25	20	15	9	—	—
医疗建筑	单、多层		35	30	25	20	15	10
	高层	病房部分	24	—	—	12	—	—
		其他部分	30	—	—	15	—	—
教学建筑	单、多层		35	30	25	22	20	10
	高层		30	—	—	15	—	—
高层旅馆、展览建筑			30	—	—	15	—	—
其他建筑	单、多层		40	35	25	22	20	15
	高层		40	—	—	20	—	—

（2）楼梯间应在首层直通室外，确有困难时，可在首层采用扩大的封闭楼梯间或防烟楼梯间前室。当层数不超过4层时且未采用扩大的封闭楼梯间或防烟楼梯间前室时，可将直通室外的门设置在离楼梯间不大于15 m处。

（3）房间内任一点到房间直通疏散走道的疏散门的直线距离，不应大于表 2—2—6—10 规定的袋形走道两侧或尽端的疏散门至最近安全出口的直线距离。

（4）一、二级耐火等级建筑内疏散门或安全出口不少于两个的观众厅、展览厅、多功能厅、餐厅、营业厅等，其室内任一点至最近疏散门或安全出口的直线距离不应大于 30 m；当疏散门不能直通室外地面或疏散楼梯间时，应采用长度不大于 10 m 的疏散走道通至最近的安全出口。当该场所设置自动喷水灭火系统时，室内任一点至最近安全出口的安全疏散距离可增加 25%。

（三）住宅建筑安全疏散距离

住宅建筑直通疏散走道的户门至最近安全出口的直线距离应符合表 2—2—6—11 的规定。

表 2—2—6—11　住宅建筑直通疏散走道的户门至最近安全出口的直线距离　（单位：m）

住宅建筑类别	位于两个安全出口之间的户门			位于袋形走道两侧或尽端的户门		
	耐火等级			耐火等级		
	一、二级	三级	四级	一、二级	三级	四级
单、多层	40	35	25	22	20	15
高层	40	—	—	20	—	—

（四）木结构建筑的安全疏散距离

木结构民用建筑房间直通疏散走道的疏散门至最近安全出口的直线距离不应大于表 2—2—6—12 的规定。

表 2—2—6—12　木结构民用建筑房间直通疏散走道的疏散门至最近安全出口的直线距离　（单位：m）

名称	位于两个安全出口之间的疏散门	位于袋形走道两侧或尽端的疏散门
托儿所、幼儿园、老年人建筑	15	10
歌舞娱乐放映游艺场所	15	6
医院和疗养院建筑、教学建筑	25	12
其他民用建筑	30	15

房间内任一点至该房间直通疏散走道的疏散门的距离，不应大于表 2—2—6—12 中有关袋形走道两侧或尽端的疏散门至最近安全出口的直线距离。

丁、戊类木结构厂房内任意一点至最近安全出口的疏散距离分别不应大于 50 m 和 60 m。

【考点四】疏散楼梯的布置要求【★★】

（一）平面布置

为了提高疏散楼梯的安全可靠程度，在进行疏散楼梯的平面布置时，应满足下列防火要求：

（1）疏散楼梯宜设置在标准层（或防火分区）的两端，以便于为人们提供两个不同方向的疏散路线。

（2）疏散楼梯宜靠近电梯设置。

（3）疏散楼梯宜靠外墙设置。

（二）竖向布置

（1）疏散楼梯应保持上、下畅通。高层建筑的疏散楼梯宜通至平屋顶，以便当向下疏散的路径发生堵塞或被烟气切断时，人员能上到屋顶暂时避难，等待消防部门利用登高车或直升机进行救援。

（2）应避免不同的人流路线相互交叉。高层部分的疏散楼梯不应和低层公共部分（指裙房）的交通大厅、楼梯间、自动扶梯混杂交叉，以免紧急疏散时两部分人流发生冲突，引起堵塞和意外伤亡。

【考点五】疏散门的布置要求【★★★★】

建筑内的疏散门应符合下列规定：

（1）民用建筑和厂房内的疏散门，应采用向疏散方向开启的平开门，不应采用推拉门、卷帘门、吊门、转门和折叠门。除甲、乙类生产车间外，人数不超过 60 人且每樘门的平均疏散人数不超过 30 人的房间，其疏散门的开启方向不限。

（2）民用建筑及厂房的疏散门应采用向疏散方向开启的平开门，但丙、丁、戊类仓库首层靠墙的外侧可采用推拉门或卷帘门。

（3）当开向疏散楼梯或疏散楼梯间的门完全开启时，不应减小楼梯平台的有效宽度。

（4）人员密集场所内平时需要控制人员随意出入的疏散门和设置门禁系统的住宅、宿舍、公寓建筑的外门，应保证火灾时不需要使用钥匙等任何工具即能从内部易于打开，并应在显著位置设置具有使用提示的标识。

（5）人员密集的公共场所、观众厅的疏散门不应设置门槛，且紧靠门口内外各 1.4 m 范围内不应设置台阶。

（6）高层建筑直通室外的安全出口上方，应设置挑出宽度不小于 1.0 m 的防护挑檐。

【考点六】安全出口设置的基本要求【★★★】

（1）建筑内的安全出口和疏散门应分散布置，且建筑内每个防火分区或一个防火分区的每个楼层、每个住宅单元每层相邻 2 个安全出口以及每个房间相邻两个疏散门最近边缘之间的水平距离不应小于 5.0 m。

（2）一、二级耐火等级公共建筑内防火分区的安全出口全部直通室外确有困难的防火分区，可利用通向相邻防火分区的甲级防火门作为安全出口，但应符合下列要求：

1）应采用防火墙与相邻防火分区进行分隔。

2）建筑面积大于 1 000 m^2 的防火分区，直通室外的安全出口数量不应少于 2 个；建筑面积小于或等于 1 000 m^2 的防火分区，直通室外的安全出口数量不应少于 1 个。

3）该防火分区通向相邻防火分区的疏散净宽度，不应大于按规定计算所需总净宽度的 30%。

【考点七】公共建筑安全出口的设置要求【★★★】

（1）公共建筑内每个防火分区或一个防火分区的每个楼层，其安全出口的数量应经计算确定，且不应少于2个。设置1个安全出口或1部疏散楼梯公共建筑应符合下列条件之一：

1）除托儿所、幼儿园外，建筑面积不大于200 m^2且人数不超过50人的单层公共建筑或多层公共建筑的首层。

2）除医疗建筑、老年人建筑、托儿所、幼儿园的儿童用房和儿童游乐厅等儿童活动场所和歌舞娱乐放映游艺场所等外，符合表2—2—6—13规定的公共建筑。

表2—2—6—13　　可设置1个安全出口的公共建筑

耐火等级	最多层数	每层最大建筑面积/m^2	人数
一、二级	3层	200	第2层和第3层的人数之和不超过50人
三级	3层	200	第2层和第3层的人数之和不超过25人
四级	2层	200	第2层人数不超过15人

（2）设置不少于2部疏散楼梯的一、二级耐火等级多层公共建筑，如顶层局部升高，当高出部分的层数不超过2层、人数之和不超过50人且每层建筑面积不大于200 m^2时，高出部分可设置1部疏散楼梯，但至少应另外设置1个直通主体建筑上人平屋面的安全出口，该上人屋面应符合人员安全疏散的要求。

【考点八】住宅建筑安全出口的设置要求【★★】

住宅建筑安全出口的设置应符合下列规定：

（1）建筑高度不大于27 m的建筑，当每个单元任一层的建筑面积大于650 m^2，或任一户门至最近安全出口的距离大于15 m时，每个单元每层的安全出口不应少于2个。

（2）建筑高度大于27 m、不大于54 m的建筑，当每个单元任一层的建筑面积大于650 m^2，或任一户门至最近安全出口的距离大于10 m时，每个单元每层的安全出口不应少于2个。

（3）建筑高度大于54 m的建筑，每个单元每层的安全出口不应少于2个。

（4）建筑高度大于27 m，但不大于54 m的住宅建筑，每个单元设置一座疏散楼梯时，疏散楼梯应通至屋面，且单元之间的疏散楼梯应能通过屋面连通，户门应采用乙级防火门。当不能通至屋面或不能通过屋面连通时，应设置2个安全出口。

【考点九】厂房、仓库安全出口设置要求【★★★】

（1）厂房内每个防火分区或一个防火分区的每个楼层，其安全出口的数量应经计算确定，且不应少于2个；当符合下列条件时，可设置1个安全出口：

1）甲类厂房，每层建筑面积不超过100 m^2，且同一时间的生产人数不超过5人。

2）乙类厂房，每层建筑面积不超过150 m^2，且同一时间的生产人数不超过10人。

3）丙类厂房，每层建筑面积不超过250 m^2，且同一时间的生产人数不超过20人。

4）丁、戊类厂房，每层建筑面积不超过400 m^2，且同一时间内的生产人数不超过30人。

5）地下、半地下厂房或厂房的地下室、半地下室，其建筑面积不大于50 m^2且经常停留人数不超过15人。

（2）每座仓库的安全出口不应少于2个。当一座仓库的占地面积不大于300 m^2，可设置1个安全出口。仓库内每个防火分区通向疏散走道、楼梯或室外的出口不宜少于2个，当防火分区的建筑面积不大于 100 m^2 时，可设置 1 个出口。通向疏散走道或楼梯的门应为乙级防火门。

（3）地下或半地下仓库（包括地下室或半地下室）的安全出口不应少于 2 个；当建筑面积不大于 100 m^2 时，可设置 1 个安全出口。

地下或半地下仓库（包括地下室或半地下室），当有多个防火分区相邻布置并采用防火墙分隔时，每个防火分区可利用防火墙上 1 个通向相邻防火分区的甲级防火门作为第二安全出口，但每个防火分区必须至少有 1 个直通室外的安全出口。

【考点十】疏散出口的概念及设置要求【★★★】

（一）基本概念

疏散出口包括安全出口和疏散门。疏散门是直接通向疏散走道的房间门、直接开向疏散楼梯间的门（如住宅的户门）或室外的门，不包括套间内的隔间门或住宅套内的房间门。安全出口是疏散出口的一个特例。

（二）疏散出口设置的基本要求

民用建筑应根据建筑的高度、规模、使用功能和耐火等级等因素合理设置安全疏散设施。安全出口、疏散门的位置、数量和宽度应满足人员安全疏散的要求。

（1）建筑内的安全出口和疏散门应分散布置，并应符合双向疏散的要求。

（2）公共建筑内各房间疏散门的数量应经计算确定且不应少于 2 个。除托儿所、幼儿园、老年人建筑、医疗建筑、教学建筑内位于走道尽端的房间外，符合下列条件之一的房间可设置 1 个疏散门：

1）位于 2 个安全出口之间或袋形走道两侧的房间，对于托儿所、幼儿园、老年人建筑，建筑面积不大于 50 m^2；对于医疗建筑、教学建筑，建筑面积不大于 75 m^2；对于其他建筑或场所，建筑面积不大于 120 m^2。

2）位于走道尽端的房间，建筑面积小于 50 m^2 且疏散门的净宽度不小于 0.90 m，或由房间内任一点至疏散门的直线距离不大于 15 m、建筑面积不大于 200 m^2 且疏散门的净宽度不小于 1.40 m。

3）歌舞娱乐放映游艺场所内建筑面积不大于 50 m^2 且经常停留人数不超过 15 人的厅、室或房间。

4）建筑面积不大于 200 m^2 的地下或半地下设备间、建筑面积不大于 50 m^2 且经常停留人数不超过 15 人的其他地下或半地下房间。

（3）除人员密集场所外，建筑面积不大于 500 m^2、使用人数不超过 30 人且埋深不大于 10 m 的地下半地下建筑（室），当需要设置 2 个安全出口时，其中一个安全出口可利用直通室外的金属竖向梯。

除歌舞娱乐放映游艺场所外，防火分区建筑面积不大于 200 m^2 的地下或半地下设备间、防火分区建筑面积不大于 50 m^2 且经常停留人数不超过 15 人的其他地下或半地下建筑（室），可设置 1 个安全出口或 1 部疏散楼梯。

对于一些人员密集的场所，如剧院、电影院和礼堂的观众厅，其疏散出口数目应经计算确定，且不应少于 2 个。为保证安全疏散，应控制通过每个安全出口的人数，即每个疏散出口的平均疏散人数不应超过 250 人；当容纳人数超过 2 000 人时，其超过 2 000 人的部分，每个疏散出口的平均疏散人数不应超过 400 人。体育馆的观众厅，其疏散出口数目应经计算确定，且不应少于 2 个，每个疏散出口的平均疏散人数不宜超过 400 ~ 700 人。

【考点十一】疏散走道及其设置要求【★★】

（一）基本概念

疏散走道是指发生火灾时，建筑内人员从火灾现场逃往安全场所的通道。疏散走道的设置应保证逃离火场的人员进入走道后，能顺利地继续通行至楼梯间，到达安全地带。

（二）疏散走道设置的基本要求

疏散走道的设置应满足以下要求：

（1）走道应简捷，并按规定设置疏散指示标志和诱导灯。

（2）在 1.8 m 高度内不宜设置管道、门垛等凸出物，走道中的门应向疏散方向开启。

（3）尽量避免设置袋形走道。

（4）办公建筑的走道最小净宽应满足表 2—2—6—14 的要求。

（5）疏散走道在防火分区处应设置常开甲级防火门。

表 2—2—6—14　办公建筑的走道最小净宽　（单位：m）

走道长度	走道净宽	
	单面布房	双面布房
≤ 40	1.30	1.50
> 40	1.50	1.80

【考点十二】避难走道的设置要求【★★★】

（一）基本概念

避难走道是指采用防烟措施且两侧设置耐火极限不低于 3.00 h 的防火隔墙，用于人员安全通行至室外的走道。

（二）避难走道的设置要求

避难走道的设置应符合下列规定：

（1）避难走道防火隔墙的耐火极限不低于 3.00 h，楼板的耐火极限不应低于 1.50 h。

（2）避难走道直通地面的出口不应少于 2 个，并应设置在不同方向；当走道仅与 1 个防火分区相通且该防火分区至少有 1 个直通室外的安全出口时，可设置 1 个直通地面的出口。任一防火分区通向避难直通的门至该避难走道最近直通地面的出口距离不应大于 60 m。

（3）避难走道的净宽度不应小于任一防火分区通向该避难走道的设计疏散总净宽度。

（4）避难走道内部装修材料的燃烧性能应为 A 级。

（5）防火分区至避难走道入口处应设置防烟前室，前室的使用面积不应小于 6.0 m^2，开向前室的门应采用甲级防火门，前室开向避难走道的门应采用乙级防火门。

（6）避难走道内应设置消火栓、消防应急照明、应急广播和消防专线电话。

【考点十三】疏散楼梯间的一般要求【★★★】

疏散楼梯间应符合下列规定：

（1）楼梯间应能天然采光和自然通风，并宜靠外墙设置。靠外墙设置时，楼梯间、前室及合用前室外墙上的窗口与两侧门、窗、洞口最近边缘之间的水平距离不应小于 1.0 m。

（2）楼梯间内不应设置烧水间、可燃材料储藏室、垃圾道。

（3）楼梯间内不应有影响疏散的凸出物或其他障碍物。

（4）封闭楼梯间、防烟楼梯间及其前室，不应设置卷帘。

（5）楼梯间内不应设置甲、乙、丙类液体的管道。封闭楼梯间、防烟楼梯间及其前室内禁止穿过或设置可燃气体管道。敞开楼梯间内不应设置可燃气体管道，当住宅建筑的敞开楼梯间内确需设置可燃气体管道和可燃气体计量表时，应采用金属管和设置切断气源的阀门。

（6）除通向避难层错位的疏散楼梯外，建筑中的疏散楼梯间在各层的平面位置不应改变。

（7）用作丁、戊类厂房内第二安全出口的楼梯可采用金属梯，但净宽度不应小于 0.90 m，倾斜角度不应大于 45°。

丁、戊类高层厂房，当每层工作平台上的人数不超过 2 人且各层工作平台上同时工作的人数总和不超过 10 人时，其疏散楼梯可采用敞开楼梯或利用净宽度不小于 0.90 m、倾斜角度不大于 60° 的金属梯。

（8）疏散用楼梯和疏散通道上的阶梯不宜采用螺旋楼梯和扇形踏步。必须采用时，踏步上、下两级所形成的平面角度不应大于 10°，且每级离扶手 250 mm 处的踏步深度不应小于 220 mm。

（9）高度大于 10 m 的三级耐火等级建筑应设置通至屋顶的室外消防梯。

（10）建筑的地下或半地下部分与地上部分不应共用楼梯间，确需共用楼梯间时，应在首层采用耐火极限不低于 2.00 h 的防火隔墙和乙级防火门将地下或半地下部分与地上部分的连通部位完全分隔，并应设置明显的标志。

【考点十四】封闭楼梯间设置要求【6★】

封闭楼梯间是指设有能阻挡烟气的双向弹簧门或乙级防火门的楼梯间。

（一）封闭楼梯间的适用范围

下列多层公共建筑的疏散楼梯，除与敞开式外廊直接相连的楼梯间外，均应采用封闭楼梯间：

（1）医疗建筑、旅馆、老年人建筑及类似使用功能的建筑。

（2）设置歌舞娱乐放映游艺场所的建筑。

（3）商店、图书馆、展览建筑、会议中心及类似使用功能的建筑。

（4）6 层及以上的其他建筑。

高层建筑的裙房、建筑高度不超过 32 m 的二类高层建筑、建筑高度大于 21 m 且不大于 33 m 的住宅建筑，其疏散楼梯间应采用封闭楼梯间。当住宅建筑的户门为乙级防火门时，可不设置封闭楼梯间。

高层厂房和甲、乙、丙类多层厂房的疏散楼梯应采用封闭楼梯间或室外楼梯。

（二）封闭楼梯间的设置要求

封闭楼梯间除应符合《建筑设计防火规范》规定外，还应符合下列规定：

（1）不能自然通风或自然通风不能满足要求时，应设置机械加压送风系统或采用防烟楼梯间。

（2）除楼梯间的出入口和外窗外，楼梯间的墙上不应开设其他门、窗、洞口。

（3）高层建筑、人员密集的公共建筑、人员密集的多层丙类厂房，以及甲、乙类厂房，其封闭楼梯间的门应采用乙级防火门，并应向疏散方向开启；其他建筑可采用双向弹簧门。

（4）楼梯间的首层可将走道和门厅等包括在楼梯间内形成扩大的封闭楼梯间，但应采用乙级防火门等与其他走道和房间分隔。

【考点十五】防烟楼梯间概念及分类【★★】

防烟楼梯间是指在楼梯间入口处设有前室或阳台、凹廊，通向前室、阳台、凹廊和楼梯间的门均为防火门以防止火灾的烟和热进入楼梯间。

防烟楼梯间设有两道防火门和防排烟设施，发生火灾时能作为安全疏散通道，是高层建筑中常用的楼梯间形式。

防烟楼梯间有以下类型：

（1）带阳台或凹廊的防烟楼梯间。带开敞阳台或凹廊的防烟楼梯间的特点是以阳台或凹廊作为前室，疏散人员须通过开敞的前室和两道防火门才能进入楼梯间内。

（2）带前室的防烟楼梯间。

1）利用自然排烟的防烟楼梯间。在平面布置时，设靠外墙的前室，并在外墙上设有开启面积不小于 2 m^2 的窗户，平时可以是关闭状态，但发生火灾时窗户应全部开启。由走道进入前室和由前室进入楼梯间的门必须是乙级防火门，平时及火灾时乙级防火门处于关闭状态。

2）采用机械防烟的楼梯间。楼梯间位于建筑物的内部，为防止火灾时烟气侵入，采用机械加压方式进行防烟。加压方式有仅给楼梯间加压、分别对楼梯间和前室加压以及仅对前室或合用前室加压等不同方式。

【考点十六】防烟楼梯间的适用范围及设置要求【★★★★】

（一）防烟楼梯间的适用范围

发生火灾时，防烟楼梯间能够保障所在楼层人员安全疏散，是高层和地下建筑中常用的楼梯间形式。在下列情况下应设置防烟楼梯间。

（1）一类高层建筑及建筑高度大于 32 m 的二类高层建筑。

（2）建筑高度大于 33 m 的住宅建筑。

（3）建筑高度大于 32 m 且任一层人数超过 10 人的高层厂房。

（4）当地下层数为 3 层及 3 层以上，以及地下室内地面与室外出入口地坪高差大于 10 m 时。

（二）防烟楼梯间的设置要求

防烟楼梯间除应符合《建筑设计防火规范》的规定外，还应符合下列规定：

（1）应设置防烟设施。

（2）前室可与消防电梯间的前室合用。

（3）前室的使用面积：公共建筑、高层厂房（仓库），不应小于 6.0 m^2，住宅建筑不应小于 4.5 m^2。与消防电梯间前室合用时，合用前室的使用面积：公共建筑、高层厂房以及高层仓库不应小于 10.0 m^2，住宅建筑不应小于 6.0 m^2。

（4）疏散走道通向前室以及前室通向楼梯间的门应采用乙级防火门，并应向疏散方向开启。

（5）除住宅建筑的楼梯间前室外，防烟楼梯间和其前室的内墙上不应开设疏散门和送风口外的其他门、窗、洞口。

（6）楼梯间的首层可将走道和门厅等包括在楼梯间前室内，形成扩大的前室，但应采用乙级防火门等与其他走道和房间分隔。

【考点十七】室外疏散楼梯适用范围及使用规定【★★】

（一）室外楼梯的适用范围

（1）甲、乙、丙类厂房。

（2）建筑高度大于 32 m 且任一层人数超过 10 人的厂房。

（3）辅助防烟楼梯。

（二）室外楼梯的构造要求

（1）室外疏散楼梯应符合下列规定：

1）栏杆扶手的高度不应小于 1.1 m，楼梯的净宽度不应小于 0.9 m。

2）倾斜度不应大于 45°。

3）楼梯和疏散出口平台均应采取不燃材料制作。平台的耐火极限不应低于 1.00 h，楼梯段的耐火极限不应低于 0.25 h。

4）通向室外楼梯的门宜采用乙级防火门，并应向外开启。

5）除疏散门外，楼梯周围 2.0 m 内的墙面上不应设置其他门、窗、洞口。疏散门不应正对楼梯段。

（2）高度大于 10 m 的三级耐火等级建筑应设置通至屋顶的室外消防梯。室外消防梯不应面对老虎窗，宽度不应小于 0.6 m，且宜从离地面 3.0 m 高处设置。

【考点十八】剪刀楼梯概念、特点及防火措施【★★】

剪刀楼梯，又称叠合楼梯或套梯，是在同一个楼梯间内设置了一对既相互交叉、又相互隔绝的疏散楼梯。剪刀楼梯的特点是：同一个楼梯间内设有两部疏散楼梯，并构成两个出口，有利于在较为狭窄的空间内组织双向疏散。

高层公共建筑的疏散楼梯，当分散设置确有困难且从任一疏散门至最近疏散楼梯间入口的距离不大于 10 m 时，可采用剪刀楼梯，但应符合下列规定：

（1）楼梯间应为防烟楼梯间。

（2）梯段之间应设置耐火极限不低于 1.00 h 的实体墙分隔。

（3）楼梯间的前室应分别设置。

【考点十九】避难层的概念及相关要求【★★★★】

封闭式避难层周围设有耐火的围护结构（外墙、楼板），室内设有独立的空调和防烟排烟系统，如在外墙上开设窗口时，应采用防火窗。依据《建筑设计防火规范》（GB 50016—2014）规定，建筑高度超过 100 m 的公共建筑，应设置避难层。避难层应符合下列规定：

（1）第一个避难层的楼地面至灭火救援场地地面的高度不应大于 50 m，两个避难层（间）之间的高度不宜大于 50 m。

（2）通向避难层的疏散楼梯应在避难层分隔、同层错位或上下层断开。

（3）避难层的净面积应能满足设计避难人数避难的要求，并宜按5人/m^2计算。

（4）避难层可兼作设备层。设备管道宜集中布置，其中的易燃、可燃液体或气体管道应集中布置，设备管道区应采用耐火极限不低于3.00 h的防火隔墙与避难区分隔。管道井和设备间应采用耐火极限不低于2.00 h的防火隔墙与避难区分隔，管道井和设备间的门不应直接开向避难区；确需直接开向避难区时，与避难层区出入口的距离不应小于5 m，且应采用甲级防火门。

（5）避难层应设置消防电梯出口。

（6）应设置消火栓和消防软管卷盘。

（7）应设置消防专线电话和应急广播。

（8）在避难层进入楼梯间的入口处和疏散楼梯通向避难层的出口处，应设置明显的指示标志。

（9）应设置直接对外的可开启窗口或独立的机械防烟设施，外窗应采用乙级防火窗。

【考点二十】避难间的设置要求【★★】

（1）高层病房楼应在二层及以上各楼层和洁净手术部设置避难间。避难间应符合下列规定：

1）避难间服务的护理单元不应超过2个，其净面积应按每个护理单元不小于25.0 m^2确定。

2）避难间兼作其他用途时，应保证人员的避难安全，且不得减少可供避难的净面积。

3）应靠近楼梯间，并应采用耐火极限不低于2.00 h的防火隔墙和甲级防火门与其他部位分隔。

4）应设置消防专线电话和消防应急广播。

5）避难间的入口处应设置明显的指示标志。

6）应设置直接对外的可开启窗口或独立的机械防烟设施，外窗应采用乙级防火窗。

（2）建筑高度大于54 m的住宅建筑，每户应有一间房间符合下列规定：

1）应靠外墙设置，并应设置可开启外窗。

2）内、外墙体的耐火极限不应低于1.00 h，该房间的门宜采用乙级防火门，外窗的耐火完整性不低于1.00 h。

【考点二十一】疏散指示标志设置场所与要求【★★★★】

疏散指示标志设置场所及要求：

（1）公共建筑、建筑高度大于54 m的住宅建筑，高层厂房（仓库）及甲、乙、丙类单、多层厂房，应设置灯光疏散指示标志，并应符合下列规定：

1）应设置在安全出口和人员密集的场所的疏散门的正上方。

2）应设置在疏散走道及其转角处距地面高度1.0 m以下的墙面或地面上。灯光疏散指示标志的间距不应大于20 m；对于袋形走道，不应大于10 m；在走道转角区，不应大于1.0 m。

（2）下列建筑或场所应在其内疏散走道和主要疏散路线的地面上增设能保持视觉连续的灯光疏散指示标志或蓄光疏散指示标志：

1）总建筑面积超过8 000 m^2的展览建筑。

2）总建筑面积超过 5 000 m^2 的地上商店。

3）总建筑面积超过 500 m^2 的地下、半地下商店。

4）歌舞娱乐放映游艺场所。

5）座位数超过 1 500 个的电影院、剧院，座位数超过 3 000 个的体育馆、会堂或礼堂。

（3）建筑内设置的消防疏散指示标志和消防应急照明灯具，应符合《建筑设计防火规范》（GB 50016—2014）、《消防安全标志》（GB 13495.1—2015）和《消防应急照明和疏散指示系统》（GB 17945—2010）的规定。

（4）建筑内消防应急照明和灯光疏散指示标志的备用电源连续供电时间应符合下列规定：

1）建筑高度大于 100 m 的民用建筑，不应少于 1.5 h。

2）医疗建筑、老年人建筑、总建筑面积大于 100 000 m^2 的公共建筑和总建筑面积大于 20 000 m^2 的地下、半地下建筑，不应少于 1.0 h。

3）其他建筑，不应少于 0.5 h。

第七章　建筑电气防火

【考点一】电线电缆分类及适用场所【★★★】

（一）普通电线电缆

（1）普通聚氯乙烯电线电缆适用温度范围为 -15 ～ 60℃，使用场所的环境温度超出该范围时，应采用特种聚氯乙烯电线电缆；普通聚氯乙烯电线电缆在燃烧时会散放有毒烟气，不适用于地下客运设施、地下商业区、高层建筑和重要公共设施等人员密集场所。

（2）交联聚氯乙烯（XLPE）电线电缆不具备阻燃性能，但燃烧时不会产生大量有毒烟气，适用于有"清洁"要求的工业与民用建筑。

（3）橡胶电线电缆的弯曲性能较好，能够在严寒气候下敷设，适用于水平高差大和垂直敷设的场所；橡皮电线电缆适用于移动式电气设备的供电线路。

（二）阻燃电线电缆

（1）阻燃电缆是指在规定试验条件下被燃烧，能使火焰仅在限定范围内蔓延，撤去火源后，残焰和残灼能在限定时间内自行熄灭的电缆。阻燃电缆的性能主要用氧指数和发烟性两个指标来评定。由于空气中氧气占 21%，因此氧指数超过 21 的材料在空气中会自熄，材料的氧指数越高，表示它的阻燃性越好。

（2）阻燃电缆按燃烧时的烟气特性可分为一般阻燃电缆、低烟低卤阻燃电缆和无卤阻燃电缆 3 大类。电线电缆成束敷设时，应采用阻燃型电线电缆。

（3）当电缆在桥架内敷设时，应考虑在将来增加电缆时，也能符合阻燃等级，宜按近期敷设电缆的非金属材料体积预留 20% 裕量。电线在槽盒内敷设时，也宜按此原则来选择阻燃等级。在同一通道中敷设的电缆应选用同一阻燃等级的电缆。阻燃和非阻燃电缆也不宜在同一通道内敷设。

（4）非同一设备的电力与控制电缆若在同一通道时，宜互相隔离。

（5）直埋地电缆、直埋入建筑孔洞或砌体的电缆及穿管敷设的电线电缆，可选用普通型电线电缆。敷设在有盖槽盒、有盖板的电缆沟中的电缆若已采取封堵、阻水、隔离等防止延燃的措施，可降低一级阻燃要求。

（三）耐火电线电缆

（1）耐火电线电缆是指规定试验条件下，在火焰中被燃烧一定时间内能保持正常运行特性的电缆。

（2）耐火电缆按绝缘材质可分为有机型和无机型两种。有机型主要是采用耐 800℃高温的云母带以 50% 的重叠搭盖率包覆两层作为耐火层；外部采用聚氯乙烯或交联聚乙烯为绝缘，若同时要求阻燃，只要绝缘材料选用阻燃型材料即可。有机型耐火电缆加入隔氧层后，可以耐受 950℃高温。无机型是矿物绝缘电缆，它是采用氧化镁作为绝缘材料，铜管作为护套的电缆，国际上称为矿物绝缘电缆，简称 MI 电缆。耐火电线电缆主要适用于在发生火灾时仍需要保持正常运行的线路。

（3）耐火等级应根据火灾时可能达到的火焰温度确定。火灾时，由于环境温度剧烈升高，导致线芯电阻的增大，当火焰温度为 800 ~ 1 000℃时，导体电阻增大 3 ~ 4 倍，此时仍应保证系统的正常工作，需按此条件校验电压损失。耐火电缆也应考虑自身在火灾时的机械强度，因此，明敷的耐火电缆截面积应不小于 2.5 mm^2。应区分耐高温电缆与耐火电缆，前者只适用于调温环境。一般有机类的耐火电缆本身并不阻燃。若既需要耐火又要满足阻燃，应采用阻燃耐火型电缆或矿物绝缘电缆。普通电缆及阻燃电缆敷设在耐火电缆槽盒内，并不一定满足耐火的要求，设计选用时必须注意这一点。

【考点二】电线电缆截面面积选型原则【★★】

电线电缆截面面积的选型原则应符合下列规定：

（1）通过负载电流时，线芯温度不超过电线电缆绝缘所允许的长期工作温度。

（2）通过短路电流时，不超过所允许的短路强度，高压电缆要校验热稳定性，母线要校验动、热稳定性。

（3）电压损失在允许范围内。

（4）满足机械强度的要求。

（5）低压电线电缆应符合负载保护的要求，TN 系统中还应保证在接地故障时保护电器能断开电路。

【考点三】电气线路的保护措施【★★】

低压配电线路还应按照《低压配电设计规范》（GB 50054—2011）及《剩余电流动作保护装置和运行》（GB 13955—2005）等国家相关标准要求设置短路保护、过载保护和接地故障保护。

（一）短路保护

（1）配电线路的短路保护电器，应在短路电流对导体和连接件产生的热效应和机械力造成危害之前切断电源。

（2）短路保护电器，应能分断其安装处的预期短路电流。预期短路电流，应通过计算或测量确定。当短路保护电器的分断能力小于其安装处预期短路电流时，在该段线路的上一级应装设具有所需分段能力的短路保护电器；其上、下两级的短路保护电器的动作特性配合，使该段线路机器短路保护器能承受通过的短路能量。

（二）过载保护

配电线路的过载保护应在过载电流引起的导体升温对导体的绝缘、接头、端子或导体周围的物质造成损害之前切断电源。过载保护电器的动作特性应同时满足以下两个条件：

（1）线路计算电流小于等于熔断器熔体的额定电流，后者应小于或等于导体允许持续载流量。

（2）保证保护电器可靠动作的电流小于或等于 1.45 倍熔断器熔体额定电流。

需要注意的是，当保护电器为断路器时，保证保护电器可靠动作的电流为约定时间内的约定动作电流；当保护电器为熔断器时，保证保护电器可靠动作的电流为约定时间内的熔断电流。

（三）接地故障保护

当发生带电导体与外露可导电部分、装置外可导电部分、PE 线、PEN 线、大地等之间的接地故障时，保护电器必须切断该故障电路。接地故障保护电器的选择应根据配电系统的接地形式、电气设备使用特点及导体截面面积等确定。

TN 系统的接地保护方式具体有以下几种：

（1）当灵敏性符合要求时，采用短路保护兼作接地故障保护。

（2）零序电流保护模式适用于 TN–C、TN–C–S、TN–S 系统，不适用于谐波电流大的配电系统。

（3）剩余电流保护模式适用于 TN–S 系统，不适用于 TN–C 系统。

【考点四】电气照明灯具的选型【★★★】

灯具的选型应符合国家相关标准的有关规定，既要满足使用功能和照明质量的要求，又要满足防火安全的要求。

（1）火灾危险场所应选用闭合型、封闭型、密闭型灯具，灯具的选型见表 2—2—7—1。

表 2—2—7—1　　火灾危险场所照明装置的选型

<table>
<tr><th colspan="2">火灾危险区域
防护结构
照明装置</th><th>A 区</th><th>B 区</th><th>C 区</th></tr>
<tr><td rowspan="2">照明灯具</td><td>固定安装</td><td>封闭型</td><td rowspan="4">密闭型</td><td>开启型</td></tr>
<tr><td>移动式、携带式</td><td rowspan="3">密闭型</td><td>封闭型</td></tr>
<tr><td colspan="2">配电装置</td><td rowspan="2">—</td></tr>
<tr><td colspan="2">接线盒</td></tr>
</table>

火灾危险环境根据火灾事故发生的可能性和后果、危险程度和物质状态的不同，分为下列 3 类区域。

A 区：具有闪点高于环境温度的可燃液体，且其数量和配置能引起火灾危险的环境（H–1 级场所）。

B 区：具有悬浮状、堆积状的可燃粉尘或可燃纤维，虽不能形成爆炸混合物，但在数量和配置上能引起火灾危险的环境（H–2 级场所）。

C 区：具有固体状可燃物质，其数量和配置上能引起火灾危险的环境（H–3 级场所）。

（2）爆炸危险环境应选用防爆型、隔爆型灯具，灯具的选型见表 2—2—7—2。

表 2—2—7—2　　爆炸危险环境照明装置的选型

等级场所	有可燃气体、液体的场所			有可燃粉尘、纤维的场所	
选型电气设备及其使用条件	连续出现或长期出现气体混合物的场所	在正常运行时可能出现爆炸性气体混合物的场所	在正常运行时不可能出现或即使出现也仅是短时间存在的爆炸性气体混合物的场所	连续出现或长期出现爆炸性粉尘混合物的场所	有时会将积留下的粉尘扬起而出现爆炸性粉尘混合物的场所

续表

<table>
<tr><th colspan="2">等级场所</th><th colspan="3">有可燃气体、液体的场所</th><th colspan="2">有可燃粉尘、纤维的场所</th></tr>
<tr><td rowspan="2">照明灯具</td><td>固定安装、移动式</td><td>防爆型、防爆通风充气型</td><td>任意一种防爆类型</td><td>密闭型</td><td>任意一级隔爆型</td><td rowspan="3">密闭型</td></tr>
<tr><td>携带式</td><td>隔爆型</td><td>隔爆型</td><td>隔爆型、防爆安全型</td><td>任意一级隔爆型</td></tr>
<tr><td colspan="2">配电装置</td><td>防爆型、防爆通风充气型</td><td>任意一种防爆类型</td><td>密闭型</td><td>任意一级隔爆型、防爆通风充气型</td></tr>
</table>

（3）有腐蚀性气体及特别潮湿的场所，应采用密闭型灯具，灯具的各种部件还应进行防腐处理。

（4）潮湿的厂房内和户外可采用封闭型灯具，也可采用有防水灯座的开启型灯具。

（5）可能直接受外来机械损伤的场所以及移动式和携带式灯具，应采用有保护网（罩）的灯具。

（6）振动场所（如有锻锤、空压机、桥式起重机等）的灯具应具有防振措施（如采用吊链等软性连接）。

（7）有火灾危险和爆炸危险场所的电气照明开关、接线盒、配电盘等，其防护等级也不应低于表 2—2—7—1 及表 2—2—7—2 的要求。

（8）人防工程内的潮湿场所应采用防潮型灯具；柴油发电机房的储油间、蓄电池室等房间应采用密闭型灯具；可燃物品库房不应设置卤钨灯等高温照明灯具。

【考点五】照明灯具的设置要求【★★★★】

（1）在连续出现或长期出现气体混合物的场所和连续出现或长期出现爆炸性粉尘混合物的场所选用定型照明灯具有困难时，可将开启型照明灯具做成嵌墙式壁龛灯，检修门应向墙外开启，并保证通风良好；向室外照射的一面应有双层玻璃严密封闭，其中至少有一层必须是高强度玻璃，安装位置不应设在门、窗及排风口的正上方，距门框、窗框的水平距离应不小于 3 m，距排风口水平距离应不小于 5 m。

（2）照明与动力合用一电源时，应有各自的分支回路，所有照明线路均应有短路保护装置。配电盘盘后接线要尽量减少接头，接头应采用锡钎焊焊接并应用绝缘布包好，金属盘面还应有良好接地。

（3）照明电压一般采用 220 V；携带式照明灯具（俗称行灯）的供电电压不应超过 36 V；如在金属容器内及特别潮湿场所内作业，行灯电压不得超过 12 V。36 V 以下照明供电变压器严禁使用自耦变压器。

（4）36 V 以下和 220 V 以上的电源插座应有明显区别，低压插头应无法插入较高电压的插座内。

（5）每一照明单相分支回路的电流不宜超过 16 A，所接光源数不宜超过 25 个；连接建筑组合灯具时，回路电流不宜超过 25 A，光源数不宜过超过 60 个；连接高强度气体放电灯的单相分支回路的电流不应超过 30 A。

（6）插座不宜和照明灯接在同一分支回路上。

（7）各种零件必须符合电压、电流等级，不得过电压、过电流使用。

（8）明装吸顶灯具采用木制底台时，应在灯具与底台中间铺垫石板或石棉布。附带镇流器的各式荧光吸顶灯，应在灯具与可燃材料之间加垫瓷夹板隔热，禁止直接安装在可燃吊顶上。

（9）可燃吊顶上所有暗装、明装灯具、舞台暗装彩灯、舞池脚灯的电源导线，均应穿钢管敷设。

（10）舞台暗装彩灯泡，舞池脚灯彩灯灯泡的功率均宜在 40 W 以下，最大不应超过 60 W。彩灯之间导线应焊接，所有导线不应与可燃材料直接接触。

第八章　建筑防爆

【考点一】建筑防爆原则【★★】

根据物质燃烧爆炸原理，防止发生火灾爆炸事故的基本原则：

（1）控制可燃物和助燃物浓度、温度、压力及混触条件，避免物料处于燃爆的危险状态。

（2）消除一切足以引起起火爆炸的点火源。

（3）采取各种阻隔手段，阻止火灾爆炸事故的扩大。

【考点二】建筑防爆措施【★★★★】

建筑防爆的基本技术措施分为预防性技术措施和减轻性技术措施。

（一）预防性技术措施

（1）排除能引起爆炸的各类可燃物质

1）在生产过程中尽量不用或少用具有爆炸危险的各类可燃物质。

2）生产设备应尽可能地保持密闭状态，防止“跑、冒、滴、漏”。

3）加强通风除尘。

4）预防燃气泄漏，设置可燃气体浓度报警装置。

5）利用惰性介质进行保护。

（2）消除或控制能引起爆炸的各种火源

1）防止撞击、摩擦产生火花。

2）防止高温表面成为点火源。

3）防止日光照射。

4）防止电气火灾。

5）消除静电火花。

6）防雷电火花。

7）防止明火。

（二）减轻性技术措施

（1）采取泄压措施。

（2）采用抗爆性能良好的建筑结构体系。

（3）采取合理的建筑布置。

【考点三】爆炸危险区域的范围【★★】

（一）爆炸性气体环境危险区域划分

《爆炸危险环境电力装置设计规范》（GB 50058—2014）规定，爆炸性气体环境爆炸危险区域的范围划分应按释放源级别和通风条件确定，并应符合下列规定。

（1）按释放源的级别划分。

1）存在连续级释放源的区域可划为 0 区。连续级释放源是指连续释放或预计长期释放的释放源。类似下列情况的，可划为连续级释放源。

2）存在一级释放源的区域可划为 1 区。一级释放源是指在正常运行时，预计可能周期或偶尔释放的释放源。类似下列情况的，可划为一级释放源。

3）存在第二级释放源的区域可划为 2 区。二级释放源是指在正常运行时，预计不会释放，或者当出现释放时，仅是偶尔和短期释放的释放源。类似下列情况的，可划为第二级释放源。

（2）根据通风条件调整区域。根据通风条件调整爆炸危险区域划分，应遵循以下原则：

1）当通风良好时，应降低爆炸危险区域等级（爆炸危险区域内的通风，其空气流量能使可燃物质很快稀释到爆炸下限值的 25% 以下时，可定为通风良好）；当通风不良时，应提高爆炸危险区域等级。

2）局部机械通风在降低爆炸性气体混合物浓度方面比自然通风和一般机械通风更为有效时，可采用局部机械通风降低爆炸危险区域等级。

3）在障碍物、凹坑和死角处，应局部提高爆炸危险区域等级。

4）利用堤或墙等障碍物，限制比空气重的爆炸性气体混合物的扩散，可缩小爆炸危险区域的范围。

（二）爆炸性粉尘环境危险区域划分

对于爆炸性粉尘环境，其危险区域的范围应按爆炸性粉尘的量、爆炸极限和通风条件确定。

【考点四】爆炸危险性厂房、库房总平面布局要求【★★】

（1）有爆炸危险的甲、乙类厂房、库房宜独立设置，并宜采用敞开或半敞开式。其承重结构宜采用钢筋混凝土或钢框架、排架结构。

（2）有爆炸危险的厂房、库房与周围建筑物、构筑物应保持一定的防火间距。如甲类厂房与民用建筑的防火间距不应小于 25 m，与高层建筑、重要公共建筑的防火间距不应小于 50 m，与明火或散发火花地点的防火间距不应小于 30 m。甲类库房与高层建筑、重要公共建筑物的防火间距不应小于 50 m，与其他民用建筑（裙房，单、多层）和明火或散发火花地点的防火间距按其储存物品性质不同为 25 ~ 40 m。

（3）有爆炸危险的厂房平面布置最好采用矩形，与主导风向应垂直或夹角不小于 45°，以有效利用穿堂风吹散爆炸性气体，在山区宜布置在迎风山坡一面且通风良好的地方。

（4）防爆厂房宜单独设置，如必须与非防爆厂房贴邻时，只能一面贴邻，并在两者之间用防火墙或防爆墙隔开。相邻两个厂房之间不应直接有门相通，以避免爆炸冲击波的影响。

【考点五】爆炸危险性厂房、库房平面和空间布置【★★★★★】

（一）地下、半地下室

（1）甲、乙类生产场所不应设置在地下或半地下。

（2）甲、乙类仓库也不应设置在地下或半地下。

（二）中间仓库

为满足厂房的日常生产需求，需要从仓库或上一道工序的厂房（或车间）取得一定数量的原材料、半成品、辅助材料存放在厂房内。存放上述物品的场所称为中间仓库。

（1）厂房内设置甲、乙类中间仓库时，其储量不宜超过一昼夜的需要量。

（2）中间仓库应靠外墙布置，并应采用防火墙和耐火极限不低于 1.50 h 的不燃性楼板与其他部位隔开，中间仓库最好设置直通室外的出口。

（三）办公室、休息室

根据《建筑设计防火规范》（GB 50016—2014）的规定，甲、乙类厂房内不应设置办公室、休息室。当办公室、休息室必须与本厂房贴邻建造时，其耐火等级不应低于二级，并应采用耐火极限不低于 3.00 h 的防爆墙隔开并设置独立的安全出口。甲、乙类仓库内严禁设置办公室、休息室等，并不应贴邻建造。办公室、休息室设置在丙、丁类仓库内时，应采用耐火极限不低于 2.50 h 的防火隔墙和 1.00 h 的楼板与其他部位分隔，并应设置独立的安全出口。隔墙上需开设相互连通的门时，应采用乙级防火门。

（四）变、配电站

根据《建筑设计防火规范》（GB 50016—2014）的规定，变、配电站不应设置在甲、乙类厂房内或贴邻，且不应设置在爆炸性气体、粉尘环境的危险区域内。供甲、乙类厂房专用的 10 kV 及以下的变、配电站，当采用无门、窗、洞口的防火墙分隔时，可一面贴邻，并应符合现行国家标准《爆炸危险环境电力装置设计规范》等标准的规定。

乙类厂房的配电站确需在防火墙上开窗时，应采用甲级防火窗。

（五）总控制室与分控制室

根据《建筑设计防火规范》（GB 50016—2014）的规定，有爆炸危险的甲、乙类厂房的总控制室，应独立设置。有爆炸危险的甲、乙类厂房的分控制室在受条件限制时可与厂房贴邻建造，但必须靠外墙设置，并采用耐火极限不低于 3.00 h 的防火隔墙与其他部分隔开。

（六）有爆炸危险的部位

（1）有爆炸危险的甲、乙类生产部位，宜设置在单层厂房靠外墙的泄压设施或多层厂房顶层靠外墙的泄压设施附近。有爆炸危险的设备宜避开厂房的梁、柱等主要承重构件布置。

（2）单层厂房中如某一部分用于有爆炸危险的甲、乙类生产，为防止或减少爆炸事对其他生产部分的破坏、减少人员伤亡，要求甲、乙类生产部位靠外墙设置。防爆房间尽量靠外墙布置，这样泄压面积容易解决，也便于灭火救援。

（3）多层厂房中某一部分或某一层为有爆炸危险的甲、乙类生产时，为避免因该类生产设置在底层及其中间各层，爆炸时结构破坏严重而影响上层建筑结构的安全，故将其设置在最上一层靠外墙的部位。

（4）在厂房中，危险性大的车间和危险性小的车间之间，应用坚固的防火墙隔开。为了车间之间的联系，宜在外墙上开门，利用外廊或阳台联系；也可在防火墙上设置双门斗，尽量使两个门错开，用门斗来减弱爆炸冲击波的威力，缩小爆炸影响范围。考虑到对疏散楼梯的保护，设置在有爆炸危险场所内的疏散楼梯也要考虑设置门斗，以此减弱爆炸冲击波的作用，降低爆炸对疏散楼梯间的影响。此外，门斗还可以限制爆炸性可燃气体、可燃蒸气混合物的扩散。

（5）生产、使用或储存相同爆炸物品的房间应尽量集中在一个区域，这样便于对防火墙等防爆建筑结构的处理。性质不同的危险物品的生产应分开。

（七）其他平面和空间布置

（1）厂房内不宜设置地沟，必须设置时，其盖板应严密，采取防止可燃气体、可燃蒸气及粉尘、纤维在地沟积聚的有效措施，且与相邻厂房连通处应采用防火材料密封。

（2）使用和生产甲、乙、丙类液体厂房的管、沟不应和相邻厂房的管、沟相通，该厂房的下水道应设置隔油设施。但是，对于水溶性可燃、易燃液体，采用常规的隔油设施不能有效防止可燃液体蔓延与流散，而应根据具体生产情况采取相应的排放处理措施。

（3）甲、乙、丙类液体仓库应设置防止液体流散的设施。遇湿会发生燃烧爆炸的物品仓库应设置防止水浸渍的措施。

【考点六】泄压面积计算【★★】

有爆炸危险的甲、乙类厂房，其泄压面积宜按式（2—2—8—1）计算，但当厂房的长径比大于3时，宜将该建筑划分为长径比小于等于3的多个计算段，各计算段中的公共截面不得作为泄压面积。

$$A=10CV^{2/3} \qquad (2—2—8—1)$$

式中 A——泄压面积（m^2）；

V——厂房的容积（m^3）；

C——泄压比（m^2/m^3）。

【考点七】抗爆计算【★★】

（1）最大爆炸压力计算公式为

$$\Delta p=3+0.5p_v+0.04\varphi^2 \qquad (2—2—8—2)$$

式中 Δp——最大爆炸压力（kPa）；

φ——泄压系数，房间体积与泄压面积之比；

p_v——泄压时的压力（kPa）。

式（2—2—8—2）不适用于大体积空间中爆炸压力估算和泄压计算。

（2）爆炸冲击波绕过结构物对结构产生动压作用。

（3）地面爆炸冲击波对地下结构物的作用与对上部结构的作用有很大不同。主要影响因素有以下三个：

1）地面上空气冲击波压力参数引起岩土压缩波向下传播并衰减。

2）压缩波在自由场中传播时参数变化。

3）压缩波作用于结构物的反射压力取决于波与结构物的相互作用。

【考点八】电气防爆原理与措施【★★★】

电气设备引燃爆炸混合物有两方面原因：一是电气设备产生的火花、电弧；二是电气设备表面（即与爆炸混合物相接触的表面）发热。

电气防爆基本措施：

（1）宜将正常运行时产生火花、电弧和危险温度的电气设备和线路，布置在爆炸危险性较小或没有爆炸危险的环境内。电气线路的设计、施工应根据爆炸危险环境物质特性，选择相应的敷设方式、导线材质、配线技术、连接方式和密封隔断措施等。

（2）采用防爆的电气设备。在满足工艺生产及安全的前提下，应减少防爆电气设备的数量。如无特殊需要，不宜采用携带式电气设备。

（3）按有关电力设备接地设计技术规程规定的一般情况不需要接地的部分，在爆炸危险区域内仍应接地，电气设备的金属外壳应可靠接地。

（4）设置漏电火灾报警和紧急断电装置。在电气设备可能出现故障之前，采取相应补救措施或自动切断爆炸危险区域电源。

（5）安全使用防爆电气设备。正确地划分爆炸危险环境类别，正确地选型、安装防爆电气设备，正确地维护、检修防爆电气设备。

（6）散发比空气重的可燃气体、可燃蒸气的甲类厂房以及有粉尘、纤维爆炸危险的乙类厂房，应采用不发火花的地面。采用绝缘材料作整体面层时，应采取防静电措施。散发可燃粉尘、纤维的厂房内表面应平整、光滑，并易于清扫。

【考点九】爆炸危险环境区域划分【★★】

爆炸危险环境按场所中存在物质的物态不同，分为爆炸性气体环境和可燃性粉尘环境。

根据《爆炸危险环境电力装置设计规范》（GB 50058—2014），将爆炸性气体环境分为三个区，即0区、1区、2区；将爆炸性粉尘环境分为三个区，即20区、21区、22区，具体见表2—2—8—1。

表2—2—8—1 爆炸危险环境类别及区域等级

爆炸危险环境类别	区域等级	场所特征
爆炸性气体环境	0区	爆炸性气体环境连续出现或长时间存在的场所
	1区	正常运行时，可能出现爆炸性气体混合物环境的场所
	2区	在正常运行时，不可能出现爆炸性气体混合物环境，如果出现也仅是短时存在的场所
可燃性粉尘环境	20区	在正常运行过程中可燃性粉尘连续出现或经常出现，其数量足以形成可燃性粉尘与空气混合物或可能形成无法控制和极厚的粉尘层的场所及容器内部
	21区	在正常运行过程中，可能出现粉尘数量足以形成可燃性粉尘与空气混合物，但未划入20区的场所。该区域包括：与充入或排放粉尘点直接相邻的场所、出现粉尘层和正常操作情况下可能产生可燃浓度的可燃性粉尘与空气混合物的场所
	22区	在异常条件下，可燃性粉尘偶尔出现并且只是短时间存在、可燃性粉尘偶尔出现堆积或可能存在粉尘层并且产生可燃性粉尘空气混合物的场所。如果不能保证排除可燃性粉尘堆积或粉尘层时，则应划分为21区

【考点十】爆炸性混合物的分类、分级和分组【★★】

爆炸性气体、易燃液体和闪点低于或等于环境温度的可燃液体、爆炸性粉尘或易燃纤维等统称为爆炸性物质。在大气条件下，气体、蒸气、薄雾、粉尘或纤维状的易燃物质与空气混合，点燃后，燃烧将在整个范围内迅速传播的混合物，称为爆炸性混合物。

（一）爆炸性物质的分类

爆炸性物质可分为以下三类：

（1）Ⅰ类：矿井甲烷。

（2）Ⅱ类：爆炸性气体混合物（含蒸气、薄雾）。

（3）Ⅲ类：爆炸性粉尘（含纤维）。

（二）爆炸性混合物的分级和分组

爆炸性混合物的危险性是由它的爆炸极限、传爆能力、引燃温度和最小点燃电流决定的。

（1）爆炸性气体混合物的分级分组。

1）按最大试验安全间隙（MESG）分级。爆炸性气体混合物，按最大试验安全间隙的大小分为ⅡA、ⅡB、ⅡC 三级。ⅡA 安全间隙最大，危险性最小；ⅡC 安全间隙最小，危险性最大。

2）按最小点燃电流（MIC）分级。按照最小点燃电流的大小，Ⅱ类爆炸性气体混合物分为ⅡA、ⅡB、ⅡC 三级，最小点燃电流越小，危险性就越大。ⅡA 最大试验安全间隙最大，最小点燃电流最大，危险性最小；反之，ⅡC 危险性最大。

3）按引燃温度分组。爆炸性气体混合物按引燃温度的高低，分为 T1、T2、T3、T4、T5、T6 六组。T6 引燃温度最低，危险性相对较高；T1 引燃温度最高，危险性相对较低。

（2）爆炸性粉尘的分级。

在爆炸性粉尘环境中，根据粉尘特性（导电或非导电）分为ⅢA、ⅢB、ⅢC 三级。

【考点十一】防爆电气设备类别和选用原则【★★★★】

爆炸性气体环境用电气设备分为Ⅰ类、Ⅱ类和Ⅲ类三种。

（1）Ⅰ类：煤矿用电气设备。

（2）Ⅱ类：除煤矿外的其他爆炸性气体环境用电气设备。其中，Ⅱ类隔爆型“d”和本质安全型“i”电气设备又分为ⅡA、ⅡB、ⅡC 类。Ⅱ类无火花型“n”电气设备如果包括密封断路装置、非故障元件或限能设备或电路，该设备应是ⅡA、ⅡB、ⅡC 类，并按《爆炸危险环境电力装置设计规范》（GB 50058—2014）的规定及有关要求选型。

（3）Ⅲ类：可燃性粉尘环境用电气设备为第Ⅲ类。Ⅲ类又分为ⅢA、ⅢB、ⅢC 三种。ⅢA 类为可燃性飞絮，ⅢB 类为非导电性粉尘，ⅢC 类为导电性粉尘。

第九章　建筑设备防火防爆

【考点一】选用采暖装置的原则【★★★】

（1）甲、乙类厂房（仓库）内严禁采用明火和电热散热器采暖。

（2）散发可燃粉尘、可燃纤维的生产厂房对采暖的要求如下：

1）为防止纤维或粉尘积集在管道和散热器上受热自燃，散热器表面平均温度不应超过82.5℃（相当于供水温度95℃，回水温度70℃）。但输煤廊的采暖散热器表面平均温度不应超过130℃。

2）散发物（包括可燃气体、蒸气、粉尘）与采暖管道和散热器表面接触能引起燃烧爆炸时，应采用不循环使用的热风采暖，且不应在这些房间穿过采暖管道，如必须穿过时，应用不燃烧材料隔热。

3）不应使用肋形散热器，以防积聚粉尘。

（3）在生产过程中散发的可燃气体、可燃蒸气、可燃粉尘、可燃纤维（CS_2气体、黄磷蒸气及其粉尘等）与采暖管道、散热器表面接触能引起燃烧的厂房，以及在生产过程中散发受到水、水蒸气的作用能引起自燃、爆炸的粉尘（如生产和加工钾、钠、钙等物质）或产生爆炸性气体（如碳化钙、碳化铝、氢化钾、氢化钠、硼氢化钠等遇水反应释放出的可燃气体）的厂房，应采用不循环使用的热风采暖，以防止此类场所发生爆炸火灾事故。

【考点二】采暖设备的防火防爆措施【★★】

（一）采暖管道要与建筑物的可燃构件保持一定的距离

（1）采暖管道穿过可燃构件时，要用不燃烧材料隔开绝热；或根据管道外壁的温度，使管道与可燃构件之间保持适当的距离。

（2）当管道温度大于100℃时，距离不小于100 mm或采用不燃材料隔热；当温度小于或等于100℃时，距离不小于50 mm或采用不燃材料隔热。

（二）加热送风采暖设备的防火设计

（1）电加热设备与送风设备的电气开关应有联锁装置，以防风机停转时，电加热设备仍单独继续加热，导致温度过高而引起火灾。

（2）在重要部位，应设置感温自动报警器，必要时加设自动防火阀，以控制取暖温度，防止过热起火。

（3）装有电加热设备的送风管道应用不燃材料制成。

（三）采用不燃材料

（1）甲、乙类厂房、仓库的火灾发展迅速、热量大，采暖管道和设备的绝热材料应采用不燃材料。对于其他建筑，可采用燃烧毒性小的难燃绝热材料，但应首先考虑采用不燃材料。

（2）存在与采暖管道接触能引起燃烧爆炸的气体、蒸气或粉尘的房间内不应穿过采暖管道，但必须穿过时，应采用不燃材料隔热。

（四）车库采暖设备的防火设计

根据《汽车库、修车库、停车场设计防火规范》（GB 50067—2014）的有关规定，车库采暖设备的防火设计应符合下列要求。

（1）车库内需要采暖时，应设置热水、蒸汽或热风等采暖设备，不应采用火炉或其他明火采暖方式，以防火灾事故的发生。

（2）下列汽车库或修车库需要采暖时应设集中采暖：

1）甲、乙类物品运输车的汽车库。

2）Ⅰ、Ⅱ、Ⅲ类汽车库；

3）Ⅰ、Ⅱ类修车库。

（3）Ⅳ类汽车库和Ⅲ、Ⅳ类修车库，当采用集中采暖有困难时，可采用火墙采暖，但炉门、节风门、除灰门，严禁设在汽车库、修车库内，必须设置在车库外，并要求用具有一定耐火极限的不燃性墙体与汽车库、修车库隔开。汽车库采暖部位不应贴邻甲、乙类生产厂房、库房布置，以防燃烧、爆炸事故的发生。

【考点三】通风、空调系统的防火防爆原则【★★★】

（1）甲、乙类生产厂房中排出的空气不应循环使用。丙类生产厂房中排出的空气，应在通风机前设滤尘器对空气进行净化处理，并应使空气中的含尘浓度低于其爆炸下限的25%之后，再循环使用。

（2）甲、乙类生产厂房用的送风和排风设备应分别布置在不同通风机房内，且其排风设备也不应和其他房间的送、排风设备布置在一起。

（3）通风和空气调节系统的管道布置，横向宜按防火分区设置，竖向不宜超过5层，以构成一个完整的建筑防火体系，防止和控制火灾横向、竖向蔓延。

（4）厂房内有爆炸危险的场所的排风管道，严禁穿过防火墙和有爆炸危险的房间隔墙等防火分隔物。

（5）民用建筑内存放容易起火或爆炸物质的房间（如容易放出可燃气体氢气的蓄电池室、有效使用甲类液体的小型零配件库房、电影放映室、化学实验室、化验室、易燃化学药品库等），设置排风设备时应采用独立的排风系统，且其空气不应循环使用，以防止易燃易爆物质或发生的火灾通过风道扩散到其他房间。此外，其排风系统所排出的气体应通向安全地点进行泄放。

（6）排除含有比空气轻的可燃气体与空气的混合物时，其排风管道应顺气流方向向上坡度敷设，以防在管道内局部积聚而形成有爆炸危险的高浓度气体。

（7）排风口设置的位置应根据可燃气体、蒸气的密度不同而有所区别。比空气轻者，应设在房间的顶部；比空气重者，则应设在房间的下部，以利于及时排出易燃易爆气体。进风口的位置应布置在上风方向，并尽可能地远离排气口，保证吸入的新鲜空气中不再含有从房间排出的易燃、易爆气体或物质。

（8）可燃气体管道和甲、乙、丙类液体管道不应穿过通风管道和通风机房，也不应沿通风管道的外壁敷设，以防甲、乙、丙类液体管道一旦发生火灾事故火情沿着通风管道蔓延扩散。

（9）含有燃烧和爆炸危险粉尘的空气，在进入排风机前应先采用不产生火花的除尘器进行净化处理，以防浓度较高的爆炸危险粉尘直接进入排风机，遇到火花发生事故；或者在排风管道内逐渐沉积下来自燃起火和助长火势蔓延。

（10）处理有爆炸危险粉尘的排风机、除尘器应与其他一般风机、除尘器分开设置，且应按单一粉尘分组布置。

（11）净化有爆炸危险粉尘的干式除尘器和过滤器，宜布置在厂房之外的独立建筑内，且与所属厂房的防火间距不应小于 10 m。

（12）含有有爆炸危险的粉尘和碎屑的除尘器、过滤器和管道，均应设有泄压装置。净化有爆炸危险的粉尘的干式除尘器和过滤器，应布置在系统的负压段上。

（13）甲、乙、丙类生产厂房的送、排风管道宜分层设置，以防止火灾从起火层通过管道向相邻层蔓延扩散。但进入厂房的水平或垂直送风管设有防火阀时，各层的水平或垂直送风管可合用一个送风系统。

（14）排除有燃烧、爆炸危险的气体、蒸气和粉尘的排风管道应采用易于导除静电的金属管道，应明装不应暗设，不得穿越其他房间，且应直接通到室外的安全处，尽量远离明火和人员通过或停留的地方，以防止管道渗漏发生事故时造成更大影响。

（15）通风管道不宜穿过防火墙和不燃性楼板等防火分隔物。如必须穿过时，应在穿过处设防火阀，在防火墙两侧各 2 m 范围内的风管保温材料应采用不燃材料，并在穿过处的空隙用不燃材料填塞，以防火灾蔓延。有爆炸危险的厂房，其排风管道不应穿过防火墙和车间隔墙。

【考点四】通风、空调设备设计要求【★★★】

建筑的通风、空调系统的设计应符合下列要求。

（1）空气中含有容易起火或爆炸物质的房间，其送、排风系统应采用防爆型的通风设备，当送风机布置在单独分隔的通风机房内，且送风干管上设置防止回流设施时，可采用普通型通风设备。

（2）含有易燃、易爆粉尘（碎屑）的空气，在进入排风机前应采用不产生火花的除尘器进行处理，以防止除尘器工作过程中产生火花引起粉尘、碎屑燃烧或爆炸。对于遇湿可能爆炸的粉尘（如碳化钙、锌粉、铝镁合金粉等），严禁采用湿式除尘器。

（3）排出、输送有燃烧、爆炸危险的气体、蒸气和粉尘的排风系统，应采用不燃材料并设有导除静电的接地装置。其排风设备不应布置在地下、半地下建筑（室）内，以防止有爆炸危险的蒸气和粉尘等物质的积聚。

（4）排出、输送温度超过 80℃的空气或其他气体以及容易起火的碎屑的管道，与可燃或难燃物体之间应保持不小于 150 mm 的间隙，或采用厚度不小于 50 mm 的不燃材料隔热，以防止填塞物与构件因受这些高温管道的影响而导致火灾。当管道互为上下布置时，表面温度较高者应布置在上面。

（5）下列任何一种情况下的通风、空气调节系统的送、回风管道上应设置防火阀。

1）送、回风总管穿越防火分区的隔墙处，主要防止防火分区或不同防火单元之间的火灾蔓延扩散。

2）穿越通风、空气调节机房及重要的房间（如重要的会议室、贵宾休息室、多功能厅、贵重物品间等）或火灾危险性大的房间（如易燃物品实验室、易燃物品仓库等）隔墙及楼板处的送、回风管道，以防机房的火灾通过风管蔓延到建筑物的其他房间，或者防止火灾危险性大的房间发生火灾时经通风管道蔓延到机房或其他部位。

3）多层建筑和高层建筑垂直风管与每层水平风管交接处的水平管段上，以防火灾穿过楼板蔓延扩大。但当建筑内每个防火分区的通风、空气调节系统均独立设置时，该防火分区内的水平风管与垂直总管的交接处可不设置防火阀。

4）在穿越变形缝的两侧风管上各设一个防火阀，以使防火阀在一定时间内达到耐火完整性和耐火稳定性的要求，起到有效隔烟阻火的作用。

（6）防火阀的设置应符合下列规定：

1）有熔断器的防火阀，其动作温度宜为 70℃。

2）防火阀宜靠近防火分隔处设置。

3）防火阀安装时，可明装也可暗装。当防火阀暗装时，应在安装部位设置方便检修的检修口。

4）为保证防火阀能在火灾条件下发挥作用，穿过防火墙两侧各 2 m 范围内的风管绝热材料应采用不燃材料且具备足够的刚性和抗变形能力，穿越处的空隙应用不燃材料或防火封堵材料严密填实。

5）防火阀、排烟防火阀的基本分类见表 2—2—9—1。

表 2—2—9—1　防火阀、排烟防火阀的基本分类

类别	名称	性能	用途
防火类	防火阀	采用 70℃温度熔断器自动关闭（防火），可输出联动信号	用于通风空调系统风管内，防止火势沿风管蔓延
	防烟防火阀	靠感烟火灾探测器控制动作，用电信号通过电磁铁关闭（防烟）；还可采用 70℃温度熔断器自动关闭（防火）	用于通风空调系统风管内，防止烟火蔓延
	防火调节阀	70℃时自动关闭，手动复位，0 ~ 90℃无级调节，可以输出关闭电信号	用于通风空调系统风管内，防止烟火蔓延
防烟类	加压送风口	靠感烟火灾探测器控制，电信号开启，也可手动（或远距离缆绳）开启，可设 70℃温度熔断器重新关闭装置，输出电信号联动送风机开启	用于加压送风系统的风口，防止外部烟气进入
排烟类	排烟阀	电信号开启或手动开启，输出开启电信号联动排烟机开启	用于排烟系统风管上
	排烟防火阀	电信号开启，手动开启，输出动作电信号，采用 280℃温度熔断器重新关闭	用于排烟风机吸入口管道或排烟支管上
	排烟口	电信号开启，手动（或远距离缆绳）开启，输出电信号联动排烟机	用于排烟风机的顶棚或墙壁上，可设 280℃重新关闭装置

（7）防火阀的易熔片或其他感温、感烟等控制设备一经动作，应能顺气流方向自行严密关闭，并应设有单独支吊架等防止风管变形而影响关闭的措施。其他感温元件应安装在容易感温的部位，其作用温度应比通风系统正常工作时的最高温度高约 25℃，一般可采用 70℃。

（8）通风、空气调节系统的风管、风机等设备应采用不燃烧材料制作，但接触腐蚀性介质的风管和柔性接头，可采用难燃材料。体育馆、展览馆、候机（车、船）楼（厅）等大空间建筑和单、多层办公楼以及丙、丁、戊类厂房内的通风、空气调节系统，当风管按防火分区设置且已设置防烟防火阀时，可采用燃烧产物毒性较小的难燃材料。

（9）公共建筑的厨房、浴室、卫生间的垂直排风管道，应采取防止回流措施或在支管上设置防火阀。公共建筑的厨房的排油烟管道宜按防火分区设置，且在与垂直排风管连接的支管处应设置动作温度为150℃的防火阀。

（10）风管和设备的绝热材料、用于加湿器的加湿材料、消声材料及其黏结剂，宜采用不燃烧材料。当确有困难时，可采用难燃材料。

有电加热器时，电加热器的开关和电源开关应与风机的起停联锁控制。电加热器前后各0.8 m范围内的风管和穿过有高温、火源等容易起火房间的风管，均必须采用不燃保温材料。

（11）燃油、燃气锅炉房在使用过程中存在逸漏或挥发的可燃性气体，要在燃油、燃气锅炉房内保持良好的通风条件，使逸漏或挥发的可燃性气体与空气混合气体的浓度能很快稀释到爆炸下限值的25%以下。燃油或燃气锅炉房应设置自然通风或机械通风设施。

（12）电影院的放映机室宜设置独立的排风系统。当需要合并设置时，通向放映机室的风管应设置防火阀。

（13）设置气体灭火系统的房间，因灭火后产生大量气体，人员进入之前需将这些气体排出，应设置能排除废气的排风装置；为了不使灭火后产生的气体扩散到其他房间，与该房间连通的风管应设置自动阀门，火灾发生时，阀门应自动关闭。

（14）车库的通风、空调系统的设计应符合下列要求。

1）设置通风系统的汽车库，其通风系统宜独立设置。

2）喷漆间、蓄电池间均应设置独立的排气系统，乙炔站的通风系统设计应按相关规定执行。

3）风管应采用不燃材料制作，且不应穿过防火墙、防火隔墙；当必须穿过时，除应采用不燃材料将孔洞周围的空隙紧密填塞外，还应在穿过处设置防火阀。防火阀的动作温度宜为70℃。

4）风管的保温材料应采用不燃或难燃材料；穿过防火墙的风管，其位于防火墙两侧各2 m范围内的保温材料应为不燃材料。

【考点五】柴油发电机火灾危险性及防火防爆措施【★★★】

建筑高度大于50 m的乙、丙类厂房和丙类仓库及一类高层民用建筑的消防用电应按一级负荷供电。室外消防用水量大于30 L/s的厂房（仓库），室外消防用水量大于35 L/s的可燃材料堆场、可燃气体储罐（区）和甲、乙类液体储罐（区），粮食仓库及粮食筒仓，二类高层民用建筑，座位数超过1 500个的电影院、剧场，座位数超过3 000个的体育馆，任一层建筑面积大于3 000 m^2的商店和展览建筑，省（市）级及以上的广播电视、电信和财贸金融建筑，室外消防用水量大于25 L/s的其他公共建筑的消防用电按二级负荷供电。建筑中一般采用柴油发电机组作为应急电源。

柴油发电机房布置在民用建筑内时应符合下列规定。

（1）宜布置在首层或地下一、二层，不应布置在人员密集场所的上一层、下一层或贴邻。柴油发电机应采用丙类柴油作燃料，柴油的闪点不应小于60℃。

（2）应采用耐火极限不低于 2.00 h 的不燃烧体隔墙和 1.50 h 的不燃烧体楼板与其他部位隔开，门应采用甲级防火门。

（3）机房内设置储油间时，其总储存量不应大于 1 m^3，储油间应采用防火墙与发电机间分隔；必须在防火墙上开门时，应设置甲级防火门。

（4）应设置火灾报警装置。

（5）应设置与柴油发电机容量和建筑规模相适应的灭火设施，当建筑内其他部位设置自动喷水灭火系统时，柴油发电机房也应设置自动喷水灭火系统。

（6）设置在建筑物内的柴油发电机，其进入建筑物内的燃料供给管道应符合下列规定。

1）应在进入建筑物前和设备间内，设置自动和手动切断阀。

2）储油间的油箱应密闭且应设置通向室外的通气管，通气管应设置带阻火器的呼吸阀。油箱的下部应设置防止油品流散的设施。

3）燃油供给管道的敷设应符合国家标准的有关规定。

4）供柴油发电机使用的丙类液体燃料储罐，其布置应符合《建筑设计防火规范》（GB 50016—2014）的有关规定。

【考点六】厨房设备的火灾危险性及防火防爆措施【★★】

（1）除住宅外，其他建筑内的厨房隔墙应采用耐火极限不低于 2.00 h 的不燃烧体，隔墙上的门窗应为乙级防火门窗。同时，餐厅建筑面积大于 1 000 m^2 的餐馆或食堂，其烹饪操作间的排油烟罩及烹饪部位宜设置自动灭火装置，且应在燃气或燃油管道上设置紧急事故自动切断装置。由于厨房环境温度较高，其洒水喷头选择也应符合其工作环境温度要求，应选用公称动作温度为 93℃的喷头，颜色为绿色。

（2）对厨房内燃气、燃油管道、阀门必须进行定期检查，防止泄漏。如发现燃气泄漏应首先关闭阀门，及时通风，并严禁使用任何明火和启动电源开关。

（3）厨房灶具旁的墙壁、抽油烟机罩等容易污染处应天天清洗，油烟管道至少应每半年清洗一次。

（4）厨房内的电器设施应严格按照国家技术标准设置，电器开关、插座等应以封闭为佳，防止水渗入，并应安装在远离燃油、燃气设备的部位；厨房内运行的各种机械设备不得超负荷用电，并注意使用过程中防止电器设备和线路受潮。

（5）厨房内使用的各种灶具和炊具，应使用经国家质量检测部门检测合格的产品。

（6）工作结束后，操作人员应及时关闭所有燃气、燃油阀门，切断电源、火源。

【考点七】锅炉房防火防爆措施【★★★★】

（1）在总平面布局中，锅炉房应选择在主体建筑的下风或侧风方向，且应考虑到由于明火或烟囱飞火，对周围的甲、乙类生产厂房，易燃物品和重要物资仓库，易燃液体储罐，以及稻草和露天粮、棉、木材堆场等部位必须保持的防火间距，一般为 25 ~ 50 m。燃煤锅炉房与煤堆场之间应保持 6 ~ 8 m 的防火间距。灰煤与煤堆之间，应保持不小于 10 m 的间距。

（2）锅炉房宜独立建造。确有困难时可贴邻民用建筑布置，但应采用防火墙隔开，且不应贴邻人员密集场所。燃油或燃气锅炉受条件限制必须布置在民用建筑内时，不应布置在人员密集场所的上一层、下一层或贴邻。

（3）锅炉房为多层建筑时，每层至少应有两个出口，分别设在两侧，并设置安全疏散楼梯直达各层操作点。锅炉房前端的总宽度不超过 12 m，面积不超过 200 m^2 的单层锅炉房，可以开一个门。锅炉房通向室外的门应向外开，在锅炉运行期间不得上锁或闩住，确保出入口畅通无阻。

（4）锅炉的燃料供给管道应在进入建筑物前和设备间内的管道上设置自动和手动切断阀。储油间的油箱应密闭且应设置通向室外的通气管，通气管应设置带阻火器的呼吸阀，油箱的下部应设置防止油品流散的设施。燃气供给管道的敷设应符合《城镇燃气设计规范》（GB 50028—2006）的规定。

（5）油箱间、油泵间、油加热间应用防火墙与锅炉间及其他房间隔开，门窗应对外开启，不得与锅炉间相连通，室内的电气设备应为防爆型。

（6）锅炉房电力线路不宜采用裸线或绝缘线明敷，应采用金属管或电缆布线，且不宜沿锅炉烟道、热水箱和其他载热体的表面敷设，电缆不得在煤场下通过。

第十章 建筑装修、保温材料防火

【考点一】装修材料的分类【★★★】

（1）装修材料按实际应用可分为以下几类：

①饰面材料；②装饰件；③隔断；④大型家具；⑤装饰织物。

（2）装修材料按使用部位和功能可分为以下几类：

①顶棚装修材料；②墙面装修材料；③地面装修材料；④隔断装修材料；⑤固定家具；⑥装饰织物；⑦其他装饰材料。

【考点二】装修材料的标准分级及常用材料等级划分【★★】

表 2—2—10—1　　装修材料燃烧性能等级新老标准对比

燃烧性能等级 GB 8624—2012 /GB 8624—2006	装修材料燃烧性能	燃烧性能等级 GB 8624—2012 /GB 8624—2006	装修材料燃烧性能
A 级 /A1、A2 级	不燃材料（制品）	B_2 级 /D、E 级	可燃材料（制品）
B_1 级 /B、C 级	难燃材料（制品）	B_3 级 /F 级	易燃材料（制品）

【考点三】常用装修材料等级规定【★★★★★】

（一）纸面石膏板和矿棉吸声板

（1）纸面石膏板分为普通纸面石膏板、耐火纸面石膏板、耐水纸面石膏板等。

（2）矿棉吸声板是以矿棉为主要原料，添加适量的黏结剂，经成型、压花、饰面等工序加工而成的吸声效果好、防火等级较高的吸声兼装饰的材料。

（3）若按我国建筑材料的分级方法检测，纸面石膏板和矿棉吸声板大部分无法达到 A 级材料的要求，可将安装在钢龙骨上燃烧性能达到 B_1 级的纸面石膏板、矿棉吸声板作为 A 级装修材料使用。

（二）胶合板

未经过防火处理的胶合板，达不到 B_1 级，但在装修材料中这类胶合板的用量很大，根据国家防火建筑材料质量监督检验中心提供的数据，涂刷饰面型防火涂料的胶合板能达到 B_1 级。因此，当胶合板表面涂覆饰面型防火涂料时，可作为 B_1 级装修材料使用；当胶合板用于顶棚和墙面装修并且不内含电器、电线等物体时，宜仅在胶合板外表面涂覆防火涂料；当胶合板用于顶棚和墙面装修并且内含有电器、电线等物体时，胶合板的内、外表面以及相应的木龙骨应涂覆防火涂料，或采用阻燃浸渍处理达到 B_1 级。

（三）壁纸

常用壁纸有纸质壁纸、布质壁纸两种。这两类材料分解产生的可燃气体、发烟量相对较少，为此可将这类直接粘贴在 A 级基材上的壁纸作为 B_1 级装修材料使用。

（四）涂料

涂料在室内装修中常被大量使用，一般室内涂料涂覆比小，涂料中颜料、填料多，火灾危险性不大。一般室内涂料湿涂覆比不会超过 1.5 kg/m^2，故施涂于 A 级基材上的无机装饰涂料，可作为 A 级装修材料使用；施涂于 A 级基材上，湿涂覆比小于 1.5 kg/m^2 的有机装饰涂料，可作为 B_1 级装修材料使用。涂料施涂于 B_1、B_2 级基材上时，应将涂料连同基材一起按相应的试验方法确定其燃烧性能等级。

（五）多层和复合型装修材料

多层装修材料是指几种不同材质或性能的材料同时装修于一个部位。

复合型装修材料是指一些隔音、保温材料与其他不燃、难燃材料复合形成一个整体的材料，应由专业检测机构进行整体测试并划分其燃烧性能等级。

（六）多孔或泡沫状塑料

当顶棚或墙面局部采用多孔或泡沫状塑料时，其厚度不应大于 15 mm，且面积不得超过该房间顶棚或墙面面积的 10%。这里所说的面积是指展开面积，墙面面积包括门窗的面积，不应把顶棚和墙面面积合在一起计算。

【考点四】装修防火的通用要求【★★★★★】

建筑内部装修中，对某些部位装修材料的防火要求具有一定的共性。

（1）消防控制室的顶棚和墙面应采用 A 级装修材料，地面及其他装修应使用不低于 B_1 级的装修材料。

（2）疏散走道和安全出口门厅的顶棚应采用 A 级装修材料，其他装修应采用不低于 B_1 级的装修材料。无自然采光楼梯间、封闭楼梯间、防烟楼梯间的顶棚、墙面和地面应采用 A 级装修材料。

（3）挡烟垂壁的作用主要是减缓烟气扩散的速度，提高防烟分区蓄烟以及排烟口的排烟效果。防烟分区的挡烟垂壁，其装修材料应采用 A 级装修材料。

（4）变形缝是指建筑物在墙与墙、板与板等结构构件之间为防止建筑物因受温度变化、地基不均匀沉降和地震等因素影响发生变形等现象而设置的缝隙。建筑内部的变形缝（包括沉降缝、温度伸缩缝、抗震缝等）两侧的基层应采用不低于 B_1 级的装修材料。

（5）建筑内部消火栓的门不应被装饰物遮掩，消火栓门四周的装修材料颜色应与消火栓门的颜色有明显区别。

（6）为了防止配电箱可能产生的火花或高温金属熔渣引燃周围的可燃物和避免箱体传热引燃墙面装修材料，建筑内部的配电箱不应直接安装在低于 B_1 级的装修材料上。

（7）照明灯具及电气设备、线路的高温部位，当靠近非 A 级装修材料时，应采取隔热、散热等防火保护措施，与窗帘、帷幕、幕布、软包等装修材料的距离不应小于 500 mm；灯饰应采用不低于 B_1 级材料。

（8）公共建筑内部不宜设置采用 B_3 级装饰材料制成的壁挂、雕塑、模型、标本；当需要设置时，不应靠近火源或热源。

【考点五】特殊功能部位与用房装修防火要求【★★★】

对于一些人员密集场所、火灾危险性大的场所，其装修应当按照从严要求的原则采取防火措施：

（1）歌舞娱乐放映游艺场所。当歌舞厅、卡拉OK厅（含具有卡拉OK功能的餐厅）、夜总会、录像厅、放映厅、桑拿浴室（除洗浴部分外）、游艺厅（含电子游艺厅）、网吧等歌舞娱乐放映游艺场所设置在一、二级耐火等级建筑的四层及四层以上时，室内装修的顶棚材料应采用A级装修材料，其他部位应采用不低于B_1级的装修材料；当设置在地下一层时，室内装修的顶棚、地面材料应采用A级装修材料，其他部位应采用不低于B_1级的装修材料。

（2）共享空间。建筑物设有上下层相连通的中庭、走马廊、敞开楼梯、自动扶梯时，其连通部位的顶棚、墙面应采用A级装修材料，其他部位应采用不低于B_1级的装修材料。

（3）无窗房间。除地下建筑外，无窗房间内部装修材料的燃烧性能等级（除A级外），应在原规定基础上提高一级。

（4）图书室、资料室、档案室和存放文物的房间。要求这类房间的顶棚、墙面应采用A级装修材料，地面应使用不低于B_1级的装修材料。

（5）特殊贵重设备用房。大中型电子计算机房、中央控制室、电话机房等放置特殊贵重设备的房间的顶棚和墙面应采用A级装修材料，地面及其他装修应用不低于B_1级的装修材料。

（6）设备机房。消防水泵房、排烟机房、固定灭火系统钢瓶间、配电室、变压器室、通风和空调机房等设备机房在建筑中起到主控正常运转及安全的作用，其内部所有装修均应采用A级装修材料。

（7）建筑内的厨房。厨房内明火较多，餐馆、饭店的厨房工作时间又较长，因此有必要对其装修材料进行严格的限制。厨房的装修多以易于清洗为主要目的，多采用瓷砖、石材、涂料等不燃烧材料进行装修，因此建筑物内厨房的顶棚、墙面、地面这几个部位应采用A级装修材料。

（8）使用明火的餐厅和科研实验室。经常使用明火的餐厅、科研实验室的装修材料的燃烧性能等级，除A级外，应比同类建筑物的要求提高一级。

（9）消防设施、疏散指示标志。建筑内部装修不应遮挡消防设施、疏散指示标志及安全出口，并且不应妨碍消防设施和疏散走道的正常使用，也不应减少安全出口、疏散出口和疏散走道设计所需的净宽度和数量。

【考点六】单层、多层公共建筑装修防火要求【★★】

（一）基准要求

单层、多层民用建筑内部各部位装修材料的燃烧性能等级不应低于《消防安全技术实务（2018年版）》表2—10—5的规定。

（二）允许放宽条件

（1）局部放宽。允许面积小于100 m^2，且采用防火墙和耐火极限不低于甲级的防火门窗与其他部位分隔的房间的装修材料在《消防安全技术实务（2018年版）》表2—10—5的基础上降低一个等级。

（2）设有自动消防设施的放宽。除歌舞娱乐放映游艺场所，存放文物、纪念展览物品、重要图书、档案、资料的场所，A、B级电子信息系统机房及装有重要机器、仪器的方向外，当单层、多层民用建筑需做内部装修的空间内装有自动灭火系统时，除顶棚外，其内部装修材料的燃烧性能等级可在《消防安全技术实务（2018年版）》表2—10—5规定的基础上降低一级；当同时装有火灾自动报警装置和自动灭火系统时，其装修材料的燃烧性能等级可在《消防安全技术实务（2018 年版）》表 2—10—5 规定的基础上降低一级。

【考点七】高层公共建筑装修防火要求【★★★】

（一）基准要求

高层民用建筑内部各部位装修材料的燃烧性能等级不应低于《消防安全技术实务（2018 年版）》表 2—10—6 的要求。

（二）允许放宽条件

（1）局部放宽。允许那些高层民用建筑的裙房内面积小于 500 m^2 的房间，当设有自动灭火系统，并且采用耐火极限不低于 2.00 h 的隔墙、甲级防火门、窗与其他部位分隔时，顶棚、墙面、地面的装修材料燃烧性能等级在《消防安全技术实务（2018 年版）》表 2—10—6 的基础上降低一个等级。

（2）设有自动消防设施的放宽。除歌舞娱乐放映游艺场所，存放文物、纪念展览物品、重要图书、档案、资料的场所，A、B 级电子信息机房及装有重要机器、仪器的房间，100 m 以上的高层民用建筑以及面积大于 400 m^2 的观众厅、会议厅外，当设有火灾自动报警装置和自动灭火系统时，除顶棚外，其内部装修材料的燃烧性能等级可在《消防安全技术实务（2018 年版）》表 2—10—6 的基础上降低一级。

【考点八】地下民用建筑装修防火要求【★★】

（一）基准要求

地下民用建筑内部各部位装修材料的燃烧性能等级不应低于《消防安全技术实务（2018 年版）》表 2—10—7 的要求。

（二）允许放宽条件

除歌舞娱乐游艺场所，存放文物、纪念展览物品、重要图书、档案、资料的场所，A、B 级电子信息机房及装有重要机器、仪器的房间外，对单独建造的地下民用建筑的地上部分，其门厅、休息室、办公室等内部装修材料的燃烧性能等级可在《消防安全技术实务（2018 年版》表 2—10—7 的基础上降低一级。

【考点九】建筑外保温系统防火的基本原则【★★★】

（1）建筑的内、外保温系统宜采用燃烧性能为 A 级的保温材料，不宜采用 B_2 级保温材料，严禁采用 B_3 级保温材料。

（2）设有保温系统的基层墙体或屋面板的耐火极限应符合相应耐火等级建筑墙体或屋面板耐火极限的要求。

【考点十】建筑外保温材料的分类和燃烧特性【★★】

从材料燃烧性能的角度看，用于建筑外墙的保温材料可以分为三大类：

（1）以矿棉和岩棉为代表的无机保温材料，通常被认定为不燃材料。

（2）以胶粉聚苯颗粒保温浆料为代表的有机—无机复合型保温材料，通常被认定为难燃材料。

（3）聚苯乙烯泡沫塑料（包括 EPS 板和 XPS 板）、硬泡聚氨酯和改性酚醛树脂为代表的有机保温材料，通常被认定为可燃材料。

【考点十一】建筑保温系统防火的通用要求【★★★★★】

（1）采用内保温系统的建筑外墙，其保温材料应符合下列要求：

1）对于人员密集场所，用火、燃油、燃气等具有火灾危险性的场所以及各类建筑内的疏散楼梯间、避难走道、避难间、避难层等场所或部位，应采用燃烧性能为 A 级的保温材料。

2）对于其他场所，应采用低烟，低毒且燃烧性能不低于 B_1 级的保温材料。

3）保温材料应采用不燃烧材料做防护层，采用燃烧性能为 B_1 级的保温材料时，防护层厚度不应小于 10 mm。

（2）采用外保温系统的建筑外墙，其保温材料应符合下列要求：

1）与基层墙体、装饰层之间无空腔的建筑外墙外保温系统的保温材料应符合下列要求：

①住宅建筑。建筑高度大于 100 m 时，保温材料的燃烧性能应为 A 级；建筑高度大于 27 m，但不大于 100 m 时，保温材料的燃烧性能不应低于 B_1 级；建筑高度不大于 27 m 时，保温材料的燃烧性能不应低于 B_2 级。

②除住宅建筑和设置人员密集场所的建筑外，其他建筑的建筑高度大于 50 m 时，保温材料的燃烧性能应为 A 级；建筑高度大于 24 m，但不大于 50 m 时，保温材料的燃烧性能不应低于 B_1 级；建筑高度不大于 24 m 时，保温材料的燃烧性能不应低于 B_2 级。

2）除设置人员密集场所的建筑外，与基层墙体、装饰层之间有空腔的建筑外墙外保温系统，其保温材料应符合下列要求：

①建筑高度大于 24 m 时，保温材料的燃烧性能应为 A 级。

②建筑高度不大于 24 m 时，保温材料的燃烧性能不应低于 B_1 级。

③设置人员密集场所的建筑，其外墙外保温材料的燃烧性能应为 A 级。

（3）建筑外墙采用保温材料与两侧墙体构成无空腔复合保温结构时，该结构体的耐火极限应符合有关技术规范的规定；当保温材料的燃烧性能为 B_1、B_2 级时，保温材料两侧的墙体应采用不燃材料且厚度均不应小于 50 mm。

除上述情况外，当建筑的外墙外保温系统按规定采用燃烧性能为 B_1、B_2 级的保温材料时，应符合下列要求：

1）除采用 B_1 级保温材料且建筑高度不大于 24 m 的公共建筑或采用 B_1 级保温材料且建筑高度不大于 27 m 的住宅建筑外，建筑外墙上门、窗的耐火完整性不应低于 0.50 h。

2）应在保温系统中每层设置防火隔离带。防火隔离带应采用燃烧性能为 A 级的材料，防火隔离带的高度不应小于 300 mm。

（4）建筑的外墙外保温系统应采用不燃材料在其表面设置防护层，防护层应将保温材料完全包覆。除耐火极限符合有关规定的无空腔复合保温结构体外，当按有关规定采用 B_1、B_2 级保温材料时，防护层厚度首层不应小于 15 mm，其他层不应小于 5 mm。

（5）建筑外墙外保温系统与基层墙体、装饰层之间的空腔，应在每层楼板处采用防火封堵材料封堵。

（6）建筑的屋面外保温系统，当屋面板的耐火极限不低于 1.00 h 时，保温材料的燃烧性能不应低于 B_2 级；当屋面板的耐火极限低于 1.00 h 时，不应低于 B_1 级。采用 B_1、B_2 级保温材料的外保温系统应采用不燃材料做防护层，防护层的厚度不应小于 10 mm。

当建筑的屋面和外墙外保温系统均采用 B_1、B_2 级保温材料时，屋面与外墙之间应采用宽度不小于 500 mm 的不燃材料设置防火隔离带进行分隔。

（7）电气线路不应穿越或敷设在燃烧性能为 B_1 或 B_2 级的保温材料中；确需穿越或敷设时，应采取穿金属管并在金属管周围采用不燃隔热材料进行防火隔离等防火保护措施。设置开关、插座等电器配件的部位周围应采取不燃隔热材料进行防火隔离等防火保护措施。

（8）建筑外墙的装饰层应采用燃烧性能为 A 级的材料；若建筑高度不大于 50 m 时，则可采用 B_1 级材料。

第十一章　灭火救援设施

【考点一】消防车道设置要求【★★★】

（一）环形消防车道

（1）对于那些高度高、体量大、功能复杂、扑救困难的建筑应设环形消防车道。高层民用建筑，超过 3 000 个座位的体育馆，超过 2 000 个座位的会堂，占地面积大于 3 000 m^2 的商店建筑、展览建筑等单、多层公共建筑的周围应设置环形消防车道，确有困难时，可沿建筑的两个长边设置消防车道。对于高层住宅建筑和山坡地或河道边临空建造的高层民用建筑，可沿建筑的一个长边设置消防车道，但该长边所在建筑立面应为消防车登高操作面。沿街的高层建筑，其街道的交通道路，可作为环形车道的一部分。

（2）高层厂房、占地面积大于 3 000 m^2 的甲、乙、丙类厂房和占地面积大于 1 500 m^2 的乙、丙类仓库，应设置环形消防车道，确有困难时，应沿建筑物的两个长边设置消防车道。

（3）设置环形消防车道时至少应有两处与其他车道连通，必要时还应设置与环形车道相连的中间车道，且道路设置应考虑大型车辆的转弯半径。

（二）穿过建筑的消防车道

穿过建筑的消防车道设置具体要求如下：

（1）对于一些使用功能多、面积大、建筑长度长的建筑，如 L 形、U 形、口形建筑，当其沿街长度超过 150 m 或总长度大于 220 m 时，应在适当位置设置穿过建筑物的消防车道。

（2）为了日常使用方便和消防人员快速便捷地进入建筑内院救火，有封闭内院或天井的建筑物，当其短边长度大于 24 m 时，宜设置进入内院或天井的消防车道。有封闭内院或天井的建筑物沿街时，应设置连通街道和内院的人行通道（可利用楼梯间），其间距不宜大于 80 m。

（3）在穿过建筑物或进入建筑物内院的消防车道两侧，不应设置影响消防车通行或人员安全疏散的设施。

（三）尽头式消防车道

当建筑和场所的周边受地形环境条件限制，难以设置环形消防车道或与其他道路连通的消防车道时，可设置尽头式消防车道。

（四）消防水源地消防车道

供消防车取水的天然水源和消防水池应设置消防车道。消防车道边缘距离取水点不宜大于 2 m。

【考点二】消防车道技术要求【★★★★】

（1）消防车道的净宽和净高。消防车道一般按单行线考虑，为便于消防车顺利通过，消防车道的净宽度和净空高度均不应小于 4 m，消防车道的坡度不宜大于 8%。

（2）消防车道的荷载。轻、中系列消防车最大总质量不超过 11 t，重系列消防车其总质量为 15 ~ 50 t。作为车道，不管是市政道路还是小区道路，一般都应能满足大型消防车的通行。

消防车道的路面、救援操作场地及消防车道下面的管道和暗沟等，应能承受重型消防车的压力，且应考虑建筑物的高度、规模及当地消防车的实际参数。

（3）消防车道的最小转弯半径。车道转弯处应考虑消防车的最小转弯半径，以便于消防车顺利通行。消防车的最小转弯半径是指消防车回转时消防车的前轮外侧循圆曲线行走轨迹的半径。普通消防车 9 m，登高车 12 m，一些特种车辆 16 ~ 20 m，因此，弯道外侧需要保留一定的空间，保证消防车紧急通行，停车场或其他设施不能侵占消防车道的宽度，以免影响扑救工作。

（4）消防车道的回车场。尽头式车道应根据消防车辆的回转需要设置回车道或回车场。回车场的面积不应小于 12 m × 12 m；对于高层建筑，回车场不宜小于 15 m × 15 m；供重型消防车使用时，不宜小于 18 m × 18 m。

（5）消防车道的间距。室外消火栓的保护半径在 150 m 左右，按规定一般设在城市道路两旁，故消防车道的间距应为 160 m。

【考点三】合理确定消防登高面【★★★】

根据《建筑设计防火规范》（GB 50016—2014）规定，高层建筑应至少沿一条长边或周边长度的 1/4 且不小于一条长边长度的底边连续布置消防车登高操作场地，该范围内的裙房进深不应大于 4 m。建筑高度不大于 50 m 的建筑，连续布置消防车登高操作场地有困难时，可间隔布置，但间隔距离不宜大于 30 m，且消防车登高操作场地的总长度仍应符合上述规定。建筑物与消防车登高操作场地相对应的范围内，应设置直通室外的楼梯或直通楼梯间的入口，方便救援人员快速进入建筑展开灭火和救援。

【考点四】消防救援场地的设置要求【★★★★★】

（一）最小操作场地面积

（1）消防登高场地应结合消防车道设置。考虑到举高车的支腿横向跨距不超过 6 m，同时考虑普通车（宽度为 2.5 m）的交会以及消防队员携带灭火器具的通行，一般以 10 m 为宜。

（2）根据登高车的车长 15 m 以及车道的宽度，最小操作场地长度和宽度不应小于 15 m × 10 m。对于建筑高度大于 50 m 的建筑，操作场地的长度和宽度分别不应小于 20 m × 10 m，且场地的坡度不宜大于 3%。

（二）场地与建筑的距离

（1）根据火场经验和登高车的操作，一般距建筑 5 m，最大距离可由建筑高度、举高车的额定工作高度确定。

（2）一般如果扑救 50 m 以上的建筑火灾，在 5 ~ 13 m 内消防登高车可达其额定高度，为方便布置，登高场地距建筑外墙不宜小于 5 m，且不应大于 10 m。

（三）操作场地荷载计算

作为消防车登高操作场地，由于需承受 30 ~ 50 t 举高车的重量，对中后桥的荷载也需 26 t，故从结构上考虑应作局部处理。虽然地下管道、暗沟、水池、化粪池等不会影响消防车荷载，但为安全起见，不宜把上述地下设施布置在消防登高操作场地内。同时在地下建筑上布置消防登高操作场地时，地下建筑的楼板荷载应按承载大型重系列消防车计算。

（四）操作空间的控制

应根据高层建筑的实际高度，合理控制消防登高场地的操作空间，场地与建筑之间不应设置妨碍消防车操作的架空高压电线、树木、车库出入口等障碍，同时要避开地下建筑内设置的危险场所等的泄爆口。

【考点五】灭火救援窗的设置要求【★★★★】

厂房、仓库、公共建筑的外墙应每层设置可供消防救援人员进入的窗口。窗口的净高度和净宽度均不应小于1.0 m，下沿距室内地面不宜大于1.2 m，间距不宜大于20 m，且每个防火分区不应少于2个，设置位置应与消防车登高操作场地相对应。窗口的玻璃应易于破碎，并应设置可在室外识别的明显标志。

【考点六】消防电梯的设置范围【★★★】

根据《建筑设计防火规范》（GB 50016—2014）的规定，消防电梯的设置范围如下：

（1）建筑高度大于33 m的住宅建筑。

（2）一类高层公共建筑和建筑高度大于32 m的二类高层公共建筑。

（3）设置消防电梯的建筑的地下或半地下室，埋深大于10 m且总建筑面积大于3 000 m^2的其他地下或半地下建筑（室）。

（4）符合下列条件的建筑可不设置消防电梯：

1）建筑高度大于32 m且设置电梯，任一层工作平台上的人数不超过2人的高层塔架。

2）局部建筑高度大于32 m，且局部高出部分的每层建筑面积不大于50 m^2的丁、戊类厂房。

【考点七】消防电梯的设置要求【★★★】

（1）消防电梯应分别设置在不同的防火分区内，且每个防火分区不应少于1台。

（2）建筑高度大于32 m且设置电梯的高层厂房（仓库），每个防火分区内宜设置1台消防电梯。

（3）消防电梯应具有防火、防烟、防水功能。

（4）消防电梯应设置前室或与防烟楼梯间合用的前室。设置在仓库连廊、冷库穿堂或谷物筒仓工作塔内的消防电梯，可不设置前室。消防电梯前室应符合以下要求：前室宜靠外墙设置，并应在首层直通室外或经过长度不大于30 m的通道通向室外。前室的使用面积不应小于6 m^2，住宅建筑不应小于4.5 m^2；与防烟楼梯间合用的前室，公共建筑不应小于10 m^2，住宅建筑不应小于6 m^2。前室或合用前室的门应采用乙级防火门，不应设置卷帘。

（5）消防电梯井、机房与相邻电梯井、机房之间应设置耐火极限不低于2.00 h的防火隔墙，隔墙上的门应采用甲级防火门。

（6）在消防电梯的井底应设置排水设施，排水井的容量不应小于2 m^3，排水泵的排水量不应小于10 L/s，且消防电梯间前室的门口宜设置挡水设施。

（7）为了满足消防扑救的需要，消防电梯应选用较大的载重量，一般不应小于800 kg，且轿厢尺寸不宜小于1.5 m×2 m。这样，火灾时可以将一个战斗班的（8人左右）消防队员及随身携带的装备运到火场，同时可以满足用担架抢救伤员的需要。对于医院建筑等类似建筑，消防电梯轿厢内的净面积尚需考虑病人、残障人员等的救援以及方便对外联络的需要。消防电梯要层层停靠，包括地下室各层。为了赢得宝贵的时间，消防电梯的行驶速度从首层至顶层的运行时间不宜大于 60 s。

（8）消防电梯的供电应为消防电源并设备用电源，在最末级配电箱自动切换，动力与控制电缆、电线、控制面板应采取防水措施；在首层的消防电梯入口处应设置供消防队员专用的操作按钮，使之能快速回到首层或到达指定楼层；电梯轿厢内部应设置专用消防对讲电话，方便队员与控制中心联络。

（9）电梯轿厢的内部装修应采用不燃材料。

第三篇
建筑消防设施

第一章 概　　述

本章内容较少，容易理解和掌握。

第二章　消防给水及消火栓系统

【考点一】消防给水设施【★★】

消防给水设施包括消防水源（消防水池）、消防水泵、消防供水管道、增（稳）压设备（消防气压罐）、消防水泵接合器和消防水箱等。

【考点二】消防水泵设置要求【★★】

（1）在临时高压消防给水系统、常高压消防给水系统中均需设置消防泵。在串联消防给水系统和重力消防给水系统中，除需设置消防泵外，还需设置消防转输泵。消火栓给水系统与自动喷水灭火系统宜分别设置消防泵，当与消火栓系统合用消防水泵时，系统管道应在报警阀前分开。

（2）设置消防水泵和消防转输泵时均应设置备用泵。备用泵的工作能力不应小于最大一台消防工作泵的工作能力。自动喷水灭火系统可按“用一备一”或“用二备一”的比例设置备用泵。

（3）消防水泵应设置备用泵，其性能应与工作泵性能一致，但下列情况除外：

1）建筑高度小于 54 m 的住宅和室外消防给水设计流量小于等于 25 L/s 时。

2）室内消防给水设计流量小于或等于 10 L/s 时。

【考点三】消防泵的选用要求及规定【★★★★】

（1）消防水泵的选择和应用应符合下列规定：

1）消防水泵的性能应满足消防给水系统所需流量和压力的要求。

2）消防水泵所配驱动器的功率应满足所选水泵流量扬程性能曲线上任何一点运行所需功率的要求。

3）当采用电动机驱动的消防水泵时，应选择电动机干式安装的消防水泵。

4）流量扬程性能曲线应为无驼峰、无拐点的光滑曲线，零流量时的压力不应超过设计工作压力的 140%，且不宜小于设计工作压力的 120%。

5）当出流量为设计流量的 150% 时，其出口压力不应低于设计工作压力的 65%。

6）泵轴的密封方式和材料应满足消防水泵在低流量时运转的要求。

7）消防给水同一泵组的消防水泵型号宜一致，且工作泵不宜超过 3 台。

8）多台消防水泵并联时，应校核流量叠加对消防水泵出口压力的影响。

（2）消防水泵的主要材质应符合下列规定：

1）水泵外壳宜为球墨铸铁。

2）叶轮宜为青铜或不锈钢。

（3）柴油机消防水泵应符合下列规定：

1）柴油机消防水泵应采用压缩式点火型柴油机。

2）柴油机的额定功率应校核海拔和环境温度对柴油机功率的影响。

3）柴油机消防水泵应具备连续工作性能，试验运行时间不应小于 24 h。

4）柴油机消防水泵的蓄电池应保证消防水泵随时自动启泵的要求。

5）柴油机消防水泵的供油箱应根据火灾延续时间确定，且油箱最小有效容积应按 1.5 L/kW 配置，柴油机消防水泵油箱内储存的燃料不应小于 50% 的储量。

（4）轴流深井泵宜安装于水井、消防水池和其他消防水泵上，并应符合下列规定：

1）轴流深井泵安装于水井时，其淹没深度应满足其可靠运行的要求，在水泵出流量为 150% 设计流量时，其最低淹没深度应是第一个水泵叶轮底部水位线以上不少于 3.2 m，且海拔每增加 300 m，深井泵的最低淹没深度应至少增加 0.3 m。

2）轴流深井泵安装在消防水池等消防水源上时，其第一个水泵叶轮底部应低于消防水池的最低有效水位线，且淹没深度应根据水力条件经计算确定，并应满足消防水池等消防水源有效储水量或有效水位能全部被利用的要求；当水泵设计流量大于 125 L/s 时，应根据水泵性能确定淹没深度，并应满足水泵气蚀余量的要求。

3）轴流深井泵的出水管与消防给水管网连接应符合《消防给水及消火栓系统技术规范》（GB 50974—2014）的有关规定。

4）轴流深井泵出水管的阀门设置应符合《消防给水及消火栓系统技术规范》（GB 50974—2014）的有关规定。

5）当消防水池最低水位低于离心水泵出水管中心线或水源水位不能保证离心水泵吸水时，可采用轴流深井泵，并应采用湿式深坑的安装方式安装于消防水池等消防水源上。

6）当轴流深井泵的电动机露天设置时，应有防雨功能。

【考点四】消防泵的串联和并联【★★★】

（1）消防泵的串联是将一台泵的出水口与另一台泵的吸水管直接连接，且两台泵同时运行。消防泵的串联在流量不变时可增加扬程，故当单台消防泵的扬程不能满足最不利点喷头的水压要求时，系统可采用串联消防给水系统。消防泵的串联宜采用相同型号、相同规格的消防泵。在控制上，应先开启前面的消防泵，后开启后面（按水流方向）的消防泵。在有条件的情况下，应尽量选用多级泵。

（2）消防泵的并联是指由两台和两台以上的消防泵同时向消防给水系统供水。消防泵并联的作用主要在于增大流量，但在流量叠加时，系统的流量会有所下降。选泵时应考虑这种因素。也就是说，并联工作的总流量增加了，但单台消防泵的流量却有所下降，故应适当加大单台消防泵的流量。并联时也宜选用相同型号和规格的消防泵，以使消防泵的出水压力相等、工作状态稳定。

【考点五】消防水泵的吸水【★★】

消防水泵的吸水应符合下列规定：

（1）消防水泵应采取自灌式吸水。

（2）消防水泵从市政管网直接抽水时，应在消防水泵出水管上设置有空气隔断的倒流防止器。

（3）当吸水口处无吸水井时，吸水口处应设置旋流防止器。

【考点六】消防水泵吸水管、出水管的布置要求【★★】

（1）离心式消防水泵吸水管、出水管和阀门等，应符合下列规定：

1）一组消防水泵，吸水管不应少于两条，当其中一条损坏或检修时，其余吸水管应仍能通过全部消防给水设计流量。

2）消防水泵吸水管布置应避免形成气囊。

3）一组消防水泵应设不少于两条的输水干管与消防给水环状管网连接，当其中一条输水管检修时，其余输水管应仍能供应全部消防给水设计流量。

4）消防水泵吸水口的淹没深度应满足消防水泵在最低水位运行安全的要求，吸水管喇叭口在消防水池最低有效水位下的淹没深度应根据吸水管喇叭口的水流速度和水力条件确定，但不应小于 600 mm，当采用旋流防止器时，淹没深度不应小于 200 mm。

5）消防水泵的吸水管上应设置明杆闸阀或带自锁装置的蝶阀，但当设置暗杆阀门时，应设有开启刻度和标志；当管径超过 *DN*300 mm 时，宜设置电动阀门。

6）消防水泵的出水管上应设止回阀、明杆闸阀；当采用蝶阀时，应带有自锁装置；当管径大于 *DN*300 mm 时，宜设置电动阀门。

7）消防水泵吸水管的直径小于 *DN*250 mm 时，其流速宜为 1.0 ~ 1.2 m/s；直径大于 *DN*250 mm 时，其流速宜为 1.2 ~ 1.6 m/s。

8）消防水泵出水管的直径小于 *DN*250 mm 时，其流速宜为 1.5 ~ 2.0 m/s；直径大于 *DN*250 mm 时，其流速宜为 2.0 ~ 2.5 m/s。

9）吸水井的布置应满足井内水流顺畅、流速均匀、不产生涡旋的要求，并应便于安装施工。

10）消防水泵的吸水管、出水管穿越外墙时，应采用防水套管；当穿越墙体和楼板时，应符合《消防给水及消火栓系统技术规范》的要求。

11）消防水泵的吸水管穿越消防水池时，应采用柔性套管；采用刚性防水套管时，应在水泵吸水管上设置柔性接头，且管径不应大于 *DN*150 mm。

（2）消防水泵吸水管可设置管道过滤器，管道过滤器的过水面积应大于管道过水面积的 4 倍，且孔径不宜小于 3 mm。

（3）消防水泵的安装应符合下列要求：

1）吸水管水平管段上不应有气囊和漏气现象。变径连接时，应采用偏心异径管件并应采用管顶平接。

2）消防水泵出水管上应安装消声止回阀、控制阀和压力表；系统的总出水管上还应安装压力表和压力开关；安装压力表时应加设缓冲装置。压力表和缓冲装置之间应安装旋塞；压力表量程在没有设计要求时，应为系统工作压力的 2 ~ 2.5 倍。

【考点七】吸水管和出水管上压力表的设置要求【★★】

消防水泵吸水管和出水管上应设置压力表，并应符合下列规定：

（1）消防水泵出水管压力表的最大量程不应低于其设计工作压力的 2 倍，且不应低于 1.60 MPa。

（2）消防水泵吸水管宜设置真空表、压力表或真空压力表，压力表的最大量程应根据工程具体情况确定，但不应低于 0.70 MPa，真空表的最大量程宜为 –0.10 MPa。

（3）压力表的直径不应小于 100 mm，应采用直径不小于 6 mm 的管道与消防水泵进出口管相接，并应设置关断阀门。

【考点八】流量和压力测试装置要求【★★】

一组消防水泵应在消防水泵房内设置流量和压力测试装置，并应符合下列规定：

（1）单台消防水泵的流量不大于 20 L/s、设计工作压力不大于 0.50 MPa 时，泵组应预留测量用流量计和压力计接口，其他泵组宜设置泵组流量和压力测试装置。

（2）消防水泵流量检测装置的计量精度应为 0.4 级，最大量程的 75% 应大于最大一台消防水泵设计流量值的 175%。

（3）消防水泵压力检测装置的计量精度应为 0.5 级，最大量程 75% 应大于最大一台消防水泵设计压力值的 165%。

（4）每台消防水泵出水管上应设置 *DN*65 mm 的试水管，并应安装 *DN*65 mm 的消火栓。

【考点九】消防水泵的启动装置规定【★★★】

（1）消防水泵不应设置自动停泵的控制功能，停泵应由具有管理权限的工作人员根据火灾扑救情况确定。

（2）消防水泵应保证在火灾发生后规定的时间内正常工作，从接到起泵信号到水泵正常运转的自动启动时间不大于 2 min。

（3）消防水泵应由消防水泵出水干管上设置的压力开关、高位消防水箱出水管上的流量开关，或报警阀压力开关等开关信号直接自动启动。消防水泵房内的压力开关宜引入消防水泵控制柜内。

（4）消防水泵应能手动启停和自动启动。

（5）稳压泵应由消防给水管网或气压水罐上设置的稳压泵自动启停泵压力开关或压力变送器控制。

（6）消火栓按钮不宜作为直接启动信号，可作为发出报警信号。

【考点十】消防水泵控制柜的设置要求【★★★★】

（1）消防水泵控制柜应设置在消防水泵房或专用消防水泵控制室内，并应符合下列要求：

1）消防水泵控制柜在平时应使消防水泵处于自动启泵状态。

2）当自动水灭火系统为开式系统，且设置自动启动确有困难时，经论证后消防水泵可设置在手动启动状态，并应确保 24 h 有人工值班。

（2）消防水泵控制柜设置在独立的消防水泵控制室时，其防护等级不应低于 IP30；与消防水泵设置在同一空间时，其防护等级不应低于 IP55。

（3）消防水泵控制柜应采取防止被水淹没的措施。在高温潮湿环境下，消防水泵控制柜内应设置自动防潮除湿的装置。

（4）消防水泵控制柜应设置机械应急启泵功能，并应保证在控制柜内的控制线路发生故障时由具有管理权限的人员在紧急时启动消防水泵。机械应急启动时，应确保消防水泵在报警后 5.0 min 内正常工作。

（5）消防水泵控制柜前面板的明显部位应设置紧急时打开柜门的钥匙装置，并应由有管理权限的人员在紧急时使用。

（6）消防水泵控制柜应有显示消防水泵工作状态和故障状态的输出端子及远程控制消防水泵启动的输入端子。控制柜应具有自动巡检可调、显示巡检状态和信号等功能，且对话界面应为汉语，图标应便于识别和操作。

【考点十一】消防水泵的动力装置要求【★★】

（1）消防泵的供电应按《供配电系统设计规范》（GB 50052—2009）的规定进行设计。消防转输泵的供电应符合消防泵的供电要求。消防泵、消防稳压泵及消防转输泵应有不间断的动力供应，也可采用内燃机作为动力装置。

（2）消防水泵的双电源自动切换时间不应大于 2 s，一路电源与内燃机动力的切换时间不应大于 15 s。

【考点十二】室外消防给水管道的布置要求【★★★】

（1）向室外、室内环状消防给水管网输水干管不应少于两条，当其中一条发生故障时，其余的输水干管应能满足消防给水设计流量。

（2）室外消防给水管道应符合下列规定：

1）室外消防给水采用两路消防供水时，应采用环状管网，但当采用一路消防供水时，可采用枝状管网。

2）管道的直径应根据流量、流速和压力要求经计算确定，但不应小于 *DN*100 mm。

3）消防给水管道应采用阀门分成若干独立段，每段内室外消火栓的数量不宜超过 5 个。

4）室外消防给水管道设置的其他要求应符合《室外给水设计规范》（GB 50013—2016）的有关规定。

【考点十三】室外消防给水管道的管材、阀门和敷设要求【★★】

（一）管材

埋地管道宜采用球墨铸铁管、钢丝网骨架塑料复合管和加强防腐的钢管等管材，室内外架空管道应采用热浸锌镀锌钢管等金属管材，并应按下列因素对管道的综合影响选择管材和设计管道：

（1）系统工作压力。

（2）覆土深度。

（3）土壤的性质。

（4）管道的耐腐蚀能力。

（5）可能受到土壤、建筑基础、机动车和铁路等其他附加荷载的影响。

（6）管道穿越伸缩缝和沉降缝。

（二）阀门

（1）消防给水系统的阀门选择应符合下列规定：

1）埋地管道的阀门宜采用带启闭刻度的暗杆闸阀，当设置在阀门内时可采用耐腐蚀的明杆闸阀。

2）室内架空管道的阀门宜采用蝶阀、明杆闸阀或带启闭刻度的暗杆闸阀等。

3）室外架空管道宜采用带启闭刻度的暗杆闸阀或耐腐蚀的明杆闸阀。

4）埋地管道的阀门应采用球墨铸铁阀门，室内架空管道的阀门应采用球墨铸铁或不锈钢阀门，室外架空管道的阀门应采用球墨铸铁阀门或不锈钢阀门。

（2）减压阀的设置应符合下列规定：

1）减压阀应设置在报警阀组入口前，当连接两个及以上报警阀组时，应设置备用减压阀。

2）减压阀的进口处应设置过滤器，过滤器的孔网直径不宜小于 4 ~ 5 目 /cm^2，过流面积不应小于管道截面面积的 4 倍。

3）过滤器和减压阀前后应设压力表，压力表的表盘直径不应小于 100 mm，最大量程宜为设计压力的 2 倍。

4）过滤器前和减压阀后应设置控制阀门。

5）减压阀后应设置压力试验排水阀。

6）减压阀应设置流量检测测试接口或流量计。

7）垂直安装的减压阀，水流方向宜向下。

8）比例式减压阀宜垂直安装，可调式减压阀宜水平安装。

9）减压阀和控制阀门宜有保护或锁定调节配件的装置。

10）接减压阀的管段不应有气堵、气阻。

（三）敷设

（1）埋地管道的地基、基础、垫层、回填土压实度等的要求，应根据刚性管或柔性管管材的性质，结合管道埋设处的具体情况，按《给水排水管道工程施工及验收规范》（GB 50268—2008）和《给水排水工程管道结构设计规范》（GB 50332—2002）的有关规定执行。当埋地管直径不小于 *DN*100 mm 时，应在管道弯头、三通和堵头等位置设置钢筋混凝土支墩。

（2）消防给水管道不宜穿越建筑基础，当必须穿越时，应采取防护套管等保护措施。

【考点十四】室内消防给水管道设置要求【★★★】

（1）室内消防给水管网应符合下列规定：

1）室内消火栓系统管网应布置成环状，当室外消火栓设计流量不大于 20 L/s（但建筑高度超过 50 m 的住宅除外），且室内消火栓不超过 10 个时，可布置成枝状。

2）当由室外生产生活消防合用系统直接供水时，合用系统除应满足室外消防给水设计流量以及生产和生活最大小时设计流量的要求外，还应满足室内消防给水系统的设计流量和压力要求。

3）室内消防管道管径应根据系统设计流量、流速和压力要求经计算确定；室内消火栓竖管管径应根据竖管最低流量经计算确定，但不应小于 *DN*100 mm。

（2）室内消火栓环状给水管道检修时应符合下列规定：

1）室内消火栓竖管应保证检修管道时关闭停用的竖管不超过 1 根，当竖管超过 4 根时，可关闭不相邻的 2 根。

2）每根竖管与供水横干管相接处应设置阀门。

（3）室内消火栓给水管网宜与自动喷水等其他水灭火系统的臂网分开设置；当合用消防泵时，供水管路沿水流方向应在报警阀前分开设置。

（4）消防给水管道的设计流速不宜大于 2.5 m/s，自动喷水灭火系统管道设计流速应符合《自动喷水灭火系统设计规范》（GB 50084—2017）、《泡沫灭火系统设计规范》（GB 50151—2010）、《水喷雾灭火系统技术规范》（GB 50219—2014）和《固定消防炮灭火系统设计规范》（GB 50338—2003）的有关规定，但任何消防管道的给水流速不应大于 7 m/s。

【考点十五】消防水池的设置要求【★★】

在市政给水管道、进水管道或天然水源不能满足消防用水量，以及市政给水管道为枝状或只有一条进水管的情况下，且室外消火栓设计流量大于 20 L/s 或建筑高度大于 50 m 的建（构）筑物应设消防水池。

（1）消防水池有效容积的计算应符合下列规定：

1）当市政给水管网能保证室外消防给水设计流量时，消防水池的有效容量应满足在火灾延续时间内室内消防用水量的要求。

2）当市政给水管网不能保证室外消防给水设计流量时，消防水池的有效容量应满足在火灾延续时间内室内消防用水量和室外消防用水不足部分之和的要求。

（2）消防水池进水管应根据其有效容积和补水时间确定，补水时间不宜大于 48 h，但当消防水池有效总容积大于 2 000 m^3 时，不应大于 96 h，消防水池给水管管径应经计算确定，且不应小于 *DN*100 mm。

（3）消防水池的总蓄水有效容积大于 500 m^3 时，宜设两格能独立使用的消防水池，并应设置满足最低有效水位的连通管；当大于 1 000 m^3 时，应设置能独立使用的两座消防水池，每座消防水池应设置独立的出水管，并应设置满足最低有效水位的连通管。

（4）对于消防水池，当消防用水与其他用水合用时，应有保证消防用水不作他用的技术措施。

（5）消防水池的出水、排水和水位应符合下列要求：

1）消防水池的出水管应保证消防水池的有效容积能被全部利用。

2）消防水池应设置就地水位显示装置，并应在消防控制中心或值班室等地点设置显示消防水池水位的装置，同时应有最高和最低水位报警水位。

3）消防水池应设置溢流水管和排水设施，并应采用间接排水。

（6）储存室外消防用水的消防水池或供消防车取水的消防水池，应符合下列规定：

1）消防水池应设置取水口（井），且吸水高度不应大于 6.0 m。

2）取水口（井）与建筑物（水泵房除外）的距离不宜小于 15 m。

3）取水口（井）与甲、乙、丙类液体储罐等构筑物的距离不宜小于 40 m。

4）取水口（井）与液化石油气储罐的距离不宜小于 60 m，当采取防止辐射热的保护措施时，可为 40 m。

【考点十六】消防水池、高位消防水池的容积【★★】

水池的容积分为有效容积（储水容积）和无效容积（附加容积），其总容积为有效容积与无效容积之和。

（一）消防水池的有效容积

$$V_a=(Q_p-Q_b)\,t \qquad (2—3—2—1)$$

式中 V_a——消防水池的有效容积（m^3）；

Q_p——消火栓、自动喷水灭火系统的设计流量（m^3/h）；

Q_b——在火灾延续时间内可连续补充的流量（m^3/h）；

t——火灾延续时间（h）。

（二）消防水池的补水

当消防水池采用两路消防供水且在发生火灾情况下连续补水能满足消防要求时，消防水池的有效容积应根据计算确定，但不应小于 100 m^3，当仅有消火栓系统时不应小于 50 m^3。

（三）高位消防水池的有效容积

高位消防水池的最低有效水位应能满足其所服务的水灭火设施所需的工作压力和流量，且其有效容积应满足火灾延续时间内所需的消防用水量，并应符合下列规定：

（1）高位消防水池的有效容积、出水、排水和水位等应符合《消防给水及消火栓系统技术规范》（GB 50974—2014）的有关规定。

（2）高位消防水池应符合《消防给水及消火栓系统技术规范》（GB 50974—2014）的有关规定。

（3）除可一路消防供水的建筑物外，向高位消防水池供水的给水管应至少有两条独立的给水管道。

（4）当高层民用建筑采用高位消防水池供水的高压消防给水系统时，高位消防水池储存室内消防用水量确有困难，但火灾时补水可靠时，其总有效容积不应小于室内消防用水量的 50%。

（5）高层民用建筑高压消防给水系统的高位消防水池总有效容积大于 200 m^3 时，宜设置蓄水有效容积相等且可独立使用的两格；但当建筑高度大于 100 m 时应设置独立的两座，且每座应有一条独立的出水管向系统供水。

（6）高位消防水池设置在建筑物内时，应采用耐火极限不低于 2.00 h 的隔墙和 1.50 h 的楼板与其他部位隔开，并应设甲级防火门，且消防水池及其支承框架与建筑构件应连接牢固。

【考点十七】消防水箱的设置要求【★★★】

（1）临时高压消防给水系统的高位消防水箱的有效容积应满足初期火灾消防用水量的要求。

（2）高位消防水箱的设置位置应高于其所服务的水灭火设施，且最低有效水位应满足水灭火设施最不利点处的静水压力。

（3）室内采用临时高压消防给水系统时，应设置高位消防水箱。

【考点十八】室外消火栓的设置范围【★★】

（1）在城市、居住区、工厂、仓库等的规划和建筑设计中，必须同时设计消防给水系统；城镇（包括居住区、商业区、开发区、工业区等）应沿可通行消防车的街道设置市政消火栓系统。

（2）民用建筑、厂房（仓库）、储罐（区）、堆场周围应设室外消火栓。

（3）用于消防救援和消防车停靠的屋面上，应设置室外消火栓系统。

（4）耐火等级不低于二级，且建筑物体积小于或等于 3 000 m^3 的戊类厂房；或居住区人数不超过 500 人，且建筑物层数不超过两层的居住区，可不设置室外消防给水系统。

【考点十九】市政消火栓的设置要求【★★★★】

（1）市政消火栓宜采用地上式室外消火栓；在严寒、寒冷等冬季结冰地区宜采用干式地上式室外消火栓，严寒地区宜设置消防水鹤。当采用地下式室外消火栓，且当地下式室外消火栓的取水口在冰冻线以上时，应采取保温措施。

（2）地下式市政消火栓应有明显的永久性标志。

（3）市政消火栓宜采用直径 *DN*150 mm 的室外消火栓。

（4）市政消火栓宜在道路的一侧设置，并宜靠近十字路口，但当市政道路宽度超过 60 m 时，应在道路的两侧交叉错落设置市政消火栓。

（5）市政桥桥头和隧道出入口等市政公用设施处，应设置市政消火栓。

（6）市政消火栓的保护半径不应超过 150 m，且间距不应大于 120 m。

（7）市政消火栓应布置在消防车易于接近的人行道和绿地等地点，且不应妨碍交通。

（8）设有市政消火栓的给水管网平时运行工作压力不应小于 0.14 MPa，消防时水力最不利消火栓的出流量不应小于 15 L/s，且供水压力从地面算起不应小于 0.10 MPa。

（9）严寒地区在城市主要干道上设置消防水鹤的布置间距宜为 1 000 m，连接消防水鹤的市政给水管的管径不宜小于 *DN*200 mm。

（10）消防时消防水鹤的出流量不宜低于 30 L/s，且供水压力从地面算起不应小于 0.10 MPa。

【考点二十】室外消火栓的设置要求【7★】

（1）建筑室外消火栓的布置除应符合《消防安全技术实务（2018 年版）》相关章节的规定外，还应符合《消防给水及消火栓系统技术规范》的有关规定。

（2）建筑室外消火栓的数量应根据室外消火栓设计流量和保护半径经计算确定，保护半径不应大于 150 m，每个室外消火栓的出流量宜按 10 ~ 15 L/s 计算。

（3）室外消火栓宜沿建筑周围均匀布置，且不宜集中布置在建筑一侧；建筑消防扑救面一侧的室外消火栓数量不宜少于 2 个。

（4）人防工程、地下工程等建筑应在出入口附近设置室外消火栓，距出入口的距离不宜小于 5 m，并不宜大于 40 m。

（5）停车场的室外消火栓宜沿停车场周边设置，且与最近一排汽车的距离不宜小于 7 m，距加油站或油库不宜小于 15 m。

（6）甲、乙、丙类液体储罐区和液化烃罐罐区等构筑物的室外消火栓，应设在防火堤或防护墙外，数量应根据每个罐的设计流量经计算确定，但距罐壁 15 m 范围内的消火栓，不应计算在该罐可使用的数量内。

（7）工艺装置区等采用高压或临时高压消防给水系统的场所，其周围应设置室外消火栓，数量应根据设计流量经计算确定，且间距不应大于 60.0 m。当工艺装置区宽度大于 120.0 m 时，宜在该装置区内的路边设置室外消火栓。

（8）当工艺装置区、罐区、可燃气体和液体码头等构筑物的面积较大或高度较高，室外消火栓的充实水柱无法完全覆盖时，宜在适当部位设置室外固定消防炮。

（9）当工艺装置区、储罐区、堆场等构筑物采用高压或临时高压消防给水系统时，消火栓的设置应符合下列规定：

1）室外消火栓处宜配置消防水带和消防水枪。

2）工艺装置区休息平台等需要设置消火栓的场所应采用室内消火栓，并应符合《消防给水及消火栓系统技术规范》（GB 50974—2014）的有关规定。

（10）室外消防给水引入管当设有减压型倒流防止器时，应在减压型倒流防止器前设置一个室外消火栓。

【考点二十一】室内消火栓系统设置场所【★★★】

（1）应设室内消火栓系统的建筑如下：

1）建筑占地面积大于300 m^2的厂房（仓库）。

2）体积大于5 000 m^3的车站、码头、机场的候车（船、机）楼以及展览建筑、商店建筑、旅馆建筑、医疗建筑和图书馆建筑等单、多层建筑。

3）特等、甲等剧场，超过800个座位的其他等级的剧场和电影院等，超过1 200个座位的礼堂、体育馆等单、多层建筑。

4）建筑高度大于15 m或体积大于10 000 m^3的办公建筑、教学建筑和其他单、多层民用建筑。

5）高层公共建筑和建筑高度大于21 m的住宅建筑。

6）对于建筑高度不大于27 m的住宅建筑，当确有困难时，可只设置干式消防竖管和不带消火栓箱的*DN*65 mm的室内消火栓。

（2）可不设室内消火栓系统的建筑如下：

1）存有与水接触能引起燃烧、爆炸的物品的建筑物和室内没有生产、生活给水管道，室外消防用水取自储水池且建筑体积不大于5 000 m^3的其他建筑。

2）耐火等级为一、二级且可燃物较少的单层、多层丁、戊类厂房（仓库），耐火等级为三、四级且建筑体积小于或等于3 000 m^3的丁类厂房和建筑体积小于或等于5 000 m^3的戊类厂房（仓库）。

3）粮食仓库、金库以及远离城镇且无人值班的独立建筑。国家级文物保护单位的重点砖木或木结构的古建筑，宜设置室内消火栓系统。人员密集的公共建筑、建筑高度大于100 m的建筑和建筑面积大于200 m^2的商业服务网点内应设置消防软管卷盘或轻便消防水龙。高层住宅建筑的户内宜配置轻便消防水龙。

【考点二十二】室内消火栓系统类型及其给水方式【★★】

（一）低层建筑室内消火栓给水系统及其给水方式

低层建筑发生火灾时，既可利用其室内消火栓设备接上水带、水枪灭火，又可利用消防车从室外水源抽水直接灭火，使其得到有效救援。

低层建筑室内消火栓给水系统的给水方式分为以下两种类型：

（1）直接给水方式。直接给水方式无加压水泵和水箱，室内消防用水直接由室外消防给水管网提供。

（2）设有消防水泵和消防水箱的给水方式。这种给水方式同时设有消防水泵和消防水箱，是最常用的给水方式。

（二）高层建筑室内消火栓给水系统及其给水方式

高层建筑必须依靠建筑物内设置的消防设施进行自救。高层建筑的室内消火栓给水系统应采用独立的消防给水系统。

（1）不分区消防给水方式。整栋大楼采用一个区供水，系统简单、设备少。当高层建筑最低消火栓栓口处的静水压力不大于 1.0 MPa，或系统工作压力不大 2.40 MPa 时，可采用此种给水方式。

（2）分区消防给水方式。在消防给水系统中，由于配水管道的工作压力要求，系统可有不同的给水方式。系统给水方式的划分原则可根据管材、设备等确定。当高层建筑最低消水栓栓口的静水压力大于 1.00 MPa 或系统工作压力大于 2.40 MPa 时，应采取分区消防给水系统。分区供水形式应根据系统压力、建筑特征，综合技术经济和安全可靠性等因素确定，可采用消防水泵并行或串联、减压水箱和减压阀减压的形式，但当系统的工作压力大于 2.4 MPa 时，应采用消防水泵串联或减压水箱分区供水形式。

【考点二十三】室内消火栓系统设置要求【7 ★】

（一）室内消火栓的设置

（1）应采用 *DN*65 mm 的室内消火栓，并可与消防软管卷盘或轻便水龙设置在同一箱体内。配置 *DN*65 mm 有内衬里的消防水带，长度不宜超过 25.0 m；宜配置喷嘴当量直径 16 mm 或 19 mm 的消防水枪，但当消火栓设计流量为 2.5 L/s 时，宜配置喷嘴当量直径 11 mm 或 13 mm 的消防水枪。

（2）设置室内消火栓的建筑，包括设备层在内的各层均应设置消火栓。

（3）屋顶设有直升机停机坪的建筑，应在停机坪出入口处或非电气设备机房处设置消火栓，且距停机坪机位边缘的距离不应小于 5.0 m。

（4）消防电梯前室应设置室内消火栓，并应计入消火栓使用数量。

（5）室内消火栓的布置应满足同一平面有 2 支消防水枪的 2 股充实水柱同时达到任何部位的要求，但建筑高度小于或等于 24.0 m 且体积小于或等于 5 000 m^3 的多层仓库、建筑高度小于或等于 54 m 且每单元设置一部疏散楼梯的住宅，以及《消防给水及消火栓系统技术规范》（GB 50974—2014）第 3.5.2 条中规定可采用 1 支消防水枪计算消防量的场所，可采用 1 支消防水枪的 1 股充实水柱到达室内任何部位。

（6）建筑室内消火栓的设置位置应满足火灾扑救要求。

（7）建筑室内消火栓栓口的安装高度应便于消防水龙带的连接和使用，其距地面高度宜为 1.1 m；其出水方向应便于消防水带的敷设，并宜与设置消火栓的墙面成 90° 角或向下。

（8）设有室内消火栓的建筑应设置带有压力表的试验消火栓，对于多层和高层建筑应在其屋顶设置，严寒、寒冷等冬季结冰地区可设置在顶层出口处或水箱间内等便于操作和防冻的位置；对于单层建筑宜设置在水力最不利处，且应靠近出入口。

（9）室内消火栓宜按直线距离计算其布置间距，对于消火栓按 2 支消防水枪的 2 股充实水柱布置的建筑物，消火栓的布置间距不应大于 30.0 m；对于消火栓按 1 支消防水枪的 1 股充实水柱布置的建筑物，消火栓的布置间距不应大于 50.0 m。

（10）建筑高度不大于27 m的住宅，当设置消火栓系统时，可采用干式消防竖管。干式消防竖管宜设置在楼梯间休息平台，且仅应配置消火栓栓口，干式消防竖管应设置消防车供水接口，消防车供水接口应设置在首层便于消防车接近和安全的地点，竖管顶端应设置自动排气阀。

（11）住宅户内宜在生活给水管道上预留一个接*DN*15 mm消防软管或轻便水龙的接口。跃层住宅和商业网点的室内消火栓应至少满足1股充实水柱到达室内任何部位，并宜设置在户门附近。

（二）室内消火栓栓口压力和消防水枪充实水柱

充实水柱是指由水枪喷嘴起至射流90%的水柱水量穿过直径为380 mm圆孔处的一段射流长度。

（1）消火栓栓口动压不应大于0.50 MPa，当大于0.70 MPa时，必须设置减压装置。

（2）高层建筑、厂房、库房和室内净空高度超过8 m的民用建筑等场所，消火栓栓口动压不应小于0.35 MPa，且消防水枪充实水柱应达到13 m；其他场所的消火栓栓口动压不应小于0.25 MPa，且消防水枪充实水柱应达到10 m。

（三）消防软管卷盘和轻便水龙的设置要求

消防软管卷盘由小口径消火栓、输水缠绕软管、小口径水枪等组成。与室内消火栓相比，消防软管卷盘具有操作简便、机动灵活等优点。

（1）消防软管卷盘应配置内径不小于ϕ19 mm的消防软管，其长度宜为30 m，轻便水龙应配置*DN*25 mm有内衬里的消防水带，长度宜为30.0 m。消防软管卷盘和轻便水龙应配置当量喷嘴直径为6 mm的消防水枪。

（2）消防软管卷盘和轻便水龙的用水量可不计入消防用水总量。

（3）剧院、会堂闷顶内的消防软管卷盘应设在马道入口处，以方便工作人员使用。

【考点二十四】设计参数一般规定【★★】

（1）工厂、仓库、堆场、储罐区或民用建筑的室外消防用水量，应按同一时间内的火灾起数和一起火灾灭火所需室外消防用水量确定。

（2）消防给水一起火灾灭火所需消防用水的设计流量应由建筑的室外消火栓系统、室内消火栓系统、自动喷水灭火系统、泡沫灭火系统、水喷雾灭火系统、固定消防炮灭火系统、固定冷却水系统等需要同时作用的各种水灭火系统的设计流量组成。

（3）自动喷水灭火系统、泡沫灭火系统、水喷雾灭火系统、固定消防炮灭火系统等水灭火系统的消防给水设计流量，应分别按《自动喷水灭火系统设计规范》（GB 50084—2017）、《泡沫灭火系统设计规范》（GB 50151—2010）、《水喷雾灭火系统设计规范》（GB 50219—2014）和《固定消防炮灭火系统设计规范》（GB 50338—2003）等的有关规定执行。

【考点二十五】消防用水量【★★★】

消火栓用水总量包括室外消火栓用水量和室内消火栓用水量。室外消火栓的作用是直接扑灭或控制低层建筑、高层建筑低层部分的火灾和保护低层建筑、高层建筑低层部分及邻近建筑物。

室外消火栓的取水点为消防水池或天然水源，其取水设备有消防车和移动泵。用水设备或器材有水带、水枪、消防云梯车、消防曲臂车的带架水枪或通过水泵接合器向室内消防给水管网供水。水泵接合器全部或部分供给室内消防用水量，以扑灭或控制低层建筑和高层建筑火灾。

室内消火栓的作用是直接扑灭或控制低层建筑、高层建筑和超高层建筑或邻近建筑物的火灾。其用水点、用水设备和器材为室内消火栓、水带、水枪。

消防用水总量按公式（2—3—2—2）计算

$$Q_t=Q_o+Q_i \quad (2—3—2—2)$$

式中 Q_t——消防用水总量（L/s）；

Q_o——室外消防用水量（L/s）；

Q_i——室内消防用水量（L/s）。

（一）城镇、居住区室外消防用水量

（1）城镇和居住区等市政消防给水设计流量，应按同一时间内的火灾起数和一起火灾灭火设计流量经计算确定。

（2）工业园区、商务区等市政消防给水设计流量，宜根据其规划区域的规模和同一时间的火灾起数，以及规划中的各类建筑室内外同时作用的水灭火系统设计流量之和经计算分析确定。

（二）建筑物室外消火栓设计流量

（1）建筑物室外消火栓设计流量，应根据建筑物的用途、功能、体积、耐火等级、火灾危险性等因素综合分析确定。

（2）城市交通隧道洞口外室外消火栓设计流量不应小于表 2—3—2—1 的规定。

表 2—3—2—1　城市交通隧道洞口外室外消火栓设计流量

名称	类别	长度 /m	室外消火栓设计流量 /（L/s）
可通行危险化学品等机动车	一、二	$L>500$	30
	三	$L\leqslant 500$	20
仅限通行非危险化学品等机动车	一、二、三	$L\geqslant 1\,000$	30
	三、四	$L<1\,000$	20

（三）建筑物室内消火栓设计流量

（1）建筑物室内消火栓设计流量，应根据建筑物的用途、功能、体积、高度、耐火等级、火灾危险性等因素综合确定。

（2）城市交通隧道内室内消火栓设计流量不应小于表 2—3—2—2 规定。

表 2—3—2—2　城市交通隧道内室内消火栓设计流量

名称	类别	长度 /m	设计流量 /（L/s）
可通行危险化学品等机动车	一、二	$L>500$	20
	三	$L\leqslant 500$	10
仅限通行非危险化学品等机动车	一、二、三	$L\geqslant 1\,000$	20
	三	$L<1\,000$	10

（3）地铁地下车站室内消火栓设计流量不应小于 20 L/s，区间隧道不应小于 10 L/s。

第三章　自动喷水灭火系统

【考点一】自动喷水灭火系统的分类【★★】

（1）自动喷水灭火系统根据所使用喷头的型式，可分为闭式自动喷水灭火系统和开式自动喷水灭火系统两大类。

（2）根据系统的用途和配置状况，自动喷水灭火系统又分为湿式系统、干式系统、预作用系统、防护冷却系统、雨淋系统、水幕系统（防火分隔水幕和防护冷却水幕）、自动喷水—泡沫联用系统等。

【考点二】湿式系统的工作原理及适用范围【6★】

湿式系统在准工作状态时，由消防水箱或稳压泵、气压给水设备等稳压设施维持管道内的充水压力。发生火灾时，在火灾温度的作用下，闭式喷头的热敏元件动作，喷头开启并开始喷水。此时，管网中的水由静止变为流动，水流指示器动作送出电信号，在火灾报警控制器上显示某一区域喷水的信息。由于持续喷水泄压造成湿式报警阀的上部水压低于下部水压，在压力差的作用下，原来处于关闭状态的湿式报警阀自动开启。此时，压力水通过湿式报警阀流向管网，同时打开通向水力警铃的通道，延迟器充满水后，水力警铃发出声响警报，高位消防水箱流量开关或系统管网的压力开关动作并输出信号并直接启动供水泵。供水泵投入运行后，完成系统的启动过程。湿式系统适合在温度不低于4℃且不高于70℃的环境中使用。在温度低于4℃的场所使用湿式系统，存在系统管道和组件内充水冰冻的危险；在温度高于70℃的场所采用湿式系统，存在系统管道和组件内充水蒸气压力升高而破坏管道的危险。

【考点三】干式系统的工作原理及适用范围【★★★★★】

干式系统在准工作状态时，由消防水箱或稳压泵、气压给水设备等稳压设施维持干式报警阀入口前管道内的充水压力，报警阀出口后的管道内充满有压气体（通常采用压缩空气），报警阀处于关闭状态。发生火灾时，在火灾温度的作用下，闭式喷头的热敏元件动作，闭式喷头开启，使干式阀的出口压力下降，加速器动作后促使干式报警阀迅速开启，管道开始排气充水，剩余压缩空气从系统最高处的排气阀和开启的喷头处喷出。此时，通向水力警铃和压力开关的通道被打开，水力警铃发出声响警报，高位消防水箱流量开关或管网压力开关动作并输出启泵信号，启动系统供水泵；管道完成排气充水过程后，开启的喷头开始喷水。从闭式喷头开启至供水泵投入运行前，由消防水箱、气压给水设备或稳压泵等供水设施为系统的配水管道充水。干式系统适用于环境温度低于4℃或高于70℃的场所。干式系统虽然解决了湿式系统不适用于高、低温环境场所的问题，但由于准工作状态时配水管道内没有水，喷头动作、系统启动时必须经过一个管道排气、充水的过程，因此会出现滞后喷水现象，不利于系统及时控火灭火。

【考点四】预作用系统的工作原理及适用范围【★★★★】

系统处于准工作状态时，由消防水箱或稳压泵、气压给水设备等稳压设施维持雨淋阀入口前管道内充水的压力，雨淋阀后的管道内平时无水或充以有压气体。发生火灾时，由火灾自动报警系统开启预作用报警阀的电磁阀，配水管道开始排气充水，使系统在闭式喷头动作前开始转换成湿式系统，系统管网的压力开关或高位消防水箱的流量开关直接启动消防水泵并在闭式喷头开启后立即喷水。预作用系统可消除干式系统在喷头开放后延迟喷水的弊病，因此其在低温和高温环境中可替代干式系统。系统处于准工作状态时，严禁管道充水、严禁系统误喷的忌水场所应采用预作用系统。

【考点五】雨淋系统的工作原理及适用范围【★★★★★】

系统处于准工作状态时，由消防水箱或稳压泵、气压给水设备等稳压设施维持雨淋阀入口前管道内的充水压力。发生火灾时，由火灾自动报警系统或传动管自动控制开启雨淋报警阀和供水泵，向系统管网供水，由雨淋阀控制的开式喷头同时喷水。雨淋系统的喷水范围由雨淋阀控制，在系统启动后立即大面积喷水。因此，雨淋系统主要适用于需大面积喷水、快速扑灭火灾的特别危险场所。火灾的水平蔓延速度快、闭式喷头的开放不能及时使喷水有效覆盖着火区域，或室内净空高度超过一定高度且必须迅速扑救初期火灾，或火灾危险等级属于严重危险级Ⅱ级的场所，应采用雨淋系统。

【考点六】水幕系统的工作原理及适用范围【★★】

系统处于准工作状态时，由消防水箱或稳压泵、气压给水设备等稳压设施维持管道内的充水压力。发生火灾时，由火灾自动报警系统联动开启雨淋报警阀组，系统管网压力开关启动供水泵，向系统管网和喷头供水。防火分隔水幕系统利用密集喷洒形成的水墙或多层水帘，可封堵防火分区处的孔洞，阻挡火灾和烟气的蔓延，因此适用于局部防火分隔处。防护冷却水幕系统则利用喷水在物体表面形成的水膜，控制防护分区处分隔物的温度，使分隔物的完整性和隔热性免遭破坏，因此适用于对防火卷帘、防火玻璃墙等防火分隔设施的冷却保护。

【考点七】火灾危险等级【★★★★】

设置场所的火灾危险等级应划分为轻危险级、中危险级（Ⅰ、Ⅱ级）、严重危险级（Ⅰ、Ⅱ级）和仓库危险级（Ⅰ、Ⅱ、Ⅲ级）。

（1）轻危险级。一般是指可燃物品较少、火灾放热速率较低、外部增援和人员疏散较容易的场所。

（2）中危险级。一般是指内部可燃物数量、火灾放热速率中等，火灾初期不会引起剧烈燃烧的场所。大部分民用建筑和工业厂房划归中危险级。根据此类场所种类多、范围广的特点，再细分为中危险级Ⅰ级和中危险级Ⅱ级。

（3）严重危险级。一般是指火灾危险性大，且可燃物品数量多，火灾发生时容易引起猛烈燃烧并可能迅速蔓延的场所。

（4）仓库危险级。根据仓库储存物品及其包装材料的火灾危险性，将仓库火灾危险等级划分为Ⅰ、Ⅱ、Ⅲ级。仓库危险级Ⅰ级一般是指储存食品、烟酒以及用木箱、纸箱包装的不燃或难燃物品的场所；仓库火灾危险级Ⅱ级一般是指储存木材、纸、皮革等物品和用各种塑料瓶、盒包装的不燃物品及各类物品混杂储存的场所；仓库危险级Ⅲ级一般是指储存A组塑料与橡胶及其制品等物品的场所。

【考点八】自动喷水系统设计基本参数【★★★】

（一）民用建筑和工业厂房采用湿式系统的设计基本参数

民用建筑和工业厂房采用湿式系统的设计基本参数不应低于表 2—3—3—1 的规定。

表 2—3—3—1　民用建筑和工业厂房采用湿式系统的设计基本参数

火灾危险等级		净空高度 h/m	喷水强度 / [L/ (min · m²)]	作用面积 /m²
轻危险级		8	4	160
中危险级	Ⅰ级		6	160
	Ⅱ级		8	
严重危险级	Ⅰ级		12	260
	Ⅱ级		16	

注：系统最不利点处喷头的工作压力不应低于 0.05 MPa。

（二）民用建筑和厂房高大空间场所采用湿式系统的设计基本参数

（1）民用建筑和厂房高大空间场所采用的湿式系统的设计基本参数不应低于表 2—3—3—2 的规定。

表 2—3—3—2　民用建筑和厂房高大空间场所采用湿式系统的设计基本参数

适用场所		最大净空高度 h/m	喷水强度 / [L/ (min · m²)]	作用面积 /m²	喷头间距 S/m
民用建筑	中庭、体育馆、航站楼等	$8 < h \leqslant 12$	12	160	$1.8 \leqslant S \leqslant 3.0$
		$12 < h \leqslant 18$	15		
	影剧院、音乐厅、会展中心等	$8 < h \leqslant 12$	15		
		$12 < h \leqslant 18$	20		
厂房	制衣制鞋、玩具、木器、电子生产车间等	$8 < h \leqslant 12$	15		
	棉纺厂、麻纺厂、泡沫塑料生产车间等		20		

注：1. 表中未列入的场所，应根据该表规定场所的火灾危险性类比确定。

2. 当民用建筑高大空间场所的最大净空高度为 $12\ \mathrm{m} < h \leqslant 18\ \mathrm{m}$ 时，应采用非仓库型特殊应用喷头。

（2）最大净空高度超过 8 m 的超级市场采用的湿式系统，其设计基本参数应按《自动喷水灭火系统设计规范》的规定执行。

（三）不同仓库采用湿式系统的设计基本参数

（1）仓库及类似场所采用湿式系统的设计基本参数应符合下列要求：

1）当设置场所的火灾危险等级为仓库危险级Ⅰ级～Ⅲ级时，湿式系统设计基本参数不应低于表 2—3—3—3 ～表 2—3—3—6 的规定；

表 2—3—3—3　　仓库危险级 I 级场所湿式系统的设计基本参数

<table>
<tr><th>储存方式</th><th>最大净空高度 h/m</th><th>最大储物高度 h_s/m</th><th>喷水强度 / [L/（min・m²）]</th><th>作用面积 /m²</th><th>持续喷水时间 /h</th></tr>
<tr><td rowspan="3">堆垛、托盘</td><td rowspan="10">9.0</td><td>$h_s \le 3.5$</td><td>8.0</td><td>160</td><td>1.0</td></tr>
<tr><td>$3.5 < h_s \le 6.0$</td><td>10.0</td><td rowspan="2">200</td><td rowspan="9">1.5</td></tr>
<tr><td>$6.0 < h_s \le 7.5$</td><td>14.0</td></tr>
<tr><td rowspan="2">单、双、多排货架</td><td>$h_s \le 3.0$</td><td>6.0</td><td rowspan="2">160</td></tr>
<tr><td>$3.0 < h_s \le 3.5$</td><td>8.0</td></tr>
<tr><td rowspan="2">单、双排货架</td><td>$3.5 < h_s \le 6.0$</td><td>18.0</td><td rowspan="5">200</td></tr>
<tr><td>$6.0 < h_s \le 7.5$</td><td>14.0+1 J</td></tr>
<tr><td rowspan="3">多排货架</td><td>$3.5 < h_s \le 4.5$</td><td>12.0</td></tr>
<tr><td>$4.5 < h_s \le 6.0$</td><td>18.0</td></tr>
<tr><td>$6.0 < h_s \le 7.5$</td><td>18.0+1 J</td></tr>
</table>

注：1. 货架储物高度大于 7.5 m 时，应设置货架内置洒水喷头。顶板下洒水喷头的喷水强度不应低于 18 L/（min・m²），作用面积不应小于 200 m²，持续喷水时间不应小于 2.0 h。

2. 本表及表 2—3—3—4、表 2—3—3—7 中字母“J”表示货架内置洒水喷头，“J”前的数字表示货架内置洒水喷头的层数。

表 2—3—3—4　　仓库危险级 II 级场所湿式系统的设计基本参数

<table>
<tr><th>储存方式</th><th>最大净空高度 h/m</th><th>最大储物高度 h_s/m</th><th>喷水强度 / [L/（min・m²）]</th><th>作用面积 /m²</th><th>持续喷水时间 /h</th></tr>
<tr><td rowspan="3">堆垛、托盘</td><td rowspan="10">9.0</td><td>$h_s \le 3.5$</td><td>8.0</td><td>160</td><td>1.5</td></tr>
<tr><td>$3.5 < h_s \le 6.0$</td><td>16.0</td><td rowspan="2">200</td><td rowspan="2">2.0</td></tr>
<tr><td>$6.0 < h_s \le 7.5$</td><td>22.0</td></tr>
<tr><td rowspan="2">单、双、多排货架</td><td>$h_s \le 3.0$</td><td>8.0</td><td>160</td><td rowspan="2">1.5</td></tr>
<tr><td>$3.0 < h_s \le 3.5$</td><td>12.0</td><td>200</td></tr>
<tr><td rowspan="2">单、双排货架</td><td>$3.5 < h_s \le 6.0$</td><td>24.0</td><td>280</td><td rowspan="5">2.0</td></tr>
<tr><td>$6.0 < h_s \le 7.5$</td><td>22.0+1 J</td><td rowspan="4">200</td></tr>
<tr><td rowspan="3">多排货架</td><td>$3.5 < h_s \le 4.5$</td><td>18.0</td></tr>
<tr><td>$4.5 < h_s \le 6.0$</td><td>18.0+1 J</td></tr>
<tr><td>$6.0 < h_s \le 7.5$</td><td>18.0+2 J</td></tr>
</table>

注：货架储物高度大于 7.5 m 时，应设置货架内置洒水喷头。顶板下洒水喷头的喷水强度不应低于 20 L/（min・m²），作用面积不应小于 200 m²，持续喷水时间不应小于 2.0 h。

表 2—3—3—5　仓库危险级Ⅲ级货架储存场所湿式系统的设计基本参数

序号	最大净空高度 h/m	最大储物高度 h_s/m	货架类型	喷水强度 / [L/(min·m²)]	货架内置洒水喷头		
					层数	高度 /m	流量系数 K
1	4.5	$1.5 < h_s \leq 3.0$	单、双、多	12.0	—	—	—
2	6.0	$1.5 < h_s \leq 3.0$	单、双、多	18.0	—	—	—
3	7.5	$3.0 < h_s \leq 4.5$	单、双、多	24.5	—	—	—
4	7.5	$3.0 < h_s \leq 4.5$	单、双、多	12.0	1	3.0	80
5	7.5	$4.5 < h_s \leq 6.0$	单、双	24.5	—	—	—
6	7.5	$4.5 < h_s \leq 6.0$	单、双、多	12.0	1	4.5	115
7	9.0	$4.5 < h_s \leq 6.0$	单、双、多	18.0	1	3.0	80
8	8.0	$4.5 < h_s \leq 6.0$	单、双、多	24.5	—	—	—
9	9.0	$6.0 < h_s \leq 7.5$	单、双、多	18.5	1	4.5	115
10	9.0	$6.0 < h_s \leq 7.5$	单、双、多	32.5	—	—	—
11	9.0	$6.0 < h_s \leq 7.5$	单、双、多	12.0	2	3.0、6.0	80

注：1. 作用面积不应小于 200 m²，持续喷水时间不应低于 2.0 h。

2. 序号 4、6、7、11：货架内设置一排货架内置洒水喷头时，喷头的间距不应大于 3.0 m；设置双排或多排货架内置洒水喷头时，喷头的间距不应大于 3.0 m × 2.4 m。

3. 序号 9：货架内设置一排货架内置洒水喷头时，喷头的间距不应大于 2.4 m，设置双排或多排货架内置洒水喷头时，喷头的间距不应大于 2.4 m × 2.4 m。

4. 序号 8：应采用流量系数 K 等于 161、202、242、363 的洒水喷头。

5. 序号 10：应采用流量系数 K 等于 242、363 的洒水喷头。

6. 货架储物高度大于 7.5 m 时，应设置货架内置洒水喷头，顶板下洒水喷头的喷水强度不应低于 22.0 L/（min · m²），作用面积不应小于 200 m²，持续喷水时间不应小于 2.0 h。

表 2—3—3—6　仓库危险级Ⅲ级堆垛储存场所湿式系统的设计基本参数

最大净空高度 h/m	最大储物高度 h_s/m	喷水强度 / [L/(min·m²)]			
		A	B	C	D
7.5	1.5	8.0			
4.5	3.5	16.0	16.0	12.0	12.0
6.0		24.5	22.0	20.5	16.5
9.0		32.5	28.5	24.5	18.5
6.0	4.5	24.5	22.0	20.5	16.5
7.5	6.0	32.5	28.5	24.5	18.5
9.0	7.5	36.5	34.5	28.5	22.5

注：1. A—袋装与无包装的发泡塑料橡胶；B—箱装的发泡塑料橡胶；C—袋装与无包装的不发泡塑料橡胶；D—箱装的不发泡塑料橡胶。

2. 作用面积不应小于 240 m²，持续喷水时间不应小于 2.0 h。

2）当仓库危险级Ⅰ级、仓库危险级Ⅱ级场所中混杂储存仓库危险级Ⅲ级物品时，储存仓库及类似场所，采用湿式系统时，其设计基本参数不应低于表 2—3—3—7 的规定。

表 2—3—3—7　　混杂储存仓库湿式系统的设计基本参数

储物类别	储存方式	最大净空高度 h/m	储物高度 h_s/m	喷水强度 / $[L/(min \cdot m^2)]$	作用面积 /m^2	持续喷水时间 /h
储物中包括沥青制品或箱装 A 组塑料橡胶	堆垛与货架	9.0	$h_s \leqslant 1.5$	8	160	1.5
		4.5	$1.5 < h_s \leqslant 3.0$	12	240	2.0
		6.0	$1.5 < h_s \leqslant 3.0$	16	240	2.0
		5.0	$3.0 < h_s \leqslant 3.5$	16	240	2.0
	堆垛	8.0	$3.0 < h_s \leqslant 3.5$	16	240	2.0
	货架	9.0	$1.5 < h_s \leqslant 3.5$	8+1 J	160	2.0
储物中包括袋装 A 组塑料橡胶	堆垛与货架	9.0	$h_s \leqslant 1.5$	8	160	1.5
		4.5	$1.5 < h_s \leqslant 3.0$	16	240	2.0
		5.0	$3.0 < h_s \leqslant 3.5$			
	堆垛	9.0	$1.5 < h_s \leqslant 2.5$	16	240	2.0
储物中包括袋装不发泡 A 组塑料橡胶	堆垛与货架	6.0	$1.5 < h_s \leqslant 3.0$	16	240	2.0
储物中包括袋装发泡 A 组塑料橡胶	货架	6.0	$1.5 < h_s \leqslant 3.0$	8+1 J	160	2.0
储物中包括轮胎或纸卷	堆垛与货架	9.0	$1.5 < h_s \leqslant 3.5$	12	240	2.0

注：1. 无包装的塑料橡胶视同纸袋、塑料袋包装。

2. 货架内置洒水喷头应采用与顶板下洒水喷头相同的喷水强度，用水量应按开放 6 只洒水喷头确定。

（2）仓库和类似场所采用早期抑制快速响应喷头时，系统的设计基本参数不应低于表 2—3—3—8 的规定。

表 2—3—3—8　　采用早期抑制快速响应喷头的系统设计基本参数

储物类别	最大净空高度 h/m	最大储物高度 h_s/m	喷头流量系数 K	喷头设置方式	喷头最低工作压力 /MPa	喷头最大间距 /m	喷头最小间距 /m	作用面积内开放的喷头数 /（只）
Ⅰ级、Ⅱ级、沥青制品、箱装不发泡塑料	9.0	7.5	202	直立型	0.35	3.7	2.4	12
				下垂型				
			242	直立型	0.25			
				下垂型				
			320	下垂型	0.20			
			363	下垂型	0.15			
	10.5	9.0	202	直立型	0.50	3.0		
				下垂型				
			242	直立型	0.35			
				下垂型				
			320	下垂型	0.25			
			363	下垂型	0.20			
	12.0	10.5	202	下垂型	0.50			
			242	下垂型	0.35			
			363	下垂型	0.30			
	13.5	12.0	363	下垂型	0.35			
袋装不发泡塑料	9.0	7.5	202	下垂型	0.50	3.7		
			242	下垂型	0.35			
			363	下垂型	0.25			
	10.5	9.0	363	下垂型	0.35	3.0		
	12.0	10.5	363	下垂型	0.40			
箱装发泡塑料	9.0	7.5	202	直立型	0.35	3.7		
				下垂型				
			242	直立型	0.25			
				下垂型				
			320	下垂型	0.25			
			363	下垂型	0.15			
	12.0	10.5	363	下垂型	0.40	3.0		

续表

<table>
<tr><th>储物类别</th><th>最大净空高度 h/m</th><th>最大储物高度 h_s/m</th><th>喷头流量系数 K</th><th>喷头设置方式</th><th>喷头最低工作压力 /MPa</th><th>喷头最大间距 /m</th><th>喷头最小间距 /m</th><th>作用面积内开放的喷头数 /（只）</th></tr>
<tr><td rowspan="7">袋装发泡塑料</td><td rowspan="3">7.5</td><td rowspan="3">6.0</td><td>202</td><td>下垂型</td><td>0.50</td><td rowspan="6">3.7</td><td rowspan="7">2.4</td><td rowspan="6">12</td></tr>
<tr><td>242</td><td>下垂型</td><td>0.35</td></tr>
<tr><td>363</td><td>下垂型</td><td>0.20</td></tr>
<tr><td rowspan="3">9.0</td><td rowspan="3">7.5</td><td>202</td><td>下垂型</td><td>0.70</td></tr>
<tr><td>242</td><td>下垂型</td><td>0.50</td></tr>
<tr><td>363</td><td>下垂型</td><td>0.30</td></tr>
<tr><td>12.0</td><td>10.5</td><td>363</td><td>下垂型</td><td>0.50</td><td>3.0</td><td>20</td></tr>
</table>

（3）仓库和类似场所采用仓库型特殊应用喷头时，湿式系统的设计基本参数不应低于表2—3—3—9的规定。

表2—3—3—9　采用仓库型特殊应用喷头的湿式系统设计基本参数

<table>
<tr><th>储物类别</th><th>最大净空高度 h/m</th><th>最大储物高度 h_s/m</th><th>喷头流量系数 K</th><th>喷头设置方式</th><th>喷头最低工作压力 /MPa</th><th>喷头最大间距 /m</th><th>喷头最小间距 /m</th><th>作用面积内开放喷头数 /（只）</th><th>持续喷水时间 /h</th></tr>
<tr><td rowspan="14">Ⅰ级、Ⅱ级</td><td rowspan="6">7.5</td><td rowspan="6">6.0</td><td rowspan="2">161</td><td>直立型</td><td rowspan="2">0.20</td><td rowspan="12">3.7</td><td rowspan="14">2.4</td><td rowspan="3">15</td><td rowspan="14">1.0</td></tr>
<tr><td>下垂型</td></tr>
<tr><td>200</td><td>下垂型</td><td>0.15</td></tr>
<tr><td>242</td><td>直立型</td><td>0.10</td><td rowspan="3">12</td></tr>
<tr><td rowspan="2">363</td><td>下垂型</td><td>0.07</td></tr>
<tr><td>直立型</td><td>0.15</td></tr>
<tr><td rowspan="6">9.0</td><td rowspan="6">7.5</td><td rowspan="2">161</td><td>直立型</td><td rowspan="2">0.35</td><td rowspan="4">20</td></tr>
<tr><td>下垂型</td></tr>
<tr><td>200</td><td>下垂型</td><td>0.25</td></tr>
<tr><td>242</td><td>直立型</td><td>0.15</td></tr>
<tr><td rowspan="4">363</td><td>直立型</td><td>0.15</td><td rowspan="2">12</td></tr>
<tr><td>下垂型</td><td>0.07</td></tr>
<tr><td rowspan="2">12.0</td><td rowspan="2">10.5</td><td>直立型</td><td>0.10</td><td rowspan="2">3.0</td><td>24</td></tr>
<tr><td>下垂型</td><td>0.20</td><td>12</td></tr>
</table>

续表

<table>
<tr><th>储物类别</th><th>最大净空高度 h/m</th><th>最大储物高度 h_s/m</th><th>喷头流量系数 K</th><th>喷头设置方式</th><th>喷头最低工作压力 /MPa</th><th>喷头最大间距 /m</th><th>喷头最小间距 /m</th><th>作用面积内开放喷头数 /（只）</th><th>持续喷水时间 /h</th></tr>
<tr><td rowspan="9">箱装不发泡塑料</td><td rowspan="6">7.5</td><td rowspan="6">6.0</td><td rowspan="2">161</td><td>直立型</td><td rowspan="2">0.35</td><td rowspan="8">3.7</td><td rowspan="15">2.4</td><td rowspan="4">15</td><td rowspan="15">1.0</td></tr>
<tr><td>下垂型</td></tr>
<tr><td>200</td><td>下垂型</td><td>0.25</td></tr>
<tr><td>242</td><td>直立型</td><td>0.15</td></tr>
<tr><td rowspan="5">363</td><td>直立型</td><td>0.15</td><td rowspan="5">12</td></tr>
<tr><td>下垂型</td><td>0.07</td></tr>
<tr><td rowspan="2">9.0</td><td rowspan="2">7.5</td><td>直立型</td><td>0.15</td></tr>
<tr><td>下垂型</td><td>0.07</td></tr>
<tr><td>12.0</td><td>10.5</td><td>下垂型</td><td>0.20</td><td>3.0</td></tr>
<tr><td rowspan="6">箱装发泡塑料</td><td rowspan="6">7.5</td><td rowspan="6">6.0</td><td rowspan="2">161</td><td>直立型</td><td rowspan="2">0.35</td><td rowspan="6">3.7</td><td rowspan="6">15</td></tr>
<tr><td>下垂型</td></tr>
<tr><td>200</td><td>下垂型</td><td>0.25</td></tr>
<tr><td>242</td><td>直立型</td><td>0.15</td></tr>
<tr><td rowspan="2">363</td><td>直立型</td><td rowspan="2">0.07</td></tr>
<tr><td>下垂型</td></tr>
</table>

（四）局部应用系统设计基本参数

（1）局部应用系统应用于室内最大净空高度不超过 8 m 的民用建筑中，为局部设置且保护区域总建筑面积不超过 1 000 m^2 的湿式系统，设置局部应用系统的场所应为轻危险级或中危险级Ⅰ级场所。

（2）局部应用系统应采用快速响应喷头，喷水强度应符合《自动喷水灭火系统设计规范》（GB 50084—2017）的规定，持续喷水时间不应低于 0.5 h。

（3）局部应用系统保护区域内的房间和走道均应布置喷头，喷头的选型、布置和按开放喷头数确定的作用面积应符合下列要求：

1）采用标准覆盖面积洒水喷头的系统，喷头的布置应符合轻危险级或中危险级Ⅰ级场所的有关规定，作用面积内开放喷头数量应符合表 2—3—3—10 的规定。

表 2—3—3—10　采用标准覆盖面积洒水喷头时作用面积内开放喷头数量

保护区域总建筑面积和最大厅室建筑面积	开放喷头数量
保护区域总建筑面积超过 300 m^2 或最大厅室建筑面积超过 200 m^2	10
保护区域总建筑面积不超过 300 m^2	最大厅室喷头数 +2 当少于 5 只时，取 5 只；当多于 8 只时，取 8 只

2）采用扩大覆盖面积洒水喷头的系统，作用面积内开放喷头数量应按不少于 6 只确定。

（4）直立型、下垂型扩大覆盖面积洒水喷头应采用正方形布置，其布置间距应符合表 2—3—3—11 的规定，且不应小于 2.4 m。

表 2—3—3—11 直立型、下垂型扩大覆盖面积洒水喷头的布置间距

火灾危险等级	正方形布置的边长 /m	一只喷头的最大保护面积 /m^2	喷头与端墙的距离 /m	
			最大	最小
轻危险级	5.4	29.0	2.7	0.1
中危险级Ⅰ级	4.8	23.0	2.4	
中危险级Ⅱ级	4.2	17.5	2.1	
严重危险级	3.6	13.0	1.8	

（五）水幕系统设计基本参数

（1）水幕系统设计基本参数应符合表 2—3—3—12 的规定。

表 2—3—3—12 水幕系统设计基本参数

水幕系统类别	喷水点高度 h/m	喷水强度 /［L/（s·m）］	喷头工作压力 /MPa
防火分隔水幕	$h \leq 12$	2.0	0.1
防护冷却水幕	$h \leq 4$	0.5	

注：防护冷却水幕的喷水点高度每增加 1 m，喷水强度应增加 0.1 L/（s·m），但超过 9 m 时喷水强度仍采用 1.0 L/（s·m）。

（2）当采用防护冷却系统保护防火卷帘、防火玻璃墙等防火分隔设施时，系统应独立设置，且应符合下列要求：

1）喷头设置高度不应超过 8 m；当设置高度为 4 ~ 8 m 时，应采用快速响应洒水喷头。

2）喷头设置高度不超过 4 m 时，喷水强度不应小于 0.5 L/（s·m）；当超过 4 m 时，每增加 1 m，喷水强度应增加 0.1 L/（s·m）。

3）喷头的设置应确保喷洒到被保护对象后布水均匀，喷头间距应为 1.8 ~ 2.4 m；喷头溅水盘与防火分隔设施的水平距离不应大于 0.3 m，与顶板的距离应符合《自动喷水灭火系统设计规范》（GB 50084—2017）的规定。

4）持续喷水时间不应小于系统设置部位的耐火极限要求。

（六）持续喷水时间

除《自动喷水灭火系统设计规范》（GB 50084—2017）另有规定外，自动喷水灭火系统的持续喷水时间应按火灾延续时间不小于 1.0 h 确定。

【考点九】洒水喷头分类及设置要求【6 ★】

（一）喷头分类

闭式喷头具有释放机构，由玻璃球、易熔元件、密封件等零件组成。平时，闭式喷头的出水口由释放机构封闭，达到公称动作温度时，玻璃球破裂或易熔元件熔化，释放机构自动脱落，喷头开启喷水。闭式喷头具有定温探测器和定温阀及布水器的作用。开式喷头（包括水幕喷头）没有释放机构，喷口呈常开状态。

喷头根据其灵敏度，可分为早期抑制快速响应（ESFR）喷头、快速响应喷头、特殊响应喷头和标准响应喷头。早期抑制快速响应喷头的响应时间指数为 $RTI \leqslant 28 \pm 8$（m·s）$^{0.5}$，快速响应喷头的响应时间指数为 $RTI \leqslant 50$（m·s）$^{0.5}$，特殊响应喷头的响应时间指数为 $50 < RTI \leqslant 80$（m·s）$^{0.5}$，标准响应喷头的响应时间指数为 $80 < RTI \leqslant 350$（m·s）$^{0.5}$。

（二）喷头选型与设置要求

（1）闭式系统的洒水喷头，其公称动作温度宜高于环境最高温度 30℃。

（2）湿式系统的洒水喷头选型应符合下列规定：

1）不做吊顶的场所，当配水支管布置在梁下时，应采用直立型喷头。

2）吊顶下布置喷头，应采用下垂型或吊顶型喷头。

3）顶板为水平面的轻危险级、中危险级Ⅰ级住宅建筑、宿舍、旅馆建筑客房、医疗建筑病房和办公室，可采用边墙型喷头。

4）易受碰撞的部位，应采用带保护罩的喷头或吊顶型喷头。

5）顶板为水平面且无梁、通风管道等障碍物影响喷头洒水的场所，可采用扩大覆盖面积洒水喷头。

6）住宅建筑和宿舍、公寓等非住宅类居住建筑宜采用家用喷头。

7）不宜选用隐蔽式洒水喷头；确需采用时，应仅适用于轻危险级和中危险级Ⅰ级场所。

（3）干式系统、预作用系统应采用直立型喷头或干式下垂型喷头。

（4）水幕系统的喷头选型应符合下列规定：

1）防火分隔水幕应采用开式洒水喷头或水幕喷头。

2）防护冷却水幕应采用水幕喷头。

（5）自动喷水防护冷却系统可采用边墙型洒水喷头。

（6）下列场所宜采用快速响应洒水喷头，当采用快速响应洒水喷头时，系统应为湿式系统。

1）公共娱乐场所、中庭环廊。

2）医院、疗养院的病房及治疗区域，老年、少儿、残疾人的集体活动场所。

3）超出消防水泵接合器供水高度的楼层。

4）地下商业场所。

（7）直立型、下垂型标准覆盖面积洒水喷头的布置，包括同一根配水支管上喷头的间距及相邻配水支管的间距，应根据系统设置场所的火灾危险等级、喷头类型和工作压力确定，并应符合表 2—3—3—13 的规定，且不应小于 1.8 m。

表 2—3—3—13　直立型、下垂型标准覆盖面积洒水喷头的布置

火灾危险等级	正方形布置的边长 /m	矩形或平行四边形布置的长边边长 /m	一只喷头的最大保护面积 /m²	喷头与端墙的距离 /m	
				最大	最小
轻危险级	4.4	4.5	20.0	2.2	0.1
中危险级Ⅰ级	3.6	4.0	12.5	1.8	
中危险级Ⅱ级	3.4	3.6	11.5	1.7	
严重危险级、仓库危险级	3.0	3.6	9.0	1.5	

注：1. 设置单排洒水喷头的闭式系统，其洒水喷头间距应按地面不留漏喷空白点确定。

2. 严重危险级或仓库危险级场所宜采用流量系数大于 80 的洒水喷头。

（8）边墙型标准覆盖面积洒水喷头的最大保护跨度与间距，应符合表 2—3—3—14 的规定。

表 2—3—3—14　边墙型标准覆盖面积洒水喷头的最大保护跨度与间距

火灾危险等级	配水支管上喷头的最大间距 /m	单排喷头的最大保护跨度 /m	双排相对喷头的最大保护跨度 /m
轻危险级	3.6	3.6	7.2
中危险级Ⅰ级	3.0	3.0	6.0

注：1. 双排相对洒水喷头应交错布置。

2. 室内跨度大于双排相对喷头的最大保护跨度时，应在双排相对喷头中间增设一排喷头。

（9）边墙型扩大覆盖面积洒水喷头的最大保护跨度和配水支管上洒水喷头的间距，应按洒水喷头在工作压力下能够喷湿对面墙和邻近端墙距溅水盘 1.2 m 高度以下的墙面确定，且保护面积内的喷水强度应符合《自动喷水灭火系统设计规范》（GB 50084—2017）的规定。

（10）除吊顶型洒水喷头及吊顶下设置的洒水喷头外，直立型、下垂型早期抑制快速响应喷头、特殊应用喷头和家用喷头溅水盘与顶板的距离应符合表 2—3—3—15 的规定。

表 2—3—3—15　喷头溅水盘与顶板的距离　（单位：mm）

喷头类型		喷头溅水盘与顶板的距离 S_L
早期抑制快速响应喷头	直立型	$100 \leqslant S_L \leqslant 150$
	下垂型	$150 \leqslant S_L \leqslant 360$
特殊应用喷头		$150 \leqslant S_L \leqslant 200$
家用喷头		$25 \leqslant S_L \leqslant 100$

（11）图书馆、档案馆、商场、仓库中的通道上方宜设有喷头。喷头与被保护对象的水平距离不应小于 0.30 m，喷头溅水盘与保护对象的最小垂直距离不应小于表 2—3—3—16 的规定。

表 2—3—3—16　喷头溅水盘与保护对象的最小垂直距离　（单位：mm）

喷头类型	最小垂直距离
标准覆盖面积洒水喷头、扩大覆盖面积洒水喷头	450
特殊应用喷头、早期抑制快速响应喷头	900

（12）货架内置洒水喷头宜与顶板下洒水喷头交错布置，其溅水盘与上方层板的距离应符合《自动喷水灭火系统设计规范》（GB 50084—2017）的规定，与其下部储物顶面的垂直距离不应小于 150 mm。

（13）挡水板应为正方形或圆形金属板，其平面面积不宜小于 0.12 m^2，周围弯边的下沿宜与洒水喷头的溅水盘平齐。除下列情况和相关规范另有规定外，其他场所或部位不应采用挡水板：

1）设置货架内置洒水喷头的仓库，当货架内置洒水喷头上方有孔洞、缝隙时，可在洒水喷头的上方设置挡水板。

2）宽度大于《自动喷水灭火系统设计规范》（GB 50084—2017）规定的障碍物，增设的洒水喷头上方有孔洞、缝隙时，可在洒水喷头的上方设置挡水板。

（14）装设网格、栅板类通透性吊顶的场所，当通透面积占吊顶总面积的比例大于 70% 时，喷头应设置在吊顶上方，并符合下列规定：

1）通透性吊顶开口部位的净宽度不应小于 10 mm，且开口部位的厚度不应大于开口的最小宽度。

2）喷头间距及溅水盘与吊顶上表面的距离应符合表 2—3—3—17 的规定。

表 2—3—3—17　　通透性吊顶场所喷头布置要求

火灾危险等级	喷头间距 S/m	喷头溅水盘与吊顶上表面的最小距离 /mm
轻危险级、中危险级 I 级	$S \leqslant 3.0$	450
	$3.0 < S \leqslant 3.6$	600
	$S > 3.6$	900
中危险级 II 级	$S \leqslant 3.0$	600
	$S > 3.0$	900

（15）净空高度大于 800 mm 的闷顶和技术夹层内应设置洒水喷头，当同时满足下列情况时，可不设置洒水喷头：

1）闷顶内敷设的配电线路采用不燃材料套管或封闭式金属线槽保护。

2）风管保温材料等采用不燃、难燃材料制作。

3）且无其他可燃物时。

（16）防火分隔水幕的喷头布置，应保证水幕的宽度不小于 6 m。采用水幕喷头时，喷头不应少于 3 排；采用开式洒水喷头时，喷头不应少于 2 排。防护冷却水幕的喷头宜布置成单排。

（17）当防火卷帘、防火玻璃墙等防火分隔设施需采用防护冷却系统保护时，喷头应根据可燃物的情况一侧或两侧布置；外墙可只在需要保护的一侧布置。

（18）顶板或吊顶为斜面时，喷头的布置应符合下列要求：

1）喷头应垂直于斜面，并应按斜面距离确定喷头间距；

2）坡屋顶的屋脊处应设一排喷头，当屋顶坡度不小于 1/3 时，喷头溅水盘至屋脊的垂直距离不应大于 800 mm；当屋顶坡度小于 1/3 时，喷头溅水盘至屋脊的垂直距离不应大于 600 mm。

（19）边墙型洒水喷头溅水盘与顶板和背墙的距离应符合表 2—3—3—18 的规定。

表 2—3—3—18　　边墙型洒水喷头溅水盘与顶板和背墙的距离　　（单位：mm）

喷头类型		喷头溅水盘与顶板的距离 S_L	喷头溅水盘与背墙的距离 S_W
边墙型标准覆盖面积洒水喷头	直立式	$100 \leqslant S_L \leqslant 150$	$50 \leqslant S_W \leqslant 100$
	水平式	$150 \leqslant S_L \leqslant 300$	—
边墙型扩大覆盖面洒水喷头	直立式	$100 \leqslant S_L \leqslant 150$	$100 \leqslant S_W \leqslant 150$
	水平式	$150 \leqslant S_L \leqslant 300$	—
边墙型家用喷头		100 ≤ SL ≤ 150	—

（20）除吊顶型洒水喷头及吊顶下设置的洒水喷头外，直立型、下垂型标准覆盖面积喷头和扩大覆盖面积喷头的溅水盘与顶板的距离应为75 ～ 150 mm。

【考点十】湿式报警阀组组成及工作原理【★★】

（一）湿式报警阀组的组成

湿式报警阀是湿式系统的专用阀门，是只允许水流入系统，并在规定压力、流量下驱动配套部件报警的一种单向阀。湿式报警阀组的主要元件为止回阀，其开启条件与入口压力及出口流量有关，它与延迟器、水力警铃、压力开关、控制阀等组成报警阀组。

（二）湿式报警阀的工作原理

湿式报警阀组中报警阀的结构有两种，即隔板座圈型和导阀型。隔板座圈型湿式报警阀上设有进水口、报警口、测试口、检修口和出水口，阀内部设有阀瓣、阀座等组件，是控制水流方向的主要可动密封件。在准工作状态时，阀瓣上下充满水，水的压强近似相等。由于阀瓣上面与水接触的面积大于下面与水接触的面积，因此阀瓣受到的水压合力向下。在水压力及自重的作用下，阀瓣坐落在阀座上，处于关闭状态。当水源压力出现波动或冲击时，通过补偿器（或补水单向阀）使上、下腔压力保持一致，水力警铃不发生报警，压力开关不接通，阀瓣仍处于准工作状态。补偿器具有防止误报或误动作功能。闭式喷头喷水灭火时，补偿器来不及补水，阀瓣上面的水压下降，当其下降到使下腔的水压足以开启阀瓣时，下腔的水便向洒水管网及动作喷头供水，同时水沿着报警阀的环形槽进入报警口，流向延迟器、水力警铃，警铃发出声响报警，压力开关开启，发出电接点信号并启动自动喷水灭火系统的给水泵。

【考点十一】干式报警阀组组成及工作原理【★★】

（一）干式报警阀组的组成

干式报警阀组主要由干式报警阀、水力警铃、压力开关、空压机、安全阀、控制阀等组成。报警阀的阀瓣将阀门分成两部分，出口侧与系统管路相连，内充压缩空气，进口侧与水源相连，配水管道中的气压抵住阀瓣，使配水管道始终保持干管状态，通过两侧气压和水压的压力变化控制阀瓣的封闭和开启。喷头开启后，干式报警阀自动开启，其后续的一系列动作类似于湿式报警阀组。

（二）干式报警阀的工作原理

系统的组件有阀瓣、水密封阀座、气密封阀座组成隔断水、气的可动密封件等。在准工作状态下，报警阀处于关闭位置，橡胶面的阀瓣紧紧地闭合于两个同心的水、气密封阀座上，内侧为水密封圈，外侧为气密封圈，内、外侧之间的环形隔离室与大气相通，大气由报警接口配管通向平时开启的自动滴水球阀。在注水口加水加到打开注水排水阀有水流出为止，然后关闭注水口。注水是为了使气垫圈起密封作用，防止系统中的空气泄漏到隔离室或大气中。只要管道的气压保持在适当值，阀瓣就始终处于关闭状态。

【考点十二】雨淋报警阀组组成及工作原理【★★】

（一）雨淋报警阀组的组成

雨淋报警阀是通过电动、机械或其他方式开启，使水能够自动流入喷水灭火系统并同时进行报警的一种单向阀。其按照结构可分为隔膜式、推杆式、活塞式、蝶阀式雨淋报警阀。雨淋报警阀广泛应用于雨淋系统、水幕系统、水雾系统、泡沫系统等各类开式自动水灭火系统中。

（二）雨淋阀的工作原理

雨淋阀是水流控制阀，可以通过电动、液动、气动及机械方式开启电磁阀或平衡阀来打开雨淋阀。雨淋阀的阀腔分成上腔、下腔和控制腔三部分。控制腔与供水管道连通，中间设限流传压的孔板。供水管道中的压力水推动控制腔中的膜片，进而推动驱动杆顶紧阀瓣锁定杆，锁定杆产生力矩，把阀瓣锁定在阀座上。阀瓣使下腔的压力水不能进入上腔。控制腔泄压时，使驱动杆作用在阀瓣锁定杆上的力矩低于供水压力作用在阀瓣上的力矩，于是阀瓣开启，供水进入配水管道。

【考点十三】预作用报警装置组成及工作原理【★★★★】

预作用报警装置由预作用报警阀组、控制盘、气压维持装置和空气供给装置等组成，它是通过电动、气动、机械或其他方式控制报警阀组开启，使水能够单向流入喷水灭火系统，并同时进行报警的一种单向阀组装置。

【考点十四】报警阀组的设置要求【★★★】

（1）自动喷水灭火系统应设报警阀组。保护室内钢屋架等建筑构件的闭式系统，应设置独立的报警阀组；水幕系统应设置独立的报警阀组或感温雨淋阀。

（2）报警阀组宜设在安全及易于操作的地点，报警阀距地面高度为 1.2 m。设有报警阀组的部位应设置排水设施。

（3）水力警铃的工作压力不应小于 0.05 MPa，并应符合下列规定：

1）应设在有人值班的地点附近或公共通道的外墙上。

2）与报警阀连接的管道，其管径应为 20 mm，总长不宜大于 20 m。

（4）一个报警阀组控制的洒水喷头数应符合下列规定：

1）湿式系统、预作用系统不宜超过 800 只，对于干式系统不宜超过 500 只。

2）当配水支管同时设置保护吊顶下方和上方空间的洒水喷头时，应只将数量较多一侧的洒水喷头计入报警阀组控制的洒水喷头总数。

（5）每个报警阀组供水的最高和最低位置洒水喷头，其高程差不宜大于 50 m。

（6）雨淋报警阀组的电磁阀，在入口应设过滤器；并联设置雨淋报警阀组的雨淋系统，其雨淋报警阀控制腔的入口应设止回阀。

（7）连接报警阀进出口的控制阀应采用信号阀，当不采用信号阀时，控制阀应设锁定阀位的锁具。

【考点十五】水流指示器组成及设置要求【★★★】

（一）水流指示器的组成

水流指示器是在自动喷水灭火系统中将水流信号转换成电信号的一种水流报警装置，一般用于湿式、干式、预作用、循环启闭式、自动喷水—泡沫联用系统中。水流指示器的桨片与水流方向垂直，喷头开启后引起管道中的水流动，当桨片或膜片感知水流的作用力时带动微动开关动作，接通延时线路，延时器开始计时。达到设定的延时时间后，桨片仍向水流方向偏转无法回位，电触点闭合，输出信号。当水流停止时，桨片和动作杆复位，触点断开，信号消除。

（二）水流指示器设置要求

（1）除报警阀组控制的洒水喷头只保护不超过防火分区面积的同层场所外，每个防火分区、每个楼层均应设水流指示器。

（2）仓库内顶板下洒水喷头与货架内置洒水喷头应分别设置水流指示器。

（3）当水流指示器入口前设置控制阀时，应采用信号阀。

第四章　水喷雾灭火系统

【考点一】水喷雾系统灭火机理【★★★★】

水喷雾的灭火机理主要是表面冷却、窒息、乳化和稀释作用，在水雾滴喷射到燃烧物质表面时通常是以几种作用同时发生并实现灭火的。

【考点二】水喷雾系统分类【★★★★】

水喷雾灭火系统按启动方式可分为电动启动水喷雾灭火系统和传动管启动水喷雾灭火系统。

（一）电动启动水喷雾灭火系统

电动启动水喷雾灭火系统是以普通的火灾报警系统为火灾探测系统，通过传统的点式感温、感烟探测器或缆式火灾探测器探测火灾。当有火情发生时，探测器将火警信号传到火灾报警控制器上，火灾报警控制器打开雨淋阀，同时启动水泵，系统喷水灭火。为了减少系统的响应时间，雨淋阀前的管道内应是充满水的状态。

（二）传动管启动水喷雾灭火系统

传动管启动水喷雾灭火系统是以传动管作为火灾探测系统，传动管内充满压缩空气或压力水，当传动管上的闭式喷头受火灾高温影响动作后，传动管内的压力迅速下降，打开封闭的雨淋阀。

【考点三】水喷雾灭火系统工作原理【★★】

水喷雾灭火系统的工作原理：当系统的火灾探测器发现火灾后，自动或手动打开雨淋报警阀组，同时发出火灾报警信号给报警控制器，并启动消防水泵，水通过供水管网到达水雾喷头，水雾喷头喷水灭火。

【考点四】水喷雾灭火系统适用范围【★★★】

水喷雾灭火系统的防护目的主要有灭火和防护冷却两大类，其适用范围随不同的防护目的而设定。

（1）水喷雾灭火系统可用于扑救固体物质火灾、丙类液体火灾、饮料酒火灾和电气火灾，并可用于可燃气体和甲、乙、丙类液体的生产、储存装置或装卸设施的防护冷却。

（2）水喷雾灭火系统不得用于扑救遇水能发生化学反应造成燃烧、爆炸的火灾，以及水雾会对保护对象造成明显的损害的火灾。

【考点五】水喷雾灭火系统设置场所【★★】

根据应用方式，水喷雾灭火系统可设置在下列典型场所及部位。

（1）建筑内的燃油、燃气锅炉房，可燃油油浸电力变压器室，充可燃油的高压电容器和多油开关室，自备发电机房。

（2）单台容量在 40 MW 及以上的厂矿企业可燃油油浸电力变压器，单台容量在 90 MW 及以上的电厂可燃油油浸电力变压器，单台容量在 125 MW 及以上的独立变电所可燃油油浸电力变压器。

（3）输送机皮带、电缆、液氨储罐。

（4）甲$_B$、乙、丙类液体储罐，全压力、半冷冻式液化烃储罐，全冷冻液化烃储罐。

【考点六】水喷雾灭火系统设计参数【★★★★★】

水喷雾灭火系统的基本设计参数应根据系统的保护对象和防护目的来确定。

（一）水雾喷头的工作压力

水雾喷头的工作压力，当用于灭火时不应小于 0.35 MPa；用于防护冷却目的时，水雾喷头的工作压力不应小于 0.2 MPa。但对于甲$_B$、乙、丙类液体储罐不应小于 0.15 MPa。

（二）水喷雾灭火系统的响应时间

响应时间是指由火灾报警设备发出信号并启动系统供水设施起，至系统中最不利点水雾喷头喷出水雾的时间，它是系统由报警到实施喷水灭火的时间参数。用于灭火目的时，系统的响应时间不应大于 60 s；用于液化气生产、储存装置或装卸设施的防护冷却目的时，系统的响应时间不应大于 60 s；用于其他设施的防护冷却目的时，系统的响应时间不应大于 300 s。

（三）水喷雾灭火系统的保护面积

（1）保护对象的保护面积应符合《自动喷水灭火系统设计规范》（GB 50084—2017）有关规定。

（2）输送机皮带的保护面积应按上行皮带的上表面面积确定；长距离的皮带宜实施分段保护，且每段长度不宜小于 100 m。

（3）开口可燃液体容器的保护面积应按液面面积确定。

（四）喷雾强度和持续喷雾时间

系统的供给强度、持续供给时间和响应时间应符合表 2—3—4—1 的规定。

表 2—3—4—1 系统的供给强度、持续供给时间和响应时间

防护目的	保护对象		供给强度 /[L/(min·m^2)]	持续供给时间 /h	响应时间 /s
灭火	固体物质火灾		15	1	60
	输送机皮带		10	1	60
	液体火灾	闪点 60 ~ 120℃的液体	20	0.5	60
		闪点高于 120℃的液体	13		
		饮料酒	20		
	电气火灾	油浸式电力变压器、油断路器	20	0.4	60
		油浸式电力变压器的集油坑	6		
		电缆	13		

续表

<table>
<tr><th>防护目的</th><th colspan="4">保护对象</th><th>供给强度 /[L/(min·m²)]</th><th>持续供给时间 /h</th><th>响应时间 /s</th></tr>
<tr><td rowspan="12">防护冷却</td><td rowspan="3">甲$_{B}$、乙、丙类液体储罐</td><td colspan="3">固定顶罐</td><td>2.5</td><td rowspan="3">直径大于 20 m 的固定顶罐为 6 h，其他为 4 h</td><td rowspan="3">300</td></tr>
<tr><td colspan="3">浮顶罐</td><td>2.0</td></tr>
<tr><td colspan="3">相邻罐</td><td>2.0</td></tr>
<tr><td rowspan="7">液化烃或类似液体储罐</td><td colspan="3">全压力、半冷冻式储罐</td><td>9</td><td rowspan="7">6</td><td rowspan="7">120</td></tr>
<tr><td rowspan="5">全冷冻式储罐</td><td rowspan="2">单、双容罐</td><td>罐壁</td><td>2.5</td></tr>
<tr><td>罐顶</td><td>4</td></tr>
<tr><td rowspan="2">全容罐</td><td>罐顶泵平台、管道进出口等局部危险部位</td><td>20</td></tr>
<tr><td>管带</td><td>10</td></tr>
<tr><td colspan="3">液氨储罐</td><td>6</td></tr>
<tr><td colspan="4">甲、乙类液体及可燃气体生产、输送、装卸设施</td><td>9</td><td>6</td><td>120</td></tr>
<tr><td colspan="4">液化石油气灌瓶间、瓶库</td><td>9</td><td>6</td><td>60</td></tr>
</table>

注：1. 添加水系灭火剂的系统，其供给强度应由试验确定。

2. 钢制单盘式、双盘式、敞口隔舱式内浮顶罐应按浮顶罐对待，其他内浮顶罐应按固定顶罐对待。

【考点七】水雾喷头的分类及主要性能参数【★★】

（一）水雾喷头的分类

水雾喷头按结构可分为离心雾化型水雾喷头和撞击型水雾喷头两种。

（1）离心雾化型水雾喷头。离心雾化型水雾喷头由喷头体、涡流器组成，水在较高的水压下通过喷头内部的离心旋转形成水雾喷射出来，它形成的水雾同时具有良好的电绝缘性，适合扑救电气火灾。但离心雾化型水雾喷头的通道较小，时间长了容易堵塞。离心雾化型水雾喷头有 A 型和 B 型两种。A 型水雾喷头的进水口与出水口成 90° 角，安装后喷头出水方向可在一定范围内进行调节。B 型水雾喷头的出水口和进水口在一条直线上，安装后是完全固定不可调节的。

（2）撞击型水雾喷头。撞击型水雾喷头的压力水流通过撞击外置的溅水盘，在设定区域分散为均匀的锥形水雾。喷头由溅水盘、分流锥、框架本体和滤网组成。撞击型水雾喷头根据需要可以水平安装，也可以下垂、斜向安装。

（二）水雾喷头的主要性能参数

（1）工作压力。水雾喷头的雾化效果与喷头的工作压力有直接的关系。通常情况下，喷头的工作压力越大，其水雾滴粒径越小，雾化效果越好，灭火和冷却的效率也就越高。当水雾喷头的工作压力大于或等于 0.2 MPa 时，能获得良好的分布形状和雾化效果，满足防护冷却的要求；在压力大于或等于 0.35 MPa 时，能获得良好的雾化效果，满足灭火的要求。水雾喷头的工作压力，当用于灭火时不应小于 0.35 MPa；当用于防护冷却时不应小于 0.2 MPa，但对于甲$_B$、乙、丙类液体储罐不应小于 0.15 MPa。

（2）雾化角。水雾喷头常见的雾化角有 30°、45°、60°、90° 和 120° 五种规格。

（3）流量系数。水雾喷头的流量系数 K 为 16 ~ 102，由喷头制造商自行确定。

（4）有效射程。水雾喷头的有效射程是指喷头水平喷射时，水雾达到的最高点与喷口之间的距离。水雾锥是指在水雾有效射程内水雾形成的圆锥体。

（5）水雾滴平均直径。水雾滴平均直径随喷头工作压力的变化而变化，压力越大，水雾滴平均直径越小。水雾滴的大小直接影响灭火效果，当水雾滴平均直径小于 300 μm 时，灭火时很难穿透火焰燃烧时产生的上升气流，从而不能到达燃烧物质的表面。水雾喷头的水雾滴平均直径不宜太小。但水雾滴太大时，也会影响水雾的汽化效果，使水喷雾的冷却和窒息作用降低，所以一般水雾滴的粒径应在 0.3 ~ 1 mm 的范围内。

【考点八】水雾喷头布置要求【★★★】

（一）布置方式

水雾喷头的平面布置方式可为矩形或菱形。当按矩形布置时，水雾喷头之间的距离不应大于水雾喷头水雾锥底圆半径的 1.4 倍；当按菱形布置时，水雾喷头之间的距离不应大于水雾喷头水雾锥底圆半径的 1.7 倍。

（二）保护变压器的水雾喷头的布置要求

当保护对象为油浸式变压器时，水雾喷头的布置应符合下列要求：

（1）变压器绝缘子升高座孔口、油枕、散热器、集油坑应设水雾喷头保护。

（2）水雾喷头之间的水平距离与垂直距离应满足水雾锥相交的要求。

（三）保护储罐、球罐的水雾喷头的布置要求

（1）当保护对象为可燃气体和甲、乙、丙类液体储罐时，水雾喷头与保护储罐外壁之间的距离不应大于 0.7 m。

（2）当保护对象为球罐时，水雾喷头的布置应符合下列规定：

1）水雾喷头的喷口应面向球心。

2）水雾锥沿球罐纬线方向应相交，沿经线方向应相接。

3）当球罐的容积等于或大于 1 000 m^3 时，水雾锥沿球罐纬线方向应相交，沿经线方向应相接，但赤道以上环管之间的距离不应大于 3.6 m。

4）无防护层的球罐钢支柱和罐体液位计、阀门等处应设水雾喷头进行保护。

（四）保护电缆的水雾喷头的布置要求

当保护对象为电缆时，水雾喷头喷射的水雾应完全包围电缆。

电缆水平敷设或垂直敷设时，都按平面保护对象考虑。对于水平敷设的电缆，喷头宜布置在其上方；对于垂直敷设的电缆，喷头可沿其侧面布置。多层水平或垂直敷设的电缆，其层间没有装设耐火隔板时，设置的喷头要采用包围式，使中间层的电缆处于水雾的包围中，以便迅速窒息灭火。当电缆支架阻挡水雾时，在该部位应增设喷头。

（五）保护输送机传动带的水雾喷头的布置要求

当保护对象为输送机皮带时，水雾喷头的布置应使水雾完全包围输送机的机头、机尾和

上、下行皮带。

（六）保护其他对象的水雾喷头的布置要求

当保护对象为室内燃油锅炉、电液装置、氢密封油装置、发电机、油断路器、汽轮机油箱、磨煤机润滑油箱时，水雾喷头宜布置在保护对象的顶部周围，并应使水雾直接喷向并完全覆盖保护对象。

第五章　细水雾灭火系统

【考点一】细水雾的灭火机理【★★】

细水雾的灭火机理主要是表面冷却、窒息、辐射热阻隔和浸湿作用。

【考点二】细水雾系统分类【★★★】

（1）按工作压力分类可分为：

1）低压系统是指系统工作压力小于或等于 1.21 MPa 的细水雾灭火系统。

2）中压系统是指系统工作压力大于 1.21 MPa 且小于 3.45 MPa 的细水雾灭火系统。

3）高压系统是指系统工作压力大于或等于 3.45 MPa 的细水雾灭火系统。

（2）按应用方式分类可分为全淹没式系统和局部应用式系统。

（3）按动作方式分类可分为以下两种：

1）开式系统是指采用开式细水雾喷头的细水雾灭火系统，包括全淹没应用方式和局部应用方式。

2）闭式系统是指采用闭式细水雾喷头的细水雾灭火系统，又可以分为湿式、干式和预作用三种形式。

（4）按雾化介质分类可分为单流体系统和双流体系统。

（5）按供水方式分类可分为以下三种：

1）泵组式系统是指采用泵组（或稳压装置）作为供水装置的细水雾灭火系统，适用于高、中和低压系统。

2）瓶组式系统是指采用储水容器储水、储气容器进行加压供水的细水雾灭火系统，适用于中、高压系统。

3）瓶组与泵组结合式系统是指既采用泵组又采用瓶组作为供水装置的细水雾灭火系统，适用于高、中和低压系统。

【考点三】开式细水雾灭火系统组成及工作原理【★★】

开式细水雾灭火系统包括全淹没应用方式和局部应用方式，采用开式细水雾喷头，由配套的火灾自动报警系统自动联锁或远控、手动启动后，控制一组喷头同时喷水的自动细水雾灭火系统。泵组式系统由细水雾喷头、控制阀组、系统管网、泵组（消防水泵和稳压装置）、水源（储水池或储水箱）以及火灾自动报警及联动控制系统组成。瓶组式系统由细水雾喷头、控制阀、启动瓶、储水瓶组、瓶架、系统管网以及火灾自动报警及联动控制系统组成。自动控制方式时，火灾发生后，报警控制器收到两个独立的火灾报警信号后，自动启动系统控制阀组和消防水泵并向系统管网供水，水雾喷头喷出细水雾，实施灭火。

【考点四】闭式细水雾灭火系统工作原理【★★】

闭式细水雾灭火系统采用闭式细水雾喷头。根据使用场所的不同，闭式细水雾灭火系统又可以分为湿式系统、干式系统和预作用系统三种形式。闭式细水雾灭火系统适宜于采用非密集柜存储的图书库、资料库和档案库等保护对象。除喷头不同外，闭式细水雾灭火系统的工作原理与闭式自动喷水灭火系统相同。

【考点五】细水雾灭火系统适用范围【★★★】

细水雾灭火系统适用于扑救以下火灾：可燃固体火灾（A类）、可燃液体火灾（B类）、电气火灾（E类）。

细水雾灭火系统不适用于遇水能发生剧烈反应或产生大量有害物质的活泼金属及其化合物火灾。细水雾灭火系统不适用于可燃气体火灾，包括液化天然气等低温液化气体的火灾。细水雾灭火系统不适用于可燃固体的深位火灾。

【考点六】细水雾灭火系统选型【★★】

（1）下列场所宜选择全淹没应用方式的开式系统：液压站、配电室、电缆隧道、电缆夹层、电子信息系统机房、文物库以及密集柜存储的图书库、资料库和档案库。

（2）下列场所宜选择局部应用方式的开式系统：油浸变压器室、涡轮机房、柴油发电机房、润滑油站和燃油锅炉房、厨房内烹饪设备及其排烟罩和排烟管道部位。下列场所可选择闭式系统：采用非密集柜储存的图书库、资料库和档案库。

系统宜采用泵组式系统，闭式系统不应采用瓶组系统。

【考点七】细水雾灭火系统设计参数【★★】

细水雾灭火系统的基本设计参数应根据细水雾灭火系统的特性和防护区的具体情况确定。

根据《细水雾灭火系统技术规范》（GB 50898—2013）的规定，喷头的最低设计工作压力不应小于1.20 MPa。

（一）闭式系统的设计参数

闭式系统的作用面积不宜小于140 m^2，每套泵组所带喷头数量不应超过100只。系统的喷雾强度、喷头的布置间距和安装高度宜根据实体火灾模拟试验结果确定。

（二）全淹没应用方式的开式系统的设计参数

采用全淹没应用方式的开式系统，其喷雾强度、喷头的布置间距、安装高度和工作压力宜根据实体火灾模拟试验结果确定，也可根据喷头的安装高度按《消防安全技术实务（2018年版）》表3—5—3确定系统的最小喷雾强度和喷头的布置间距。当喷头的实际安装高度介于《消防安全技术实务（2018年版）》表3—5—3中规定的高度值之间时，系统的最小喷雾强度应取较高安装高度时的规定值。

（三）全淹没应用方式的开式系统的防护区容积

采用全淹没应用方式的开式系统，其单个防护区的容积，泵组系统不宜大于3 000 m^3，瓶组系统不宜超过260 m^3，且瓶组系统所保护的防护区不宜超过4个。当大于该容积时，宜将该防护区分成多个更小的防护区进行保护，并应符合下列规定：

（1）当各分区的火灾危险性相同或相近时，系统的设计参数可根据其中容积最大分区的参数确定。

（2）当各分区的火灾危险性存在较大差异时，系统的设计参数应分别按各自分区的参数确定。

（3）当应用条件与《消防安全技术实务（2018 年版）》表 3—5—3 不相符合时，应经火灾模拟试验确定。

（四）局部应用方式的开式系统的保护面积

根据《细水雾灭火系统技术规范》（GB 50898—2013）的规定，采用局部应用方式的开式系统，其保护面积应按下列规定确定：

（1）对于外形规则的保护对象，应为该保护对象的外表面面积。

（2）对于外形不规则的保护对象，应为包容该保护对象的最小规则形体的外表面面积。

（3）对于可能发生可燃液体流淌火或喷射火的保护对象，除应符合上述要求外，还应包括可燃液体流淌火或喷射火可能影响到的区域的水平投影面积。

（五）局部应用方式的开式系统保护具有可燃液体火灾危险的场所时设计参数

根据《细水雾灭火系统技术规范》（GB 50898—2013）的规定，采用局部应用方式的开式系统，当保护存在可燃液体火灾的场所时，系统的设计参数应根据国家授权的认证检验机构认证检验时获得的试验数据确定，且不应超出试验限定的条件。

（六）系统设计响应时间

根据《细水雾灭火系统技术规范》（GB 50898—2013）的规定，开式系统的设计响应时间不应大于 30 s。采用全淹没应用方式的瓶组式系统，当同一防护区内采用多组瓶组时，各瓶组必须能同时启动，其动作响应时差不应大于 2 s。

（七）系统持续喷雾时间

根据《细水雾灭火系统技术规范》（GB 50898—2013）的规定：

（1）以下保护对象设计持续喷雾时间不小于 20 min：油浸变压器室、柴油发电机房、液压站、润滑油站、燃油锅炉房、涡轮机房。

（2）以下保护对象设计持续喷雾时间不小于 30 min：配电室、电气设备间、电缆夹层、电缆隧道、电子信息机房、通信机房等电子机房、图书库、资料库、档案库、文物库。

（3）以下保护对象设计持续喷雾时间不小于 15 s，设计冷却时间不小于 15 min：厨房烹饪设备、排烟罩、排烟管道。

（八）实体模拟试验结果的应用

根据《细水雾灭火系统技术规范》（GB 50898—2013）的规定，在工程应用中采用实体模拟试验结果时，应符合下列规定：

（1）系统设计喷雾强度不应小于试验所用喷雾强度。

（2）喷头最低工作压力不应小于试验测得最不利点喷头的工作压力。

（3）喷头布置间距和安装高度分别不应大于试验时的喷头间距和安装高度。

（4）喷头的安装角度应与试验安装角度一致。

【考点八】供水装置分类及组成【★★】

（一）泵组供水装置

（1）储水箱。系统的储水箱应采用密闭结构，并应采用不锈钢或其他能保证水质的材料制作，且应具有防尘、避光的技术措施。储水箱应设置保证自动补水的装置，并应设置液位显示装置、高低液位报警装置和溢流、透气及放空装置。

（2）水泵。泵组系统应设置独立的水泵。水泵应具有自动和手动启动功能以及巡检功能。系统的水泵应设置备用泵，其工作性能应与最大一台主泵相同，主、备用泵应具有自动切换功能，并应能手动操作停泵。水泵应采用自灌式引水或其他可靠的引水方式，泵的出水总管上应设置压力显示装置、安全阀和泄放试验阀。每台泵的出水口均应设置止回阀。当水泵采用柴油机作为动力时，应保证其能持续运行 60 min。闭式系统的泵组系统应设置稳压泵，其流量不应大于系统中水力最不利点一只喷头的流量，工作压力应满足工作泵的启动要求。

（3）水泵控制柜（盘）。水泵控制柜（盘）应布置在干燥、通风的部位，便于操作和检修，其防护等级不应低于 IP54。

（4）安全阀。安全阀设置在水泵的出水总管上，其动作压力应为系统最大工作压力的 1.15 倍。

（二）瓶组供水装置

瓶组系统的供水装置由储水容器、储气容器和压力显示装置等部件组成。储水容器、储气容器均应设置安全阀。使用多个储水容器和储气容器的瓶组系统，同一集流管下储水容器或储气容器的规格、充装量和充装压力应分别一致。储水量和储气量应根据保护对象的重要性、维护恢复时间等设置备用量。对于恢复时间超过 48 h 的瓶组系统，应按主用量的 100% 设置备用量。容器组的布置应便于检查、测试、重新灌装和维护，其操作面距墙或操作面之间的距离不宜小于 0.8 m。

【考点九】细水雾喷头分类及设置要求【★★】

（一）喷头的分类

（1）按动作方式分类：开式细水雾喷头、闭式细水雾喷头。

（2）按开孔数量分类：单孔细水雾喷头、多孔细水雾喷头。

（3）按材质分类：不锈钢细水雾喷头、黄铜细水雾喷头等。

（4）按适用性分类：通用喷头、专用喷头。

（5）按作用分类：灭火专用喷头、冷却防护喷头和水雾封堵喷头等。

（6）按细水雾产生原理分类：撞击式细水雾喷头、离心式细水雾喷头。

（二）喷头的选择

（1）对于喷头的喷孔易被外部异物堵塞的场所，应选用具有相应防护措施且不影响细水雾喷放效果的喷头，如粉尘场所应选用带防尘罩（端盖）的喷头，但在喷雾时不应造成喷雾阻挡和对人员造成伤害。

（2）对于电子数据处理机房、通信机房的地板夹层，宜选择适用于低矮空间的喷头。

（3）对于闭式系统，应选择响应时间指数不大于 50 $(m \cdot s)^{0.5}$ 的喷头，其公称动作温度宜高于环境最高温度 30℃，且同一防护区内应采用相同热敏性能的喷头。

（4）对于腐蚀性环境应选用采用防腐材料或具有防腐镀层的喷头。

（5）对于电气火灾危险场所的细水雾灭火系统，不宜采用撞击雾化型细水雾喷头。

（三）喷头的布置要求

（1）闭式系统喷头布置要求：

1）闭式系统的喷头布置应能保证细水雾喷放均匀并完全覆盖保护区域。

2）喷头与墙壁的距离不应大于喷头最大布置间距的 1/2。

3）喷头与其他遮挡物的距离应保证遮挡物不影响喷头正常喷放细水雾，当无法避免时，应采取补偿措施。

4）喷头的感温组件与顶棚或梁底的距离不宜小于 75 mm，且不宜大于 150 mm。当场所内设置吊顶时，喷头可贴临吊顶布置。

（2）开式系统喷头布置要求。开式系统的喷头布置与闭式系统喷头的布置要求相同，但对于电缆隧道或夹层，喷头宜布置在电缆隧道或夹层的上部，并应能使细水雾完全覆盖整个电缆或电缆桥架。

（3）局部应用方式的开式系统喷头布置要求：

1）采用局部应用方式的开式系统，其喷头布置应能保证细水雾完全包容或覆盖保护对象或部位，喷头与保护对象的距离不宜小于 0.5 m。

2）用于保护室内油浸变压器时，变压器高度超过 4 m 的，喷头宜分层布置。

3）冷却器距变压器本体超过 0.7 m 的，应在其间隙内增设喷头。

4）喷头不应直接对准高压进线套管。

5）变压器下方设置集油坑的，喷头布置应能使细水雾完全覆盖集油坑。

（4）喷头备品

系统应按喷头的型号、规格储存备用喷头，其数量不应少于相同型号、规格喷头实际设计使用总数的 1%，且分别不应少于 5 只。

第六章　气体灭火系统

【考点一】气体系统灭火机理【★★★★】

（1）二氧化碳灭火系统：二氧化碳灭火主要在于窒息，其次是冷却。

（2）七氟丙烷灭火系统：液态灭火剂迅速转变成气态吸热，热解产物抑制燃烧过程。

（3）IG–541 混合气体灭火系统：IG–541 混合气体灭火剂属于物理灭火剂，混合气体释放后把氧气浓度降低到不能支持燃烧来扑灭火灾。

【考点二】气体灭火系统分类【★★★】

（1）按使用的灭火剂可分为二氧化碳灭火系统、七氟丙烷灭火系统以及惰性气体灭火系统。其中二氧化碳灭火系统按灭火剂储存压力不同可分为高压系统（指灭火剂在常温下储存的系统）和低压系统（指将灭火剂在 –20 ～ –18℃低温下储存的系统）两种应用形式。

（2）按系统的结构特点分类可分为无管网和管网两类。其中管网系统又可分为组合分配系统和单元独立系统。

（3）按应用方式分类可分为全淹没灭火系统（通过灭火剂气体将封闭空间淹没实施灭火）和局部应用灭火系统（在保护对象周围局部范围内达到较高的灭火剂气体浓度实施灭火）。

（4）按加压方式分类可分为以下三种：

1）自压式气体灭火系统是指灭火剂无须加压而是依靠自身饱和蒸气压力进行输送的灭火系统。

2）内储压式气体灭火系统是指灭火剂在瓶组内用惰性气体进行加压储存，系统动作时灭火剂靠瓶组内的充压气体进行输送的灭火系统。

3）外储压式气体灭火系统是指系统动作时灭火剂由专设的充压气体瓶组按设计压力对其进行充压的灭火系统。

【考点三】气体灭火系统工作原理【★★★】

（一）高压二氧化碳灭火系统、内储压式七氟丙烷灭火系统与惰性气体灭火系统

当防护区发生火灾时，产生烟雾、高温和光辐射使感烟、感温、感光等探测器探测到火灾信号，探测器将火灾信号转变为电信号传送到报警灭火控制器，控制器自动发出声光报警并经逻辑判断后，启动联动装置，经过一段时间延时，发出系统启动信号，启动驱动气体瓶组上的容器阀释放驱动气体，打开通向发生火灾的防护区的选择阀，同时打开灭火剂瓶组的容器阀，各瓶组的灭火剂经连接管汇集到集流管，通过选择阀到达安装在防护区内的喷头进行喷放灭火，同时安装在管道上的信号反馈装置动作，将信号传送到控制器，由控制器启动防护区外的释放警示灯和警铃。

另外，通过压力开关监测系统是否正常工作，若启动指令发出，而压力开关的信号未反馈，则说明系统存在故障，值班人员应在接到事故报警后尽快到储瓶间，手动开启储存容器上

的容器阀，实施人工启动灭火。

（二）外储压式七氟丙烷灭火系统

控制器发出系统启动信号，启动驱动气体瓶组上的容器阀释放驱动气体，打开通向发生火灾的防护区的选择阀，同时打开加压单元气体瓶组的容器阀，加压气体经减压进入灭火剂瓶组，加压后的灭火剂经连接管汇集到集流管，通过选择阀到达安装在防护区内的喷头进行喷放灭火。

【考点四】气体灭火系统控制方式【★★】

（一）自动控制方式

当只有一种探测器发出火灾信号时，控制器即发出火警声光信号，而不启动灭火装置释放灭火剂。如确需启动灭火装置灭火时，可按下“紧急启动按钮”。当两种探测器同时发出火灾信号时，控制器发出火灾声光信号，通知有火灾发生，有关人员应撤离现场，并发出联动指令，关闭风机、防火阀等联动设备，经过一段时间延时后，即发出灭火指令，打开电磁阀，喷放气体打开容器阀，释放灭火剂，实施灭火；如在报警过程中发现不需要启动灭火装置，可按下保护区外或控制器操作面板上的“紧急停止按钮”，即可终止控制灭火指令的发出。

（二）手动控制方式

当火灾探测器发出火警信号时，控制器即发出火灾声光报警信号，而不启动灭火装置，无论装置处于自动或手动状态，按下任何紧急启动按钮，都可启动灭火装置。

（三）应急机械启动工作方式

在控制器失效且值守人员判断为火灾时，应立即通知所有人员撤离，在确定所有人员撤离现场后，方可按以下步骤实施应急机械启动：手动关闭联动设备并切断电源；打开对应保护区选择阀；成组或逐个打开对应保护区储瓶组上的容器阀，即刻实施灭火。

（四）紧急启动 / 停止工作方式

适用于紧急状态，分别在当值守人员发现火情而气体灭火控制器未发出声光报警信号，通知并确认所有人员撤离后启动；当气体灭火控制器发出声光报警信号并处于延时阶段，发现误报后停止。

【考点五】气体灭火系统适用范围【★★★★】

（一）二氧化碳灭火系统

（1）二氧化碳灭火系统可用于扑救：灭火前可切断气源的气体火灾，液体火灾或石蜡、沥青等可熔化的固体火灾；固体表面火灾及棉毛、织物、纸张等部分固体深位火灾，电气火灾。

（2）二氧化碳灭火系统不得用于扑救：硝化纤维、火药等含氧化剂的化学制品火灾，钾、钠、镁、钛、锆等活泼金属火灾，氢化钾、氢化钠等金属氢化物火灾。

（二）其他气体灭火系统（包括七氟丙烷灭火系统）

（1）根据《气体灭火系统设计规范》（GB 50370—2005）规定，其他气体灭火系统适用于扑救电气火灾、固体表面火灾、液体火灾和灭火前能切断气源的气体火灾。

（2）其他气体灭火系统不适用于扑救下列火灾：硝化纤维、硝酸钠等氧化剂或含氧化剂的化学制品火灾；钾、镁、钠、钛、锆、铀等活泼金属火灾；氢化钾、氢化钠等金属氢化物火灾；过氧化氢、联胺等能自行分解的化学物质火灾；可燃固体物质的深位火灾。

【考点六】防护区的设置要求【★★★★】

（一）防护区的划分

防护区应根据封闭空间的结构特点和位置来划分，防护区划分应符合下列规定：防护区宜以单个封闭空间划分；同一区间的吊顶层和地板下需同时保护时，可合为一个防护区；采用管网灭火系统时，一个防护区的面积不宜大于 800 m^2，且容积不宜大于 3 600 m^3；采用预制灭火系统时，一个防护区的面积不宜大于 500 m^2，且容积不宜大于 1 600 m^3。

（二）耐火性能

防护区围护结构及门窗的耐火极限均不宜低于 0.50 h，吊顶的耐火极限不宜低于 0.25 h。

全淹没灭火系统防护区建筑物构件耐火时间（一般为 30 min）包括：探测火灾时间、延时时间、释放灭火剂时间及保持灭火剂设计浓度的浸渍时间。延时时间为 30 s、释放灭火剂时间对于扑救表面火灾应不大于 1 min，对于扑救固体深位火灾不应大于 7 min。

（三）耐压性能

防护区围护结构承受内压的允许压强，不宜低于 1 200 Pa。

（四）泄压能力

对于全封闭的防护区，应设置泄压口，七氟丙烷灭火系统的泄压口应位于防护区净高的 2/3 以上。

防护区设置的泄压口，宜设在外墙上。泄压口面积按相应气体灭火系统设计规定计算。对于设有防爆泄压设施或门窗缝隙未设密封条的防护区可不设泄压口。

（五）封闭性能

在喷放灭火剂前，防护区内除泄压口外的开口应能自动关闭。

（六）环境温度

防护区的最低环境温度不应低于 –10℃。

【考点七】设置气体灭火系统的安全要求【★★】

（1）设置气体灭火系统的防护区应设疏散通道和安全出口，保证防护区内所有人员在 30 s 内撤离完毕。

（2）防护区内的疏散通道及出口，应设消防应急照明灯具和疏散指示标志灯。防护区内应设火灾声音报警器，必要时，可增设闪光报警器。防护区的入口处应设火灾声光报警器和灭火剂喷放指示灯，以及防护区采用的相应气体灭火系统的永久性标志牌。灭火剂喷放指示灯信号，应保持到防护区通风换气后，以手动方式解除。

（3）防护区的门应向疏散方向开启，并能自行关闭；用于疏散的门必须能从防护区内打开。

（4）灭火后的防护区应通风换气，地下防护区和无窗或设固定窗扇的地上防护区，应设置机械排风装置，排风口宜设在防护区的下部并应直通室外。通信机房、电子计算机房等场所的通风换气次数应不小于每小时 5 次。

（5）储瓶间的门应向外开启，储瓶间内应设应急照明；储瓶间应有良好的通风条件，地下储瓶间应设机械排风装置，排风口应设在下部，室内气体可通过排风管排出室外。

（6）经过有爆炸危险和变电、配电场所的管网，以及布设在以上场所的金属箱体等，应设防静电接地。

（7）有人工作防护区的灭火设计浓度或实际使用浓度，不应大于有毒性反应浓度（LOAEL 浓度）。

（8）防护区内设置的预制灭火系统的充压压力不应大于 2.5 MPa。

（9）灭火系统的手动控制与应急操作应有防止误操作的警示显示与措施。

（10）设有气体灭火系统的场所，宜配置空气呼吸器。

【考点八】二氧化碳灭火系统的设计【★★】

（一）一般规定

二氧化碳灭火系统按应用方式可分为全淹没灭火系统和局部应用灭火系统。全淹没灭火系统适用于扑救封闭空间内的火灾；局部应用灭火系统适用于扑救不需封闭空间条件的具体保护对象的非深位火灾。

（二）全淹没灭火系统的设计

（1）二氧化碳设计浓度不应小于灭火浓度的 1.7 倍，并不得低于 34%。当防护区内存有两种及两种以上可燃物时，防护区的二氧化碳设计浓度应采用可燃物中最大的二氧化碳设计浓度。

（2）当防护区的环境温度超过 100℃时，二氧化碳的设计用量应在设计规范计算值的基础上每超过 5℃增加 2%。当防护区的环境温度低于 −20℃时，二氧化碳的设计用量应在设计规范计算值的基础上每降低 1℃增加 2%。防护区应设置泄压口，并宜设在外墙上，其高度应大于防护区净高的 2/3。当防护区设有防爆泄压孔时，可不单独设置泄压口。

（3）全淹没灭火系统二氧化碳的喷放时间不应大于 1 min。当扑救固体深位火灾时，喷放时间不应大于 7 min，并应在前 2 min 内使二氧化碳的浓度达到 30%。

（三）局部应用灭火系统的设计

（1）局部应用灭火系统的设计可采用面积法或体积法。当保护对象的着火部位是比较平直的表面时，宜采用面积法；当着火对象为不规则物体时，应采用体积法。

（2）局部应用灭火系统的二氧化碳喷射时间不应小于 0.5 min。对于燃点温度低于沸点温度的液体和可熔化固体的火灾，二氧化碳的喷射时间不应小于 1.5 min。

【考点九】其他气体灭火系统的设计【★★★】

（一）一般规定

（1）采用气体灭火系统保护的防护区，其灭火设计用量或惰化设计用量，应根据防护区内可燃物相应的灭火设计浓度或惰化设计浓度经计算确定。

（2）有爆炸危险的气体、液体类火灾的防护区，应采用惰化设计浓度；无爆炸危险的气体、液体类火灾和固体类火灾的防护区，应采用灭火设计浓度。

（3）几种可燃物共存或混合时，灭火设计浓度或惰化设计浓度应按其中最大的灭火设计浓度或惰化设计浓度确定。

（4）两个或两个以上的防护区采用组合分配系统时，一个组合分配系统所保护的防护区不应超过 8 个。

（5）组合分配系统的灭火剂储存量，应按储存量最大的防护区确定。

（6）灭火系统的灭火剂储存量，应为防护区的灭火设计用量与储存容器内的灭火剂剩余量和管网内的灭火剂剩余量之和。

（7）灭火系统的储存装置 72 h 内不能重新充装恢复工作的，应按系统原储存量的 100% 设置备用量。

（8）灭火系统的设计温度应采用 20℃。

（9）同一集流管上的储存容器，其规格、充压压力和充装量应相同。

（10）同一防护区，当设计两套或三套管网时，集流管可分别设置，系统启动装置必须共用。各管网上喷头流量均应按同一灭火设计浓度、同一喷放时间进行设计。

（11）管网上不应采用四通管件进行分流。

（12）喷头的保护高度和保护半径，应符合下列规定：最大保护高度不宜大于 6.5 m；最小保护高度不应小于 0.3 m；喷头安装高度小于 1.5 m 时，保护半径不宜大于 4.5 m；喷头安装高度不小于 1.5 m 时，保护半径不应大于 7.5 m。

（13）喷头宜贴近防护区顶面安装，距顶面的最大距离不宜大于 0.5 m。

（14）一个防护区设置的预制灭火系统，其装置数量不宜超过 10 台。

（15）同一防护区内的预制灭火系统装置多于 1 台时，必须能同时启动，其动作响应时差不得大于 2 s。

（二）七氟丙烷灭火系统

（1）七氟丙烷灭火系统的灭火设计浓度不应小于灭火浓度的 1.3 倍，惰化设计浓度不应小于惰化浓度的 1.1 倍。

（2）固体表面火灾的灭火浓度为 5.8%，设计规范中未列出的，应经试验确定。

（3）图书、档案、票据和文物资料库等防护区，灭火设计浓度宜采用 10%。

（4）油浸变压器室、带油开关的配电室和自备发电机房等防护区，灭火设计浓度宜采用 9%。

（5）通信机房和电子计算机房等防护区，灭火设计浓度宜采用 8%。

（6）防护区实际应用的浓度不应大于灭火设计浓度的 1.1 倍。

（7）在通信机房和电子计算机房等防护区，设计喷放时间不应大于 8 s；在其他防护区，设计喷放时间不应大于 10 s。

（8）灭火浸渍时间应符合下列规定：木材、纸张、织物等固体表面火灾，宜采用 20 min；通信机房、电子计算机房内的电气设备火灾，应采用 5 min；其他固体表面火灾，宜采用 10 min；气体和液体火灾，不应小于 1 min。

（9）七氟丙烷灭火系统应采用氮气增压输送。氮气的含水量不应大于 0.006%。

储存容器的增压压力宜分为三级，并应符合下列规定：一级，（2.5+0.1）MPa（表压）；二级，（4.2+0.1）MPa（表压）；三级，（5.6+0.1）MPa（表压）。

（10）七氟丙烷单位容积的充装量应符合下列规定：一级增压储存容器，不应大于 1 120 kg/m^3；二级增压焊接结构储存容器，不应大于 950 kg/m^3；二级增压无缝结构储存容器，不应大于 1 120 kg/m^3；三级增压储存容器，不应大于 1 080 kg/m^3。

（11）管网的管道内容积，不应大于流经该管网的七氟丙烷储存量体积的 80%。

（12）管网布置宜设计为均衡系统，并应符合下列规定：喷头设计流量应相等；管网的第 1 分流点至各喷头的管道阻力损失，其相互间的最大差值不应大于 20%。

（三）IG-541 混合气体灭火系统

（1）IG-541 混合气体灭火系统的灭火设计浓度不应小于灭火浓度的 1.3 倍，惰化设计浓度不应小于灭火浓度的 1.1 倍。

（2）固体表面火灾的灭火浓度为 28.1%，规范中未列出的，应经试验确定。

（3）当 IG-541 混合气体灭火剂喷放至设计用量的 95% 时，其喷放时间不应大于 60 s 且不应小于 48 s。

（4）灭火浸渍时间应符合下列规定：①木材、纸张、织物等固体表面火灾，宜采用 20 min；②通信机房、电子计算机房内的电气设备火灾，宜采用 10 min；③其他固体表面火灾，宜采用 10 min。

（5）储存容器充装量应符合下列规定：①一级充压（15.0 MPa）系统，充装量应为 211.15 kg/m^3；②二级充压（20.0 MPa）系统，充装量应为 281.06 kg/m^3。

【考点十】二氧化碳灭火系统组件及设置要求【★★】

（一）灭火剂储存装置

（1）高压系统的储存装置应符合下列规定：储存容器工作压力不应小于 15 MPa，储存容器或容器阀上应设泄压装置，其泄压动作压力应为（19 ± 0.95）MPa；储存容器中二氧化碳的充装系数应按《气瓶安全监察规程》执行；储存装置的环境温度应为 0 ～ 49℃。

（2）低压系统的储存装置应符合下列规定：储存容器设计压力不应小于 2.5 MPa，并应采取良好的绝热措施。储存容器上至少应设置两套安全泄压装置，其泄压动作压力应为（2.38 ± 0.12）MPa；储存装置的高压报警压力设定值应为 2.2 MPa，低压报警压力设定值应为 1.8 MPa；储存容器中二氧化碳的装置系数应按《压力容器安全技术监察规程》执行；容器阀应能在喷出要求的二氧化碳量后自动关闭；储存装置应远离热源，其位置应便于再充装，其环境温度宜为 –23 ～ 49℃；储存容器中充装的二氧化碳应符合《二氧化碳灭火剂》（GB 4396—2005）的规定；储存装置应设称重检漏装置。当储存容器中充装的二氧化碳量损失 10% 时，应及时补充；储存装置的布置应方便检查和维护，并应避免阳光直射；储存装置宜设在专用的储存容器间内。局部应用灭火系统的储存装置可设置在固定的安全围栏内。专用的储存容器间的设置应符合下列规定：应靠近防护区，出口应直接通向室外或疏散走道；耐火等级不应低于二级；室内应保持干燥和良好通风；设在地下的储存容器间应设机械排风装置，排风口应通向室外。

（二）选择阀

（1）在多个保护区域的组合分配系统中，每个防护区或保护对象在集流管上的排气支管上应设置与该区域对应的选择阀。选择阀的位置宜靠近储存容器，并应便于手动操作，方便检查维护。选择阀上应设有标明防护区的铭牌。选择阀可采用电动、气动或机械操作方式。选择阀的工作压力：高压系统不应小于 12 MPa，低压系统不应小于 2.5 MPa。

（2）系统启动时，选择阀应在容器阀动作之前或同时打开；采用灭火剂自身作为启动气源打开的选择阀，可不受此限。

（三）喷头

（1）全淹没灭火系统的喷头布置应使防护区内二氧化碳分布均匀，喷头应接近顶棚或屋顶安装。

（2）设置在粉尘或喷漆作业等场所的喷头，应增设不影响喷射效果的防尘罩。

（四）管道

（1）高压系统管道及其附件应能承受最高环境温度下二氧化碳的储存压力，低压系统管道及其附件应能承受 4.0 MPa 的压力，并应符合下列规定：管道应采用符合《输送流体用无缝钢管》（GB/T 8163—2008）的规定，并应进行内外表面镀锌防腐处理。对镀锌层有腐蚀的环境，管道可采用不锈钢管、铜管或其他抗腐蚀的材料。挠性连接的软管必须能承受系统的工作压力和温度，并宜采用不锈钢软管。

（2）低压系统的管网中应采取防膨胀收缩措施。在可能产生爆炸的场所，管网应吊挂安装并采取防晃措施。

（3）管道可采用螺纹连接、法兰连接或焊接。公称直径等于或小于 80 mm 的管道，宜采用螺纹连接；公称直径大于 80 mm 的管道，宜采用法兰连接。

（4）管网中阀门之间的封闭管段应设置泄压装置，其泄压动作压力：高压系统应为（15 ± 0.75）MPa，低压系统应为（2.38 ± 0.12）MPa。

【考点十一】其他气体灭火系统组件及设置要求【7 ★】

（一）一般规定

（1）储存装置应符合下列规定：管网系统的储存装置应由储存容器、容器阀和集流管等组成；七氟丙烷和 IG-541 预制灭火系统的储存装置应由储存容器、容器阀等组成；容器阀和集流管之间应采用挠性连接。储存容器和集流管应采用支架固定；储存装置上应设耐久的固定铭牌，并应标明每个容器的编号、容积、皮重、灭火剂名称、充装量、充装日期和充压压力等；管网灭火系统的储存装置宜设在专用储瓶间内。储瓶间宜靠近防护区，并应符合建筑物耐火等级不低于二级的有关规定及有关压力容器存放的规定，且应有直接通向室外或疏散走道的出口。储瓶间和设置预制灭火系统的防护区的环境温度应为 -10 ～ 50℃；储存装置的布置，应便于操作、维修及避免阳光照射。操作面距墙面或两操作面之间的距离，不宜小于 1.0 m，且不应小于储存容器外径的 1.5 倍。

（2）储存容器、驱动气体储瓶的设计与使用应符合《气瓶安全监察规程》及《压力容器安全技术监察规程》的规定。

（3）储存装置的储存容器与其他组件的公称工作压力，不应小于在最高环境温度下所承受的工作压力。

（4）在储存容器或容器阀上，应设安全泄压装置和压力表。组合分配系统的集流管，应设安全泄压装置。安全泄压装置的动作压力，应符合相应气体灭火系统的设计规定。

（5）在通向每个防护区的灭火系统主管道上，应设压力信号器或流量信号器。

（6）组合分配系统中的每个防护区应设置控制灭火剂流向的选择阀，其公称直径应与该防护区灭火系统的主管道公称直径相等。选择阀的位置应靠近储存容器且便于操作。选择阀应设有标明其工作防护区的永久性铭牌。

（7）喷头应有注明型号、规格的永久性标志。设置在有粉尘、油雾等防护区的喷头，应有防护装置。

（8）喷头的布置应满足喷放后气体灭火剂在防护区内均匀分布的要求。当保护对象属可燃液体时，喷头射流方向不应朝向液体表面。

（9）管道及管道附件应符合下列规定：输送气体灭火剂的管道应采用无缝钢管。其质量应符合《输送流体用无缝钢管》（GB/T 8163—2008）、《高压锅炉用无缝钢管》（GB/T 5310—2017）等的规定。无缝钢管内外应进行防腐处理，防腐处理宜采用符合环保要求的方式；输送气体灭火剂的管道安装在腐蚀性较大的环境里，宜采用不锈钢管。其质量应符合《流体输送用不锈钢无缝钢管》(GB/T 14976—2012)的规定；输送启动气体的管道，宜采用铜管，其质量应符合《铜及铜合金拉制管》(GB/T 1527—2017)的规定；管道的连接，当公称直径小于或等于 80 mm 时，宜采用螺纹连接；大于 80 mm 时，宜采用法兰连接。钢制管道附件内外应进行防腐处理，防腐处理宜采用符合环保要求的方式。在腐蚀性较大的环境里，应采用不锈钢的管道附件。

(10)系统组件与管道的公称工作压力，不应小于在最高环境温度下所承受的工作压力。

(11)系统组件的特性参数应由国家法定检测机构验证或测定。

(二)七氟丙烷灭火系统组件专用要求

(1)储存容器或容器阀以及组合分配系统集流管上的安全泄压装置的动作压力，应符合下列规定：

1)储存容器增压压力为 2.5 MPa 时，应为(5.0 ± 0.25)MPa(表压)。

2)储存容器增压压力为 4.2 MPa，最大充装量为 950 kg/m³ 时，应为(7.0 ± 0.35)MPa(表压)；最大充装量为 1 120 kg/m³ 时，应为(8.4 ± 0.42)MPa(表压)。

3)储存容器增压压力为 5.6 MPa 时，应为(10.0 ± 0.50)MPa(表压)。

(2)增压压力为 2.5 MPa 的储存容器，宜采用焊接容器；增压压力为 4.2 MPa 的储存容器，可采用焊接容器或无缝容器；增压压力为 5.6 MPa 的储存容器，应采用无缝容器。

(3)在容器阀和集流管之间的管道上应设单向阀。

(三)IG-541 混合气体灭火系统组件专用要求

(1)储存容器或容器阀以及组合分配系统集流管上的安全泄压装置的动作压力，应符合下列规定：

1)一级充压(15.0 MPa)系统，应为(20.7 ± 1.0)MPa(表压)。

2)二级充压(20.0 MPa)系统，应为(27.6 ± 1.4)MPa(表压)。

(2)储存容器应采用无缝容器。

(四)操作与控制

(1)采用气体灭火系统的防护区，应设置火灾自动报警系统，其设计应符合《火灾自动报警系统设计规范》(GB 50116—2013)的规定，并应选用灵敏度级别高的火灾探测器。

(2)管网灭火系统应设自动控制、手动控制和机械应急操作三种启动方式。预制灭火系统应设自动控制和手动控制两种启动方式。

(3)采用自动控制启动方式时，根据人员安全撤离防护区的需要，应有不大于 30 s 的可控延迟喷射；对于平时无人工作的防护区，可设置为无延迟喷射。

(4)灭火设计浓度或实际使用浓度大于无毒性反应浓度(NOAEL 浓度)的防护区，应设手动与自动控制的转换装置。当人员进入防护区时，应能将灭火系统转换为手动控制方式；当人员离开时，应能恢复为自动控制方式。防护区内外应设手动、自动控制状态的显示装置。

(5)自动控制装置应在接到两个独立的火灾信号后才能启动。手动控制装置和手动与自动转换装置应设在防护区疏散出口门外便于操作的地方，安装高度为中心点距地面 1.5 m。机械应急操作装置应设在储瓶间内或防护区疏散出口门外便于操作的地方。

(6)气体灭火系统的操作与控制，应包括对开口封闭装置、通风机械和防火阀等设备的联动操作与控制。

（7）设有消防控制室的场所，各防护区灭火控制系统的有关信息应传送给消防控制室。

（8）气体灭火系统的电源，应符合现行国家有关消防技术标准的规定；采用气动力源时，应保证系统操作和控制需要的压力和气量。

（9）组合分配系统启动时，选择阀应在容器阀开启前或同时打开。

第七章　泡沫灭火系统

【考点一】泡沫系统的灭火机理【★★★】

泡沫灭火系统的灭火机理主要体现在以下几个方面：

（1）隔氧窒息作用。

（2）辐射热阻隔作用。

（3）吸热冷却作用。水溶性液体火灾必须选用抗溶性泡沫液。扑救水溶性液体火灾应采用液上喷射或半液下喷射泡沫，不能采用液下喷射泡沫。对于非水溶性液体火灾，当采用液上喷射泡沫灭火时，选用蛋白、氟蛋白、成膜氟蛋白或水成膜泡沫液均可；当采用液下喷射泡沫灭火时，必须选用氟蛋白、成膜氟蛋白或水成膜泡沫液。泡沫液的储存温度应为 0 ~ 40℃。

【考点二】泡沫系统的分类【★★★★】

（一）按喷射方式划分

（1）液上喷射系统。液上喷射系统是指泡沫从液面上喷入被保护储罐内的灭火系统。

（2）液下喷射系统。液下喷射系统是指泡沫从液面下喷入被保护储罐内的灭火系统。

（3）半液下喷射系统。半液下喷射系统是指泡沫从储罐底部注入，并通过软管浮升到液体燃料表面进行灭火的泡沫灭火系统。

（二）按系统结构划分

（1）固定式系统。

（2）半固定式系统。

（3）移动式系统。

（三）按发泡倍数划分

（1）低倍数泡沫灭火系统。低倍数泡沫灭火系统是指发泡倍数小于 20 的泡沫灭火系统。该系统是甲、乙、丙类液体储罐及石油化工装置区等场所的首选灭火系统。

（2）中倍数泡沫灭火系统。中倍数泡沫灭火系统是指发泡倍数为 20 ~ 200 的泡沫灭火系统。中倍数泡沫灭火系统在实际中应用较少，且多用作辅助灭火设施。

（3）高倍数泡沫灭火系统。高倍数泡沫灭火系统是指发泡倍数大于 200 的泡沫灭火系统。

（四）按系统形式划分

（1）全淹没系统。

（2）局部应用系统。

（3）移动系统。

（4）泡沫—水喷淋系统。

（5）泡沫喷雾系统。

【考点三】泡沫系统选择基本要求【6 ★】

（1）甲、乙、丙类液体储罐区宜选用低倍数泡沫灭火系统。

（2）甲、乙、丙类液体储罐区固定式、半固定式或移动式泡沫灭火系统的选择应符合下列规定：低倍数泡沫灭火系统，应符合相关国家标准的规定；油罐中倍数泡沫灭火系统宜为固定式。

（3）全淹没式、局部应用式和移动式中倍数、高倍数泡沫灭火系统的选择，应根据防护区的总体布局、火灾的危害程度、火灾的种类和扑救条件等因素，经综合技术经济比较后确定。

（4）储罐区泡沫灭火系统的选择应符合下列规定：非水溶性甲、乙、丙类液体固定顶储罐，可选用液上喷射、液下喷射或半液下喷射系统；水溶性甲、乙、丙类液体和其他对普通泡沫有破坏作用的甲、乙、丙类液体固定顶储罐，应选用液上喷射或半液下喷射系统；外浮顶和内浮顶储罐应选用液上喷射系统；非水溶性液体外浮顶储罐、内浮顶储罐、直径大于 18 m 的固定顶储罐以及水溶性液体的立式储罐，不得选用泡沫炮作为主要灭火设施；高度大于 7 m 或直径大于 9 m 的固定顶储罐，不得选用泡沫枪作为主要灭火设施；油罐中倍数泡沫灭火系统应选用液上喷射系统。

【考点四】泡沫系统适用场所【★★】

（1）全淹没式高倍数、中倍数泡沫灭火系统可用于下列场所：

1）封闭空间场所。

2）设有阻止泡沫流失的固定围墙或其他围挡设施的场所。

（2）局部应用式高倍数泡沫灭火系统可用于下列场所：

1）四周不完全封闭的 A 类火灾与 B 类火灾场所。

2）天然气液化站与接收站的集液池或储罐围堰区。

（3）局部应用式中倍数泡沫灭火系统可用于下列场所：

1）四周不完全封闭的 A 类火灾场所。

2）限定位置的 B 类火灾场所。

3）固定位置面积不大于 100 m^2 的流淌 B 类火灾场所。

（4）移动式高倍数泡沫灭火系统可用于下列场所：

1）发生火灾的部位难以确定或人员难以接近的火灾场所。

2）流淌的 B 类火灾场所。

3）发生火灾时需要排烟、降温或排除有害气体的封闭空间。

（5）移动式中倍数泡沫灭火系统可用于下列场所：

1）发生火灾的部位难以确定或人员难以接近的较小火灾场所。

2）流淌的 B 类火灾场所。

3）不大于 100 m^2 的流淌 B 类火灾场所。

（6）泡沫—水喷淋系统可用于下列场所：

1）具有非水溶性液体泄漏火灾危险的室内场所。

2）存放量不超过 25 L/m^2 或超过 25 L/m^2 但有缓冲物的水溶性液体室内场所。

（7）泡沫喷雾系统可用于下列场所：

1）独立变电站的油浸电力变压器。

2）面积不大于 200 m^2 的非水溶性液体室内场所。

【考点五】低倍数泡沫灭火系统设计要求【★★★★】

（一）基本要求

（1）储罐区泡沫灭火系统扑救一次火灾的泡沫混合液设计用量，应按罐内用量、该罐辅助泡沫枪用量、管道剩余量三者之和最大的储罐确定。

（2）设置固定式泡沫灭火系统的储罐区，应配置用于扑救液体流散火灾的辅助泡沫枪，泡沫枪的数量及其泡沫混合液连续供给时间应符合《泡沫灭火系统设计规范》（GB 50151—2010）的相关规定，每支辅助泡沫枪的泡沫混合液流量不应小于 240 L/min。

（3）采用固定式泡沫灭火系统的储罐区，宜沿防火堤外均匀布置泡沫消火栓，且泡沫消火栓的间距不应大于 60 m，且数量不宜少于 4 个。

（4）当储罐区固定式泡沫灭火系统的泡沫混合液流量大于或等于 100 L/s 时，系统的泵、比例混合装置及其管道上的控制阀、干管控制阀宜具备远程控制功能。

（5）储罐区固定式泡沫灭火系统应具备半固定式系统功能。

（6）为了使系统及时灭火，固定式泡沫灭火系统的设计应满足在泡沫消防水泵或泡沫混合液泵启动后，将泡沫混合液或泡沫输送到保护对象的时间不大于 5 min。

（二）固定顶储罐

固定顶储罐的保护面积，应按储罐横截面面积计算。

泡沫混合液供给强度及连续供给时间，应符合下列规定：

（1）非水溶性液体储罐液上喷射泡沫灭火系统，其泡沫混合液供给强度及连续供给时间不应小于表 2—3—7—1 的规定。

表 2—3—7—1　　泡沫混合液供给强度和连续供给时间

系统形式	泡沫液种类	供给强度 /［L/（min·m^2）］	连续供给时间 /min	
			甲、乙类液体	丙类液体
固定式、半固定式系统	蛋白	6.0	40	30
	氟蛋白、水成膜、成膜氟蛋白	5.0	45	30
移动式系统	蛋白、氟蛋白	8.0	60	45
	水成膜、成膜氟蛋白	6.5	60	45

注：1. 如果采用大于本表规定的混合液供给强度，混合液连续供给时间可按相应的比例缩短，但不得小于本表规定时间的 80%。

2. 沸点低于 45℃的非水溶性液体，设置泡沫灭火系统的适用性及其泡沫混合液供给强度应由试验确定。

（2）非水溶性液体储罐液下或半液下喷射系统，其泡沫混合液供给强度不应小于 5.0 L/（min · m^2）连续供给时间不应小于 40 min。

（3）水溶性液体和其他对普通泡沫有破坏作用的甲、乙、丙类液体储罐液上或半液下喷射系统，其泡沫混合液供给强度及连续供给时间不应小于表 2—3—7—2 的规定。

液上喷射系统泡沫产生器的型号及数量应根据所需的泡沫混合液流量确定，且设置数量不小于《泡沫灭火系统设计规范》（GB 50151—2010）的规定。当一个储罐所需的泡沫产生器数量大于 1 个时，宜选用同规格的泡沫产生器，且应沿罐周均匀布置；对于水溶性液体储罐来说，应设置泡沫缓冲装置。

表 2—3—7—2　　泡沫混合液供给强度和连续供给时间

液体类别	供给强度 /［L/（min·m^2）］	连续供给时间 /min
丙酮、异丙醇、甲基异丁酮	12	30
甲醇、乙醇、正丁醇、丁酮、丙烯腈、醋酸乙酯、醋酸丁酯	12	25
含氧添加剂含量体积比大于 10% 的汽油	16	40

注：本表未列出的水溶性液体，其泡沫混合液供给强度和连续供给时间由试验确定。

（三）外浮顶储罐

（1）钢制单盘式与双盘式外浮顶储罐的保护面积，应按罐壁与泡沫堰板间的环形面积确定。

（2）非水溶性液体的泡沫混合液供给强度不应小于 12.5 L/（min·m^2），连续供给时间不应小于 30 min。

（3）外浮顶储罐泡沫堰板的设计，应符合下列规定：

1）当泡沫喷射口设置在罐壁顶部、密封圈或挡雨板上方时，泡沫堰板应高出密封圈 0.2 m；当泡沫喷射口设置在金属挡雨板下部时，泡沫堰板高度不应小于 0.3 m。

2）当泡沫喷射口设置在罐壁顶部时，泡沫堰板与罐壁的间距不应小于 0.6 m。当泡沫喷射口设置在浮顶上时，泡沫堰板与罐壁的间距不宜小于 0.6 m。

3）应在泡沫堰板的最低部位设排水孔，排水孔的开孔面积宜按每 1 m^2 环形面积 280 mm^2 确定，排水孔高度不宜大于 9 mm。

（四）内浮顶储罐

（1）钢制单盘式、双盘式与敞口隔舱式内浮顶储罐的保护面积，应按罐壁与泡沫堰板间的环形面积确定；其他内浮顶储罐应按固定顶储罐对待。

（2）钢制单盘式、双盘式与敞口隔舱式内浮顶储罐的泡沫堰板与罐壁的距离不应小于 0.55 m，其高度不应小于 0.5 m；单个泡沫产生器保护周长不应大于 24 m；非水溶性液体的泡沫混合液供给强度不应小于 12.5 L/（min·m^2），水溶性液体的泡沫混合液供给强度不应小于表 2—3—7—2 规定的 1.5 倍；泡沫混合液连续供给时间不应小于 30 min。

（3）按固定顶储罐对待的内浮顶储罐，对于非水溶性液体，其泡沫混合液供给强度和连续供给时间不应小于表 2—3—7—1 的规定；对于水溶性液体，当设有泡沫缓冲装置时，其泡沫混合液供给强度和连续供给时间不应小于表 2—3—7—2 的规定；当未设泡沫缓冲装置时，泡沫混合液供给强度不应小于表 2—3—7—2 的规定，但泡沫混合液连续供给时间不应小于表 2—3—7—2 规定的 1.5 倍。

（五）其他场所

（1）甲、乙、丙类液体槽车装卸栈台设置泡沫炮或泡沫枪系统时，应符合下列规定：应能保护泵、计量仪器、车辆及与装卸产品有关的各种设备；火车装卸栈台的泡沫混合液量不应小于 30 L/s；汽车装卸栈台泡沫混合液量不应小于 8 L/s；泡沫混合液连续供给时间不应小于

30 min。

（2）当保护设有围堰的非水溶性液体流淌火灾场所时，其保护面积应按围堰包围的地面面积与其中不燃结构占据的面积之差计算，其泡沫混合液供给强度与连续供给时间不应小于表2—3—7—3 的规定。

表 2—3—7—3　　泡沫混合液最小供给强度与连续供给时间

泡沫液种类	供给强度 / [L/ (min · m^2)]	连续供给时间 /min	
		甲、乙类液体	丙类液体
蛋白、氟蛋白	6.5	40	30
水成膜、成膜氟蛋白	6.5	30	20

（3）当甲、乙、丙类液体泄漏导致的室外流淌火灾场所设置泡沫枪、泡沫炮系统时，应根据保护场所的具体情况确定最大流淌面积，其泡沫混合液供给强度和连续供给时间不应小于表 2—3—7—4 的规定。

表 2—3—7—4　　泡沫混合液供给强度和连续供给时间

泡沫液种类	供给强度 / [L/ (min · m^2)]	供给时间 /min	液体种类
蛋白、氟蛋白	6.5	15	非水溶性液体
水成膜、成膜氟蛋白	5	15	
抗溶泡沫	12	15	水溶性液体

【考点六】泡沫—水喷淋系统与泡沫喷雾系统设置要求【★★★★】

（一）基本要求

（1）泡沫—水喷淋系统泡沫混合液与水的连续供给时间应符合下列规定：泡沫混合液连续供给时间不应小于 10 min；泡沫混合液与水的连续供给时间之和应不小于 60 min。

（2）泡沫—水雨淋系统与泡沫—水预作用系统的控制，应符合下列规定：系统应同时具备自动、手动功能和应急机械手动启动功能；机械手动启动力不应超过 180 N，且操作行程不超过 360 mm；系统自动或手动启动后，泡沫液供给控制装置应自动随供水主控阀的动作而动作，或与之同时动作；系统应设置故障监视与报警装置，且应在主控制盘上显示。

（3）当泡沫液管线埋地敷设或地上敷设长度超过 15 m 时，泡沫液应充满其管线，并应提供检查系统密封性的手段，且泡沫液管线及其管件的温度应保持在泡沫液指定的储存温度范围内。

（4）泡沫—水喷淋系统应设置系统试验接口，其口径应分别满足系统最大流量与最小流量要求。

（5）泡沫—水喷淋系统的防护区应设置安全排放或容纳设施，且排放或容纳量应按被保护液体最大可能泄漏量、固定式系统喷洒量以及管枪喷射量之和确定。

（6）泡沫—水雨淋系统与泡沫—水预作用系统配套设置的火灾探测与联动控制系统除应符合《火灾自动报警系统设计规范》（GB 50116—2013）的有关规定外，且应符合下列规定：当电控型自动探测及附属装置设置在有爆炸和火灾危险的环境时，应符合《爆炸危险环境电力装置设计规范》（GB 50058—2014）的规定；设置在腐蚀气体环境中的探测装置，应由耐腐蚀材料制成或采取防腐蚀保护；当选用带闭式喷头的传动管传递火灾信号时，传动管的长度不应大于300 m，公称直径宜为15 ~ 25 mm，传动管上喷头应选用快速响应喷头，且布置间距不宜大于2.5 m。

（二）泡沫—水雨淋系统

（1）泡沫—水雨淋系统的保护面积应按保护场所内的水平面面积或水平面投影面积确定。

（2）当保护非水溶性液体时，其泡沫混合液供给强度不应小于表2—3—7—5的规定。

表2—3—7—5　泡沫混合液供给强度

泡沫液种类	喷头设置高度/m	泡沫混合液供给强度/[L/(min·m²)]
蛋白、氟蛋白	≤ 10	8
	> 10	10
水成膜、成膜氟蛋白	≤ 10	6.5
	> 10	8

（3）泡沫—水雨淋系统应设置雨淋阀、水力警铃，并应在每个雨淋阀出口管路上设置压力开关，但喷头数小于10个的单区系统可不设雨淋阀和压力开关。

（4）泡沫—水雨淋系统喷头的布置应根据系统设计供给强度、保护面积和喷头特性确定，喷头周围不应有影响泡沫喷洒的障碍物，喷头的布置应保证整个保护面积内的泡沫混合液供给强度均匀。

（5）泡沫—水雨淋系统设计时应进行管道水力计算，自雨淋阀开启至系统各喷头达到设计喷洒流量的时间不得超过60 s；任意四只相邻喷头组成的四边形保护面积内的平均泡沫混合液供给强度不应小于设计供给强度。

（三）闭式泡沫—水喷淋系统

（1）闭式泡沫—水喷淋系统的作用面积应为465 m^2，当防护区面积小于465 m^2时，可按防护区实际面积确定，另外也可采用试验值。

（2）系统的供给强度不应小于6.5 L/（min·m^2）。

（3）系统输送的泡沫混合液应在8 L/s至最大设计流量范围内达到额定的混合比。

（4）闭式泡沫—水喷淋系统应选用闭式洒水喷头。当喷头设置在屋顶时，其公称动作温度应为121 ~ 149℃；当喷头设置在保护场所的中间层面时，其公称动作温度应为57 ~ 79℃；当保护场所的环境温度较高时，其公称动作温度宜高于环境最高温度30℃。

（5）闭式泡沫—水喷淋系统任意四只相邻喷头组成的四边形保护面积内的平均供给强度不应小于设计供给强度，且不宜大于设计供给强度的1.2倍；喷头周围不应有影响泡沫喷洒的障碍物；每只喷头的保护面积不应大于12 m^2；同一支管上两只相邻喷头的水平间距、两条相邻平行支管的水平间距，均不应大于3.6 m。

（6）泡沫—水湿式系统的管道充注泡沫预混液时，其管道及管件应耐泡沫预混液腐蚀，且不应影响泡沫预混液的性能；充注泡沫预混液系统的环境温度宜为5 ~ 40℃；当系统管道充水时，在8 L/s的流量下，自系统启动至喷泡沫的时间不应大于2 min，充水系统的环境温度应为 4 ~ 70℃。

（7）泡沫—水预作用系统与泡沫—水干式系统的每个报警阀后的管道容积不得超过 2.8 m^3；泡沫—水预作用系统每个报警阀控制喷头数不应超过 800 只，泡沫—水干式系统每个报警阀控制喷头数不宜超过 500 只。

（四）泡沫喷雾系统

（1）泡沫喷雾系统保护独立变电站的油浸电力变压器时，系统的保护面积应按变压器油箱本体水平投影且四周外延 1 m 计算确定；泡沫混合液或泡沫预混液供给强度不应小于 8 L/（min · m^2），连续供给时间不应小于 15 min；喷头的设置应使泡沫覆盖变压器油箱顶面，且每个变压器进出线绝缘套管升高座孔口应设置单独的喷头保护；保护绝缘套管升高座孔口喷头的雾化角宜为 60°，其他喷头的雾化角不应大于 90°；系统所用泡沫灭火剂的灭火性能级别应为 Ⅰ 级，抗烧水平不应低于 B 级。

（2）泡沫喷雾系统保护非水溶性液体室内场所时，泡沫混合液或预混液供给强度不应小于 6.5 L/（min · m^2），连续供给时间不应小于 10 min。系统保护面积内的泡沫混合液供给强度应均匀，泡沫应直接喷洒到保护对象上，喷头周围不应有影响泡沫喷洒的障碍物。

（3）泡沫喷雾系统的喷头应带过滤器，其工作压力不应小于其额定压力，且不宜高于其额定压力 0.1 MPa。喷头的发泡倍数不应小于 3 倍。

（4）系统喷头、管道与电气设备带电（裸露）部分的安全净距应符合国家有关标准的规定。当系统采用泡沫预混液时，其有效使用期不宜小于 3 年。

（5）泡沫喷雾系统应同时具备自动、手动和应急机械手动启动方式。在自动控制状态下，灭火系统的响应时间不应大于 60 s。

第八章　干粉灭火系统

【考点一】干粉灭火剂的类型【★★★】

（一）普通干粉灭火剂

这类灭火剂可扑救 B 类、C 类、E 类火灾，因而又称为 BC 干粉灭火剂。属于这类的干粉灭火剂有：

（1）以碳酸氢钠为基料的钠盐干粉灭火剂（小苏打干粉）。

（2）以碳酸氢钾为基料的紫钾干粉灭火剂。

（3）以氯化钾为基料的超级钾盐干粉灭火剂。

（4）以硫酸钾为基料的钾盐干粉灭火剂。

（5）以碳酸氢钠和钾盐为基料的混合型干粉灭火剂。

（6）以尿素和碳酸氢钠（碳酸氢钾）的反应物为基料的氨基干粉灭火剂（毛耐克斯 Monnex 干粉）。

（二）多用途干粉灭火剂

这类灭火剂可扑救 A 类、B 类、C 类、E 类火灾，因而又称为 ABC 干粉灭火剂。属于这类的干粉灭火剂有：

（1）以磷酸盐为基料的干粉灭火剂。

（2）以磷酸铵和硫酸铵混合物为基料的干粉灭火剂。

（3）以聚磷酸铵为基料的干粉灭火剂。

（三）专用干粉灭火剂

这类灭火剂可扑救 D 类火灾，又称为 D 类专用干粉灭火剂。属于这类的干粉灭火剂有：

（1）石墨类：在石墨内添加流动促进剂。

（2）氯化钠类：氯化钠广泛用于制作 D 类干粉灭火剂，选择不同的添加剂用于不同的灭火对象。

（3）碳酸氢钠类：碳酸氢钠是制作 BC 干粉灭火剂的主要原料，添加某些结壳物料也可制作 D 类干粉灭火剂。

【考点二】干粉灭火剂注意事项【★★】

（1）BC 类与 ABC 类干粉不能兼容。

（2）BC 类干粉与蛋白泡沫或者化学泡沫不兼容。因为干粉对蛋白泡沫和一般合成泡沫有较大的破坏作用。

（3）对于一些扩散性很强的气体，如氢气、乙炔气体，干粉喷射后难以稀释整个空间的气体，对于精密仪器、仪表会留下残渣，用干粉灭火不适用。

【考点三】干粉的灭火机理【★★】

干粉在动力气体（氮气、二氧化碳）的推动下射向火焰进行灭火。干粉在灭火过程中、粉雾与火焰接触、混合，发生一系列物理和化学作用，所以其灭火机理包括化学抑制、隔离以及冷却窒息作用。

【考点四】干粉灭火系统适用范围【★★】

（1）干粉灭火系统可用于扑救下列火灾：

1）灭火前可切断气源的气体火灾。

2）易燃、可燃液体和可熔化固体火灾。

3）可燃固体表面火灾。

4）带电设备火灾。

（2）干粉灭火系统不得用于扑救下列物质的火灾：

1）硝化纤维、炸药等无空气仍能迅速氧化的化学物质与强氧化剂。

2）钾、钠、镁、钛、锆等或活泼金属及其氢化物。

【考点五】干粉灭火系统设计参数的一般规定【★★】

（1）干粉灭火系统按应用方式可分为全淹没灭火系统和局部应用灭火系统。扑救封闭空间内的火灾应采用全淹没灭火系统，扑救具体保护对象的火灾应采用局部应用灭火系统。

（2）采用全淹没灭火系统的防护区，应符合下列规定：

1）喷放干粉时不能自动关闭的防护区开口，其总面积不应大于该防护区总内表面积的15%，且开口不应设在底面。

2）防护区的围护结构及门、窗的耐火极限不应小于0.50 h，吊顶的耐火极限不应小于0.25 h；围护结构及门、窗的允许压力不宜小于1 200 Pa。

（3）采用局部应用灭火系统的保护对象，应符合下列规定：

1）保护对象周围的空气流动速度不应大于2 m/s。必要时，应采取挡风措施。

2）在喷头和保护对象之间，喷头喷射角范围内不应有遮挡物。

3）当保护对象为可燃液体时，液面至容器缘口的距离不得小于150 mm。

（4）当防护区或保护对象有可燃气体和易燃、可燃液体供应源时，启动干粉灭火系统之前或同时，必须切断气体、液体的供应源。

（5）可燃气体、易燃、可燃液体和可熔化固体火灾宜采用碳酸氢钠干粉灭火剂；可燃固体表面火灾应采用磷酸铵盐干粉灭火剂。

（6）组合分配系统的灭火剂储存量不应小于所需储存量最多的一个防护区或保护对象的储存量。

（7）组合分配系统保护的防护区与保护对象之和不得超过8个。当防护区与保护对象之和超过5个时，或者在喷放后48 h内不能恢复到正常工作状态时，灭火剂应有备用量。备用量不应小于系统设计的储存量。

备用干粉储存容器应与系统管网相连，并能与主用干粉储存容器切换使用。

【考点六】全淹没灭火系统设计参数【★★】

（1）全淹没灭火系统的灭火剂设计浓度不得小于0.65 kg/m^3。

（2）全淹没灭火系统的干粉喷射时间不应大于30 s。

（3）全淹没灭火系统喷头布置，应使防护区内灭火剂分布均匀。

（4）防护区应设泄压口，并宜设在外墙上，其高度应大于防护区净高的 2/3。

【考点七】局部应用灭火系统设计【★★】

（1）局部应用灭火系统的设计可采用面积法或体积法。当保护对象的着火部位是平面时，宜采用面积法；当采用面积法不能做到使所有表面被完全覆盖时，应采用体积法。

（2）室内局部应用灭火系统的干粉喷射时间不应小于 30 s，室外或有复燃危险的室内局部应用灭火系统的干粉喷射时间不应小于 60 s。

（3）当采用面积法设计时，应符合下列规定：

1）保护对象计算面积应取被保护表面的垂直投影面积。

2）架空型喷头应以喷头的出口至保护对象表面的距离确定其干粉输送速率和相应保护面积；槽边型喷头保护面积应由设计选定的干粉输送速率确定。

3）干粉设计用量应按下列公式计算：

$$m = NQ_i t \quad (2—3—8—1)$$

式中 N——喷头数量；

Q_i——单个喷头的干粉输送速率（kg/s）；按产品样本取值。

（4）当采用体积法设计时，应符合下列规定：

1）保护对象的计算体积应采用假定的封闭罩的体积。封闭罩的底应是实际底面；封闭罩的侧面及顶部当无实际围护结构时，它们至保护对象外缘的距离不应小于 1.5 m。

2）干粉设计用量应按下列公式计算：

$$m = V_1 q_v t \quad (2—3—8—2)$$

$$q_v = 0.04–0.006A_p A_t \quad (2—3—8—3)$$

式中 V_1——保护对象的计算体积（m^3）；

q_v——单位体积的喷射速率［kg/（s·m^3）］；

A_p——在假定封闭罩中存在的实体墙等实际围封面面积（m^2）；

A_t——假定封闭罩的侧面围封面面积（m^2）。

3）喷头的布置应使喷射的干粉完全覆盖保护对象，并应满足单位体积的喷射速率和设计用量的要求。

【考点八】预制灭火装置设计要求【★★★】

（1）预制灭火装置应符合下列规定：

1）灭火剂储存量不得大于 150 kg。

2）管道长度不得大于 20 m。

3）工作压力不得大于 2.5 MPa。

（2）一个防护区或保护对象宜用一套预制灭火装置保护。

（3）一个防护区或保护对象所用预制灭火装置最多不得超过 4 套，并应同时启动，其动作响应时间差不得大于 2 s。

（4）清扫管网内残存干粉所需清扫气体量，可按 10 倍管网内驱动气体残余量选取；瓶装清扫气体应单独储存；清扫工作应在 48 h 内完成。

【考点九】干粉灭火系统组件【★★★】

（1）储存装置宜由干粉储存容器、容器阀、安全泄压装置、驱动气体储瓶、瓶头阀、集流管、减压阀、压力报警及控制装置等组成。并应符合下列规定：

1）干粉储存容器应符合《压力容器安全技术监察规程》的规定，驱动气体储瓶及其充装系数应符合《气瓶安全监察规程》的规定。

2）干粉储存容器设计压力可取 1.6 MPa 或 2.5 MPa 压力级；其干粉灭火剂的装量系数不应大于 0.85；其增压时间不应大于 30 s。

3）安全泄压装置的动作压力及额定排放量应按《干粉灭火系统及部件通用技术条件》（GB 16668—2010）执行。

4）干粉储存容器应满足驱动气体系数、干粉储存量、输出容器阀出口干粉输送速率和压力的要求。

（2）驱动气体应选用惰性气体，宜选用氮气；二氧化碳含水率不应大于 0.015%（m/m），其他气体含水率不得大于 0.006%（m/m）；驱动压力不得大于干粉储存容器的最高工作压力。

（3）储存装置的布置应方便检查和维护，并宜避免阳光直射。其环境温度应为 -20 ~ 50℃。

（4）储存装置宜设在专用的储存装置间内。专用储存装置间的设置应符合下列规定：

1）应靠近防护区，出口应直接通向室外或疏散通道。

2）耐火等级不应低于二级。

3）宜保持干燥和良好通风，并应设应急照明。

（5）当采取防湿、防冻、防火等措施后，局部应用灭火系统的储存装置可设置在固定的安全围栏内。

第九章　火灾自动报警系统

【考点一】火灾探测器分类【★★★★】

（一）根据探测火灾特征参数分类

火灾探测器根据其探测火灾特征参数的不同，可以分为感温、感烟、感光、气体和复合五种基本类型。

（1）感温火灾探测器，即响应异常温度、温升速率和温差变化等参数的探测器。

（2）感烟火灾探测器，即响应悬浮在大气中的燃烧和 / 或热解产生的固体或液体微粒的探测器，进一步可分为离子感烟、光电感烟、红外光束、吸气型等。

（3）感光火灾探测器，即响应火焰发出的特定波段电磁辐射的探测器，又称火焰探测器，进一步可分为紫外、红外及复合式等类型。

（4）气体火灾探测器，即响应燃烧或热解产生的气体的火灾探测器。

（5）复合火灾探测器，即将多种探测原理集中于一身的探测器，进一步又可分为烟温复合、红外紫外复合等火灾探测器。

（二）根据监视范围分类

火灾探测器根据其监视范围的不同，分为点型火灾探测器和线型火灾探测器。

（1）点型火灾探测器，即响应一个小型传感器附近的火灾特征参数的探测器。

（2）线型火灾探测器，即响应某一连续路线附近的火灾特征参数的探测器。

【考点二】火灾自动报警系统分类【★★★★】

（一）区域报警系统

区域报警系统由火灾探测器、手动火灾报警按钮、火灾声光警报器及火灾报警控制器等组成，系统中可包括消防控制室图形显示装置和指示楼层的区域显示器。

（二）集中报警系统

集中报警系统由火灾探测器、手动火灾报警按钮、火灾声光警报器、消防应急广播、消防专用电话、消防控制室图形显示装置、火灾报警控制器、消防联动控制器等组成。

（三）控制中心报警系统

控制中心报警系统由火灾探测器、手动火灾报警按钮、火灾声光警报器、消防应急广播、消防专用电话、消防控制室图形显示装置、火灾报警控制器、消防联动控制器等组成，且包含两个及以上集中报警系统。

【考点三】火灾自动报警系统的组成【★★★】

火灾自动报警系统由火灾探测报警系统、消防联动控制系统、可燃气体探测报警系统及电气火灾监控系统组成。火灾自动报警系统的组成如图 2—3—9—1 所示。

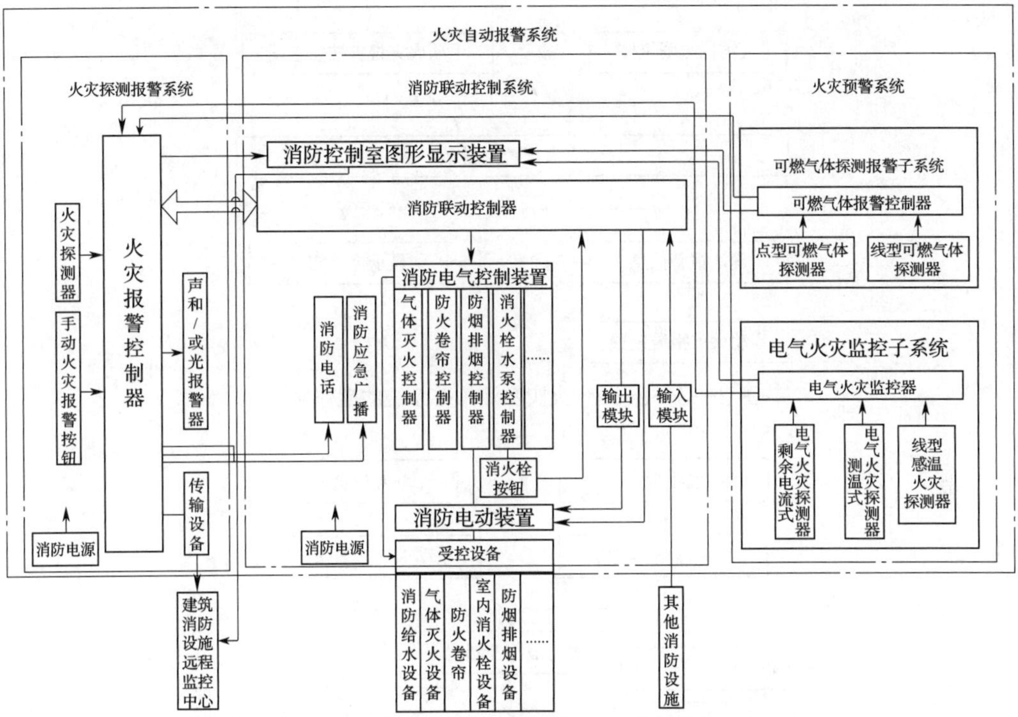

图 2—3—9—1 火灾自动报警系统的组成示意图

（1）火灾探测报警系统的组成主要有：

1）触发器件。触发器件是指在火灾自动报警系统中自动或手动产生火灾报警信号的器件，主要包括火灾探测器和手动火灾报警按钮。

2）火灾报警装置。在火灾自动报警系统中，用以接收、显示和传递火灾报警信号，并能发出控制信号和具有其他辅助功能的控制指示设备称为火灾报警装置。

3）火灾警报装置。在火灾自动报警系统中，用以发出区别于环境声、光的火灾警报信号的装置称为火灾警报装置。

4）电源。火灾自动报警系统属于消防用电设备，主电源应当采用消防电源，备用电源可采用蓄电池。

（2）消防联动控制系统的组成。消防联动控制系统由消防联动控制器、消防控制室图形显示装置、消防电气控制装置（防火卷帘控制器、气体灭火控制器等）、消防电动装置、消防联动模块、消火栓按钮、消防应急广播设备、消防电话等设备和组件组成。

【考点四】火灾自动报警系统工作原理【★★】

（一）火灾探测报警系统

火灾探测报警系统的工作原理如图 2—3—9—2 所示。

（二）消防联动控制系统

消防联动控制系统的工作原理如图 2—3—9—3 所示。

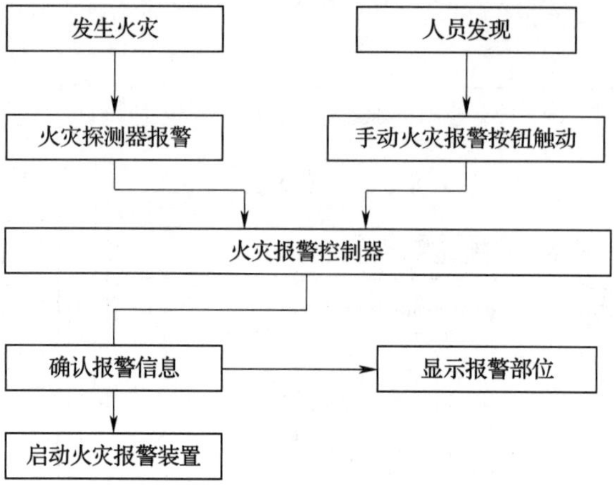

图 2—3—9—2　火灾探测报警系统的工作原理

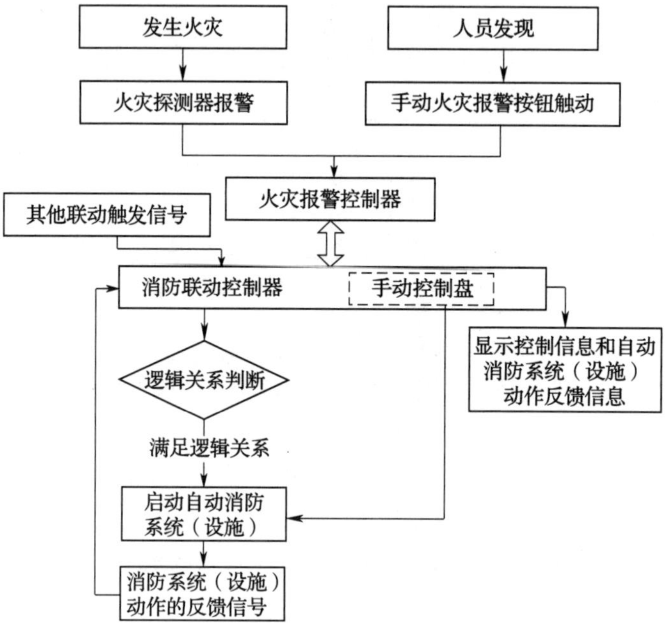

图 2—3—9—3　消防联动控制系统的工作原理

【考点五】火灾自动报警系统适用范围【★★】

（一）区域报警系统

区域报警系统适用于仅需要报警，不需要联动自动消防设备的保护对象。

（二）集中报警系统

集中报警系统适用于具有联动要求的保护对象。

（三）控制中心报警系统

控制中心报警系统一般适用于建筑群或体量很大的保护对象，这些保护对象中可能设置几个消防控制室，也可能由于分期建设而采用了不同企业的产品或同一企业不同系列的产品，或由于系统容量限制而设置了多个起集中控制作用的火灾报警控制器等情况，这些情况下均应选择控制中心报警系统。

【考点六】火灾自动报警系统形式选择与设计要求【★★★★】

建筑内设置消防系统的第一任务就是保障人身安全，这是设计消防系统最基本的理念。

（一）火灾自动报警系统形式的选择

（1）仅需要报警，不需要联动自动消防设备的保护对象宜采用区域报警系统。

（2）不仅需要报警，同时需要联动自动消防设备，且只需设置一台具有集中控制功能的火灾报警控制器和消防联动控制器的保护对象，应采用集中报警系统，并应设置一个消防控制室。

（3）设置两个及两个以上消防控制室的保护对象，或已设置两个及两个以上集中报警系统的保护对象，应采用控制中心报警系统。

（二）火灾自动报警系统的设计

（1）区域报警系统的设计

1）系统应由火灾探测器、手动火灾报警按钮、火灾声光警报器以及火灾报警控制器等组成，系统中可包括消防控制室图形显示装置和指示楼层的区域显示器。

2）火灾报警控制器应设置在有人员值班的场所。

3）系统设置消防控制室图形显示装置时，该装置应具有传输表2—3—9—1和《火灾自动报警系统设计规范》所规定的有关信息的功能；系统未设置消防控制室图形显示装置时，应设置火警传输设备。

表2—3—9—1　　火灾报警、建筑消防设施运行状态信息

设施名称		内容
火灾探测报警系统		火灾报警信息、可燃气体探测报警信息、电气火灾监控报警信息、屏蔽信息、故障信息
消防联动控制系统	消防联动控制器	动作状态、屏蔽信息、故障信息
	消火栓系统	消防水泵电源的工作状态，消防水泵的启、停状态和故障状态，消防水箱（池）水位、管网压力报警信息及消火栓按钮的报警信息
	自动喷水灭火系统、水喷雾（细水雾）灭火系统（泵供水方式）	喷淋泵电源工作状态，喷淋泵的启、停状态和故障状态，水流指示器、信号阀、报警阀、压力开关的正常工作状态和动作状态
	气体灭火系统、细水雾灭火系统（压力容器供水方式）	系统的手动、自动工作状态及故障状态，阀驱动装置的正常工作状态和动作状态，防护区域中的防火门（窗）、防火阀、通风空调等设备的正常工作状态和动作状态，系统的启、停信息，紧急停止信号和管网压力信号
	泡沫灭火系统	消防水泵、泡沫液泵电源的工作状态，系统的手动、自动工作状态及故障状态，消防水泵、泡沫液泵的正常工作状态和动作状态
	干粉灭火系统	系统的手动、自动工作状态及故障状态，阀驱动装置的正常工作状态和动作状态，系统的启、停信息，紧急停止信号和管网压力信号

续表

设施名称		内容
消防联动控制系统	防烟排烟系统	系统的手动、自动工作状态，防烟排烟风机电源的工作状态，风机、电动防火阀、电动排烟防火阀、常闭送风口、排烟阀（口）、电动排烟窗、电动挡烟垂壁的正常工作状态和动作状态
	防火门及卷帘系统	防火卷帘控制器、防火门监控器的工作状态和故障状态。卷帘门的工作状态，具有反馈信号的各类防火门、疏散门的工作状态和故障状态等动态信息
	消防电梯	消防电梯的停用和故障状态
	消防应急广播	消防应急广播的启动、停止和故障状态
	消防应急照明和疏散指示系统	消防应急照明和疏散指示系统的故障状态和应急工作状态信息
	消防电源	系统内各消防用电设备的供电电源、备用电源工作状态和欠压报警信息

（2）集中报警系统的设计

1）系统应由火灾探测器、手动火灾报警按钮、火灾声光警报器、消防应急广播、消防专用电话、消防控制室图形显示装置、火灾报警控制器、消防联动控制器等组成。

2）系统中的火灾报警控制器、消防联动控制器和消防控制室图形显示装置、消防应急广播的控制装置、消防专用电话总机等起到集中控制作用的消防设备，均应设置在消防控制室内。

3）系统设置的消防控制室图形显示装置应具有传输《火灾自动报警系统设计规范》（GB 50116—2013）所规定的有关信息的功能。

（3）控制中心报警系统的设计

1）有两个及两个以上消防控制室时，应确定其中一个为主消防控制室。

2）主消防控制室应能显示所有火灾报警信号和联动控制状态信号，并应能控制重要的消防设备；各分消防控制室内的消防设备之间可以互相传输并显示状态信息，但不应互相控制。

3）系统设置的消防控制室图形显示装置应具有传输《火灾自动报警系统设计规范》（GB 50116—2013）所规定的有关信息的功能。

（三）报警区域和探测区域的划分

（1）报警区域的划分

报警区域应根据防火分区或楼层划分。可将一个防火分区或一个楼层划分为一个报警区域，也可将发生火灾时需要同时联动消防设备的相邻几个防火分区或楼层划分为一个报警区域；电缆隧道的一个报警区域宜由一个封闭长度区间组成，一个报警区域不应超过相连的3个封闭长度区间；道路隧道的报警区域应根据排烟系统或灭火系统的联动需要确定，且不宜超过150 m；甲、乙、丙类液体储罐区的报警区域应由一个储罐区组成，每个50 000 m^3及以上的外浮顶储罐应单独划分为一个报警区域。

（2）探测区域的划分

探测区域应按独立房（套）间划分。一个探测区域的面积不宜超过500 m^2；从主要入口能看清其内部，且面积不超过 1 000 m^2 的房间，也可划为一个探测区域；红外光束感烟火灾探测器和缆式线型感温火灾探测器的探测区域的长度，不宜超过 100 m；空气管差温火灾探测器的探测区域长度宜为 20 ~ 100 m。

下列场所应单独划分探测区域：

1）敞开或封闭楼梯间、防烟楼梯间。

2）防烟楼梯间前室、消防电梯前室、消防电梯与防烟楼梯间合用的前室、走道、坡道。

3）电气管道井、通信管道井、电缆隧道。

4）建筑物闷顶、夹层。

【考点七】火灾探测器选择的一般规定【★★】

对火灾初期有阴燃阶段，产生大量的烟和少量的热，很少或没有火焰辐射的场所，应选择感烟火灾探测器。对火灾发展迅速，可产生大量热、烟和火焰辐射的场所，可选择感温火灾探测器、感烟火灾探测器、火焰探测器或其组合。对火灾发展迅速，有强烈的火焰辐射和少量的烟、热的场所，应选择火焰探测器。对火灾初期有阴燃阶段，且需要早期探测的场所，宜增设一氧化碳火灾探测器。

对使用、生产可燃气体或可燃蒸气的场所，应选择可燃气体探测器。应根据保护场所可能发生火灾的部位和燃烧材料的分析，以及火灾探测器的类型、灵敏度和响应时间等选择相应的火灾探测器，对火灾形成特征不可预料的场所，可根据模拟试验的结果选择火灾探测器。同一探测区域内设置多个火灾探测器时，可选择具有复合判断火灾功能的火灾探测器和火灾报警控制器。

【考点八】点型火灾探测器的选择【★★★★★】

点型火灾探测器应按照如下标准选择。

（1）对不同高度的房间，可按表 2—3—9—2 选择点型火灾探测器。

表 2—3—9—2　对不同高度的房间点型火灾探测器的选择

房间高度 h/m	点型感烟火灾探测器	点型感温火灾探测器			火焰探测器
		A1、A2	B	C、D、E、F、G	
$12 < h \leq 20$	不适合	不适合	不适合	不适合	适合
$8 < h \leq 12$	适合	不适合	不适合	不适合	适合
$6 < h \leq 8$	适合	适合	不适合	不适合	适合
$4 < h \leq 6$	适合	适合	适合	不适合	适合
$h \leq 4$	适合	适合	适合	适合	适合

注：表中 A1、A2、B、C、D、E、F、G 为点型感温火灾探测器的不同类别，其具体参数应符合表 2—3—9—3 的规定。

表 2—3—9—3　　点型感温火灾探测器分类　　（单位：℃）

探测器类别	典型应用温度	最高应用温度	动作温度下限值	动作温度上限值
A1	25	50	54	65
A2	25	50	54	70
B	40	65	69	85
C	55	80	84	100
D	70	95	99	115
E	85	110	114	130
F	100	125	129	145
G	115	140	144	160

（2）下列场所宜选择点型感烟火灾探测器：饭店、旅馆、教学楼、办公楼的厅堂、卧室、办公室、商场等；计算机房、通信机房、电影或电视放映室等；楼梯、走道、电梯机房、车库等；书库、档案库等。

（3）符合下列条件之一的场所，不宜选择点型离子感烟火灾探测器：相对湿度经常大于95%；气流速度大于 5 m/s；有大量粉尘、水雾滞留；可能产生腐蚀性气体；在正常情况下有烟滞留；产生醇类、醚类、酮类等有机物质。

（4）符合下列条件之一的场所，不宜选择点型光电感烟火灾探测器：有大量粉尘、水雾滞留；可能产生蒸气 和油雾；高海拔地区；在正常情况下有烟滞留等。

（5）符合下列条件之一的场所，宜选择点型感温火灾探测器；且应根据使用场所的典型应用温度和最高应用温度选择适当类别的感温火灾探测器：相对湿度经常大于 95%；可能发生无烟火灾；有大量粉尘；吸烟室等在正常情况下有烟或蒸气滞留的场所；厨房、锅炉房、发电机房、烘干车间等不宜安装感烟火灾探测器的场所；需要联动熄灭“安全出口”标志灯的安全出口内侧；其他无人滞留且不适合安装感烟火灾探测器，但发生火灾时需要及时报警的场所。

（6）可能产生阴燃或发生火灾不及时报警将造成重大损失的场所，不宜选择点型感温火灾探测器；温度在 0℃以下的场所，不宜选择定温探测器；温度变化较大的场所，不宜选择具有差温特性的探测器。

（7）符合下列条件之一的场所，宜选择点型火焰探测器或图像型火焰探测器：发生火灾时有强烈的火焰辐射；可能发生液体燃烧等无阴燃阶段的火灾；需要对火焰做出快速反应。

（8）符合下列条件之一的场所，不宜选择点型火焰探测器和图像型火焰探测器：在火焰出现前有浓烟扩散；探测器的镜头易被污染；探测器的“视线”易被油雾、烟雾、水雾和冰雪遮挡；探测区域内的可燃物是金属和无机物；探测器易受阳光、白炽灯等光源直接或间接照射。

（9）探测区域内正常情况下有高温物体的场所，不宜选择单波段红外火焰探测器。

（10）正常情况下有明火作业，探测器易受 X 射线、弧光和闪电等影响的场所，不宜选择紫外火焰探测器。

（11）下列场所宜选择可燃气体探测器：使用可燃气体的场所；燃气站和燃气表房以及储存液化石油气罐的场所；其他散发可燃气体和可燃蒸气的场所。

（12）在火灾初期产生一氧化碳的下列场所可选择点型一氧化碳火灾探测器：烟不容易对流或顶棚下方有热屏障的场所；在棚顶上无法安装其他点型火灾探测器的场所；需要多信号复合报警的场所。

（13）污物较多且必须安装感烟火灾探测器的场所，应选择间断吸气的点型采样吸气式感烟火灾探测器或具有过滤网和管路自清洗功能的管路采样吸气式感烟火灾探测器。

【考点九】线型火灾探测器的选择【★★】

（1）无遮挡的大空间或有特殊要求的房间，宜选择线型光束感烟火灾探测器。

（2）符合下列条件之一的场所，不宜选择线型光束感烟火灾探测器：有大量粉尘、水雾滞留；可能产生蒸气和油雾；在正常情况下有烟滞留；固定探测器的建筑结构由于振动等原因会产生较大位移的场所。

（3）下列场所或部位，宜选择缆式线型感温火灾探测器：电缆隧道、电缆竖井、电缆夹层、电缆桥架；不易安装点型探测器的夹层、闷顶；各种皮带输送装置；其他环境恶劣不适合点型探测器安装的场所。

（4）下列场所或部位，宜选择线型光纤感温火灾探测器：除液化石油气外的石油储罐；需要设置线型感温火灾探测器的易燃易爆场所；需要监测环境温度的地下空间等场所；公路隧道、敷设动力电缆的铁路隧道和城市地铁隧道等。

（5）线型定温火灾探测器的选择，应保证其不动作温度符合设置场所的最高环境温度的要求。

【考点十】吸气式感烟火灾探测器的选择【★★】

（1）下列场所宜选择吸气式感烟火灾探测器：具有高速气流的场所；点型感烟、感温火灾探测器不适宜的大空间、舞台上方、建筑高度超过 12 m 或有特殊要求的场所；低温场所；需要进行隐蔽探测的场所；需要进行火灾早期探测的重要场所；人员不宜进入的场所。

（2）灰尘比较大的场所，不应选择没有过滤网和管路自清洗功能的管路采样式吸气感烟火灾探测器。

【考点十一】火灾自动报警系统设备的设计及设置【8★】

火灾自动报警系统设备的设计及设置，要充分考虑我国国情和实际工程的使用性质，常住人员、流动人员和保护对象现场实际状况等因素，综合判断考虑。

（一）火灾自动报警系统参数兼容性要求

火灾自动报警系统中的系统设备及与其连接的各类设备之间的接口和通信协议的兼容性应符合《火灾自动报警系统组件兼容性要求》（GB 22134—2008）的有关规定。

（二）火灾报警控制器和消防联动控制器的设计容量

（1）火灾报警控制器的设计容量。任意一台火灾报警控制器所连接的火灾探测器、手动火灾报警按钮和模块等设备总数和地址总数，均不应超过 3 200 点，其中每一总线回路连结设备的总数不宜超过 200 点，且应留有不少于额定容量 10%的余量。

（2）消防联动控制器的设计容量。任意一台消防联动控制器地址总数或火灾报警控制器（联动型）所控制的各类模块总数不应超过 1 600 点，每一联动总线回路连结设备的总数不宜超过 100 点，且应留有不少于额定容量 10%的余量。

（三）总线短路隔离器的设计参数

（1）系统总线上应设置总线短路隔离器，每只总线短路隔离器保护的火灾探测器、手动火灾报警按钮和模块等消防设备的总数不应超过 32 点。

（2）总线穿越防火分区时，应在穿越处设置总线短路隔离器。

（四）火灾报警控制器和消防联动控制器的设置

（1）火灾报警控制器和消防联动控制器，应设置在消防控制室内或有人员值班的房间和场所。火灾报警控制器和消防联动控制器安装在墙上时，其主显示屏高度宜为 1.5 ~ 1.8 m，其靠近门轴的侧面距墙不应小于 0.5 m，正面操作距离不应小于 1.2 m。

（2）集中报警系统和控制中心报警系统中的区域火灾报警控制器在满足下列条件时，可设置在无人员值班的场所：

1）本区域内无需要手动控制的消防联动设备。

2）本区域火灾报警控制器的所有信息在集中火灾报警控制器上均有显示，且能接收集中火灾报警控制器的联动控制信号，并自动启动相应的消防设备。

3）设置的场所只有值班人员可以进入。

（五）火灾探测器的设置

（1）点型感烟、感温火灾探测器的保护面积和半径。点型感烟火灾探测器和 A1、A2、B 型感温火灾探测器的保护面积和保护半径，应按《消防安全技术实务（2018 年版）》表 3—9—4 确定；C、D、E、F、G 型感温火灾探测器的保护面积和保护半径，应根据生产企业设计说明书确定，但不应超过《消防安全技术实务（2018 年版）》表 3—9—4 的规定。

（2）点型感烟、感温火灾探测器的安装间距要求：

1）感烟火灾探测器、感温火灾探测器的安装间距，应根据探测器的保护面积 A 和保护半径 R 确定，并不应超过图 2—3—9—4 探测器安装间距的极限曲线 D_1 ~ D_{11}（含 D_9'）规定的范围。

2）在宽度小于 3 m 的内走道顶棚上设置点型探测器时，宜居中布置。感温火灾探测器的安装间距不应超过 10 m；感烟火灾探测器的安装间距不应超过 15 m；探测器至端墙的距离，不应大于探测器安装间距的 1/2。

3）点型探测器至墙壁、梁边的水平距离，不应小于 0.5 m。

4）点型探测器周围 0.5 m 内，不应有遮挡物。

5）点型探测器至空调送风口边的水平距离不应小于 1.5 m，并宜接近回风口安装。探测器至多孔送风顶棚孔口的水平距离不应小于 0.5 m。

6）当屋顶有热屏障时，点型感烟火灾探测器下表面至顶棚或屋顶的距离，应符合《消防安全技术实务（2018 年版）》表 3—9—5 的规定。

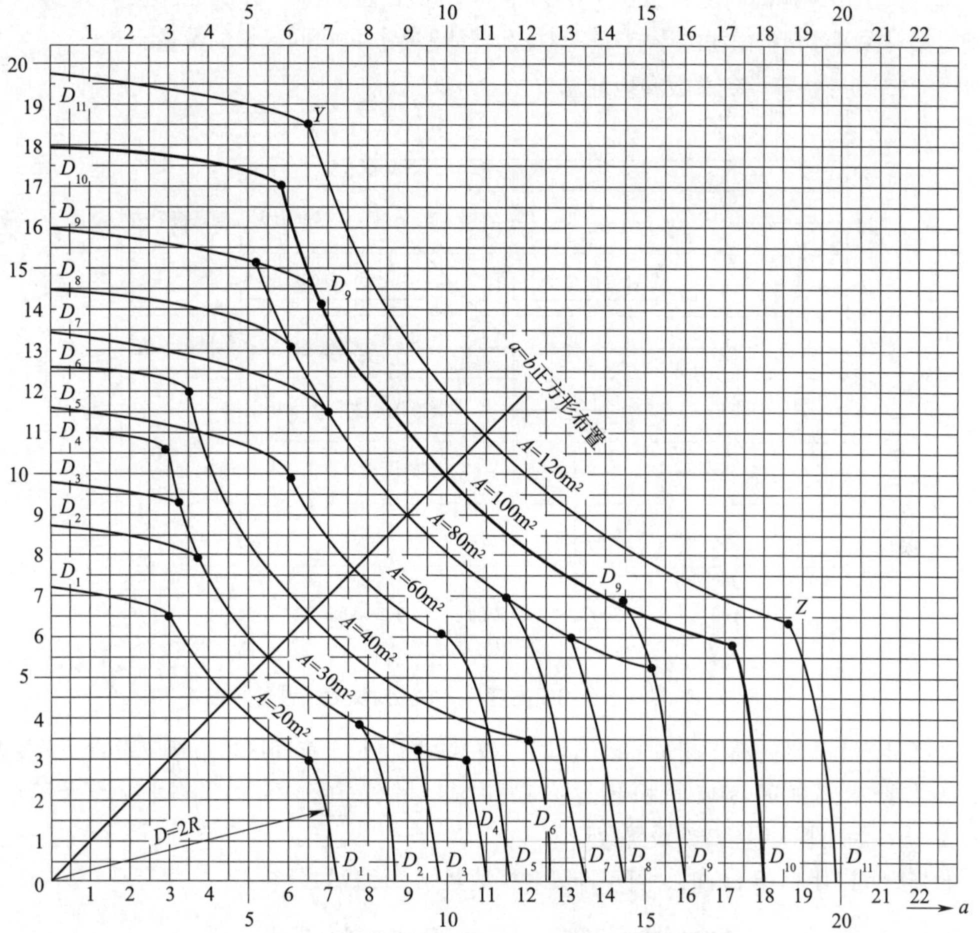

图 2—3—9—4　探测器安装间距的极限曲线

A—探测器的保护面积（m^2）　a、b—探测器的安装间距（m）

D_1 ~ D_{11}（含 D_9' ）—在不同保护面积 A 和保护半径下确定探测器安装间距 a、b 的极限曲线

Y、Z—极限曲线的端点（在 Y 和 Z 两点间的曲线范围内，保护面积可得到充分利用）

（3）点型感烟、感温火灾探测器的设置数量：

1）探测区域的每个房间应至少设置一只火灾探测器。

2）一个探测区域内所需设置的探测器数量，不应小于公式 2—3—9—1 的计算值，即

$$N=\frac{S}{KA} \qquad (2—3—9—1)$$

式中　N——探测器数量（只），N 应取整数；

S——该探测区域面积（m^2）；

A——探测器的保护面积（m^2）；

K——修正系数，容纳人数超过 10 000 人的公共场所宜取 0.7 ~ 0.8；容纳人数为 2 000 ~ 10 000 人的公共场所宜取 0.8 ~ 0.9，容纳人数为 500 ~ 2 000 人的公共场所宜取 0.9 ~ 1.0，其他场所可取 1.0。

3）在有梁的顶棚上设置点型感烟火灾探测器、感温火灾探测器时，应符合下列规定：

①当梁凸出顶棚的高度小于 200 mm 时，可不计梁对探测器保护面积的影响。

②当梁凸出顶棚的高度为 200 ~ 600 mm 时，应按图 2—3—9—5 和表 2—3—9—4 的要求确定梁对探测器保护面积的影响和一只探测器能够保护的梁间区域的数量。

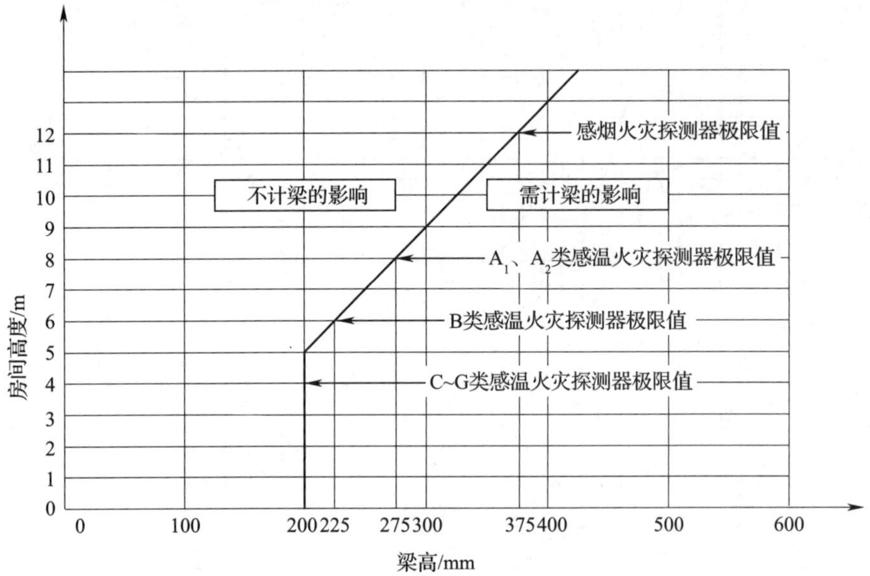

图 2—3—9—5　不同高度的房间梁对探测器设置的影响

③当梁凸出顶棚的高度超过 600 mm 时，被梁隔断的每个梁间区域应至少设置一只探测器。

④当被梁隔断的区域面积超过一只探测器的保护面积时，被隔断的区域应按式（2—3—9—1）计算探测器的设置数量。

⑤当梁间净距小于 1 m 时，可不计梁对探测器保护面积的影响。

表 2—3—9—4　按梁间区域面积确定一只探测器保护的梁间区域的个数

探测器的保护面积 A/m^2		梁隔断的梁间区域面积 Q/m^2	一只探测器保护的梁间区域的个数	探测器的保护面积 A/m^2		梁隔断的梁间区域面积 Q/m^2	一只探测器保护的梁间区域的个数
感温探测器	20	$Q > 12$	1	感烟探测器	60	$Q > 36$	1
		$8 < Q \leq 12$	2			$24 < Q \leq 36$	2
		$6 < Q \leq 8$	3			$18 < Q \leq 24$	3
		$4 < Q \leq 6$	4			$12 < Q \leq 18$	4
		$Q \leq 4$	5			$Q \leq 12$	5
	30	$Q > 18$	1		80	$Q > 48$	1
		$12 < Q \leq 18$	2			$32 < Q \leq 48$	2
		$9 < Q \leq 12$	3			$24 < Q \leq 32$	3
		$6 < Q \leq 9$	4			$16 < Q \leq 24$	4
		$Q \leq 6$	5			$Q \leq 16$	5

4）锯齿型屋顶和坡度大于 15° 的人字型屋顶，应在每个屋脊处设置一排点型探测器，探测器下表面至屋顶最高处的距离，应符合《消防安全技术实务（2018 年版）》表 3—9—5 的规定。

5）房间被书架、设备或隔断等分隔，其顶部至顶棚或梁的距离小于房间净高的 5% 时，每个被隔开的部分应至少安装一只点型探测器。

（4）火焰探测器和图像型火灾探测器的设置

1）应考虑探测器的探测视角及最大探测距离，可通过选择探测距离长、火灾报警响应时间短的火焰探测器，提高保护面积要求和报警时间要求。

2）探测器的探测视角内不应存在遮挡物。

3）应避免光源直接照射在探测器的探测窗口。

4）单波段的火焰探测器不应设置在平时有阳光、白炽灯等光源直接或间接照射的场所。

（5）线型光束感烟火灾探测器的设置

1）探测器的光束轴线至顶棚的垂直距离宜为 0.3 ～ 1.0 m，距地高度不宜超过 20 m。

2）相邻两组探测器的水平距离不应大于 14 m，探测器至侧墙水平距离不应大于 7 m，且不应小于 0.5 m，探测器的发射器和接收器之间的距离不宜超过 100 m。

3）探测器应设置在固定结构上。

4）探测器的设置应保证其接收端避开日光和人工光源的直接照射。

5）选择反射式探测器时，应保证在反射板与探测器之间任何部位进行模拟试验时，探测器均能正确响应。

（6）线型感温火灾探测器的设置

1）探测器在保护电缆、堆垛等类似保护对象时，应采用接触式布置；在各种皮带输送装置上设置时，宜设置在装置的过热点附近。

2）设置在顶棚下方的线型感温火灾探测器，至顶棚的距离宜为 0.1 m。探测器的保护半径应符合点型感温火灾探测器的保护半径要求，探测器至墙壁的距离宜为 1 ～ 1.5 m。

3）光栅光纤感温火灾探测器每个光栅的保护面积和保护半径，应符合点型感温火灾探测器的保护面积和保护半径要求。

4）设置线型感温火灾探测器的场所有联动要求时，宜采用两只不同火灾探测器的报警信号组合。

5）与线型感温火灾探测器连接的模块不宜设置在长期潮湿或温度变化较大的场所。

（7）管路采样式吸气感烟火灾探测器的设置

1）非高灵敏型探测器的采样管网安装高度不应超过 16 m；高灵敏型探测器的采样管网安装高度可超过 16 m；采样管网安装高度超过 16 m 时，灵敏度可调的探测器应设置为高灵敏度，且应减小采样管长度和采样孔数量。

2）探测器的每个采样孔的保护面积、保护半径，应符合点型感烟火灾探测器的保护面积、保护半径的要求。

3）一个探测单元的采样管总长不宜超过 200 m，单管长度不宜超过 100 m，同一根采样管不应穿越防火分区。采样孔总数不宜超过 100 个，单管上的采样孔数量不宜超过 25 个。

4）当采样管道采用毛细管布置方式时，毛细管长度不宜超过 4 m。

5）吸气管路和采样孔应有明显的火灾探测器标识。

6）在设置过梁、空间支架的建筑中，采样管路应固定在过梁、空间支架上。

7）当采样管道布置形式为垂直采样时，每2℃温差间隔或3 m间隔（取最小者）应设置一个采样孔，采样孔不应背对气流方向。

8）采样管网应按经过确认的设计软件或方法进行设计。

9）探测器的火灾报警信号、故障信号等信息应传给火灾报警控制器，涉及消防联动控制时，探测器的火灾报警信号还应传给消防联动控制器。

（8）感烟火灾探测器在格栅吊顶场所的位置

1）镂空面积与总面积的比例不大于15%时，探测器应设置在吊顶下方。

2）镂空面积与总面积的比例大于30%时，探测器应设置在吊顶上方。

3）镂空面积与总面积的比例为15%～30%时，探测器的设置部位应根据实际试验结果确定。

4）探测器设置在吊顶上方且火警确认灯无法观察到时，应在吊顶下方设置火警确认灯。

5）地铁站台等有活塞风影响的场所，镂空面积与总面积的比例为30%～70%时，探测器宜同时设置在吊顶上方和下方。

（六）手动火灾报警按钮的设置

（1）手动火灾报警按钮的安装间距

每个防火分区应至少设置一只手动火灾报警按钮。从一个防火分区内的任何位置到最邻近的手动火灾报警按钮的步行距离不应大于30 m。

（2）手动火灾报警按钮的设置部位

1）手动火灾报警按钮宜设置在疏散通道或出入口处。列车上设置的手动火灾报警按钮，应设置在每节车厢的出入口和中间部位。

2）手动火灾报警按钮应设置在明显和便于操作的部位。当安装在墙上时，其底边距地高度宜为1.3～1.5 m，且应有明显的标志。

（七）区域显示器（火灾显示盘）的设置

（1）每个报警区域宜设置一台区域显示器（火灾显示盘）。

（2）宾馆、饭店等场所应在每个报警区域设置一台区域显示器。

（3）当一个报警区域包括多个楼层时，宜在每个楼层设置一台仅显示本楼层的区域显示器。

（4）区域显示器应设置在出入口等明显和便于操作的部位。当安装在墙上时，其底边距地面高度宜为1.3～1.5 m。

（八）火灾警报器的设置

（1）火灾警报器应设置在每个楼层的楼梯口、消防电梯前室、建筑内部拐角等处的明显部位，且不宜与安全出口指示标志灯具设置在同一面墙上。

（2）每个报警区域内应均匀设置火灾警报器，其声压级不应小于60 dB；在环境噪声大于60 dB的场所，其声压级应高于背景噪声15 dB。

（3）火灾警报器设置在墙上时，其底边距地面高度应大于2.2 m。

（九）消防应急广播的设置

民用建筑内扬声器应设置在走道和大厅等公共场所。每个扬声器的额定功率不应小于3 W，其数量应能保证从一个防火分区内的任何部位到最近一个扬声器的直线距离不大于25 m，走道末端距最近的扬声器距离不应大于12.5 m；在环境噪声大于60 dB的场所设置的扬声器，在其播放范围内最远点的播放声压级应高于背景噪声15 dB；客房设置专用扬声器时，其功率不宜小于 1.0 W。壁挂扬声器的底边距地面高度应大于 2.2 m。

（十）消防专用电话的设置

消防专用电话网络应为独立的消防通信系统。消防控制室应设置消防专用电话总机。多线制消防专用电话系统中的每个电话分机应与总机单独连接。

电话分机或电话插孔的设置应符合下列规定：

（1）消防水泵房、发电机房、配变电室、计算机网络机房、主要通风和空调机房、防烟排烟机房、灭火控制系统操作装置处或控制室、企业消防站、消防值班室、总调度室、消防电梯机房及其他与消防联动控制有关且经常有人值班的机房均应设置消防专用电话分机。消防专用电话分机应固定安装在明显且便于使用的部位，并应有区别于普通电话的标识。

（2）设有手动火灾报警按钮或消火栓按钮等处，宜设置电话插孔，并宜选择带有电话插孔的手动火灾报警按钮。

（3）各避难层应每隔 20 m 设置一个消防专用电话分机或电话插孔。

（4）电话插孔在墙上安装时，其底边距地面高度宜为 1.3 ~ 1.5 m。

（5）消防控制室、消防值班室或企业消防站等处，应设置可直接报警的外线电话。

（十一）模块的设置

（1）每个报警区域内的模块宜相对集中设置在本报警区域内的金属模块箱中。

（2）严禁将模块设置在配电（控制）柜（箱）内。

（3）本报警区域内的模块不应控制其他报警区域的设备。

（4）未集中设置的模块附近应有尺寸不小于 100 mm × 100 mm 的标识。

（十二）消防控制室图形显示装置的设置

（1）消防控制室图形显示装置应设置在消防控制室内，并应符合火灾报警控制器的安装设置要求。

（2）消防控制室图形显示装置与火灾报警控制器、消防联动控制器、电气火灾监控器、可燃气体报警控制器等消防设备之间，应采用专用线路连接。

（十三）火灾报警传输设备或用户信息传输装置的设置

（1）火灾报警传输设备或用户信息传输装置，应设置在消防控制室内；未设置消防控制室时，应设置在火灾报警控制器附近的明显部位。

（2）火灾报警传输设备或用户信息传输装置与火灾报警控制器、消防联动控制器等设备之间，应采用专用线路连接。

（3）火灾报警传输设备或用户信息传输装置的设置，应保证有足够的操作和检修间距。

（4）火灾报警传输设备或用户信息传输装置的手动报警装置，应设置在便于操作的明显部位。

（十四）防火门监控器的设置

（1）防火门监控器应设置在消防控制室内；未设置消防控制室时，应设置在有人员值班的场所。

（2）电动开门器的手动控制按钮应设置在防火门内侧墙面上，距门不宜超过 0.5 m，底边距地面高度宜为 0.9 ~ 1.3 m。

（3）防火门监控器的设置应符合火灾报警控制器的安装设置要求。

【考点十二】火灾自动报警系统布线设计要求【★★】

（一）布线设计的一般规定

（1）火灾自动报警系统的传输线路和50 V以下供电的控制线路，应采用电压等级不低于交流300/500 V的铜芯绝缘导线或铜芯电缆。采用交流220/380 V的供电和控制线路，应采用电压等级不低于交流450/750 V的铜芯绝缘导线或铜芯电缆。

（2）火灾自动报警系统传输线路的线芯截面选择，除应满足自动报警装置技术条件的要求外，还应满足机械强度的要求。铜芯绝缘导线和铜芯电缆线芯的最小截面面积，不应小于表2—3—9—5的规定。

表2—3—9—5　　铜芯绝缘导线和铜芯电缆线芯的最小截面面积

序号	类别	线芯的最小截面面积/mm^2	序号	类别	线芯的最小截面面积/mm^2
1	穿管敷设的绝缘导线	1.00	3	多芯电缆	0.50
2	线槽内敷设的绝缘导线	0.75			

火灾自动报警系统的供电线路和传输线路设置在室外时，应埋地敷设。火灾自动报警系统的供电线路和传输线路设置在地（水）下隧道或湿度大于90%的场所时，线路及接线处应做防水处理。

（3）采用无线通信方式的系统设计，应符合下列规定：

1）无线通信模块的设置间距不应大于额定通信距离的75%。

2）无线通信模块应设置在明显部位，且应有明显标识。

（二）室内布线设计

（1）火灾自动报警系统的传输线路应采用金属管、可挠（金属）电气导管、B_1级以上的刚性塑料管或封闭式线槽保护。火灾自动报警系统的供电线路、消防联动控制线路应采用耐火铜芯电线电缆，报警总线、消防应急广播和消防专用电话等传输线路应采用阻燃或阻燃耐火电线电缆。线路暗敷设时，宜采用金属管、可挠（金属）电气导管或B_1级以上的刚性塑料管保护，并应敷设在不燃烧体的结构层内，且保护层厚度不宜小于30 mm；线路明敷设时，应采用金属管、可挠（金属）电气导管或金属封闭线槽保护。矿物绝缘类不燃性电缆可明敷。

（2）火灾自动报警系统用的电缆竖井，宜与电力、照明用的低压配电线路电缆竖井分别设置。如受条件限制必须合用时，应将火灾自动报警系统用的电缆和电力、照明用的低压配电线路电缆分别布置在竖井的两侧。不同电压等级的线缆不应穿入同一根保护管内，当合用同一线槽时，线槽内应有隔板分隔。

（3）采用穿管水平敷设时，除报警总线外，不同防火分区的线路不应穿入同一根管内。从接线盒、线槽等处引到探测器底座盒、控制设备盒、扬声器箱的线路，均应加金属保护管保护。

（4）火灾探测器的传输线路，宜选择不同颜色的绝缘导线或电缆。正极“+”线应为红色，负极“–”线应为蓝色或黑色。同一工程中相同用途导线的颜色应一致，接线端子应有标号。

【考点十三】消防联动控制设计的一般规定【★★】

（1）消防联动控制器应能按设定的控制逻辑向各相关的受控设备发出联动控制信号，并接受相关设备的联动反馈信号。

（2）消防联动控制器的电压控制输出应采用直流 24 V，其电源容量应满足受控消防设备同时启动且维持工作的控制容量要求。

（3）消防联动控制器与各个受控设备之间的接口参数应能够兼容和匹配。消防水泵、防烟排烟风机的控制设备，除应采用联动控制方式外，还应在消防控制室火灾报警控制器（联动型）或消防联动控制器的手动控制盘采用直接手动控制，手动控制盘上的启停按钮应与消防水泵、防排烟风机的控制箱（柜）直接用控制线或控制电缆连接。

（4）启动电流较大的消防设备宜分时启动。

（5）需要火灾自动报警系统联动控制的消防设备，其联动触发信号应采用两个独立的报警触发装置报警信号的“与”逻辑组合。

【考点十四】自动喷水灭火系统的联动控制设计要求【★★★★】

（一）湿式系统和干式系统

（1）湿式系统和干式系统的联动控制设计。湿式报警阀压力开关的动作信号作为系统启动的联动触发信号，直接控制启动喷淋消防泵，系统的联动控制不受消防联动控制器处于自动或手动状态的影响。

（2）湿式系统和干式系统的手动控制设计。将喷淋消防泵控制箱（柜）的启停按钮用专用线路直接连接至设置在消防控制室内的消防联动控制器的手动控制盘上，直接手动控制喷淋消防泵的启动与停止。

（3）水流指示器、信号阀、压力开关、喷淋消防泵的启动和停止的动作信号应反馈至消防联动控制器。

（二）预作用系统

（1）预作用系统的联动控制设计。由同一报警区域内两只及两只以上独立的感烟火灾探测器或一只感烟火灾探测器与一只手动火灾报警按钮的报警信号（“与”逻辑），作为预作用阀组开启的联动触发信号。消防联动控制器在接收到满足逻辑关系的联动触发信号后，联动控制预作用阀组的开启，使系统转变为湿式系统；当系统设有快速排气装置时，同时联动控制排气阀前的电动阀的开启。

（2）预作用系统的手动控制设计。将喷淋消防泵控制箱（柜）的启停按钮、预作用阀组和快速排气阀入口前的电动阀的启停按钮，用专用线路直接连接至设置在消防控制室内的消防联动控制器的手动控制盘上，直接手动控制喷淋消防泵的启动、停止及预作用阀组和电动阀的开启。

（3）水流指示器、信号阀、压力开关、喷淋消防泵的启动和停止的动作信号，有压气体管道气压状态信号和快速排气阀入口前电动阀的动作信号应反馈至消防联动控制器。

（三）雨淋系统

（1）雨淋系统的联动控制设计。由同一报警区域内两只及两只以上独立的感温火灾探测器或一只感温火灾探测器与一只手动火灾报警按钮的报警信号（“与”逻辑），作为雨淋阀组开启的联动触发信号。消防联动控制器在接收到满足逻辑关系的联动触发信号后，联动控制雨淋阀组的开启。

（2）雨淋系统的手动控制设计。将雨淋消防泵控制箱（柜）的启停按钮、雨淋阀组的启停按钮用专用线路直接连接至设置在消防控制室内的消防联动控制器的手动控制盘上，直接手动控制雨淋消防泵的启动、停止及雨淋阀组的开启。

（3）水流指示器、压力开关，雨淋阀组、雨淋消防泵的启动和停止的动作信号应反馈至消防联动控制器。

（四）自动控制的水幕系统

（1）自动控制的水幕系统的联动控制设计。

1）自动控制的水幕系统用于防火卷帘的保护时，由防火卷帘下落到楼板面的动作信号与本报警区域内任一火灾探测器或手动火灾报警按钮的报警信号（“与”逻辑）作为水幕阀组启动的联动触发信号，消防联动控制器在接收到满足逻辑关系的联动触发信号后，联动控制水幕系统相关控制阀组的启动。

2）仅用水幕系统作为防火分隔时，由该报警区域内两只独立的感温火灾探测器的火灾报警信号（“与”逻辑）作为水幕阀组启动的联动触发信号，消防联动控制器在接收到满足逻辑关系的联动触发信号后，联动控制水幕系统相关控制阀组的启动。

（2）自动控制的水幕系统的手动控制设计。将水幕系统相关控制阀组和消防泵控制箱（柜）的启停按钮用专用线路直接连接至设置在消防控制室内的消防联动控制器的手动控制盘上，直接手动控制消防泵的启动、停止及水幕系统相关控制阀组的开启。

（3）信号应反馈至消防联动控制器。压力开关、水幕系统相关控制阀组和消防泵的启动、停止的动作信号应反馈至消防联动控制器。

【考点十五】消火栓系统的联动与手动控制设计要求【★★】

（一）消火栓系统的联动控制设计

（1）消火栓系统出水干管上设置的低压压力开关、高位消防水箱出水管上设置的流量开关或报警阀压力开关等信号作为触发信号，直接控制启动消火栓泵，消火栓泵的联动控制不受消防联动控制器处于自动或手动状态影响。

（2）当建筑内设置火灾自动报警系统时，消火栓按钮的动作信号作为报警信号及启动消火栓泵的联动触发信号，消防联动控制器在接收到满足逻辑关系的联动触发信号后，联动控制消火栓泵的启动。

（二）消火栓系统的手动控制设计

将消火栓泵控制箱（柜）的启停按钮用专用线路直接连接至设置在消防控制室内的消防联动控制器的手动控制盘上，直接手动控制消火栓泵的启动与停止。

（三）信号应反馈至消防联动控制器

消火栓泵的动作信号应反馈至消防联动控制器。

【考点十六】气体（泡沫）灭火系统的联动控制设计要求【★★★】

（一）气体（泡沫）灭火系统的联动控制设计

气体（泡沫）灭火系统应由专用的气体（泡沫）灭火控制器控制。气体（泡沫）灭火控制器直接连接火灾探测器时，气体（泡沫）灭火系统的联动控制设计应符合下列要求：

（1）由同一防护区域内两只独立的火灾探测器的报警信号、一只火灾探测器与一只手动火灾报警按钮的报警信号，作为系统的联动触发信号，探测器的组合宜采用感烟火灾探测器和感温火灾探测器，各类探测器应按相关规定分别计算保护面积。

（2）任一防护区域内设置的感烟火灾探测器、其他类型火灾探测器或手动火灾报警按钮的首次报警信号作为系统的首个联动触发信号，气体（泡沫）灭火控制器在接收到首个联动触发信号后，启动设置在该防护区内的火灾声光警报器。

（3）同一防护区域内与首次报警的火灾探测器或手动火灾报警按钮相邻的感温火灾探测器、火焰探测器或手动火灾报警按钮的报警信号作为系统的后续联动触发信号，气体（泡沫）灭火控制器在接收到后续联动触发信号后，执行以下联动操作：

1）关闭防护区域的送、排风机及送排风阀门。

2）停止通风和空气调节系统及关闭设置在该防护区域的电动防火阀。

3）联动控制防护区域开口封闭装置的启动，包括关闭防护区域的门、窗。

4）启动气体（泡沫）灭火装置，气体（泡沫）灭火控制器可设定不大于 30 s 的延迟喷射时间。

（4）平时无人工作的防护区，可设置为无延迟的喷射，气体（泡沫）灭火控制器在接收到满足联动逻辑关系的首个联动触发信号后，执行以下联动操作：

1）关闭防护区域的送、排风机及送排风阀门。

2）停止通风和空气调节系统及关闭设置在该防护区域的电动防火阀。

3）联动控制防护区域开口封闭装置的启动，包括关闭防护区域的门、窗。

4）在接收到满足联动逻辑关系的后续联动触发信号后，启动气体（泡沫）灭火装置。

（5）气体灭火防护区出口外上方应设置表示气体喷洒的火灾声光警报器，指示气体释放的声信号应与该保护对象中设置的火灾声警报器的声信号有明显区别。启动气体（泡沫）灭火装置的同时，应启动设置在防护区入口处表示气体喷洒的火灾声光警报器；组合分配系统应首先开启相应防护区域的选择阀，然后启动气体（泡沫）灭火装置。

气体（泡沫）灭火控制器不直接连接火灾探测器时，气体（泡沫）灭火系统的联动触发信号应由火灾报警控制器或消防联动控制器发出；联动触发信号和联动控制均应符合上述要求。

（二）气体（泡沫）灭火系统的手动控制设计

（1）在防护区疏散出口的门外应设置气体（泡沫）灭火装置的手动启停按钮，手动启动按钮按下时，气体（泡沫）灭火控制器应执行以下联动操作：

1）关闭防护区域的送、排风机及送排风阀门。

2）停止通风和空气调节系统及关闭设置在该防护区域的电动防火阀。

3）联动控制防护区域开口封闭装置的启动，包括关闭防护区域的门、窗。

4）启动设置在防护区入口处表示气体喷洒的火灾声光警报器。手动停止按钮按下时，气体（泡沫）灭火控制器应停止正在执行的联动操作。

（2）气体（泡沫）灭火控制器上应设置对应于不同防护区的手动启停按钮，手动启动按钮按下时，气体（泡沫）灭火控制器应执行以下联动操作：

1）关闭防护区域的送、排风机及送排风阀门。

2）停止通风和空气调节系统及关闭设置在该防护区域的电动防火阀。

3）联动控制防护区域开口封闭装置的启动，包括关闭防护区域的门、窗。

4）启动设置在防护区入口处表示气体喷洒的火灾声光警报器。手动停止按钮按下时，气体（泡沫）灭火控制器应停止正在执行的联动操作。

（3）气体（泡沫）灭火装置启动及喷放各阶段的联动控制及系统的反馈信号应反馈至消防联动控制器。系统的联动反馈信号应包括下列内容：

1）气体（泡沫）灭火控制器直接连接的火灾探测器的报警信号。

2）选择阀的动作信号。

3）压力开关的动作信号。

【考点十七】防烟排烟系统的联动控制设计要求【★★★★】

（1）防烟系统的联动控制设计。

1）由加压送风口所在防火分区内的两只独立的火灾探测器或一只火灾探测器与一只手动火灾报警按钮的报警信号（“与”逻辑），作为送风口开启和加压送风机启动的联动触发信号，消防联动控制器在接收到满足逻辑关系的联动触发信号后，联动控制火灾层和相关层前室等需要加压送风场所的加压送风口开启和加压送风机启动。

2）由同一防烟分区内且位于电动挡烟垂壁附近的两只独立的感烟火灾探测器的报警信号（“与”逻辑）作为电动挡烟垂壁降落的联动触发信号，消防联动控制器在接收到满足逻辑关系的联动触发信号后，联动控制电动挡烟垂壁降落。

（2）排烟系统的联动控制设计。

1）由同一防烟分区内的两只独立的火灾探测器的报警信号（“与”逻辑）作为排烟口、排烟窗或排烟阀开启的联动触发信号，消防联动控制器在接收到满足逻辑关系的联动触发信号后，联动控制排烟口、排烟窗或排烟阀的开启，同时停止该防烟分区的空气调节系统。

2）由排烟口、排烟窗或排烟阀开启的动作信号和该防烟分区内的任一只火灾探测器或手动火灾报警按钮的报警信号（“与”逻辑）作为排烟风机启动的联动触发信号，消防联动控制器在接收到满足逻辑关系的联动触发信号后，联动控制排烟风机的启动。

（3）防烟系统、排烟系统的手动控制设计。应能在消防控制室内的消防联动控制器上手动控制送风口、电动挡烟垂壁、排烟口、排烟窗、排烟阀的开启或关闭及防烟风机、排烟风机等设备的启动或停止，防烟、排烟风机的启动、停止按钮应采用专用线路直接连接至设置在消防控制室内的消防联动控制器的手动控制盘上，并应直接手动控制防烟、排烟风机的启动与停止。

（4）送风口、排烟口、排烟窗或排烟阀开启和关闭的动作信号，防烟、排烟风机启动和停止及电动防火阀关闭的动作信号，均应反馈至消防联动控制器。

（5）排烟风机入口处的总管上设置的 280℃排烟防火阀在关闭后应直接联动控制风机停止，排烟防火阀及风机的动作信号应反馈至消防联动控制器。

【考点十八】防火门及防火卷帘系统的联动控制设计要求【★★★】

（一）防火门系统的联动控制设计

（1）由常开防火门所在防火分区内的两只独立的火灾探测器或一只火灾探测器与一只手动火灾报警按钮的报警信号（“与”逻辑），作为常开防火门关闭的联动触发信号，消防联动控制器在接收到满足逻辑关系的联动触发信号后，联动控制防火门关闭或向防火门监控器发出联动触发信号，由防火门监控器联动控制防火门关闭。

（2）疏散通道上各防火门的开启、关闭及故障状态信号应反馈至防火门监控器。

（二）疏散通道上设置的防火卷帘的联动控制设计

（1）疏散通道上设置的防火卷帘的联动控制设计应遵循以下原则：

1）防火分区内任两只独立的感烟火灾探测器或任一只专门用于联动防火卷帘的感烟火灾探测器的报警信号作为防火卷帘下降的首个联动触发信号，防火卷帘控制器在接收到满足逻辑关系的联动触发信号后，联动控制防火卷帘下降至距楼板面 1.8 m 处。

2）任一只专门用于联动防火卷帘的感温火灾探测器的报警信号作为防火卷帘下降的后续联动触发信号，防火卷帘控制器在接收到满足逻辑关系的联动触发信号后，联动控制防火卷帘下降到楼板面。

3）在卷帘的任一侧距卷帘纵深 0.5 ~ 5 m 内应设置不少于两只专门用于联动防火卷帘的感温火灾探测器。

（2）疏散通道上设置的防火卷帘的手动控制设计。由防火卷帘两侧设置的手动控制按钮控制防火卷帘的升降。

（三）非疏散通道上设置的防火卷帘的联动控制设计

（1）非疏散通道上设置的防火卷帘的联动控制设计遵循以下原则：由防火卷帘所在防火分区内任两只独立的火灾探测器的报警信号（“与”逻辑）作为防火卷帘下降的联动触发信号，防火卷帘控制器在接收到满足逻辑关系的联动触发信号后，联动控制防火卷帘直接下降到楼板面。

（2）非疏散通道上设置的防火卷帘的手动控制设计。由防火卷帘两侧设置的手动控制按钮控制防火卷帘的升降，并应能在消防控制室内的消防联动控制器上手动控制防火卷帘的降落。

【考点十九】火灾警报和消防应急广播系统联动控制设计要求【★★★★】

（1）火灾自动报警系统应设置火灾声光警报器，并应在确认火灾后启动建筑内的所有火灾声光警报器。

（2）未设置消防联动控制器的火灾自动报警系统，火灾声光警报器应由火灾报警控制器控制；设置消防联动控制器的火灾自动报警系统，火灾声光警报器应由火灾报警控制器或消防联动控制器控制。

（3）公共场所宜设置具有同一种火灾变调声的火灾声警报器；具有多个报警区域的保护对象，宜选用带有语音提示的火灾声警报器；学校、工厂等各类日常使用电铃的场所，不应使用警铃作为火灾声警报器。火灾声警报器设置带有语音提示功能时，应同时设置语音同步器。

（4）同一建筑内设置多个火灾声警报器时，火灾自动报警系统应能同时启动和停止所有火灾声警报器的工作。

（5）火灾声警报器单次发出火灾警报时间宜为 8 ~ 20 s，同时设有消防应急广播时，火灾声警报应与消防应急广播交替循环播放。

（6）集中报警系统和控制中心报警系统应设置消防应急广播系统。消防应急广播系统的联动控制信号应由消防联动控制器发出。当确认火灾后，应同时向全楼进行广播。

（7）消防应急广播的单次语音播放时间宜为 10 ~ 30 s，应与火灾声警报器分时交替工作，可采取 1 次声警报器播放、1 次或 2 次消防应急广播播放的交替工作方式循环播放。

（8）在消防控制室应能手动或按预设控制逻辑联动控制选择广播分区、启动或停止应急广播系统，并应能监听消防应急广播。在通过传声器进行应急广播时，应自动对广播内容进行录音。消防控制室内应能显示消防应急广播的广播分区的工作状态。

（9）消防应急广播与普通广播或背景音乐广播合用时，应具有强制切入消防应急广播的功能。

【考点二十】消防应急照明和疏散指示系统联动控制设计要求【★★★】

（1）集中控制型消防应急照明和疏散指示系统，应由火灾报警控制器或消防联动控制器启动应急照明控制器实现。

（2）集中电源非集中控制型消防应急照明和疏散指示系统，应由消防联动控制器联动应急照明集中电源和应急照明分配电装置实现。

（3）自带电源非集中控制型消防应急照明和疏散指示系统，应由消防联动控制器联动消防应急照明配电箱实现。

当确认火灾后，由发生火灾的报警区域开始，顺序启动全楼疏散通道的消防应急照明和疏散指示系统，系统全部投入应急状态的启动时间不应大于 5 s。

【考点二十一】可燃气体探测报警系统设计要求【★★★★★】

可燃气体探测报警系统应由可燃气体报警控制器、可燃气体探测器和火灾声光报警器等组成。

可燃气体探测报警系统是一个独立的子系统，属于火灾预警系统，应独立组成。可燃气体探测器应接入可燃气体报警控制器，不应直接接入火灾报警控制器的探测器回路。

由可燃气体报警控制器将报警信号传输至消防控制室的图形显示装置或集中火灾报警控制器，但其显示应与火灾报警信息有区别；石化行业涉及过程控制的可燃气体探测器，可接入 DCS 等生产控制系统，但其报警信号应接入消防控制室。

（一）可燃气体探测器的设置

（1）探测气体密度小于空气密度的可燃气体探测器应设置在被保护空间的顶部，探测气体密度大于空气密度的可燃气体探测器应设置在被保护空间的下部，探测气体密度与空气密度相当的可燃气体探测器可设置在被保护空间的中间部位或顶部。

（2）可燃气体探测器宜设置在可能产生可燃气体的部位附近。点型可燃气体探测器的保护半径应符合《石油化工可燃气体和有毒气体检测报警设计规范》（GB 50493—2009）的有关规定。线型可燃气体探测器的保护区域长度不宜大于 60 m。

（二）可燃气体报警控制器的设置

（1）当有消防控制室时，可燃气体报警控制器可设置在保护区域附近；当无消防控制室时，可燃气体报警控制器应设置在有人员值班的场所。

（2）可燃气体报警控制器的设置应符合火灾报警控制器的安装设置要求。

【考点二十二】电气火灾监控系统设计要求【7★】

（一）一般要求

（1）非独立式电气火灾监控探测器不应直接接入火灾报警控制器的探测器回路。

（2）当线型感温火灾探测器用于电气火灾监控时，可接入电气火灾监控器。

（3）当电气火灾监控系统接入火灾自动报警系统中时，应由电气火灾监控器将报警信号传输至消防控制室的图形显示装置或集中火灾报警控制器上，但其显示应与火灾报警信息有区别；在无消防控制室且电气火灾监控探测器设置数量不超过 8 个时，可采用独立式电气火灾监控探测器。

（二）剩余电流式电气火灾监控探测器的设置

（1）剩余电流式电气火灾监控探测器应以设置在低压配电系统首端为基本原则，宜设置在第一级配电柜（箱）的出线端。在供电线路泄漏电流大于 500 mA 时，宜在其下一级配电柜（箱）上设置。

（2）剩余电流式电气火灾监控探测器不宜设置在 IT 系统的配电线路和消防配电线路中。选择剩余电流式电气火灾监控探测器时，应计及供电系统自然漏流的影响，并选择参数合适的探测器；探测器报警值宜为 300 ~ 500 mA。

（3）具有探测线路故障电弧功能的电气火灾监控探测器，其保护线路的长度不宜大于 100 m。

（三）测温式电气火灾监控探测器的设置

（1）测温式电气火灾监控探测器应设置在电缆接头、端子、重点发热部件等部位。

（2）保护对象为 1 000 V 及以下的配电线路测温式电气火灾监控探测器应采用接触式设置。

（3）保护对象为 1 000 V 以上的供电线路，测温式电气火灾监控探测器宜选择光栅光纤测温式或红外测温式电气火灾监控探测器，光栅光纤测温式电气火灾监控探测器应直接设置在保护对象的表面。

（四）独立式电气火灾监控探测器的设置

（1）独立式电气火灾监控探测器的设置应符合电气火灾监控探测器的设置要求。

（2）设有火灾自动报警系统时，独立式电气火灾监控探测器的报警信息和故障信息应在消防控制室图形显示装置或集中火灾报警控制器上显示；但该类信息与火灾报警信息的显示应有区别。

（3）未设火灾自动报警系统时，独立式电气火灾监控探测器应将报警信号传至有人员值班的场所。

（五）电气火灾监控器的设置

（1）设有消防控制室时，电气火灾监控器应设置在消防控制室内或保护区域附近。

（2）设置在保护区域附近时，应将报警信息和故障信息传入消防控制室。

（3）未设消防控制室时，电气火灾监控器应设置在有人员值班的场所。

【考点二十三】消防控制室的建筑防火设计要求【★★★】

设有消防联动功能的火灾自动报警系统和自动灭火系统或设有消防联动功能的火灾自动报警系统和机械防（排）烟设施的建筑，应设置消防控制室。

消防控制室的设置应符合下列规定：

（1）单独建造的消防控制室，其耐火等级不应低于二级。

（2）附设在建筑内的消防控制室，宜设置在建筑内首层的靠外墙部位，也可设置在建筑物的地下一层，但应采用耐火极限不低于 2.00 h 的隔墙和不低于 1.50 h 的楼板，与其他部位隔开，并应设置直通室外的安全出口。

（3）消防控制室送、回风管的穿墙处应设防火阀。

（4）消防控制室内严禁有与消防设施无关的电气线路及管路穿过。

（5）消防控制室不应设置在电磁场干扰较强及其他可能影响消防控制设备工作的设备用房附近。

【考点二十四】消防控制室的功能要求【★★★★】

消防控制室内设置的消防设备应包括火灾报警控制器、消防联动控制器、消防控制室图形显示装置、消防专用电话总机、消防应急广播控制装置、消防应急照明和疏散指示系统控制装置、消防电源监控器等设备，或具有相应功能的组合设备。消防控制室内设置的消防控制室图形显示装置，应能显示《消防安全技术实务（2018年版）》表3—9—1规定的建筑物内设置的全部消防系统及相关设备的动态信息，并应为远程监控系统预留接口。

消防控制室应设有用于火灾报警的外线电话。

消防控制室应有相应的竣工图纸、各分系统控制逻辑关系说明、设备使用说明书、系统操作规程、应急预案、值班制度、维护保养制度及值班记录等文件资料。

具有两个及两个以上消防控制室时，应确定主消防控制室和分消防控制室。主消防控制室的消防设备应对系统内共用的消防设备进行控制，并显示其状态信息；主消防控制室内的消防设备应能显示各分消防控制室内消防设备的状态信息，并可对分消防控制室内的消防设备及其控制的消防系统和设备进行控制；各分消防控制室内的消防设备之间可以互相传输、显示状态信息，但不应互相控制。

（一）消防控制室管理及应急程序

（1）消防控制室管理应实行每日24 h专人值班制度，每班不应少于2人；火灾自动报警系统和灭火系统应处于正常工作状态；确保高位消防水箱、消防水池、气压水罐等消防储水设施应水量充足，消防泵出水管阀门、自动喷水灭火系统管道上的阀门常开；确保消防水泵、防排烟风机、防火卷帘等消防用电设备的配电柜开关处于自动位置（通电状态）。

（2）消防控制室的值班应急程序应符合下列要求：接到火灾警报后，值班人员应立即以最快方式确认；在火灾确认后，值班人员立即将火灾报警联动控制开关转入自动状态（处于自动状态的除外），同时拨打“119”报警；值班人员还应立即启动单位内部应急疏散和灭火预案，同时报告单位负责人。

（二）消防控制室的设备布置

（1）消防控制室内设备面盘前的操作距离，单列布置时不应小于1.5 m；双列布置时不应小于2 m；在值班人员经常工作的一面，设备面盘至墙的距离不应小于3 m。

（2）设备面盘后的维修距离不宜小于1 m。

（3）设备面盘的排列长度大于4 m时，其两端应设置宽度不小于1 m的通道。

（4）在与建筑其他弱电系统合用的消防控制室内，消防设备应集中设置，并应与其他设备之间有明显的间隔。

（三）消防控制室图形显示装置的信息记录要求

（1）消防控制室图形显示装置应能记录建筑消防设施运行状态信息，记录容量不应少于10 000条，记录备份后方可被覆盖。

（2）应具有产品维护保养的内容和时间、系统程序的进入和退出时间、操作人员姓名或代码等内容的记录，存储记录容量不应少于10 000条，记录备份后方可被覆盖。

（3）应记录消防安全管理信息及系统内各个消防设备（设施）的制造商、产品有效期，记录容量不应少于 10 000 条，记录备份后方可被覆盖。

（4）应能对历史记录打印归档或刻录存盘归档。

（四）信息传输要求

（1）消防控制室图形显示装置应能在接收到火灾报警信号或联动信号后 10 s 内将相应信息按规定的通信协议格式传送给监控中心。应能在接收到建筑消防设施运行状态信息后 100 s 内将相应信息按规定的通讯协议格式传送给监控中心。

（2）当具有自动向监控中心传输消防安全管理信息功能时，消防控制室图形显示装置应能在发出传输信息指令后 100 s 内将相应信息按规定的通信协议格式传送给监控中心。消防控制室图形显示装置应能接收监控中心的查询指令并按规定的通讯协议格式将信息传送给监控中心。

（3）消防控制室图形显示装置应有信息传输指示灯，在处理和传输信息时，该指示灯应闪亮，在得到监控中心的正确接收并确认后，该指示灯应常亮并保持直至该状态复位。当信息传送失败时应有声、光指示。火灾报警信息应优先于其他信息传输。信息传输不应受保护区域内消防系统及设备任何操作的影响。

第十章　防烟排烟系统

【考点一】防烟排烟设施设置场所【★★★★★】

（1）根据《建筑设计防火规范》（GB 50016—2014）的规定，建筑内的防烟楼梯间及其前室、消防电梯间前室或合用前室、避难走道的前室、避难层（间）应设置防烟设施。

（2）民用建筑中应设置排烟设施的有：设置在一、二、三层且房间建筑面积大于 100 m^2 和设置在四层及以上或地下、半地下的歌舞娱乐放映游艺场所；中庭；公共建筑中建筑面积大于 100 m^2 且经常有人停留的地上房间和建筑面积大于 300 m^2 可燃物较多的地上房间；建筑中长度大于 20 m 的疏散走道。

（3）工业建筑中应设置排烟设施的有：人员、可燃物较多的丙类生产场所；丙类厂房中建筑面积大于 300 m^2 且经常有人停留或可燃物较多的地上房间；建筑面积大于 5 000 m^2 的丁类生产车间；占地面积大于 1 000 m^2 的丙类仓库；高度大于 32 m 的高层厂（库）房中长度大于 20 m 的内走道，其他厂（库）房中长度大于 40 m 的疏散走道。地下、半地下建筑（室）和地上建筑内的无窗房间，当总建筑面积大于 200 m^2 或一个房间建筑面积大于 50 m^2，且经常有人停留或可燃物较多时，应设置排烟设施。

【考点二】自然通风方式【★★】

（一）自然通风方式

对于建筑高度小于等于 50 m 的公共建筑、工业建筑和建筑高度小于等于 100 m 的住宅建筑，其防烟楼梯的楼梯间、独立前室、共用前室、合用前室及消防电梯前室适宜采用自然通风方式的防烟系统。当采用敞开的凹廊、阳台作为防烟楼梯间的前室、合用前室及消防电梯前室，或者防烟楼梯间前室、合用前室及消防电梯前室具有两个不同朝向的可开启外窗且可开启窗面积符合规定时，可以认为前室或合用前室自然通风。当加压送风口设置在独立前室、合用前室及消防电梯前室顶部或正对前室入口的墙面时，楼梯间可采用自然通风系统。

（二）自然通风设施的设置要求

（1）封闭楼梯间、防烟楼梯间每 5 层内的可开启外窗或开口的有效面积不应小于 2.00 m^2，且在该楼梯间的最高部位应设置有效面积不小于 1.00 m^2 的可开启外窗或开口。

（2）防烟楼梯间前室、消防电梯前室可开启外窗或开口的有效面积不应小于 2.00 m^2，合用前室不应小于 3.00 m^2。

（3）采用自然通风方式的避难层（间）应设有不同朝向的可开启外窗，其有效面积不应小于该避难层（间）地面面积的 1%，且每个朝向的有效面积不应小于 2 m^2。

（4）可开启外窗应方便开启；设置在高处的可开启外窗应设置距地面高度为 1.30 ~ 1.50 m 的开启装置。

（5）可开启外窗或开口的有效面积计算，与自然排烟相关要求相同。

【考点三】自然排烟方式的选择【★★★】

（1）根据《建筑设计防火规范》(GB 50016—2014）规定，设有中庭的建筑，中庭应设置排烟系统，且应符合要求。

（2）四类隧道和行人或非机动车辆的三类隧道，可不设置排烟设施。当隧道较短或隧道沿途顶部可开设通风口时可以采用自然排烟。

（3）自然排烟口的总面积大于本防烟分区面积的 2% 时，宜采用自然排烟方式。

（4）敞开式汽车库以及建筑面积小于 1 000 m^2 的地下一层汽车库、修车库，其汽车进出口可直接排烟，且不大于一个防烟分区，可以不设排烟系统，但汽车库和修车库内最不利点至汽车坡道口不应大于 30 m。

【考点四】自然排烟设施的设置【★★★★】

（1）排烟窗应设置在排烟区域的顶部或外墙，并应符合下列要求：

1）当设置在外墙上时，排烟窗应在储烟仓以内或室内净高度的 1/2 以上，并应沿火灾烟气的气流方向开启；排烟口通常设置在墙壁的上部靠近顶棚处或顶棚上。当房间高度小于 3.00 m 时，排烟口的下边缘应在离顶棚面 0.8 m 以内；当房间高度在 3.00 ~ 4.00 m 时，排烟口下边缘应在离地板面 2.10 m 以上部位；而当房间高度大于 4.00 m 时，排烟口下边缘在房间总高度一半以上位置即可。

2）宜分散均匀布置，每组排烟窗的长度不宜大于 3.00 m。

3）设置在防火墙两侧的排烟窗之间水平距离不应小于 2.00 m。

4）自动排烟窗附近应同时设置便于操作的手动开启装置，手动开启装置距地面高度宜 1.30 ~ 1.50 m。

5）走道设有机械排烟系统的建筑物，当房间面积不大于 300 m^2 时，除排烟窗的设置高度及开启方向可不限外，其余仍按上述要求执行。

6）室内或走道的任一点至防烟分区内最近的排烟窗的水平距离不应大于 30 m，当公共建筑室内高度超过 6.00 m 且具有自然对流条件时，其水平距离可增加 25%。当工业建筑采用自然排烟方式时，其水平距离尚不应大于建筑空间净高的 2.8 倍。

（2）可开启外窗的形式有侧开窗和顶开窗。侧开窗有上悬窗、中悬窗、下悬窗、平开窗和侧拉窗等。其中，除了上悬窗外，其他窗都可以作为排烟使用。在设计时，必须将这些作为排烟使用的窗设置在储烟仓内。如果中悬窗的下开口部分不在储烟仓内，这部分的面积不能计入有效排烟面积之内。在计算有效排烟面积时，侧拉窗按实际拉开后的开启面积计算，其他型式的窗按其开启投影面积计算。

（3）室内净空高度大于 6 m 且面积大于 500 m^2 的中庭、营业厅、展览厅、观众厅、体育馆、客运站、航站楼等公共场所采用自然排烟时，应采取下列措施之一：

1）有火灾自动报警系统的应设置自动排烟窗。

2）无火灾自动报警系统的应设置集中控制的手动排烟窗。

3）常开排烟口。

（4）厂房、仓库的外窗设置应符合下列要求：

1）侧窗应沿建筑物的两条对边均匀设置。

2）顶窗应在屋面均匀设置且宜采用自动控制；屋面斜度小于等于12°，每200 m^2 的建筑面积应设置相应的顶窗；屋面斜度大于12°，每400 m^2 的建筑面积应设置相应的顶窗。

（5）除洁净厂房外，设置自然排烟或机械排烟系统的任一层建筑面积大于2 500 m^2 的制鞋、制衣、玩具、塑料、木器加工储存等丙类工业建筑，尚宜或可在屋面上设置可熔性采光带（窗），其建筑面积应符合下列要求：

1）未设置自动喷水灭火系统的或采用钢结构屋顶或预应力混凝土屋面板的建筑，不应小于楼地面积的10%。

2）其他建筑不应小于楼地面面积的5%。

3）可熔性采光带（窗）按其实际面积计算。

（6）采用可开启外窗进行自然排烟时，厂房、仓库的可开启外窗的排烟面积应符合下列要求：

1）采用自动排烟窗时，厂房的排烟面积不应小于排烟区域建筑面积的2%，仓库的排烟面积应增加1.0倍。

2）用手动排烟窗时，厂房的排烟面积不应小于排烟区域建筑面积的3%，仓库的排烟面积应增加1.0倍。

当设有自动喷水灭火系统时，排烟面积可减半。

（7）仅采用固定采光带（窗）进行自然排烟时，固定采光带（窗）的面积应达到第6）条可开启外窗面积的2.5倍。

（8）同时设置可开启外窗和固定采光带（窗）时，应符合下列要求：

1）当设置自动排烟窗时，自动排烟窗的面积与40%的固定采光带（窗）的面积之和应达到第6）条规定所需的排烟面积要求。

2）当设置手动排烟窗时，手动排烟窗的面积与60%的固定采光带（窗）的面积之和应按厂房的排烟面积不应小于排烟区域建筑面积的3%，仓库的排烟面积应增加1.0倍来要求。

【考点五】机械加压送风系统的组成及工作原理【★★】

（1）机械加压送风方式是通过送风机所产生的气体流动和压力差来控制烟气流动的，即在建筑内发生火灾时，对着火区以外的有关区域进行送风加压，使其保持一定正压，以防止烟气侵入的防烟方式。

（2）为保证疏散通道不受烟气侵害以及人员能安全疏散，发生火灾时，从安全性的角度出发，高层建筑内可分为四个安全区：

1）第一类安全区为防烟楼梯间、避难层。

2）第二类安全区为防烟楼梯间前室、消防电梯间前室或合用前室。

3）第三类安全区为走道。

4）第四类安全区为房间。

（3）依据上述原则，加压送风时应使防烟楼梯间压力＞前室压力＞走道压力＞房间压力，同时还要保证各部分之间的压差不要过大，以免造成开门困难，从而影响疏散。

【考点六】机械加压送风系统的选择【★★★】

（1）建筑高度小于等于50 m的公共建筑、工业建筑和建筑高度小于等于100 m的住宅建筑，当前室或合用前室采用机械加压送风系统，且其加压送风口设置在前室的顶部或正对前室入口的墙面上时，楼梯间可采用自然通风方式。当前室的加压送风口的设置不符合上述规定时，防烟楼梯间应采用机械加压送风系统。

（2）建筑高度大于 50 m 的公共建筑、工业建筑和建筑高度大于 100 m 的住宅建筑，其防烟楼梯间、消防电梯前室应采用机械加压送风方式的防烟系统。

（3）当防烟楼梯间采用机械加压送风方式的防烟系统时，楼梯间应设置机械加压送风设施，独立前室可不设机械加压送风设施，但合用前室应设机械加压送风设施。防烟楼梯间与合用前室的机械加压送风系统应分别独立设置。剪刀楼梯的两个楼梯间、独立前室、合用前室的机械加压送风系统应分别独立设置。

（4）带裙房的高层建筑的防烟楼梯间及其前室、消防电梯前室或合用前室，当裙房高度以上部分利用可开启外窗进行自然通风，裙房等高范围内不具备自然通风条件时，该高层建筑不具备自然通风条件的前室、消防电梯前室或合用前室应设置机械加压送风系统。其送风口也应设置在前室的顶部或正对前室入口的墙面上。

（5）当地下室、半地下室楼梯间与地上部分楼梯间均需设置机械加压送风系统时，宜分别独立设置。当受建筑条件限制且地下部分为汽车库或设备用房时，可与地上部分的楼梯间共用机械加压送风系统，但应分别计算地上、地下的加压送风量，相加后作为共用加压送风系统风量，且应采取有效措施以满足地上、地下的送风量的要求。这是因为当地下、半地下与地上的楼梯间在一个位置布置时，由于《建筑设计防火规范》（GB 50016—2014）要求在首层必须采取防火分隔措施，因此实际上就是两个楼梯间。当这两个楼梯间合用加压送风系统时，应分别计算地下、地上楼梯间的加压送风量，合用加压送风系统风量应为地下、地上楼梯间加压送风量之和。通常地下楼梯间层数少，因此在计算地下楼梯间加压送风量时，开启门的数量取 1。为满足地上、地下的送风量的要求且不造成超压，在设计时必须采取在送风系统中设置余压阀等相应的有效措施。

（6）当地上部分楼梯间利用可开启外窗进行自然通风时，地下部分不能采用自然通风的防烟楼梯间应采用机械加压送风系统。当地下室层数为 3 层及以上，或室内地面与室外出入口地坪高差大于 10 m 时，按规定应设置防烟楼梯间，并设有机械加压送风，当其前室为独立前室时，前室可不设置防烟系统，否则前室也应按要求采取机械加压送风方式的防烟措施。

（7）自然通风条件不能满足每 5 层内的可开启外窗或开口的有效面积不应小于 2.00 m^2，且在该楼梯间的最高部位应设置有效面积不小于 1.00 m^2 的可开启外窗或开口的封闭楼梯间和防烟楼梯间，应设置机械加压送风系统；当封闭楼梯间位于地下且不与地上楼梯间共用而地下仅为一层时，可不设置机械加压送风系统，但应在首层设置不小于 1.20 m^2 的可开启外窗或直通室外的门。

（8）避难层应设置直接对外的可开启外窗或独立的机械防烟设施，外窗应采用乙级防火窗或耐火极限不低于 1.00 h 的 C 类防火窗。设置机械加压送风系统的避难层（间），应在外墙设置固定窗，且面积不应小于该层（间）面积的 1%，每个窗的面积不应小于 2.00 m^2。除长度小于 60 m 两端直通室外或长度小于 30 m 一端直通室外，可仅在避难走道前室设置机械加压送风系统的避难走道外，避难走道及其前室应设置机械加压送风系统。

（9）建筑高度大于 100 m 的高层建筑，其送风系统应竖向分段设计，且每段高度不应超过

100 m。

（10）建筑高度小于等于 50 m 的建筑，当楼梯间设置加压送风井（管）道确有困难时，楼梯间可采用直灌式加压送风系统，并应符合下列规定：

1）建筑高度大于 32 m 的高层建筑，应采用楼梯间多点部位送风的方式，送风口之间距离不宜小于建筑高度的 1/2。

2）直灌式加压送风系统的送风量应按计算值或按《消防安全技术实务（2018 年版）》表 3—10—1 中的送风量增加 20% 取值。

3）加压送风口不宜设在影响人员疏散的位置。

（11）人防工程的下列位置应设置机械加压送风防烟设施：防烟楼梯间及其前室或合用前室，避难走道的前室。

（12）建筑高度大于 32 m 的高层汽车库、室内地面与室外出入口地坪的高差大于 10 m 的地下汽车库，应采用防烟楼梯间。

【考点七】机械加压送风系统的主要设计参数【★★★】

（1）加压送风量的计算。楼梯间或前室、合用前室的机械加压送风量应按下列公式计算。

$$\text{楼梯间：} L=L_1+L_2 \qquad (2—3—10—1)$$

$$\text{前室或合用前室：} L=L_1+L_3 \qquad (2—3—10—2)$$

式中 L——加压送风系统所需的总送风量（m^3/s）；

L_1——门开启时，达到规定风速值所需的送风量（m^3/s）；

L_2——门开启时，规定风速值下其他门缝漏风总量（m^3/s）；

L_3——未开启的常闭送风阀的漏风总量（m^3/s）。

在计算系统送风量时，对于楼梯间、常开风口，按照疏散层的门开启时，其门洞达到规定风速值所需的送风量和其他门漏风总量之和计算。对于前室，常闭风口，按照其门洞达到规定风速值所需的送风量以及未开启常闭送风阀漏风总量之和计算。一般情况下，经计算后楼梯间窗缝或合用前室电梯门缝的漏风量，对总送风量的影响很小，在工程允许范围内可以忽略不计。如遇漏风量很大的情况，计算中可加上此部分漏风量。

（2）加压送风量的选取要求如下：

1）机械加压送风系统的设计风量应充分考虑管道沿程损耗和漏风量，且不应小于计算风量的 1.2 倍。

2）封闭避难层（间）的机械加压送风量应按避难层（间）净面积每平方米不少于 30 m^3/h 计算。避难走道前室的送风量应按直接开向前室的疏散门的总断面积乘以 1.00 m/s 门洞断面风速计算。

3）人民防空工程的防烟楼梯间的机械加压送风量不应小于 25 000 m^3/h。当防烟楼梯间与前室或合用前室分别送风时，防烟楼梯间的送风量不应小于 16 000 m^3/h，前室或合用前室的送风量不应小于 12 000 m^3/h。

（3）风压的有关规定及计算方法。机械加压送风机的全压，除计算最不利管道压头损失外，尚应有余压。机械加压送风量应满足走廊至前室至楼梯间的压力呈递增分布，余压值应符合下列要求：

1）前室、合用前室、消防电梯前室、封闭避难层（间）与走道之间的压差应为 25 ~ 30 Pa。

2）防烟楼梯间、封闭楼梯间与走道之间的压差应为 40 ～ 50 Pa。

3）当系统余压值超过最大允许压力差时应采取泄压措施。要求在加压送风时，防烟楼梯间的空气压力大于前室的空气压力，而前室的空气压力大于走道的空气压力。

（4）送风风速。当采用金属管道时，管道风速不应大于 20 m/s；当采用非金属材料管道时，不应大于 15 m/s。加压送风口的风速不宜大于 7 m/s。

【考点八】机械加压送风的组件与设置要求【★★】

（一）机械加压送风机

机械加压送风风机可采用轴流风机或中、低压离心风机，其安装位置应符合下列要求：

（1）送风机的进风口宜直通室外。

（2）送风机的进风口宜设在机械加压送风系统的下部，且应采取防止烟气侵袭的措施。

（3）送风机的进风口不应与排烟风机的出风口设在同一层面。当必须设在同一层面时，送风机的进风口与排烟风机的出风口应分开布置。竖向布置时，送风机的进风口应设置在排烟机出风口的下方，其两者边缘最小垂直距离不应小于 6.00 m；水平布置时，两者边缘最小水平距离不应小于 20.00 m。

（4）送风机应设置在专用机房内。该房间应采用耐火极限不低于 2.00 h 的隔墙和 1.50 h 的楼板及甲级防火门与其他部位隔开。

（5）当在送风机出风管或进风管上安装单向风阀或电动风阀时，应采取火灾时阀门自动开启的措施。

（二）加压送风口

加压送风口用作机械加压送风系统的风口，具有赶烟和防烟的作用。加压送风口分常开和常闭两种形式。

（1）除直灌式送风方式外，楼梯间宜每隔 2 ～ 3 层设一个常开式百叶送风口；井道的剪刀楼梯的两个楼梯间应分别每隔一层设置一个常开式百叶送风口。

（2）前室应每层设置一个常闭式加压送风口，并应设置手动开启装置。

（3）送风口的风速不宜大于 7 m/s。

（4）送风口不宜设置在被门挡住的位置。

需要注意的是，采用机械加压送风的场所不应设置百叶窗，不宜设置可开启外窗。

（三）送风管道

（1）送风井（管）道应采用不燃烧材料制作，不应采用土建井道。

（2）送风管道应独立设置在管道井内。

（3）管道井应采用耐火极限不小于 1.00 h 的隔墙与相邻部位分隔，当墙上必须设置检修门时，应采用乙级防火门。

（4）应独立设置在管道井内，当确有困难未设置在管道井内的加压送风管，其耐火极限不应小于 1.00 h。

（四）余压阀

余压阀是控制压力差的阀门。为了保证防烟楼梯间及其前室、消防电梯间前室和合用前室的正压值，防止正压值过大而导致疏散门难以推开，应在防烟楼梯间与前室、前室与走道之间设置余压阀，控制余压阀两侧正压间的压力差不超过 50 Pa。

【考点九】机械排烟系统的组成及工作原理【★★】

（1）机械排烟系统是由挡烟垂壁（活动式或固定式挡烟垂壁，或挡烟隔墙、挡烟梁）、排烟口（或带有排烟阀的排烟口）、排烟防火阀、排烟道、排烟风机和排烟出口组成的。

（2）当建筑物内发生火灾时，应采用机械排烟系统将房间、走道等空间的烟气排至建筑物外。当采用机械排烟系统时，通常由火场人员手动控制或由感烟探测器将火灾信号传递给防烟排烟控制器，开启活动的挡烟垂壁将烟气控制在发生火灾的防烟分区内，并打开排烟口以及和排烟口联动的排烟防火阀，同时关闭空调系统和送风管道内的防火调节阀，防止烟气从空调和通风系统蔓延到其他非着火房间，最后由设置在屋顶的排烟机将烟气通过排烟管道排至室外。

（3）目前常见的有机械排烟与自然补风组合、机械排烟与机械补风组合、机械排烟与排风合用、机械排烟与通风空调系统合用等形式，一般要求如下：

1）排烟系统与通风、空气调节系统宜分开设置。当合用时，应符合下列条件：系统的风口、风道、风机等应满足排烟系统的要求；当火灾被确认后，应能开启排烟区域的排烟口和排烟风机，并在 15 s 内自动关闭与排烟无关的通风、空调系统。

2）走道的机械排烟系统宜竖向设置；房间的机械排烟系统宜按防烟分区设置。

3）排烟风机的全压应按排烟系统最不利环路管道进行计算，其排烟量应增加漏风系数。

4）人防工程机械排烟系统宜单独设置或与工程排风系统合并设置。当合并设置时，必须采取在火灾发生时能将排风系统自动转换为排烟系统的措施。

5）车库机械排烟系统可与人防、卫生等排气、通风系统合用。

【考点十】机械排烟系统的选择【★★】

（1）建筑内应设排烟设施，但不具备自然排烟条件的房间、走道及中庭等，均应采用机械排烟方式。高层建筑主要受自然条件（如室外风速、风压、风向等）的影响较大，一般采用机械排烟方式较多。

（2）人防工程以下位置应设置机械排烟设施：

1）建筑面积大于 50 m^2，且经常有人停留或可燃物较多的房间和大厅。

2）丙、丁类生产车间。

3）总长度大于 20 m 的疏散走道。

4）电影放映间和舞台等。

（3）除敞开式汽车库、建筑面积小于 1 000 m^2 的地下一层汽车库和修车库外，汽车库和修车库应设置排烟系统（可选机械排烟系统）。

（4）机械排烟系统横向应按每个防火分区独立设置。

（5）建筑高度超过 50 m 的公共建筑和建筑高度超过 100 m 的住宅排烟系统应竖向分段独立设置，且每段高度，公共建筑不宜超过 50 m，住宅不宜超过 100 m。

在同一个防烟分区内不应同时采用自然排烟方式和机械排烟方式，因为这两种方式相互之间对气流会造成干扰，影响排烟效果。尤其是在排烟时，自然排烟口还可能在机械排烟系统动作后变成进风口，使其失去排烟作用。

【考点十一】机械排烟系统的主要设计参数【★★】

（1）机械排烟系统的设计风量应充分考虑管道沿程损耗和漏风量，当一台排风机担负多个防烟分区时，排烟风机的设计风量不应小于计算量的 1.2 倍。

（2）一个防烟分区的排烟量应根据场所内的热释放量以及按本节相关规定的计算确定，但下列场所可按以下规定确定：

1）建筑面积小于等于 500 m^2 的房间，其排烟量应不小于 60 m^3/（h · m^2），或设置不小于室内面积 2% 的排烟窗。

2）建筑面积大于 500 m^2 的公共建筑和工业建筑，其排烟量应符合相关规定的数值，或设置自然排烟窗，其所需有效排烟面积及排烟口风速计算应符合相关规定。

3）当公共建筑仅需在走道或回廊设置排烟时，机械排烟量不应小于 13 000 m^3/h，或在走道两端（侧）均设置面积不小于 2 m^2 的排烟窗，且两侧排烟窗的距离不应小于走道长度的 2/3。

4）当公共建筑室内与走道或回廊均需设置排烟时，其走道或回廊的机械排烟量可按 60 m^3/（h · m^2）计算，或设置不小于走道、回廊面积 2% 的排烟窗。

5）汽车库的排烟量不应小于 30 000 m^3/h，或设置不小于室内面积 2% 的排烟窗。

6）对于人防工程，担负一个或两个防烟分区排烟时，应按该部分总面积每平方米不小于 60 m^3/h 计算，但排烟风机的最小排烟风量不应小于 7 200 m^3/h；担负三个或三个以上防烟分区排烟时，应按其中最大防烟分区面积每平方米不小于 120 m^3/h 计算。

（3）当公共建筑中庭周围场所设有机械排烟时，中庭的排烟量可按周围场所中最大排烟量的 2 倍数值计算，且不应小于 107 000 m^3/h（或 25 m^2 的有效开窗面积）；当公共建筑中庭周围仅需在回廊设置排烟或周围场所均设置自然排烟时，中庭的排烟量应对应《消防安全技术实务（2018 年版）》表 3—10—6 中的热释放量按本节相关规定的计算确定。中庭的排烟量不应小于 40 000 m^3/h 或按上述排烟量和自然排烟口的风速不大于 0.4 m/s 计算有效开窗面积。

（4）当烟羽流的质量流量大于 150 kg/s，或储烟仓的烟层温度与周围空气温差小于 15℃时，应重新调整排烟措施。

【考点十二】机械排烟系统中排烟风机的设置要求【★★】

（1）排烟风机可采用离心式或轴流排烟风机（满足 280℃时连续工作 30 min 的要求），排烟风机入口处应设置 280℃能自动关闭的排烟防火阀，该阀应与排烟风机连锁，当该阀关闭时，排烟风机应能停止运转。

（2）排烟风机宜设置在排烟系统的顶部，烟气出口宜朝上，并应高于加压送风机和补风机的进风口，两者垂直距离或水平距离应符合：竖向布置时，送风机的进风口应设置在排烟机出风口的下方，其两者边缘最小垂直距离不应小于 6 m；水平布置时，两者边缘最小水平距离不应小于 20 m。

（3）排烟风机应设置在专用机房内，该房间应采用耐火极限不低于 2.00 h 的隔墙和 1.50 h 的楼板及甲级防火门与其他部位隔开。风机两侧应有 600 mm 以上的空间。当必须与其他风机合用机房时，应符合下列条件：

1）机房内应设有自动喷水灭火系统。

2）机房内不得设有用于机械加压送风的风机与管道。

（4）排烟风机与排烟管道的连接部件，应能在 280℃连续 30 min 保证其结构完整性。

【考点十三】机械排烟系统中排烟防火阀的设置要求【★★】

排烟系统竖向设置时，垂直风管应设置在管井内，且与垂直风管连接的水平风管应设置 280℃排烟防火阀。排烟防火阀安装在排烟系统管道上，平时呈关闭状态，发生火灾时由电信号或手动开启，同时排烟风机启动开始排烟；当管内烟气温度达到 280℃时自动关闭，同时排烟风机停机。

【考点十四】机械排烟系统中排烟阀（口）的设置要求【★★】

（1）排烟阀（口）的设置应符合下列要求：

1）排烟口应设在防烟分区所形成的储烟仓内。当用隔墙或挡烟垂壁划分防烟分区时，每个防烟分区应分别设置排烟口，排烟口的设置应经计算确定，且防烟分区内任一点与最近的排烟口的水平距离不应大于 30 m。

2）走道、室内空间净高不大于 3 m 的场所内排烟口应可设置在其净空高度的 1/2 以上，当设置在侧墙时，其最近的边缘与吊顶的距离不应大于 0.50 m。

（2）发生火灾时，由火灾自动报警系统联动开启排烟区域的排烟阀（口），应在现场设置手动开启装置。

（3）排烟口的设置宜使烟流方向与人员疏散方向相反，排烟口与附近安全出口相邻边缘之间的水平距离不应小于 1.50 m。

（4）每个排烟口的排烟量不应大于最大允许排烟量。

（5）当排烟阀（口）设在吊顶内，并通过吊顶上部空间进行排烟时，应符合下列规定：

1）封闭式吊顶的吊平顶上设置的烟气流入口的颈部烟气速度不宜大于 1.50 m/s，且吊顶应采用不燃烧材料。

2）非封闭吊顶的吊顶开孔率不应小于吊顶净面积的 25%，且应均匀布置。

（6）单独设置的排烟口，平时应处于关闭状态，其控制方式可采用自动或手动开启方式，手动开启装置的位置应便于操作；当排风口和排烟口合并设置时，应在排风口或排风口所在支管处设置自动阀门，该阀门必须具有防火功能，且应与火灾自动报警系统联动；发生火灾时，着火防烟分区内的阀门应处于开启状态，其他防烟分区内的阀门应全部关闭。

（7）排烟口的风速不宜大于 10 m/s。

（8）当同一分区内设置数个排烟口时，要求做到所有排烟口能同时开启，排烟量应等于各排烟口排烟量的总和。

【考点十五】机械排烟系统中排烟管道的设置要求【★★★】

（1）排烟管道必须采用不燃材料制作，且不应采用土建风道。当采用金属风道时，管道风速不应大于 20 m/s，当采用非金属材料风道时，不应大于 15 m/s。

排烟管道的厚度应按《通风与空调工程施工质量验收规范》（GB 50243—2016）的有关规定执行。

（2）当吊顶内有可燃物时，吊顶内的排烟管道应采用不燃烧材料进行隔热，并应与可燃物保持不小于 150 mm 的距离。

（3）排烟管道井应采用耐火极限不小于 1.00 h 的隔墙与相邻区域分隔；当墙上必须设置检修门时，应采用乙级防火门；排烟管道的耐火极限不应低于 0.50 h，当水平穿越两个及两个以上防火分区或排烟管道在走道的吊顶内时，其管道的耐火极限不应小于 1.50 h。

（4）当排烟管道竖向穿越防火分区时，垂直风道应设在管井内，且排烟井道必须要有 1.00 h 的耐火极限。设置在走道部位吊顶内的排烟管道，以及穿越防火分区的排烟管道，其管道的耐火极限不应小于 1.0 h。

【考点十六】机械排烟系统中挡烟垂壁的设置要求【★★】

挡烟垂壁是为了阻止烟气沿水平方向流动而垂直向下吊装在顶棚上的挡烟构件，其有效高度不小于 500 mm。挡烟垂壁可采用固定式或活动式，当建筑物净空较高时可采用固定式，将挡烟垂壁长期固定在顶棚上；当建筑物净空较低时，宜采用活动式。挡烟垂壁应用不燃烧材料制作，如钢板、防火玻璃、无机纤维织物、不燃无机复合板等。活动式的挡烟垂壁应由感烟控测器控制，或与排烟口联动，或受消防控制中心控制，但同时应能就地手动控制。当活动式挡烟垂壁落下时，其下端距地面的高度应大于 1.80 m。

【考点十七】防烟系统的联动控制程序【★★★】

（1）对采用总线控制的系统，当某一防火分区发生火灾时，该防火分区内的感烟、感温探测器探测的火灾信号发送至火灾报警控制器（联动型）或消防联动控制器，控制器发出开启与探测器对应的该防火分区内前室及合用前室的常闭加压送风口的信号，至相应送风口的火警联动模块，由它开启送风口，消防控制中心收到送风口动作信号，就发出指令给装在加压送风机附近的火警联动模块，启动前室及合用前室的加压送风机，同时启动该防火分区内所有楼梯间加压送风机。

（2）当防火分区跨越楼层时，应开启该防火分区内全部楼层的前室及合用前室的常闭加压送风口及其加压送风机。当火灾确认后，火灾自动报警系统应能在 15 s 内联动开启常闭加压送风口和加压送风机。除火警信号联动外，还可以通过联动模块在消防控制室直接点动控制，或在消防控制室通过多线控制盘直接手动启动加压送风机，也可手动开启常闭型加压送风口，由送风口开启信号联动加压送风机。

（3）另外，设置就地启停控制按钮，以供调试及维修用。当系统中任一常闭加压送风口开启时，相应加压送风机应能联动启动。火警撤销由消防控制中心通过火警联动模块停止加压送风机，送风口通常由手动复位。消防联动控制器应显示防烟系统的送风机和阀门等设施的启闭状态。

第十一章　消防应急照明和疏散指示系统

【考点一】系统的性能要求【★★】

（一）应急转换时间

系统的应急转换时间不应大于 5 s，高危险区域使用系统的应急转换时间不应大于 0.25 s。

（二）应急工作时间

系统选用的蓄电池在投入使用的过程中必须满足国家标准要求，考虑到电池在日常充电老化中容量会自然下降，工作环境温度的变化也会导致电池释放容量发生变化，因此，规范要求系统的应急工作时间要低于产品标准的要求。

（三）标志灯具的表面亮度

标志灯具的表面亮度有如下要求：

（1）仅用绿色或红色图形构成标志的标志灯，其标志表面最小亮度不能小于 50 cd/m^2，最大亮度不大于 300 cd/m^2。

（2）用白色与绿色组合或白色与红色组合构成的图形作为标志的标志灯表面最小亮度不小于 5 cd/m^2，最大亮度不大于 300 cd/m^2，白色、绿色或红色本身最大亮度与最小亮度比值不大于 10。白色与相邻绿色或红色交界两边对应点的亮度比不小于 5 且不大于 15。

（四）照明灯具的光通量

消防应急照明灯具应急状态下的光通量不能低于其标称的光通量，且不小于 50 lm。疏散用手电筒的发光色温在 2 500 ～ 2 700 K 之间。

（五）系统自检

系统主电持续工作 48 h 后每隔（30 ± 2）d 自动由主电工作状态转入应急工作状态并持续 30 ～ 180 s，然后自动恢复到主电工作状态。系统主电持续工作每隔一年自动由主电工作状态转入应急工作状态并持续至放电终止，然后自动恢复到主电工作状态，持续应急工作时间不少于 30 min。

（六）应急转换控制

在消防控制室，应设置强制使消防应急照明和疏散指示系统切换和应急投入的手自动控制装置。在设置了火灾自动报警系统的场所，消防应急照明和疏散指示系统的切换和应急投入要接受火灾自动报警系统的联动控制。

【考点二】系统选择及设计一般要求【★★★】

（1）专业性。在工程使用中不能用民用灯具替代消防应急灯具。

（2）节能。

（3）安全性。疏散走道和楼梯间在火灾条件下，由于自动喷水灭火装置可能发生动作，为避免人身触电事故的发生，系统的供电电压应为安全电压。疏散走道、楼梯间和建筑空间高度不大于 8 m 的场所，应选择应急供电电压为安全电压的消防应急灯具；当采用非安全电压时，外露接线盒和消防应急灯具的防护等级应达到 IP54 的要求。《消防应急照明和疏散指示系统》（GB 17945—2010）规定了室内地面使用的消防应急灯具最低防护等级为 IP54，安装在室外地面的消防应急灯具最低防护等级为 IP67，安装在地面的灯具应能耐受外界的机械冲击和研磨。

【考点三】非集中控制型系统的设计【★★】

（1）未设置火灾自动报警系统的场所，系统在正常照明中断后转入应急工作状态；设置了火灾自动报警系统的场所，自带电源非集中控制型系统由火灾自动报警系统联动各应急照明配电箱实现工作状态的转换。

（2）集中电源非集中控制型系统由火灾自动报警系统联动各应急照明集中电源和应急照明分配电装置实现工作状态的转换。

（3）应急照明集中电源的控制装置设置在消防控制室内，未设置消防控制室的建筑，应急照明集中电源控制装置设置在有人员值班的场所。

（4）集中设置蓄电池组的系统，应急照明集中电源能够手动控制消防应急照明分配电装置的工作状态。

（5）分散设置蓄电池组的系统，其控制装置能够手动控制各蓄电池组及转换装置的工作状态。

【考点四】集中控制型系统的设计【★★】

（一）集中控制型系统的控制方式

（1）接收到火灾自动报警系统的火灾报警信号或联动控制信号后，应急照明控制器控制相应的消防应急灯具转入应急工作状态。

（2）自带电源集中控制型系统，由应急照明控制器控制系统内的应急照明配电箱和相应的消防应急灯具及其他附件实现工作状态的转换。

（3）集中电源集中控制型系统，由应急照明控制器控制系统内应急照明集中电源、应急照明分配电装置和相应的消防应急灯具及其他附件实现工作状态的转换。

（二）应急照明控制器的设计

（1）当系统内仅有一台应急照明控制器时，应急照明控制器设置在消防控制室或有人员值班的场所。

（2）当系统内有多台应急照明控制器时，主控制器设置在消防控制室内，其他控制器可设置在配电间等场所内。每台应急照明控制器直接控制的应急照明集中电源、应急照明分配电装置、应急照明配电箱和消防应急灯具等设备总数不大于 3 200 个。

（3）应急照明控制器的主电源由消防电源供电，应急照明控制器的备用电源至少使控制器在主电源中断后工作 3 h。

第十二章 城市消防远程监控系统

【考点一】城市消防远程监控系统组成【★★★★】

（1）城市消防远程监控系统由用户信息传输装置、报警传输网络、监控中心以及火警信息终端等几部分组成。

（2）监控中心的主要设备包括报警受理系统、信息查询系统、用户服务系统，同时还包括通信服务器、数据库服务器、网络设备、电源设备等。

【考点二】城市消防远程监控系统的分类【★★】

（1）按信息传输方式，城市消防远程监控系统可分为有线城市消防远程监控系统、无线城市消防远程监控系统、有线/无线兼容城市消防远程监控系统。

（2）按报警传输网络形式，城市消防远程监控系统可分为基于公用通信网的城市消防远程监控系统、基于专用通信网的城市消防远程监控系统、基于公用/专用兼容通信网的城市消防远程监控系统。

【考点三】系统的工作原理【★★】

（1）数据的采集和传输。城市消防远程监控系统通过设置在联网用户端的用户信息传输装置，实现火灾自动报警信息和建筑消防设施运行状态等信息的采集和传输。在实际应用中，用户信息传输装置与监控中心的通信传输链路一般设置主、备两路，先选择主要传输链路进行信息传送，一旦主要传输链路发生故障或信息传输失败，用户信息传输装置能够自动切换至备用传输链路向监控中心进行信息传送。

（2）信息的接收和显示。设在监控中心的报警受理系统能够对用户信息传输装置发来的火灾自动报警信息和建筑消防设施运行状态信息进行接收和显示。

（3）信息的处理。监控中心对接收到的信息，按照不同信息类型进行分别处理。

1）火灾报警信息处理。监控中心接收到联网用户的火灾报警信息后，由中心值班人员根据警情信息，同联网用户消防控制室值班人员联系，进行警情确认，一旦火灾警情被确认后，监控中心立即向设置在城市消防通信指挥中心的火警信息终端传送火灾报警信息。同时，监控中心通过移动电话、SMS短信息或电子邮件方式，向联网用户的消防责任人或相关负责人发送火灾报警信息。

2）其他建筑消防设施运行信息的处理。

【考点四】系统功能和性能要求【★★】

（一）主要功能

城市消防远程监控系统功能要求如下：

（1）能接收联网用户的火灾报警信息，向城市消防通信指挥中心或其他接处警中心传送经确认的火灾报警信息。

（2）能接收联网用户发送的建筑消防设施运行状态信息。

（3）能为消防部门提供查询联网用户的火灾报警信息、建筑消防设施运行状态信息及消防安全管理信息。

（4）能为联网用户提供自身的火灾报警信息、建筑消防设施运行状态信息和消防安全管理信息查询服务。

（5）能根据联网用户发送的建筑消防设施运行状态信息和消防安全管理信息进行数据的实时更新。

（二）主要性能要求

城市消防远程监控系统性能要求如下：

（1）监控中心能同时接收和处理不少于 3 个联网用户的火灾报警信息。

（2）从用户信息传输装置获取火灾报警信息到监控中心接收显示的响应时间不大于 20 s。

（3）监控中心向城市消防通信指挥中心或其他接处警中心转发经确认的火灾报警信息的时间不大于 3 s。

（4）监控中心与用户信息传输装置之间的通信巡检周期不大于 2 h，并能够动态设置巡检方式和时间。

（5）监控中心的火灾报警信息、建筑消防设施运行状态信息等记录应备份，其保存周期不少于 1 年。

（6）按年度进行统计处理后，保存至光盘、磁带等存储介质上。

（7）录音文件的保存周期不少于 6 个月。

（8）远程监控系统具有统一的时钟管理，累计误差不大于 5 s。

第十三章　建筑灭火器配置

【考点一】灭火器的分类及标识【★★★】

（1）按其移动方式可分为手提式灭火器和推车式灭火器。

（2）按驱动灭火剂的动力来源可分为储气瓶式灭火器和储压式灭火器。

（3）按所充装的灭火剂则又可分为水基型灭火器、干粉灭火器、二氧化碳灭火器、洁净气体灭火器等。

（4）按灭火类型分为 A 类灭火器、B 类灭火器、C 类灭火器、D 类灭火器、E 类灭火器等。

（5）各类灭火器一般都有特定的型号与标识，我国灭火器的型号是按照《消防产品型号编制方法》（CN11—1982）编制的。它由类、组、特征代号及主要参数几部分组成。类、组、特征代号用汉语拼音大写字母表示，一般编在型号首位，是灭火器本身的代号，通常用“M”表示。灭火剂代号编在型号第二位：F——干粉灭火剂；T——二氧化碳灭火剂；Y——1211 灭火剂；Q——清水灭火剂。形式号编在型号中的第三位，是各类灭火器结构特征的代号。目前，我国灭火器的结构特征有手提式（包括手轮式）、推车式、鸭嘴式、舟车式和背负式五种，分别用 S、T、Y、Z、B 表示。型号最后面的阿拉伯数字代表灭火剂重量或容积，一般单位为 kg 或 L。国家标准规定，灭火器型号应用汉语拼音大写字母和阿拉伯数字标于筒体。

【考点二】水基型灭火器概念及分类【★★】

水基型灭火器是指内部充入的灭火剂是以水为基础的灭火器，常用的水基型灭火器有清水灭火器、水基型泡沫灭火器和水基型水雾灭火器三种。

（一）清水灭火器

清水灭火器是指筒体中充装的是清洁的水，并以二氧化碳（氮气）为驱动气体的灭火器。

清水灭火器主要用于扑救固体物质火灾，如木材、棉麻、纺织品等的初起火灾，但不适用于扑救油类、电气、轻金属以及可燃气体火灾。

（二）水基型泡沫灭火器

水基型泡沫灭火器内部装有 AFFF 水成膜泡沫灭火剂和氮气，除具有氟蛋白泡沫灭火剂的显著特点外，还可在烃类物质表面迅速形成一层能抑制其蒸发的水膜，靠泡沫和水膜的双重作用迅速有效地灭火，是化学泡沫灭火器的更新换代产品。它能扑灭可燃固体和液体的初起火灾，更多地用于扑救石油及石油产品等非水溶性物质的火灾（抗溶性泡沫灭火器可用于扑救水溶性易燃、可燃液体火灾）。

（三）水基型水雾灭火器

水基型水雾灭火器具有绿色环保（灭火后药剂可 100%生物降解，不会对周围设备与空间造成污染）、高效阻燃、抗复燃性强、灭火速度快、渗透性强等特点，是之前其他同类型灭火器所无法相比的。主要适合配置在具有可燃固体物质的场所，如商场、饭店、写字楼、学校、旅游场所、娱乐场所、纺织厂、橡胶厂、纸制品厂、煤矿甚至家庭等。

【考点三】干粉灭火器概念及适用范围【★★】

（1）干粉灭火器是利用氮气作为驱动动力，将筒内的干粉喷出灭火的灭火器。干粉灭火器内充装的是干粉灭火剂。除扑救金属火灾的专用干粉化学灭火剂外（干粉灭火剂一般分为BC干粉灭火剂和ABC干粉灭火剂两大类），目前国内已经生产的干粉灭火剂有磷酸铵盐、碳酸氢钠、氯化钠、氯化钾干粉灭火剂等。

（2）干粉灭火器可扑灭一般的可燃固体火灾，还可扑灭油、气等燃烧引起的火灾。主要用于扑救石油、有机溶剂等易燃液体、可燃气体和电气设备的初期火灾，广泛用于油田、油库、炼油厂、化工厂、化工仓库、船舶、飞机场以及工矿企业等。

【考点四】二氧化碳灭火器灭火原理及适用场所【★★】

（1）二氧化碳灭火器的容器内充装的是二氧化碳气体，靠自身的压力驱动喷出进行灭火。

（2）它在灭火时具有两大作用：一是窒息作用，二是冷却作用。

（3）二氧化碳灭火器具有流动性好、喷射率高、不腐蚀容器和不易变质等优良性能，用来扑灭图书、档案、贵重设备、精密仪器、600 V以下电气设备及油类的初起火灾。

【考点五】洁净气体灭火器灭火原理及适用场所【★★★★】

（1）这类灭火器是将洁净气体（如IG–541）灭火剂直接加压充装在容器中，使用时，灭火剂从灭火器中排出，形成气雾状射流射向燃烧物，当灭火剂与火焰接触时发生一系列物理化学反应，使燃烧中断，达到灭火目的。

（2）洁净气体灭火器适用于扑救可燃液体、可燃气体和可熔化的固体物质以及带电设备的初起火灾，可在图书馆、宾馆、档案室、商场以及各种公共场所使用。其中，IG–541灭火剂的成分为50%的氮气、10%的二氧化碳和40%的惰性气体。

（3）洁净气体灭火器对环境无害，在自然环境中存留期短，灭火效率高且低毒，适用于有工作人员常驻的防护区，是卤代烷灭火器在现阶段较为理想的替代产品。

【考点六】灭火器配件【★★】

（1）灭火器配件主要由灭火器筒体、阀门（俗称器头）、灭火剂、保险销、虹吸管、密封圈和压力指示器（二氧化碳灭火器除外）等组成。

（2）为保障建筑灭火器的合理安装配置和安全使用，及时有效地扑救初起火灾，减少火灾危害，保护人身和财产安全，建筑物中配置的灭火器应定期检查、检测和维修。对于灭火器配件损坏、失灵的应予以及时维修更换；无法修复的，应按照有关规定要求做报废处理。《灭火器维修》（GA 95—2015）就灭火器维修条件、维修技术要求、维修期限和应予报废的情形以及报废期限等都做了明确规定。如果在规定的检修期到期检修或使用后再充装，则灭火剂和密封圈必须更换。检修时发现筒体不合格，则整具灭火器应报废；其他配件不合格，须更换经国家认证的灭火器配件生产企业生产的配件。

（3）灭火器报废年限根据《灭火器维修》（GA 95—2015）的规定，见表2—3—13—1。

表 2—3—13—1　　灭火器报废年限

灭火器类型	水基型灭火器	干粉灭火器	洁净气体灭火器	二氧化碳灭火器和储气瓶
报废年限（年）	5	10	10	12

【考点七】灭火器分类及构造【★★★★】

（一）手提式灭火器

（1）手提式灭火器结构根据驱动气体的驱动方式可分为：贮压式、外置储气瓶式和内置储气瓶式三种形式。外置储气瓶式和内置储气瓶式主要应用于干粉灭火器，目前这两种结构的灭火器已经停止生产，市场上主要是贮压式结构的灭火器，如干粉灭火器、水基型灭火器等都是贮压式结构。

（2）手提贮压式灭火器主要由筒体、器头阀门、喷（头）管、保险销、灭火剂、驱动气体（一般为氮气，与灭火剂一起充装在灭火器筒体内，额定压力一般在 1.2 ~ 1.5 MPa）、压力表以及铭牌等组成。在待用状态下，灭火器内驱动气体的压力通过压力表显示出来，以便判断灭火器是否失效。

（3）手提式二氧化碳灭火器结构与手提贮压式灭火器结构相似，只是充装压力较高而已，一般在 5.0 MPa 左右，二氧化碳既是灭火剂又是驱动气体。手提式二氧化碳灭火器的结构与其他手提式灭火器的结构基本相似，只是二氧化碳灭火器的充装压力较大，取消了压力表，增加了安全阀。判断二氧化碳灭火器是否失效一般采用称重法。标准要求二氧化碳灭火器每年至少检查一次，低于额定充装量的 95% 就应进行检修。

（4）使用二氧化碳灭火器时，在室外使用的，应选择在上风方向喷射，使用时宜佩戴手套，不能直接用手抓住喇叭筒外壁或金属连接管，防止手被冻伤。在室内狭小空间使用的，灭火后操作者应迅速离开，以防窒息。

（二）推车式灭火器

（1）推车式灭火器主要由灭火器筒体、阀门机构、喷管喷枪、车架、灭火剂、驱动气体（一般为氮气，与灭火剂一起密封在灭火器筒体内）、压力表及铭牌组成。铭牌的内容与手提式灭火器的铭牌内容基本相同。

（2）推车式灭火器一般由两人配合操作，使用时两人一起将灭火器推或拉到燃烧处，在离燃烧物 10 m 左右停下，一人快速取下喷枪（二氧化碳灭火器为喇叭筒）并展开喷射软管后，握住喷枪（二氧化碳灭火器为喇叭筒根部的手柄），另一人快速按逆时针方向旋动手轮，并开到最大位置。灭火方法和注意事项与手提式灭火器基本一致。

【考点八】灭火器的灭火机理【★★★】

（一）干粉灭火器

干粉灭火器的主要灭火机理，一是靠干粉中的无机盐的挥发性分解物，与燃烧过程中燃料所产生的自由基或活性基团发生化学抑制和催化作用，使燃烧的链式反应中断而灭火；二是靠干粉的粉末落在可燃物表面，发生化学反应，并在高温作用下形成一层玻璃状覆盖层，从而隔绝氧气，进而窒息灭火。另外，还有部分稀氧和冷却作用。

（二）二氧化碳灭火器

二氧化碳主要依靠窒息作用和部分冷却作用灭火。灭火时，二氧化碳气体可以排除空气而包围在燃烧物体的表面或分布于较密闭的空间中，降低可燃物周围和防护空间内的氧浓度，产生窒息作用而灭火。另外，二氧化碳从储存容器中喷出时，会由液体迅速汽化成气体，从而从周围吸收部分热量，起到冷却的作用。

【考点九】灭火器的适用范围【★★★★】

（一）A 类火灾（固体物质火灾）

水基型（水雾、泡沫）灭火器、ABC 干粉灭火器，都能用于有效扑救 A 类火灾。

（二）B 类火灾（液体或可熔化的固体物质火灾）

这类火灾发生时，可使用水基型（水雾、泡沫）灭火器、BC 干粉灭火器或 ABC 干粉灭火器、洁净气体灭火器进行扑救。

（三）C 类火灾（气体火灾）

发生 C 类火灾发生时，可使用干粉灭火器、水基型（水雾）灭火器、洁净气体灭火器、二氧化碳灭火器进行扑救。

（四）D 类火灾（金属火灾）

这类火灾发生时可用 7150 灭火剂（俗称液态三甲基硼氧六环，这类灭火剂我国目前没有现成的产品，它是特种灭火剂，适用于扑救 D 类火灾。其主要化学成分为偏硼酸三甲酯）。也可用干沙、土或铸铁屑粉末代替进行灭火。在扑救此类火灾的过程中要注意，必须有专业人员指导，以避免在灭火过程中不合理地使用灭火剂而适得其反。

（五）E 类火灾（带电火灾）

发生物体带电燃烧的火灾时，最好使用二氧化碳灭火器或洁净气体灭火器进行扑救，如果没有，也可以使用干粉、水基型（水雾）灭火器扑救。应注意的是，当使用二氧化碳灭火器扑救电气火灾时，为了防止短路或触电，不得选用装有金属喇叭喷筒的二氧化碳灭火器；如果电压超过 600 V，应先断电后灭火（600 V 以上电压可能会击穿二氧化碳，使其导电，危害人身安全）。

（六）F 类火灾（烹饪器具内的烹饪物火灾）

F 类火灾通常发生在家庭或饭店。当烹饪器具内的烹饪物（如动植物油脂）发生火灾时，由于二氧化碳灭火器对 F 类火灾只能暂时扑灭，容易复燃，因此一般可选用 BC 干粉灭火器（试验表明，ABC 干粉灭火器对 F 类火灾灭火效果不佳）、水基型（水雾、泡沫）灭火器进行扑救。

【考点十】灭火器配置场所的危险等级【★★】

（1）工业建筑。工业建筑灭火器配置场所的危险等级，依据《建筑灭火器配置设计规范》（GB 50140—2005），根据其生产、使用、储存物品的火灾危险性，可燃物数量，火灾蔓延速度，扑救难易程度等因素，划分为以下三级：①严重危险级；②中危险级；③轻危险级。

工业建筑内生产、使用和储存可燃物的火灾危险性是划分危险等级的主要因素；按照标准对厂房和库房中的可燃物的火灾危险性分类，来划分工业建筑场所的危险等级。厂房中属于严重危险级的是甲、乙类物品生产场所，属于中危险级的是丙类物品生产场所，属于轻危险级的是丁、戊类物品生产场所；库房中属于严重危险级的是甲、乙类物品储存场所，属于中危险级的是丙类物品储存场所，属于轻危险级的是丁、戊类物品储存场所。

（2）民用建筑。民用建筑灭火器配置场所的危险等级，依据《建筑灭火器配置设计规范》（GB 50140—2005）规定，根据其使用性质、人员密集程度、用电用火情况、可燃物数量、火灾蔓延速度、扑救难易程度等因素，划分为以下三级：①严重危险级；②中危险级；③轻危险级。

【考点十一】灭火器的设置及选择【★★】

（一）灭火器的设置

灭火器的设置应遵循以下规定：

（1）灭火器应设置在位置明显和便于取用的地点，且不得影响安全疏散。

（2）对有视线障碍的灭火器设置点，应设置指示其位置的发光标志。

（3）灭火器的摆放应稳固，其铭牌应朝外。手提式灭火器宜设置在灭火器箱内或挂钩、托架上，其顶部离地面高度不应大于1.50 m，底部离地面高度不宜小于0.08 m。灭火器箱不应上锁。

（4）灭火器不应设置在潮湿或强腐蚀性的地点，当必须设置时，应有相应的保护措施。当灭火器设置在室外时，也应有相应的保护措施。

（5）灭火器不得设置在超出其使用温度范围的地点。

（二）灭火器的选择

灭火器的选择应考虑下列因素：

（1）灭火器配置场所的火灾种类。

（2）灭火器配置场所的危险等级。

（3）灭火器的灭火效能和通用性。

（4）灭火剂对保护物品的污损程度。

（5）灭火器设置点的环境温度。

（6）使用灭火器人员的体能。

【考点十二】灭火器配置场所的配置设计【★★】

为了科学、合理、经济地对灭火器配置场所进行灭火器配置，首先应对配置场所的灭火器配置进行设计计算。灭火器的配置设计涉及许多方面，形式多种多样，但一般可按下述步骤和要求进行考虑和设计：

（1）确定各灭火器配置场所的火灾种类和危险等级。

（2）划分计算单元，计算各单元的保护面积。

（3）计算各单元的最小需配灭火级别。

（4）确定各单元内的灭火器设置点的位置和数量。

（5）计算每个灭火器设置点的最小需配灭火级别。

（6）确定各单元和每个设置点的灭火器的类型、规格与数量。

（7）确定每具灭火器的设置方式和要求。

（8）一个计算单元内的灭火器数量不应少于2具，每个设置点的灭火器数量不宜多于

5 具。

（9）在工程设计图上，用灭火器图例和文字标明灭火器的类型、规格、数量与设置位置。

【考点十三】灭火器配置场所计算单元的划分【★★】

（一）计算单元划分

一个计算单元可以是只含有一个灭火器配置的场所，也可以是含有若干个灭火器配置的场所，但此时应将该若干个灭火器配置场所视为一个整体来考虑保护面积、保护距离和灭火器配置数量等。

对于不相邻的灭火器配置场所，应分别作为一个计算单元进行灭火器的配置设计计算。对于危险等级和火灾种类都相同的相邻配置场所，或危险等级和火灾种类有一个不相同的相邻配置场所，根据《建筑灭火器配置设计规范》（GB 50140—2005）规定，应按以下规定划分：

（1）当一个楼层或一个防火分区内各场所的危险等级和火灾种类相同时，可将其作为一个计算单元。

（2）当一个楼层或一个防火分区内各场所的危险等级和火灾种类不相同时，应将其分别作为不同的计算单元。

（3）同一计算单元不得跨越防火分区和楼层。

（二）计算单元保护面积（S）的计算

在划分灭火器配置场所后，还需对保护面积进行计算。对灭火器配置场所（单元）的灭火器保护面积计算，规定如下：

（1）建筑物应按其建筑面积进行计算。

（2）可燃物露天堆场，甲、乙、丙类液体储罐区，可燃气体储罐区按堆垛和储罐的占地面积进行计算。

（三）计算单元的最小需配灭火级别的计算

在确定了计算单元的保护面积后，应根据公式 2—3—13—1 计算该单元应配置的灭火器的最小灭火级别，即：

$$Q=K\frac{S}{U} \qquad (2—3—13—1)$$

式中 Q——计算单元的最小需配灭火级别（A 或 B）；

S——计算单元的保护面积（m^2）；

U——A 类或 B 类火灾场所单位灭火级别最大保护面积（m^2/A 或 m^2/B）；

K——修正系数。

火灾场所单位灭火级别的最大保护面积依据火灾危险等级和火灾种类从表 2—3—13—2 或表 2—3—13—3 中选取。

表 2—3—13—2　　A 类火灾场所灭火器的最低配置基准

危险等级	严重危险级	中危险级	轻危险级
单具灭火器最小配置灭火级别	3A	2A	1A
单位灭火级别最大保护面积（m^2/A）	50	75	100

表2—3—13—3　　B、C类火灾场所灭火器的最低配置基准

危险等级	严重危险级	中危险级	轻危险级
单具灭火器最小配置灭火级别	89B	55B	21B
单位灭火级别最大保护面积/（m^2/B）	0.5	1.0	1.5

修正系数值按表2—3—13—4的规定取值。

表2—3—13—4　　修正系数

计算单元	*K*
未设室内消火栓系统和灭火系统	1.0
设有室内消火栓系统	0.9
设有灭火系统	0.7
设有室内消火栓系统和灭火系统	0.5
可燃物露天堆场，甲、乙、丙类液体储罐区，可燃气体储罐区	0.3

歌舞娱乐放映游艺场所、网吧、商场、寺庙以及地下场所等的计算单元的最小需配灭火级别需按式（2—3—13—2）计算：

$$Q=1.3K\frac{S}{U} \qquad (2—3—13—2)$$

【考点十四】计算单元中每个灭火器设置点的最小需配灭火级别的计算【6★】

计算单元中每个灭火器设置点的最小需配灭火级别按公式2—3—13—3进行计算，即

$$Q_e=\frac{Q}{N} \qquad (2—3—13—3)$$

式中　Q_e——计算单元中每个灭火器设置点的最小需配灭火级别（A或B）；

N——计算单元中的灭火器设置点数（个）。

【考点十五】灭火器设置点的确定【★★★】

每个灭火器设置点实配灭火器的灭火级别和数量不得小于最小需配灭火级别和数量的计算值。计算单元中的灭火器设置点的位置和数量应依据火灾的危险等级、灭火器类型（手提式或推车式）按不大于表2—3—13—5或表2—3—13—6规定的最大保护距离合理设置，且应保证最不利点至少在1具灭火器的保护范围内。

表2—3—13—5　　A类火灾场所的灭火器最大保护距离　　（单位：m）

危险等级＼灭火器类型	手提式灭火器	推车式灭火器
严重危险级	15	30
中危险级	20	40
轻危险级	25	50

表 2—3—13—6　　B、C 类火灾场所的灭火器最大保护距离　　（单位：m）

危险等级 \ 灭火器类型	手提式灭火器	推车式灭火器
严重危险级	9	18
中危险级	12	24
轻危险级	15	30

D 类火灾场所的灭火器，其最大保护距离应根据具体情况研究确定。

E 类火灾场所的灭火器，其最大保护距离不应低于该场所内 A 类或 B 类火灾的规定。

如果计算单元中配置有室内消火栓系统，则由于消火栓的设置距离与灭火器设置点的距离要求基本相近，因此在不影响灭火器保护效果的前提下，将灭火器设置点与室内消火栓设置合二为一是一个很好的选择。

第十四章　消防供配电

【考点一】消防用电的负荷等级分类及要求【6★】

（一）基本概念

消防用电负荷是指消防用电设备根据供电可靠性及中断供电所造成的损失或影响的程度，分为一级负荷、二级负荷及三级负荷。

（二）一级负荷

（1）一级负荷适用的场所。下列场所的消防用电应按一级负荷供电：

建筑高度大于 50 m 的乙、丙类生产厂房和丙类物品库房，一类高层民用建筑，一级大型石油化工厂，大型钢铁联合企业，大型物资仓库等。

（2）一级负荷的电源供电方式。一级负荷应由两个电源供电，且两个电源要符合下列条件之一：

1）两个电源之间无联系。

2）两个电源有直接联系，但符合下列要求：

①任一电源发生故障时，两个电源的任何部分均不会同时损坏。

②发生任何一种故障且保护装置正常时，有一个电源不中断供电，并且在发生任何一种故障且主保护装置失灵以致两个电源均中断供电后，应能在有人员值班的处所完成各种必要操作，迅速恢复一个电源供电。

（3）结合消防用电设备的特点，以下供电方式可视为一级负荷供电：

1）电源一个来自区域变电站（电压在 35 kV 及以上），同时另设一台自备发电机组。

2）电源来自两个区域变电站。

3）电源来自两个不同的发电厂。

（三）二级负荷

（1）二级负荷适用的场所。下列建筑物、储罐（区）和堆场的消防用电应按二级负荷供电：室外消防用水量大于 30 L/s 的厂房（仓库），室外消防用水量大于 35 L/s 的可燃材料堆场、可燃气体储罐（区）和甲、乙类液体储罐（区），粮食仓库及粮食筒仓，二类高层民用建筑，座位数超过 1 500 个的电影院、剧场，座位数超过 3 000 个的体育馆，任一层建筑面积大于 3 000 m^2 的商店和展览建筑，省（市）级及以上的广播电视、电信和财贸金融建筑，室外消防用水量大于 25 L/s 的其他公共建筑。

（2）二级负荷的电源供电方式。二级负荷的电源供电方式可以根据负荷容量及重要性进行选择：

1）二级负荷的供电系统要尽可能采用两回路供电。

2）在负荷较小或地区供电条件较困难的条件下，允许有一回路 6 kV 以上专线架空线或电缆供电。当采用架空线时，可为一回路架空线供电；当用电缆线路供电时，由于电缆发生故障恢复时间和故障点排查时间长，故应采用两个电缆组成的线路供电，且每个电缆均应能承受

100% 的二级负荷。

（四）三级负荷

（1）三级消防用电设备采用专用的单回路电源供电，并在其配电设备设有明显标志。其配电线路和控制回路应按照防火分区进行划分。

（2）消防水泵、消防电梯、防烟排烟风机等消防设备，应急电源可采用第二路电源、带自启动的应急发电机组或由两者组成的系统供电方式。

（3）消防控制室、消防水泵、消防电梯、防烟排烟风机等的供电，要在最末一级配电箱处设置自动切换装置。切换部位指各自的最末一级配电箱，如消防水泵应在消防水泵房的配电箱处切换，消防电梯应在电梯机房配电箱处切换。

【考点二】消防备用电源分类及选型设置【★★】

（1）消防备用电源通常有三种：

1）独立于工作电源的带电回路。

2）柴油发电机。

3）应急供电电源（EPS）。

（2）消防用电设备在正常条件下由主电源供电，发生火灾时由消防备用电源供电，当主电源不论任何原因被切断时，消防备用电源应能自动投入以保证消防用电的可靠性。这些备用电源的供电时间和容量，均要求满足各消防用电设备设计持续运行时间最长者的要求。

【考点三】消防负荷的电源设计【★★】

（1）消防电源要在变压器的低压出线端设置单独的主断路器，不能与非消防负荷共用同一路进线断路器和同一低压母线段。消防电源应独立设置，即从建筑物变电所低压侧封闭母线处或进线柜处就将消防电源分出而各自成独立系统。如果建筑物为低压电缆进线，则从进线隔离电器下端将消防电源分开，从而确保消防电源相对建筑物而言是独立的，提高了消防负荷供电的可靠性。

（2）当建筑物双重电源中的备用电源为冷备用，且备用电源的投入时间不能满足消防负荷允许中断供电的时间时，要设置应急发电机组，机组的投入时间要满足消防负荷供电的要求。

【考点四】消防备用电源的设计【★★】

（1）当消防电源由自备应急发电机组提供备用电源时，消防用电负荷为一级或二级的要设置自动和手动启动装置，并在 30 s 内供电；当采用中压柴油发电机组时，火灾确认后要在 60 s 内供电。

（2）工作电源与应急电源之间要采用自动切换方式，同时按照负载容量由大到小的原则顺序启动。电动机类负载启动间隔宜在 10 ~ 20 s。

（3）当采用柴油发电机组作为消防备用电源时，其电压等级要符合下列规定：

1）供电半径不大于 400 m 时，宜采用低压柴油发电机组。

2）供电半径大于 400 m 时，宜采用中压柴油发电机组。

3）线路电压降应不大于供电电压的 5%。备用消防电源的供电时间和容量，应能满足该建筑火灾延续时间内各消防用电设备的要求。

（4）当采用消防设备应急电源（FEPS）作为备用电源时，电池初装容量应为使用容量的 3 倍；三相供电的 EPS 单机容量不宜大于 120 kW，单项供电的 EPS 单机容量不宜大于 30 kW，且应有单节电池保护和电能均衡装置。

【考点五】配电设计要求【★★★★★】

（1）消防水泵、喷淋水泵、水幕泵和消防电梯要由变配电站或主配电室直接出线，采用放射式供电；防烟排烟风机、防火卷帘以及疏散照明可采用放射式或树干式供电。消防水泵、防烟排烟风机及消防电梯的两路低压电源应能在设备机房内自动切换，其他消防设备的电源应能在每个防火分区配电间内自动切换；消防控制室的两路低压电源应能在消防控制室内自动切换。消防水泵、防烟排烟风机和正压送风机等设备不能采用变频调速器作为控制装置。电动机类的消防设备不能采用 EPS/UPS 作为备用电源。

（2）主消防泵为电动机水泵，备用消防泵为柴油机水泵，主消防泵可采用一路电源供电。消防设备的配电箱和控制箱宜安装在配电室、消防设备机房、配电小间或电气竖井内；当必须在其他场所安装时，箱体要采取防火措施，并满足火灾时消防设备持续运行时间的要求。

（3）消防负荷的配电线路所设置的保护电器要具有短路保护功能，但不宜设置过负荷保护装置，如设置只能动作于报警而不能用于切断消防供电。

（4）消防负荷的配电线路不能设置剩余电流动作保护和过、欠电压保护，因为在火灾这种特殊情况下，不管消防线路和消防电源处于什么状态或故障，为消防设备供电是最重要的。

（5）消防设备的配电装置与非消防设备的配电装置宜分列安装；若必须并列安装，则分界处应设防火隔断。消防配电设备应设有明显标志，专用消防配电柜宜采用红色柜体。

第四篇 其他建筑、场所防火

第一章 概　　述

本章内容较少，容易理解和掌握。

第二章　石油化工防火

【考点一】泄压排放设施的种类【★★】

（1）泄压排放设施按其功能分为正常情况下排放和事故情况下排放。

（2）甲、乙、丙类的设备均应有这些事故紧急排放设施。

（3）常用可燃气体或蒸气的排放系统可以利用专门的设施，或利用通常的工艺管道和容器进行排放。

（4）大型石油化工生产装置的易燃易爆气体都是通过火炬来排放的。

【考点二】火炬系统的安全设置【★★★】

（1）防火间距。距火炬筒 30 m 范围内严禁可燃气体放空。

（2）火炬高度。火炬的高度依据顶端火焰的辐射热对地面上人员的热影响，或大风时火焰长度及倾斜度对邻近构筑物及生产装置的热影响确定，应使火焰的辐射热不致影响人身及设备的安全。

（3）排放能力。火炬的排放能力应以正常运转时、停车大检修时、全停电或部分停电时、仪器设备故障或发生火灾时等可能出现的排放量中最大可能的排出气量为准。必须保证火炬燃烧嘴具有能处理其中最大的气体排放量的能力。

（4）保证排出气体处理质量。火炬具有净化、排放并使可燃性气态物质燃烧而消除可燃性的作用。火炬燃烧嘴是关系排出气体处理质量的重要部件，要求其喷出的气流速度要适中，一般控制在音速的 1/5 左右，既不能吹灭火焰，也不可将火焰吹飞。

（5）设置自动控制系统。在中央控制室内应安装具有气体排放、输送和燃烧等的参数控制仪表和信号显示装置。主要参数应以极限值信号装置的调节仪表来控制。

（6）设置安全装置。为了防止排出的气体带液体，可燃气体放空管道在接入火炬前应设置分液和阻火等设备。为了防止火焰和空气倒入火炬筒，在火炬筒上部应安装防回火装置。为及时发现空气倒入火炬系统的情况，须设置火炬管内出现真空的信号装置，并能随即进行联锁，以改变吹洗可燃气体和惰性气体的供给量。为了防止气体通过液封时产生水力冲击或发生泄漏，应该在分离器、液封和冷凝液受槽上，安装最高和最低液位的信号装置。为更好地提高火炬装置的耐爆性，还可在排放气体的管道上安装气体的最低余压和流速的自动调节系统。为保证气体的无烟燃烧，应设有自动调节送至火炬喷头的可燃气体和蒸汽比例的调节器。当排放气体中含有乙炔或存在爆炸分解危险时，在火炬筒的入口前，应设置拉西环填料的塔式阻火器。

【考点三】放空管的安全设置【★★★★】

（1）安装要求。受工艺条件或介质特性所限，无法排入火炬或装置处理排放系统的可燃气体，当通过排气筒、放空管直接向大气排放时，排气筒、放空管的高度应符合下列规定：

1）连续排放的排气筒顶或放空管口应高出半径 20 m 范围内的平台或建筑物顶 3.5 m 以上，位于排放口水平 20 m 以外斜上 45° 的范围内不宜布置平台或建筑物（见图 2—4—2—1）；

2）间歇排放的排气筒顶或放空管口应高出半径10 m范围内的平台或建筑物顶3.5 m以上，位于排放口水平10 m以外斜上45°的范围内不宜布置平台或建筑物（见图2—4—2—1）；

3）安全阀排放管口不得朝向邻近设备或有人通过的地方，排放管口应高出8 m范围内的平台或建筑物顶3 m以上。

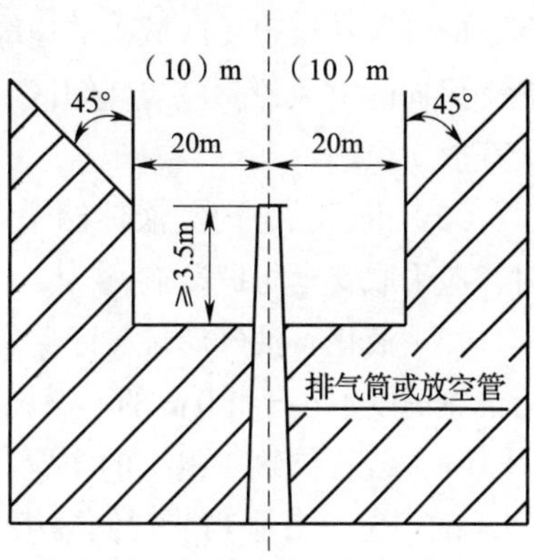

图2—4—2—1　可燃气体排气筒、放空管高度示意图

注：阴影部分为平台或建筑物的设置范围。

（2）设置安全装置。放空管上应安装阻火器或其他限制火焰的设备，以防止气体在管道出口处着火，并使火焰扩散到工艺装置中。由于紧急放空管和安全阀放空管口均装于高出建筑物顶部的位置，且排放易燃易爆介质，其冲出气柱较高，容易遭受雷击，因此放空管口应处在防雷保护范围内。当放空气体流速较快时，为防止因静电放电引起事故，放空管应有良好的接地。可燃液体设备的安全阀出口泄放管应接入储罐或其他容器，泵的安全阀出口泄放管宜接至泵的入口管道、塔或其他容器；可燃气体设备的安全阀出口泄放管应接至火炬系统或其他安全泄放设施。排放后可能立即燃烧的可燃气体，应经冷却装置冷却后接至放空设施。

（3）防止大气污染。为了防止火灾危险和有害人身健康的大气污染，当事故放空大量可燃有毒气体及蒸汽时，均须排放至火炬燃烧。排放可能携带腐蚀性液滴的可燃气体，应经过气液分离器分离后，接入通往火炬的管线，不得在装置附近未经燃烧直接放空。

【考点四】安全阀的设置【★★】

（1）在非正常条件下，可能超压的下列设备应设安全阀：

1）顶部最高操作压力大于等于0.1 MPa的压力容器。

2）顶部最高操作压力大于0.03 MPa的蒸馏塔、蒸发塔和汽提塔（汽提塔蒸汽通入另一蒸馏塔者除外）。

3）往复式压缩机各段出口或电动往复泵、齿轮泵、螺杆泵等容积式泵的出口（设备本身已有安全阀者除外）。

4）凡与鼓风机、离心式压缩机、离心泵或蒸汽往复泵出口连接的设备不能承受其最高压力时，鼓风机、离心式压缩机、离心泵或蒸汽往复泵的出口。

5）可燃气体或液体受热膨胀，可能超过设计压力的设备。

6）顶部最高操作压力为0.03 ~ 0.1 MPa的设备应根据工艺要求设置。

（2）有突然超压或发生瞬时分解爆炸危险物料的反应设备，如设安全阀不能满足要求时，应装爆破片或爆破片和导爆管，导爆管口必须朝向无火源的安全方向；必要时应采取防止二次爆炸、火灾的措施。

（3）下列工艺设备不宜设安全阀：

加热炉炉管；在同一压力系统中，压力来源处已有安全阀，则其余设备可不设安全阀；扫线蒸汽不宜作为压力来源。

【考点五】储存设施防火设计要求【★★★★】

（1）甲、乙、丙类液体储罐区，液化石油气储罐区可燃、助燃气体储罐区，可燃材料堆场等，应设置在城市（区域）的边缘或相对独立的安全地带，并宜设置在城市（区域）全年最小频率风向的上风侧。应与装卸区、辅助生产区及办公区分开布置。桶装、瓶装甲类液体不应露天存放。

（2）甲、乙、丙类液体储罐（区）宜布置在地势较低的地带。当布置在地势较高的地带时，应采取安全防护设施。

（3）液化石油气储罐（区）宜布置在地势平坦、开阔等不易积存液化石油气的地带。四周应设置高度不小于 1.0 m 的不燃烧体实体防护墙。

（4）装置储罐（组）的布置应符合《石油化工企业设计防火规范》（GB 50160—2008）表 5.2.1 的规定，其中当装置储罐组总容积：液化烃罐大于 100 m^3 小于或等于 500 m^3、可燃液体罐或可燃气体罐大于 1 000 m^3 小于或等于 5 000 m^3 时，应成组集中布置在装置边缘；但液化烃单罐容积不应大于 300 m^3，可燃液体单罐容积不应大于 3 000 m^3，与储罐相关的机泵应布置在防火堤外。

（5）罐组的总容积应符合下列规定：

1）固定顶罐组的总容积不应大于 120 000 m^3；

2）浮顶、内浮顶罐组的总容积不应大于 600 000 m^3；

3）固定顶罐和浮顶、内浮顶罐的混合罐组的总容积不应大于 120 000 m^3，其中浮顶、内浮顶罐的容积可折半计算。

（6）液化烃、可燃气体、助燃气体的罐组内，储罐的防火间距不应小于表 2—4—2—1 的规定。

表 2—4—2—1 液化烃、可燃气体、助燃气体的罐组内储罐的防火间距

介质	储存方式或储罐型式		球罐	卧（立）罐	全冷冻式储罐		水槽式气柜	干式气柜
					≤ 100 m^3	> 100 m^3		
液化烃	全压力式或半冷冻式储罐	有事故排放至火炬的措施	0.5 *D*	1.0 *D*	*	*	*	*
		无事故排放至火炬的措施	1.0 *D*		*	*	*	*
	全冷冻式储罐	≤ 100 m^3	*	*	1.5 *D*	0.5 *D*	*	*
		> 100 m^3	*	*	0.5 *D*	0.5 *D*		
助燃气体	球罐		0.5 *D*	0.65 *D*	*	*	*	*
	卧（立）罐		0.65 *D*	0.65 *D*	*	*	*	*
可燃气体	水槽式气柜		*	*	*	*	0.5 *D*	0.65 *D*
	干式气柜		*	*	*	*	0.65 *D*	0.65 *D*
	球罐		0.5 *D*	*	*	*	0.65 *D*	0.65 *D*

注：1. *D* 为相邻较大储罐的直径。

2. 液氨储罐间的防火间距要求应与液化烃储罐相同；液氧储罐间的防火间距应按《建筑设计防火规范》（GB 50016—2014）的要求执行。

3. 沸点低于 45℃的甲$_B$类液体压力储罐，按全压力式液化烃储罐的防火间距执行。

4. 液化烃单罐容积≤ 200 m^3 的卧（立）罐之间的防火间距超过 1.5 m 时，可取 1.5 m。

5. 当助燃气体的卧（立）罐之间的防火间距超过 1.5 m 时，可取 1.5 m。

6. “*” 表示不应同组布置。

（7）罐组内单罐容积大于或等于 10 000 m^3 的储罐个数不应多于 12 个；单罐容积小于 10 000 m^3 的储罐个数不应多于 16 个；但单罐容积均小于 1 000 m^3 的储罐以及丙$_B$类液体储罐的个数不受此限。

（8）罐组内相邻可燃液体地上储罐的防火间距不应小于表 2—4—2—2 的规定。

表 2—4—2—2　　罐组内相邻可燃液体地上储罐的防火间距

<table>
<tr><th rowspan="3">液体类别</th><th colspan="4">储罐型式</th></tr>
<tr><th colspan="2">固定顶罐</th><th rowspan="2">浮顶、内浮顶罐</th><th rowspan="2">卧罐</th></tr>
<tr><th>≤ 1 000 m^3</th><th>> 1 000 m^3</th></tr>
<tr><td>甲 B、乙类</td><td>0.75 D</td><td>0.6 D</td><td rowspan="3">0.4 D</td><td rowspan="3">0.8 m</td></tr>
<tr><td>丙 A 类</td><td colspan="2">0.4 D</td></tr>
<tr><td>丙 B 类</td><td>2 m</td><td>5 m</td></tr>
</table>

注：1. 表中 D 为相邻较大罐的直径，单罐容积大于 1 000 m^3 的储罐取直径或高度的较大值。
2. 存储不同类别液体的或不同型式的相邻储罐的防火间距应采用本表规定的较大值。
3. 现有浅盘式内浮顶罐的防火间距同固定顶罐。
4. 可燃液体的低压储罐，其防火间距按固定顶罐考虑。
5. 储存丙$_B$类可燃液体的浮顶、内浮顶罐，其防火间距大于 15 m 时，可取 15 m。

（9）储罐选型时，首先应保证使用的可靠性和安全性，要求储罐结构密封性好，以减少储罐内石油及石油产品的蒸发损耗，既保护了环境免遭污染，又防止了储罐区可燃蒸汽的积聚，减少了油库的不安全因素。

（10）储罐安装的所有电气设备和仪器仪表，必须符合相应的防爆等级和类别，测量油面的电子仪表、温度计以及其他指示器和探测器等，均应按专门的设计要求安装在储罐上。钢制储罐必须做防雷接地，接地点不应少于两处。钢质储罐接地点沿储罐周长的间距，不宜大于 30 m，接地电阻不宜大于 10 Ω。当装有阻火器的地上卧式储罐的壁厚和地上固定顶钢质储罐的顶板厚度等于或大于 4 mm 时，可不设避雷针。铝顶储罐和顶板厚度小于 4 mm 的钢质储罐，应装设避雷针。浮顶罐或内浮顶罐可不设避雷针，但应将浮顶与罐体用两根导线做电气连接。

【考点六】铁路装卸防火设计要求及措施【★★★】

（1）当液化烃装卸栈台与可燃液体装卸栈台布置在同一装卸区时，液化烃栈台应布置在装卸区的一侧。

（2）在液化烃、可燃液体的铁路装卸区内，内燃机车至另一栈台鹤管的距离应符合下列规定：

1）甲、乙类液体鹤管不应小于 12 m；甲$_B$、乙类液体采用密闭装卸时，其防火间距可减少 25%；丙类液体鹤管不应小于 8 m。

2）当液化烃、可燃液体或甲、乙类固体的铁路装卸线为尽头线时，其车档至最后车位的距离不应小于 20 m。

3）液化烃、可燃液体或甲、乙类固体的铁路装卸线停放车辆的线段应为平直段。当受地形条件限制时，可设在半径不小于500 m的平坡曲线上。

4）液化烃、可燃液体的铁路装卸线不得兼作走行线。

（3）在液化烃、可燃液体的铁路装卸区内，两相邻栈台鹤管之间的距离应符合下列规定：

1）甲、乙类液体的栈台鹤管与相邻栈台鹤管之间的距离不应小于10 m；甲$_B$、乙类液体采用密闭装卸时，其防火间距可减少25%。

2）丙类液体的两相邻栈台鹤管之间的距离不应小于7 m。

（4）可燃液体的铁路装卸设施应符合下列规定：

1）装卸栈台两端和沿栈台每隔60 m左右应设梯子。

2）甲$_B$、乙、丙$_A$类的液体严禁采用沟槽卸车系统。

3）顶部敞口装车的甲$_B$、乙、丙$_A$类的液体应采用液下装车鹤管。

4）在距装车栈台边缘10 m以外的可燃液体（润滑油除外）输入管道上应设便于操作的紧急切断阀。

5）丙$_B$类液体装卸栈台宜单独设置。

零位罐至罐车装卸线不应小于6 m。

6）甲$_B$、乙$_A$类液体装卸鹤管与集中布置的泵的距离不应小于8 m。

7）同一铁路装卸线一侧的两个装卸栈台相邻鹤位之间的距离不应小于24 m。

【考点七】公路装卸防火设计要求及措施【★★】

可燃液体的汽车装卸站应符合下列规定：

（1）装卸站的进、出口宜分开设置。

（2）当进、出口合用时，站内应设回车场。

（3）装卸车场应采用现浇混凝土地面。

（4）装卸车鹤位与缓冲罐之间的距离不应小于5 m，高架罐之间的距离不应小于0.6 m。

（5）甲$_B$、乙$_A$类液体装卸车鹤位与集中布置的泵的距离不应小于8 m。

（6）站内无缓冲罐时，在距装卸车鹤位10 m以外的装卸管道上应设便于操作的紧急切断阀。

（7）甲$_B$、乙、丙$_A$类液体的装卸车应采用液下装卸车鹤管。

（8）甲$_B$、乙、丙$_A$类液体与其他类液体的两个装卸车栈台相邻鹤位之间的距离不应小于8 m。

（9）装卸车鹤位之间的距离不应小于4 m。

（10）双侧装卸车栈台相邻鹤位之间或同一鹤位相邻鹤管之间的距离应满足鹤管正常操作和检修的要求。

【考点八】码头装卸防火设计要求及措施【★★★★】

根据《石油化工企业设计防火规范》（GB 50160—2008）的规定，可燃液体码头、液化烃码头应符合下列规定：

（1）除船舶在码头泊位内外档停靠外，码头相邻泊位船舶间的防火间距不应小于表2—4—2—3的规定。

表 2—4—2—3　　码头相邻泊位船舶间的防火间距　　（单位：m）

船长	279 ~ 236	235 ~ 183	182 ~ 151	150 ~ 110	＜110
防火间距	55	50	40	35	25

（2）液化烃泊位宜单独设置，当不同时作业时，可与其他可燃液体共用一个泊位。

（3）可燃液体和液化烃的码头与其他码头或建筑物、构筑物的安全距离应按有关规定执行。

（4）在距泊位 20 m 以外或岸边处的装卸船管道上应设便于操作的紧急切断阀。

（5）液化烃的装卸应采用装卸臂或金属软管，并应采取安全放空措施。

（6）装卸作业注意事项：

1）装卸作业前，应先接好地线后再接输油管，静电接地要可靠，电缆规格要符合要求。机炉舱风头应背向油舱，停止通烟管和锅炉管吹灰。要关闭油舱甲板的水密门、窗，关闭相关电气开关，严防油气进入机炉舱和生活区。

2）装卸油品时，应在船的周围设置围油栏，以防溢出油向周围扩散。作业中，禁止使用非防爆的手电筒等能产生火花或火星的设备。

3）装卸完毕后，应先拆输油管后拆地线，并清除软管、输油臂内的残油，关闭各油舱口和输油管线阀门，擦净现场油污。

第三章　地 铁 防 火

【考点一】地铁建筑防火【★★★★】

（1）根据《地铁设计规范》（GB 50157—2013）的要求，耐火等级主要有以下几点要求：

1）地下的车站、区间、变电站等主体工程及出入口通道、风道的耐火等级应为一级。

2）地面出入口、风亭等附属建筑，地面车站、高架车站及高架区间的建（构）筑物，耐火等级不得低于二级。

3）控制中心建筑耐火等级应为一级。

4）车辆基地内建筑的耐火等级应根据其使用功能确定。

（2）防火分区要求如下：

1）地下车站站台和站厅公共区应划为一个防火分区，设备与管理用房区每个防火分区的最大允许使用面积不应大于 1 500 m^2。

2）地下换乘车站当共用一个站厅时，站厅公共区面积不应大于 5 000 m^2。

3）地上的车站站厅公共区采用机械排烟时，防火分区的最大允许建筑面积不应大于 5 000 m^2，其他部位每个防火分区的最大允许建筑面积不应大于 2 500 m^2。

（3）防火分隔措施主要有：

1）两个防火分区之间应采用耐火极限不低于 3.00 h 的防火墙和甲级防火门分隔，当防火墙设有观察窗时，应采用甲级防火窗；防火分区的楼板应采用耐火极限不低于 1.50 h。

2）重要设备用房应以耐火极限不低于 2.00 h 的隔墙和耐火极限不低于 1.50 h 的楼板与其他部位隔开。

3）防火卷帘与建筑物之间的缝隙，以及管道、电缆、风管等穿过防火墙、楼板及防火分隔物时，应采用防火封堵材料将空隙填塞密实。

（4）装修材料要求：

1）地下车站公共区和设备与管理用房的顶棚、墙面、地面装修材料及垃圾箱，应采用 A 级不燃材料。

2）地上车站公共区的墙面、顶面的装修材料及垃圾箱，应采用 A 级不燃材料，地面应采用不低于 B_1 级难燃材料。

3）地上、地下车站公共区的广告灯箱、导向标志、休息椅、电话亭、售检票机等固定服务设施的材料，应采用不低于 B_1 级难燃材料。

4）装修材料不得采用石棉、玻璃纤维、塑料类等制品。

（5）防烟分区要求如下：

1）地下车站的公共区，以及设备与管理用房，应划分防烟分区，且防烟分区不得跨越防火分区。

2）站厅与站台的公共区每个防烟分区的建筑面积不宜超过 2 000 m^2，设备与管理用房每个防烟分区的建筑面积不宜超过 750 m^2。

3）防烟分区可采取挡烟垂壁等措施。挡烟垂壁等设施的下垂高度不应小于 500 mm。

【考点二】地铁安全疏散【★★★】

（1）一般规定。车站站台、站厅、楼梯、自动扶梯、出入口、通道，应满足当发生火灾时，在 6 min 内将远期或客流控制期超高峰小时，一列进站列车所载乘客及站台上的候车人员全部撤离站台到达安全区的要求。

（2）安全出口相关规定如下：

1）车站每个站厅公共区安全出口的数量应经计算确定，且应设置不少于两个直通地面的安全出口。

2）地下单层侧式站台车站，每侧站台安全出口数量应经计算确定，且不应少于两个直通地面的安全出口。

3）地下车站的设备与管理用房区域安全出口的数量不应少于两个，其中有人值守的防火分区应有 1 个安全出口直通地面。

4）安全出口应分散设置，当同方向设置时，两个安全出口通道口部之间的净距不应小于 10 m。

5）竖井、爬楼、电梯、消防专用通道，以及设在两侧式站台之间的过轨地道、地下换乘车站的换乘通道不应作为安全出口。

6）站内和站台公共区任何一点，与安全疏散出口的距离不得大于 50 m。

（3）疏散通道宽度和距离要求如下：

1）当设备与管理用房区的房间单面布置时，疏散通道宽度不得小于 1.2 m，双面布置时不得小于 1.5 m。

2）设备与管理用房直接通向疏散走道的疏散门至安全出口的距离，当房间疏散门位于两个安全出口之间时，疏散门与最近安全出口的距离不应大于 40 m，当房间位于袋形走道两侧或尽端时，其疏散门与最近安全出口的距离不应大于 22 m。

3）地下出入口通道的长度不宜超过 100 m，超过时应采取满足人员消防疏散要求的措施。

（4）下列位置应设置应急疏散照明和疏散指示标志：

1）车站站厅、站台、自动扶梯、自动人行道及楼梯。

2）车站附属用房内走道等疏散通道。

3）区间隧道。

4）车辆基地内的单体建筑及控制中心大楼的疏散楼梯间、疏散通道、消防电梯间（含前室）。

（5）疏散指示标志的设置应符合下列要求：

1）疏散通道拐弯处、交叉口及沿通道长向设置间距不应大于 10 m，距地面应小于 1 m。

2）疏散门、安全出口处应设置灯光疏散指示标志，且宜设置在门洞正上方。

3）车站公共区的站台、站厅乘客疏散路线和疏散通道等人员密集部位的地面上，以及疏散楼梯台阶侧立面，应设蓄光疏散指示标志，且应保持视觉连续。

【考点三】地铁消防设施设置要求【★★★】

（一）灭火设施

（1）消火栓给水系统有如下要求：

1）设置场所。地下车站及其相连的地下区间、长度大于 20 m 的出入口通道、长度大于

500 m 的独立地下区间应设室内消火栓给水系统。

2）设置标准。地下车站和地下区间的室内消火栓给水系统应设计为环状管网，地下区间上下行线应各设置1根消防给水管，在地下车站端部和车站环状管网应相接。地面和高架车站室内放置的消火栓应超过10个，且当室外消防用水量大于15 L/s 时，应设计为环状管网。室内消火栓环状管网应有两根进水管与城市自来水环状管网或消防水泵连接。地下车站（含换乘车站）消火栓给水系统用水量应为20 L/s，地下车站入口通道、折返线及地下区间隧道的消火栓给水系统用水量应为10 L/s。

（2）地下车站设置的商铺总面积超过500 m^2 时应设自动喷水灭火系统。

（二）防排烟设施设置场所及设置标准

（1）设置场所

1）地下车站及区间隧道内必须设置防烟、排烟和事故通风系统。

2）地下车站的站厅和站台、连续长度大于300 m 的区间隧道和全封闭车道、防烟楼梯间和前室应设置机械防烟排烟设施。

3）同一个防火分区内的地下车站设备与管理用房的总面积超过200 m^2，或面积超过50 m^2 且经常有人停留的单个房间、最远点到车站公共区的直线距离超过20 m 的内走道、连续长度大于60 m 的地下通道和出入口通道应设置机械排烟设施。

（2）设置标准

1）连续长度大于60 m，但不大于300 m 的区间隧道和全封闭车道宜采用自然排烟，当无条件采用自然排烟时，应设置机械排烟设施。

2）地面和高架车站应采用自然排烟，当确有困难时，应设置机械排烟设施。

3）当防烟、排烟和事故通风系统与正常通风空调系统合用时，通风空调系统应采取防火措施，且应符合防排烟系统的要求，并具备事故工况下的快速转换功能。

（三）火灾自动报警系统设置场所及设置标准

（1）设置场所。车站、区间隧道、区间变电所及系统设备用房、主变电所、集中冷站、控制中心、车辆基地应设置火灾自动报警系统；地下车站的站厅层公共区、站台层公共区、换乘公共区、各种设备机房、库房、值班室、办公室、走廊、配电室、电缆隧道或夹层，以及长度超过60 m 的出入口通道，应设置火灾探测器。

（2）设置标准。地下车站、区间隧道和控制中心，按火灾报警一级保护对象设计；设有集中空调系统或每层封闭的建筑面积超过2 000 m^2，但面积不超过3 000 m^2 的地面车站、高架车站，保护等级应为二级，面积超过3 000 m^2 的保护等级应为一级。

（四）消防通信系统设置场所及设置标准

（1）设置场所。车站车控室（兼消防控制室）、控制中心大楼消防值班室、车辆段（停车场）信号楼控制室（兼消防控制室）应设消防专用电话总机，宜选择共电式电话总机或对讲通信电话设备。

（2）设置标准。在车站、控制中心大楼、车辆段（停车场）的消防泵房、气体灭火钢瓶间及环控电控室、通信设备室、信号设备室、开关柜室、整流变压器室、公网引入室、屏蔽门设备室等所有气体灭火保护的设备用房，建议设置固定消防专用电话分机。在手动火灾报警按钮、消火栓按钮等处设置电话塞孔。电话塞孔可分区域采用共线方式接入消防专用电话总机。

（五）消防配电要求

（1）负荷分级和供电要求。消防用电设备应按一级负荷供电，采用双电源双回路，并在最末一级配电箱处设置自动切换装置。

（2）电缆（电线）选择及敷设方式。消防用电设备的配电线路应满足在外部火势作用下，保持线路完整性、维持通电的要求，根据地铁发生火灾的危险性、疏散和扑救难度，其电线电缆的选择和敷设方式应满足下述要求：①电线电缆选用时，应按使用场所和敷设条件选择阻燃级别，但同一建筑物内选用的阻燃和阻燃耐火电线电缆，其阻燃级别宜相同。②由变配电所（或总配电室）引至消防设备的电源主干线应采用无卤、低烟、阻燃耐火电缆或矿物绝缘电缆，但在地下车站宜采用矿物绝缘电缆。③电缆穿管暗敷时可采用耐火电缆，明敷或沿支架、桥架敷设时采用无卤、低烟、阻燃耐火铜芯电缆，矿物绝缘电缆采用支架或沿墙明敷。

第四章　城市交通隧道防火

【考点一】隧道分类标准及依据说明【★★★】

（1）按建设规模分类。依据隧道的建设规模大小是区分隧道类型的主要分类方法，以所建隧道长度和断面面积两项指标来衡量。

（2）按施工方法分类主要有四类：

1）盾构法。采用盾构机械挖土掘进，并在盾构壳体的保护下拼装预制的衬砌结构来支承周围土体，从而形成通道。该方法以建造圆形隧道为主。

2）沉管法。采用水力压接技术将预制的管段在事先开挖的基槽内逐节连接起来，使之形成能防水、通行的通道。矩形隧道一般采用此法建造。

3）钻爆法。采用钻眼、爆破、出砟而形成结构空间的一种开挖方法，是目前修建山岭隧道的最通行的方法。按开挖分部情况分为全断面法、台阶法、环行开挖预留核心土法、双侧壁导坑法、中洞法、中隔壁法、交叉中隔壁开挖法。

4）明挖法。采用放坡或围护的形式，从地表向下分段开挖、分段浇筑结构后回填覆盖，从而形成地下通道。连拱形隧道和矩形隧道可采用此法建造。

（3）按交通模式分类主要有三类：

1）单孔对向交通。这种交通模式的安全隐患较多，一般多为交通流量小的隧道。

2）双孔、多孔内各自均为同向交通，双孔间多设有横向连接通道。

3）多孔中有一孔或数孔可按交通需求改变交通运行方向，以适应潮流式交通需求。单孔和双孔隧道分类见表 2—4—4—1。

表 2—4—4—1　　单孔和双孔隧道分类表

用途	一类	二类	三类	四类
	隧道封闭段长度 L/m			
可通行危险化学品等机动车	$L>1500$	$500<L\leqslant 1\,500$	$L\leqslant 500$	
仅限通行非危险品等机动车	$L>3\,000$	$1\,500<L\leqslant 3\,000$	$500<L\leqslant 1\,500$	$L\leqslant 500$
仅限人行或通行非机动车			$L>1\,500$	$L\leqslant 500$

【考点二】隧道的消防设施配置【★★★★】

（一）灭火设施

在进行城市交通的规划和设计时，应同时设计消防给水系统。四类隧道和行人或通行非机动车辆的三类隧道，可不设置消防给水系统。

（1）消防给水系统的设置应符合下列规定：

1）消防水源和供水管网应符合国家现行有关标准的规定。

2）消防用水量应按隧道的火灾延续时间和隧道全线同一时间发生一次火灾计算确定。一、二类隧道的火灾延续时间不应小于 3.0 h；三类隧道，不应小于 2.0 h。

3）隧道内的消防用水量应按同时开启所有灭火设施的用水量之和计算。

4）隧道内宜设置独立的消防给水系统。严寒和寒冷地区的消防给水管道及室外消火栓应采取防冻措施；当采用干式给水系统时，应在管网的最高部位设置自动排气阀，管道的充水时间不宜大于 90 s。

5）隧道内的消火栓用水量不应小于 20 L/s，隧道外的消火栓用水量不应小于 30 L/s。对于长度小于 1 000 m 的三类隧道，隧道内、外的消火栓用水量可分别为 10 L/s 和 20 L/s。

6）管道内的消防供水压力应保证用水量达到最大时，最不利点处的水枪充实水柱不小于 10.0 m。消火栓栓口处的出水压力大于 0.5 MPa 时，应设置减压设施。

7）在隧道出入口处应设置消防水泵接合器和室外消火栓。

8）隧道内消火栓的间距不应大于 50 m，消火栓的栓口距地面高度宜为 1.1 m。

9）设置消防水泵供水设施的隧道，应在消火栓箱内设置消防水泵启动按钮。

10）应在隧道单侧设置室内消火栓箱，消火栓箱内应配置 1 支喷嘴口径 19 mm 的水枪、1 盘长 25 m、直径 65 mm 的水带，并宜配置消防软管卷盘。

（2）隧道内应设置 ABC 类灭火器，并应符合下列规定：

1）通行机动车的一、二类隧道和通行机动车并设置 3 条及以上车道的三类隧道，在隧道两侧均应设置灭火器，每个设置点不应少于 4 具。

2）其他隧道，可在隧道一侧设置灭火器，每个设置点不应少于 2 具。

3）灭火器设置点的间距不应大于 100 m。

（二）报警设施

（1）隧道入口外 100 ~ 150 m 处，应设置隧道内发生火灾时能提示车辆禁入隧道的警报信号装置。

（2）隧道用电缆通道和主要设备用房内应设置火灾自动报警系统。

（3）一、二类隧道应设置火灾自动报警系统，通行机动车的三类隧道宜设置火灾自动报警系统。

（4）火灾自动报警系统的设置应符合下列规定：

1）应设置火灾自动探测装置。

2）隧道出入口和隧道内每隔 100 ~ 150 m 设置报警电话和报警按钮。

3）应设置火灾应急广播或应每隔 100 ~ 150 m 设置发光警报装置。

4）当隧道长度 L 小于 1 500 m 时，可设置一台火灾报警控制器；长度 L 大于等于 1 500 m 的隧道，可设置一台主火灾报警控制器和多台分火灾报警控制器，其间宜采用光纤通信连接。

（5）国内交通隧道中主要采用双波长火灾探测器和光纤分布式温度监测（差温）系统，一般在不大于 45 m 范围内设一个双波长火灾探测器，安装在隧道的侧壁或顶部；光纤分布式温度监测（差温）系统以长线形（二车道）和环形（三车道）方式在探测区域从头至尾敷设，安装在隧道的顶部。

（6）车行隧道内每隔 100 ~ 150 m 设置手动报警按钮。

（三）防烟排烟系统

（1）通行机动车的一、二、三类隧道应设置排烟设施。

（2）当隧道长度短、交通量小时，火灾发生概率较小，人员疏散比较容易，可以采用洞口自然排烟方式。长度较长、交通量较大的隧道应设置机械排烟系统。

（3）排烟模式应根据隧道种类、火灾疏散方式，并结合隧道正常工况的通风模式确定，将烟气控制在最小范围之内，以保证乘客疏散路径满足逃生环境要求，并为消防灭火创造条件：长度大于 3 000 m 的隧道，宜采用纵向分段排烟方式或重点排烟方式；长度不大于 3 000 m 的单洞单向交通隧道，宜采用纵向排烟方式；单洞双向交通隧道，宜采用重点排烟方式。

（4）隧道内用于火灾排烟的射流风机，应至少备用一组。

（四）通信系统

通信系统主要包括消防专用电话系统、广播系统、电视监视系统和消防无线通信系统。

（五）消防供电

（1）一、二类隧道的消防用电应按一级负荷要求供电；三类隧道的消防用电应按二级负荷要求供电。

（2）隧道两侧、人行横通道和人行疏散通道上应设置疏散照明和疏散指示标志，其设置高度不宜大于 1.5 m。

（3）一、二类隧道内疏散照明和疏散指示标志的连续供电时间不应小于 1.5 h；其他隧道不应小于 1.0 h。

（4）公路隧道应采用阻燃耐火型电缆；城市隧道应采用无卤、低烟、阻燃耐火型电缆；长、大隧道应急照明主干线宜采用矿物绝缘电缆。穿管明敷时应采用阻燃耐火型电线，并在钢管外面刷防火涂料或采用其他防火措施。穿管暗敷时应采用阻燃耐火型电线，并敷设在非燃烧结构内，其保护层厚度不小于 30 mm。

第五章　加油加气站防火

【考点一】加油加气站的等级【★★★★★】

（一）汽车加油站的等级分类

根据《汽车加油加气站设计与施工规范》（GB 50156—2012）的规定，汽车加油站按站中汽油、柴油储存罐的容积规模划分为三个等级。加油站的等级划分见表 2—4—5—1。

表 2—4—5—1　　加油站的等级划分

级别	油罐容积 /m^3	
	总容积	单罐容积
一级	$150 < V \leq 210$	$V \leq 50$
二级	$90 < V \leq 150$	$V \leq 50$
三级	$V \leq 90$	汽油罐 $V \leq 30$，柴油罐 $V \leq 50$

（二）LPG 加气站的等级分类

LPG 加气站按储气罐的容积规模划分为三个等级。LPG 加气站的等级划分见表 2—4—5—2。

表 2—4—5—2　　LPG 加气站的等级划分

级别	LPG 罐容积 /m^3	
	总容积	单罐容积
一级	$45 < V \leq 60$	$V \leq 30$
二级	$30 < V \leq 45$	$V \leq 30$
三级	$V \leq 30$	$V \leq 30$

（三）CNG 加气站

压缩天然气加气站储气设施的总容积应根据加气汽车数量、每辆汽车加气时间、母站服务的子站的个数、规模和服务半径等因素综合确定。在城市建成区内，CNG 加气母站储气设施的总容积不应超过 120 m^3；CNG 常规加气站储气设施的总容积不应超过 30 m^3；CNG 加气子站停放的车载储气瓶组拖车不应多于 1 辆，站内固定储气设施采用储气井时，其总容积不应超过 18 m^3。若 CNG 加气子站内无固定储气设施，站内可停放两辆车载储气瓶组拖车。

（四）加油和 LPG 加气合建站的等级分类

加油和 LPG 加气合建站按汽油、柴油储存罐和 LPG 储气罐的容积划分为三个等级。加油和 LPG 加气合建站的等级划分见表 2—4—5—3。

表 2—4—5—3　　加油和 LPG 加气合建站的等级划分

合建站等级	LPG 储罐总容积 /m^3	LPG 储罐总容积与油品储罐总容积合计 /m^3
一级	$V \leqslant 45$	$120 < V \leqslant 180$
二级	$V \leqslant 30$	$60 < V \leqslant 120$
三级	$V \leqslant 20$	$V \leqslant 60$

注：1. V 为油罐总容积或 LPG 罐总容积。
2. 油罐的总容积与单罐容积按表 2—4—5—1 执行。
3. LPG 储罐单罐容积不应大于 30 m^3。

（五）加油和 CNG 加气合建站的等级分类

加油和 CNG 加气合建站按汽油、柴油储存罐和 CNG 储气设施的总容积划分为三个等级。加油和 CNG 加气合建站的等级划分见表 2—4—5—4。

表 2—4—5—4　　加油和 CNG 加气合建站的等级划分

<table>
<tr><th>级别</th><th>油品储罐总容积 /m³</th><th>常规 CNG 加气站储气设施总容积 /m³</th><th>加气子站储气设施总容积 /m³</th></tr>
<tr><td>一级</td><td>90 < V ≤ 120</td><td rowspan="2">V ≤ 24</td><td rowspan="2">固定储气设施总容积≤ 12
可停放 1 辆车载储气瓶组拖车</td></tr>
<tr><td>二级</td><td>V ≤ 90</td></tr>
<tr><td>三级</td><td>V ≤ 60</td><td>V ≤ 12</td><td>固定储气设施总容积≤ 9
可停放 1 辆车载储气瓶组拖车</td></tr>
</table>

注：1. 柴油罐容积可折半计入油罐总容积。
2. 当油罐总容积大于 90 m^3 时，油罐单罐容积不应大于 50 m^3；当油罐总容积小于或等于 90 m^3 时，汽油罐单罐容积不应大于 30 m^3，柴油罐单罐容积不应大于 50 m^3。

（六）LNG 加气站、L-CNG 加气站、LNG 和 L-CNG 加气合建站的等级划分

LNG 加气站、L-CNG 加气站、LNG 和 L-CNG 加气合建站的等级划分见表 2—4—5—5。

表 2—4—5—5　LNG 加气站、L-CNG 加气站、LNG 和 L-CNG 加气合建站的等级划分

级别	LNG 加气站		L-CNG 加气站、LNG 和 L-CNG 加气合建站		
	LNG 储罐总容积 /m^3	LNG 储罐单罐容积 /m^3	LNG 储罐总容积 /m^3	LNG 储罐单罐容积 /m^3	CNG 储气设施总容积 /m^3
一级	$120 < V \leqslant 180$	$V \leqslant 60$	$120 < V \leqslant 180$	$V \leqslant 60$	$V \leqslant 12$
一级 *	—	—	$60 < V \leqslant 120$	$V \leqslant 60$	$V \leqslant 24$
二级	$60 < V \leqslant 120$	$V \leqslant 60$	$60 < V \leqslant 120$	$V \leqslant 60$	$V \leqslant 9$
二级 *	—	—	$V \leqslant 60$	$V \leqslant 60$	$V \leqslant 18$
三级	$V \leqslant 60$	$V \leqslant 60$	$V \leqslant 60$	$V \leqslant 60$	$V \leqslant 9$
三级 *	—	—	$V \leqslant 30$	$V \leqslant 30$	$V \leqslant 18$

【考点二】加油加气站站址选择及防火间距【★★★】

（1）加油加气站的站址选择应符合城乡规划、环境保护和防火安全的要求，并应选在交通便利的地方。

（2）在城市建成区不宜建一级加油站、一级加气站、一级加油加气合建站、CNG 加气母站。在城市中心区不宜建一级加油站、一级加气站、一级加油加气合建站、CNG 加气母站。

（3）城市建成区内的加油加气站宜靠近城市道路，但不宜选在城市干道交叉路口附近。

（4）加油加气站与站外建（构）筑物常见的防火间距详见《消防安全技术实务（2018 年版）》表 4—5—8、表 4—5—9。

【考点三】加油加气站平面布局要求【★★】

加油加气站的平面布局有如下要求：

（1）车辆入口和出口应分开设置。

（2）站区内停车位和道路应符合下列规定：

1）站内车道或停车位宽度应按车辆类型确定。CNG 加气母站内单车道或单车停车位宽度，不应小于 4.5 m，双车道或双车停车位宽度不应小于 9 m；其他类型加油加气站的车道或停车位，单车道或单车停车位宽度不应小于 4 m，双车道或双车停车位宽度不应小于 6 m。

2）站内的道路转弯半径应按行驶车型确定，且不宜小于 9 m。

3）站内停车位应为平坡，道路坡度不应大于 8%，且宜坡向站外。

4）加油加气作业区内的停车位和道路路面不应采用沥青路面。

（3）在加油加气合建站内，宜将柴油罐布置在 LPG 储罐或 CNG 储气瓶（组）、LNG 储罐与汽油罐之间。

（4）加油加气作业区内，不得有“明火地点”或“散发火花地点”。

（5）柴油尾气处理液加注设施的布置，应符合下列规定：

1）不符合防爆要求的设备，应布置在爆炸危险区域之外，且与爆炸危险区域边界线的距离不应小于 3 m。

2）符合防爆要求的设备，在进行平面布置时可按加油机对待。

（6）电动汽车充电设施应布置在辅助服务区内。

（7）加油加气站的变配电间或室外变压器应布置在爆炸危险区域之外，且与爆炸危险区域边界线的距离不应小于 3 m。变配电间的起算点应为门窗等洞口。

（8）站房可布置在加油加气作业区内。

（9）加油加气站内设置的经营性餐饮、汽车服务等非站房所属建筑物或设施，不应布置在加油加气作业区内。经营性餐饮、汽车服务等设施内设置明火设备时，则应视为“明火地点”或“散发火花地点”。其中，对加油站内设置的燃煤设备不得按设置有油气回收系统折减距离。

（10）加油加气站内的爆炸危险区域，不应超出站区围墙和可用地界线。

（11）加油加气站的工艺设备与站外建（构）筑物之间，宜设置高度不低于 2.2 m 的不燃烧体实体围墙。当加油加气站的工艺设备与站外建（构）筑物之间的距离大于《消防安全技术实务》表 4—5—8 和表 4—5—9 中防火间距的 1.5 倍，且大于 25 m 时，可设置非实体围墙。面向车辆入口和出口道路的一侧可设非实体围墙或不设围墙。

（12）加油加气站内设施之间的防火距离，不应小于《汽车加油加气站设计与施工规范》（GB 50156—2012）表 5.0.13 中的规定。

【考点四】消防设施——灭火器材配置【★★★】

加油加气站工艺设备应配置灭火器材，并应符合下列规定：

（1）每两台加气机应配置不少于两具 4 kg 手提式干粉灭火器，加气机不足两台应按两台配置。

（2）每两台加油机应配置不少于两具 4 kg 手提式干粉灭火器，或 1 具 4 kg 手提式干粉灭火器和 1 具 6 L 泡沫灭火器。加油机不足两台应按两台配置。

（3）地上 LPG 储罐、地上 LNG 储罐、地下和半地下 LNG 储罐、CNG 储气设施，应配置两台不小于 35 kg 推车式干粉灭火器。当两种介质储罐之间的距离超过 15 m 时应分别配置。

（4）地下储罐应配置 1 台不小于 35 kg 推车式干粉灭火器。当两种介质储罐之间的距离超过 15 m 时应分别配置。

（5）LPG 泵和 LNG 泵、压缩机操作间（棚），应按建筑面积每 50 m^2 配置不少于两具 4 kg 手提式干粉灭火器。

（6）一、二级加油站应配置灭火毯 5 块、沙子 2 m^3；三级加油站应配置灭火毯不少于两块、沙子 2 m^3。加油加气合建站应按同级别的加油站配置灭火毯和沙子。

【考点五】消防给水设施【★★★★】

（1）液化石油气加气站、加油和液化石油气加气合建站应设消防给水系统。

（2）液化石油气加气站、加油和液化石油气加气合建站消防给水系统的设计应符合下列要求：

1）消防给水宜利用城市或企业已建的消防给水系统，当已有给水系统不能满足消防给水的要求时，应自建消防给水系统。

2）消防给水管道可与站内的生产、生活给水管道合并设置，但应保证消防用水量的要求。消防用水量应按固定式冷却水量和移动水量之和计算。

3）液化石油气加气站采用地上储罐的，消火栓消防用水量不应小于 20 L/s，连续给水时间不应小于 3 h；采用埋地储罐的，一级站消火栓消防用水量不应小于 15 L/s，二、三级站消火栓消防用水量不应小于 10 L/s，连续给水时间不应小于 1 h。

4）总容积超过 50 m^3 的地上储罐应设置固定式消防冷却水系统，其冷却水供给强度不应小于 0.15 L/（m^2·s），着火罐的供水范围应按其全部表面积计算，距着火罐直径与长度之和 0.75 倍范围内的相邻储罐的供水范围，可按相邻储罐表面积的一半计算。

5）液化石油气加气站、加油和液化石油气加气合建站利用城市消防给水管道时，室外消火栓与液化石油气储罐的距离宜为 30 ~ 50 m。三级站的液化石油气罐距市政消火栓不大于 80 m，且市政消火栓给水压力大于 0.2 MPa 时，可不设室外消火栓。

6）消防水泵宜设两台。当设两台消防水泵时，可不设备用泵。当计算消防用水量超过 35 L/s 时，消防水泵应设双动力源。

7）固定式消防喷淋冷却水的喷头出口处给水压力不应小于 0.2 MPa。移动式消防水枪出口处给水压力不应小于 0.2 MPa，并应采用多功能水枪。

（3）设置有地上 LNG 储罐的一、二级 LNG 加气站和地上 LNG 储罐总容积大于 60 m^3 的合建站，一级站消火栓消防用水量不小于 20 L/s，二级站不小于 15 L/s，连续给水时间为 2 h。

（4）符合《汽车加油加气站设计与施工规范》（GB 50156—2012）规定条件之一的，可不设消防给水系统：

1）加油站、CNG 加气站、三级 LNG 加气站和采用埋地、地下和半地下 LNG 储罐的各级 LNG 加气站及合建站。

2）合建站中地上 LNG 储罐总容积不大于 60 m^3。

3）LNG 加气站位于市政消火栓保护半径 150 m 以内，且能满足一级站供水量不小于 20 L/s 或二级站供水量不小于 15 L/s。

4）LNG 储罐之间的净距不小于 4 m，且在 LNG 储罐之间设置耐火极限不低于 3.00 h 的钢筋混凝土防火隔墙，防火隔墙顶部高于 LNG 储罐顶部，长度至两侧防护堤，厚度不小于 200 mm。

5）LNG 加气站位于城市建成区以外，且为严重缺水地区；LNG 储罐，放散管、储气瓶（组）、卸车点与站外建（构）筑物的安全距离不小于《汽车加油加气站设计与施工规范（2014 年版）》（GB 50156—2012）所规定安全距离的 2 倍；LNG 储罐之间的净距不小于 4 m 灭火器的配置数量在现行国家标准《汽车加油加气站设计与施工规范（2014 年版）》（GB 50156—2012）规定的基础上增加 1 倍。

【考点六】火灾报警系统【★★★】

（1）加气站、加油加气合建站应设置可燃气体检测报警系统。加气站、加油加气合建站内设置有 LPG 设备、LNG 设备的场所和设置有 CNG 设备（包括罐、瓶、泵、压缩机等）的房间内、罩棚下，应设置可燃气体检测器。

（2）可燃气体检测器一级报警设定值应小于或等于可燃气体爆炸下限的 25%。LPG 储罐和 LNG 储罐应设置液位上限、下限报警装置和压力上限报警装置。

（3）报警控制器宜集中设置在控制室或值班室内。报警系统应配有不间断电源。

（4）可燃气体检测器和报警器的选用和安装，应符合现行国家标准《石油化工可燃气体和有毒气体检测报警设计规范》（GB 50493—2009）的有关规定。

（5）LNG 泵应设超温、超压自动停泵保护装置。

第六章　发电厂与变电站防火

【考点一】火力发电厂的防火设计要求【★★★★】

（一）总平面防火设计要求

总平面设计的关键在于合理划定重点防火区域。主厂房是火力发电厂生产的核心，围绕主厂房应划分为一个重点防火区域；室外配电装置区内多为带油电气设备，其安全运行是火力发电厂及电网安全运行的重要保证，应划分为一个重点防火区域；点火油罐一般储存可燃油品，包括卸油、储油、输油和含油污水处理设施，火灾概率较大，为一个重点防火区域；按生产过程中的火灾危险性划分，乙炔站、制氢站为甲类，制氧站为乙类，各为一个重点防火区域；储煤场常有自燃现象，尤其是褐煤，自燃现象较严重，为一个重点防火区域；消防水泵房是全厂的消防中枢，为一个重点防火区域；火力发电厂的材料库及棚库是储存物品的场所，同生产车间有所区别，为一个重点防火区域。

重点防火区域之间的电缆沟（电缆隧道）、运煤栈桥、运煤隧道及油管沟应采取防火分隔措施。

（二）耐火构造设计要求

火力发电厂主厂房（包括汽轮发电机房、除氧间、煤仓间和锅炉房），其生产过程中的火灾危险性为丁级，要求厂房的建筑构件的耐火等级为二级。随着我国电力建设事业的蓬勃发展，火电机组容量不断增大，火电厂厂房随之增高变大，过去惯用的钢筋混凝土结构的厂房很难适应；同时，为了缩短电厂建设周期、提高投资效益，火力发电厂厂房采用钢结构的逐渐增多。对钢结构，在容易发生火灾的部位需采取必要的防火保护措施，以达到防火要求。建筑构件允许采用难燃烧材料（难燃烧体），但耐火极限不应低于 0.75 h。管道井、电缆井、排气道、垃圾道等竖向管井必须独立建造，其井壁应为耐火极限不低于 1.00 h 的不燃烧体。根据防火分区划分合理设置防火墙，在防火墙上不应设门窗洞口；如必须开设，则应设耐火极限不低于 1.50 h 的防火门窗。

（三）安全疏散设计要求

主厂房按汽机房与除氧间、锅炉房与煤仓间、集中控制楼三个车间划分。为保证人员的安全疏散，每个车间应有不少于两个安全出口；在某些情况下，特别是地下室可能有一定困难，两个出口可有一个通至相邻车间。主厂房集中控制室是火力发电厂生产运行管理指挥中心，又是人员比较集中的地方，为保证人员安全疏散，应有两个安全出口（当建筑面积小于 60 m^2 时可设 1 个）。集中控制楼至少应设置 1 个通至各层的封闭楼梯间。主厂房的运煤胶带层较长，一般在固定端和扩建端都有楼梯，中间楼梯往往不易通至胶带层，因此要求有通至锅炉房或除氧间、汽机房屋面的出口，以保证人员能安全疏散，配电装置室内最远点到疏散出口的直线距离不应大于 15 m。卸煤装置和翻车机室地下室火灾危险性属丙类，为安全起见，要求两个安全出口通至地面。运煤系统中，地下构筑物有一端与地道相通，为保证人员安全疏散，要求在尽端设一通至地面的安全出口。

（四）建筑内部装修防火设计要求

各类控制室、电子计算机室、通信室的墙面、顶棚装修使用A级材料，地面及其他装修使用B_1级材料。其他建筑物，如资料档案室、图书室，有安全疏散功能的楼梯间等的墙面和顶棚的装修材料采用A级，地面采用B_1级材料。在火力发电厂运煤系统中，除尘系统的风道与部件以及室内采暖系统的管道、管件及保温材料应采用A级材料；空气调节系统的风道及其附件应采用A级材料，保温材料应采用A级材料或B_1级材料。

（五）采暖、通风、空气调节系统防火设计要求

运煤建筑采暖，应选用表面光洁易清扫的散热器；运煤建筑采暖散热器入口处的热媒温度不应超过160℃。蓄电池室、供氢站、供（卸）油泵房、油处理室、汽车库及运煤（煤粉）系统建（构）筑物严禁采用明火取暖。蓄电池室的采暖散热器应采用钢质散热器，管道应采用焊接，室内不应设置法兰、丝扣接头和阀门。采暖管道不宜穿过蓄电池室楼板。采暖管道不应穿过变压器室、配电装置室等电气设备间。室内采暖系统的管道、管件及保温材料应采用不燃烧材料。

计算机室、控制室、电子设备间，应设排烟设施；机械排烟系统的排烟量可按房间换气次数每小时不少于6次计算。空气调节系统的送、回风道，在穿越重要房间或火灾危险性大的房间时应设置防火阀。空气调节风道不宜穿过防火墙和楼板，当必须穿过时，应在穿过处风道内设置防火阀。穿过防火墙两侧各2 m范围内的风道应采用不燃烧材料保温，穿过处的空隙应采用防火材料封堵。空气调节系统的送风机、回风机应与消防系统连锁，当出现火警时，应立即停运。空气调节系统的风道及其附件应采用不燃材料制作。空气调节系统风道的保温材料、冷水管道的保温材料、消声材料及其黏结剂，应采用不燃烧材料或者难燃烧材料。

变压器室的通风系统应与其他通风系统分开，变压器室之间的通风系统不应合并。凡具有火灾探测器的变压器室，当发生火灾时，应能自动切断通风机的电源。

当油系统采用机械通风时，室内空气不应再循环，通风设备应采用防爆型，风机应与电机直接连接。当在送风管道上设置逆止阀时，送风机可采用普通型。

氢冷式发电机组的汽机房应设置排氢装置；当排氢装置为电动或有电动执行器时，应具有防爆和直联措施。

（六）防烟排烟系统防火设计要求

火力发电厂在进行平面设计时需合理划分防火、防烟分区，并根据建筑的规模和使用功能等因素，合理采用防烟、排烟方式，合理选用防排烟风机（用于排烟的风机主要有离心风机和轴流风机两种，必要时选用耐高温的专用轴流风机）。计算机室、控制室、电子设备间，应设排烟设施，机械排烟系统的排烟量可按房间换气次数每小时不小于6次计算。防烟、排烟设备的电气控制，应包括对排烟口、送（排）风机和活动式挡烟垂壁等的控制，同时对与防排烟有关的防火门和防火阀等联动设备进行控制。

（七）火灾自动报警系统设计要求

消防控制室应与单元控制室或主控制室合并设置。

根据火力发电厂的特点，一般机组容量为200 MW及以上发电厂的火灾报警区域的设置：每台机组为一个火灾报警区域；网络控制楼、微波楼和通信楼为一个火灾报警区域；运煤系统为一个火灾报警区域，且火灾探测器及相关连接件应为防水型；点火油罐区为一个火灾报警区域，且火灾探测器及相关连接件应为防爆型。

消防报警的音响应有别于所在处的其他音响，当火灾确认后，应能够将生产广播切换到火灾应急广播。

（八）灭火系统设计要求

对于机组容量为 300 MW 及以上的燃煤电厂，其火灾危险性较大的重点部位和设施以及对发电至关重要的场所，通常采用的灭火系统形式如下：

（1）自动喷水与水喷雾灭火系统。

（2）气体灭火系统。集中控制楼内的单元控制室、电子设备间、电气继电器室、DCS 工程师站房或计算机房、原煤仓、煤粉仓（无烟煤除外）（惰化），宜采用组合分配气体灭火系统，灭火剂宜设 100% 备用。

（3）泡沫灭火系统。点火油罐区宜采用低倍数或中倍数泡沫灭火系统，其中，单罐容量大于 200 m^3 的油罐应采用固定式泡沫灭火系统，单罐容量小于 200 m^3 的油罐可采用移动式泡沫灭火系统。

（九）消防供电系统设计要求

自动灭火系统、与消防有关的电动阀门及交流控制负荷，当单台发电机容量为 200 MW 及以上时应按保安负荷供电；当单机容量为 200 MW 以下时应按 I 类负荷供电。单机容量为 25 MW 以上的发电厂，消防水泵及主厂房电梯应按 I 类负荷供电。单机容量为 25 MW 及以下的发电厂，消防水泵及主厂房电梯应按不低于Ⅱ类负荷供电。发电厂内的火灾自动报警系统，当本身带有不停电电源装置时，应由厂用电源供电。当本身不带有不停电电源装置时，应由厂内不停电电源装置供电。单机容量为 200 MW 及以上燃煤电厂的单元控制室、网络控制室及柴油发电机房的应急照明，应采用蓄电池直流系统供电。主厂房出入口、通道、楼梯间及远离主厂房的重要工作场所的应急照明，宜采用自带电源的应急灯。其他场所的应急照明，应按保安负荷供电。单机容量为 200 MW 以下燃煤电厂的应急照明，应采用蓄电池直流系统供电。应急照明与正常照明可同时运行。正常时由厂用电源供电，事故时应能自动切换到蓄电池直流母线供电。

（十）消防应急照明系统设计要求

人员疏散的应急照明，在主要通道地面上的最低照度值，不应低于 1.0 lx。单机容量为 200 MW 及以上的发电厂，由于有交流事故保安电源，因此发生交流厂用电停电事故时，除有蓄电池组对照明负荷供电外，还有条件利用交流事故保安电源供电。为了尽量减少事故照明回路对直流系统的影响，保证大机组控制、保护、自动装置等回路能安全可靠地运行，对 200 MW 及以上机组的应急照明，根据生产场所的重要性和供电的经济合理性，采用不同的供电方式。单元控制室、网络控制室及柴油发电机房，应采用蓄电池直流系统供电；主厂房出入口、通道、楼梯间及远离主厂房的重要工作场所，宜采用自带电源的应急灯；其他场所应按保安负荷供电设置应急照明。单机容量为 200 MW 以下燃煤电厂的应急照明，应采用蓄电池直流系统供电。

【考点二】变电站的防火设计要求【★★★】

（一）建筑防火设计要求

（1）设置带油电气设备的建（构）筑物与贴邻或靠近该建（构）筑物的其他建（构）筑物之间应设置防火墙，控制室室内装修应采用不燃材料。

（2）地下变电站每个防火分区的建筑面积不应大于 1 000 m^2。设置自动灭火系统的防火分区，其防火分区面积可增大 1 倍；当局部设置自动灭火系统时，增加面积可按该局部面积的 1.0 倍计算。

（3）当变电站内建筑的火灾危险性为丙类且建筑的占地面积超过 3 000 m^2 时，变电站内的消防车道宜布置成环形；当为尽端式车道时，应设回车场地或回车道。

（二）电气设备与电缆敷设防火设计要求

（1）总油量超过 100 kg 的室内油浸变压器，应设置单独的变压器室。

（2）35 kV 及以下室内配电装置当未采用金属封闭开关设备时，其油断路器，油浸电流互感器和电压互感器，应设置在两侧有不燃烧实体墙的间隔内；35 kV 以上室内配电装置应安装在有不燃烧实体墙的间隔内，不燃烧实体墙的高度不应低于配电装置中带油设备的高度。

（3）室内单台总油量为 100 kg 以上的电气设备，应设置储油或挡油设施。挡油设施的容积宜按油量的 20% 设计，并应设置将事故油排至安全处的设施；当不能满足上述要求时，应设置能容纳全部油量的储油设施。室外单台油量为 1 000 kg 以上的电气设备，应设置储油或挡油设施。挡油设施的容积宜按油量的 20% 设计，并应设置将事故油排至安全处的设施；当不能满足上述要求且变压器未设置水喷雾灭火系统时，应设置能容纳全部油量的储油设施。地下变电站的变压器应设置能储存最大一台变压器油量的事故储油池。当设置有油水分离措施的总事故储油池时，其容量宜按最大一个油箱容量的 60% 确定。储油或挡油设施应大于变压器外廓每边各 1 m。储油设施内应铺设卵石层，其厚度不应小于 250 mm，卵石直径宜为 50 ~ 80 mm。

（4）电缆从室外进入室内的入口处、电缆竖井的出入口处、电缆接头处、主控制室与电缆夹层之间以及长度超过 100 m 的电缆沟或电缆隧道，均应采取防止电缆火灾蔓延的阻燃或分隔措施。

（5）220 kV 及以上变电站，当电力电缆与控制电缆或通信电缆敷设在同一电缆沟或电缆隧道内时，宜采用防火槽盒或防火隔板进行分隔。地下变电站电缆夹层宜采用 C 类或 C 类以上的阻燃电缆。

（三）安全疏散设计要求

（1）变压器室、电容器室、蓄电池室、电缆夹层、配电装置室的门应向疏散方向开启；当门外为公共走道或其他房间时，该门应采用乙级防火门。

（2）建筑面积超过 250 m^2 的主控通信室、配电装置室、电容器室、电缆夹层，其疏散出口不宜少于两个，楼层的第二个出口可设在固定楼梯的室外平台处。当配电装置室的长度超过 60 m 时，应增设一个中间疏散出口。

（3）地下变电站安全出口数量不应少于两个。地下室与地上层不应共用楼梯间，当必须共用楼梯间时，应在地上首层采用耐火极限不低于 2 h 的不燃烧体隔墙和乙级防火门，将地下或半地下部分与地上部分的连通部分完全隔开，且应有明显标志。地下变电站楼梯间应设乙级防火门，并向疏散方向开启。

（四）消防给水及消防设施设计要求

（1）消防给水系统的要求如下：

1）变电站的规划和设计，应同时设计消防给水系统，变电站内建筑物满足耐火等级不低于二级，体积不超过 3 000 m^3，且火灾危险性为戊类时，可不设消防给水。

2）变电站同一时间内的火灾次数应按一次确定。当室内消防用水总量大于 10 L/s 时，地下变电站外应设置水泵接合器及室外消火栓。水泵接合器和室外消火栓应有永久性的明显标志。变电站消防给水量应按火灾时一次最大室内和室外消防用水量之和计算。设有消防给水的地下变电站，必须设置消防排水设施。变电站户外配电装置区域（采用水喷雾的主变压器除外）可不设消火栓。

（2）灭火系统。单台容量为 125 MW 及以上的主变压器应设置水喷雾灭火系统、合成型泡沫喷雾系统或其他固定式灭火装置。其他带油电气设备，宜采用干粉灭火器。地下变电站的油浸变压器，宜采用固定式灭火系统。

（3）火灾自动报警系统。变电站中的以下场所和设备应采用火灾自动报警系统：

1）主控通信室、配电装置室、可燃介质电容器室、继电器室。

2）地下变电站、无人值班的变电站，其主控通信室、配电装置室、可燃介质电容器室、继电器室应设置火灾自动报警系统，无人值班变电站应将火警信号上传至上级有关单位。

3）采用固定灭火系统的油浸变压器。

4）地下变电站的油浸变压器。

5）220 kV 及以上变电站的电缆夹层及电缆竖井。

6）地下变电站、户内无人值班的变电站的电缆夹层及电缆竖井。

（五）采暖、通风和空气调节设计要求

地下变电站采暖、通风和空气调节设计应符合下列规定：

（1）所有采暖区域严禁采用明火取暖。

（2）电气配电装置室应设置机械排烟装置。

（3）当火灾发生时，送、排风系统和空调系统应能自动停止运行。当采用气体灭火系统时，穿过防护区的通风或空调风道上的防火阀应能立即自动关闭。

（六）消防供电设计要求

变电站的消防供电设计应符合下列规定：

（1）消防水泵、电动阀门、火灾探测报警与灭火系统、火灾应急照明应按Ⅱ类负荷供电。

（2）当消防用电设备采用双电源或双回路供电时，应在最末一级配电箱处自动切换。

（3）应急照明可采用蓄电池作为备用电源，其连续供电时间不应少于 20 min。

（4）消防用电设备应采用单独的供电回路，当发生火灾切断生产、生活用电时，仍应保证消防用电，其配电设备应设置明显标志。

（5）消防用电设备的配电线路应满足发生火灾时连续供电的需要。

（七）应急照明和疏散标志

变电站火灾应急照明和疏散标志应符合下列规定：

（1）户内变电站和户外变电站的主控通信室、配电装置室、消防水泵房和建筑疏散通道应设置应急照明。

（2）地下变电站的主控通信室、配电装置室、变压器室、继电器室、消防水泵房、建筑疏散通道和楼梯间应设置应急照明。

（3）地下变电站的疏散通道和安全出口应设置发光疏散指示标志。

（4）人员疏散时使用的应急照明的照度不应低于 0.5 lx，继续工作应急照明不应低于正常照明照度值的 10%。

（5）应急照明灯宜设置在墙面或顶棚上。

第七章　飞机库防火

【考点一】飞机库的分类【★★】

飞机库可按飞机停放和维修区的防火分区建筑面积、功能用途和维修工艺条件进行分类。

（1）按防火分区建筑面积分类。飞机库的分类是按飞机停放和维修区每个防火分区建筑面积的大小进行区别对待的原则制定的。飞机库分类如下：

1）Ⅰ类飞机库。飞机停放和维修区内一个防火分区的建筑面积为 5 001 ～ 50 000 m^2 的飞机库为Ⅰ类飞机库。

2）Ⅱ类飞机库。飞机停放和维修区内一个防火分区的建筑面积大于 3 001 m^2 小于 5 000 m^2 的飞机库为Ⅱ类飞机库。该类型飞机库仅能停放和维修 1 ～ 2 架中型飞机。

3）Ⅲ类飞机库。飞机停放和维修区内一个防火分区的建筑面积等于或小于 3 000 m^2 的飞机库为Ⅲ类飞机库。该类型飞机库只能停放和维修小型飞机。

（2）按功能用途分类。飞机库按功能用途分类可分为停机库和维修库。

（3）按维修工艺条件分类。飞机库按维修工艺条件分类可分为喷漆机库和非喷漆机库。

【考点二】总平面布局和平面布局的设计要求【★★】

（一）一般规定要求

（1）危险品库房、装有油浸电力变压器的变电所不应设置在飞机库内或与飞机库贴邻建造。

（2）飞机停放和维修区与其贴邻建筑的生产辅助用房之间的防火分隔措施，应根据生产辅助用房的使用性质和火灾危险性确定：与办公楼、飞机部件喷漆间、飞机座椅维修间、航材库、配电室和动力站等生产辅助用房应采用防火墙隔开，防火墙上的门窗应采用甲级防火门窗或耐火极限不低于 3.00 h 的防火卷帘；与单层维修工作间、办公室、资料室和库房等应采用耐火极限不低于 2.00 h 的不燃烧体隔墙隔开，隔墙上的门窗应采用乙级防火门窗或耐火极限不低于 2.00 h 的防火卷帘。

（3）飞机库内不宜设置办公室、资料室、休息室等用房，若确需设置少量这些用房时，宜靠外墙设置，并应有直通安全出口或疏散走道的措施，办公室、资料室、休息室等用房与飞机停放和维修区之间应采用耐火极限不低于 2.00 h 的不燃烧体隔墙和耐火极限不低于 1.50 h 的顶板隔开，隔墙上的门窗应为甲级防火门窗。

（4）甲、乙类火灾危险性的使用场所和库房不得设在飞机库地下或半地下室内。甲、乙、丙类物品暂存间不应设置在飞机库内，当设置在贴邻飞机库的生产辅助用房区内时，应靠外墙设置并应设置直接通向室外的安全出口，与其他部位之间必须用防火隔墙和耐火极限不低于 1.50 h 的不燃烧体楼板隔开。甲、乙类物品暂存量应按不超过一昼夜的生产用量设计，并应采取防止可燃液体流淌扩散的措施。

（二）防火间距

防火间距符合以下要求：

（1）一般情况下，两座相邻飞机库之间的防火间距不应小于 13.0 m。但当两座飞机库其相邻的较高一面的外墙为防火墙时，其防火间距不限；当两座飞机库其相邻的较低一面外墙为防火墙，且较低一座飞机库屋面结构的耐火极限不低于 1.00 h 时，其防火间距不应小于 7.5 m。

（2）飞机库与其他建筑物之间的防火间距不应小于表 2—4—7—1 的规定。

表 2—4—7—1　飞机库与其他建筑物之间的防火间距　（单位：m）

建筑物名称	喷漆机库	高层航材库	一、二级耐火等级的丙、丁、戊类厂房	甲类物品库房	乙、丙类物品库房	机场油库	其他用建筑	重要的共建筑
飞机库	15.0	13.0	10.0	20.0	14.0	100	25	50

（三）消防车道

消防车道有如下要求：

（1）飞机库周围应设环形消防车道，Ⅲ类飞机库可沿飞机库的两个长边设置消防车道。当设置尽头式消防车道时，应设置回车场。

（2）消防车道的净宽度不应小于 6.0 m，消防车道边线距飞机库外墙不宜小于 5.0 m，消防车道上空 4.5 m 以下范围内不应有障碍物。

（3）飞机库的长边长度大于 220.0 m 时，应设置进出飞机停放和维修区的消防车出入口，消防车出入飞机库的门净宽不应小于车宽加 1.0 m，门净高度不应小于车高加 0.5 m，且门的净宽度和净高度均不应小于 4.5 m。供消防车取水的天然水源地或消防水池处，应设置消防车道和回车场。

【考点三】防火分区和耐火等级【★★】

（一）防火分区

（1）各类飞机库内飞机停放和维修区的防火分区允许最大建筑面积应符合表 2—4—7—2 规定。

表 2—4—7—2　防火分区允许最大建筑面积

类别	防火分区允许最大建筑面积 /m^2	机库容量
Ⅰ类飞机库	30 000	可停放和维修多架大型飞机
Ⅱ类飞机库	5 000	可停放和维修 1 ~ 2 架中型飞机
Ⅲ类飞机库	3 000	只能停放和维修小型飞机

（2）飞机库内的防火分区之间应采用防火墙分隔，确有困难的局部开口可采用耐火极限不低于 3.00 h 的防火卷帘。防火墙上的门应采用在火灾时能自行关闭的甲级防火门，门或卷帘应与其两侧的火灾探测系统联锁关闭，并应同时具有手动和机械操作的功能。

（二）耐火等级

（1）飞机库的耐火等级分为一、二两级。Ⅰ类飞机库的耐火等级应为一级，Ⅱ、Ⅲ类飞机库的耐火等级不应低于二级，飞机库地下室的耐火等级应为一级。

（2）飞机库建筑构件的燃烧性能均应为不燃烧体，其耐火极限不应低于表 2—4—7—3 规定。

表 2—4—7—3 建筑构件的耐火极限 （单位：h）

构件名称		耐火等级 一级	耐火等级 二级
防火墙		3.00	3.00
墙	承重墙	3.00	2.50
	楼梯间、电梯井的墙	2.00	2.00
	非承重墙、疏散走道两侧的隔墙	1.00	1.00
	房间隔墙	0.75	0.50
柱	支承多层的柱	3.00	2.50
	支承单层的柱	2.50	2.00
梁		2.00	1.50
楼板、疏散楼梯、屋顶承重构件、柱间支撑		1.50	1.00
吊顶		0.25	0.25

【考点四】灭火设施的配置【★★】

飞机库主要依靠内部灭火设备进行灭火。

（一）灭火设备的选择

（1）Ⅰ类飞机库飞机停放和维修区内灭火系统的设置有以下两种：

1）设置泡沫—水雨淋灭火系统。将飞机停放和维修区内的灭火系统分成若干个分区，每个分区设置一个由雨淋阀组控制的灭火系统，通过火灾自动报警系统控制雨淋阀动作，使安装在屋面板下的开式喷头喷出泡沫灭火。

2）在飞机库屋架内设闭式自动喷水灭火系统用于灭火、降温以保护屋架，飞机库内较低位置设置的远程消防泡沫炮等低倍数泡沫自动灭火系统和泡沫枪用于扑灭飞机库地面油火。当飞机库飞机停放和维修区屋顶金属承重构件采取外包防火隔热板或喷涂防火隔热涂料等措施进行防火保护时可不设屋架内自动喷水灭火系统。

（2）Ⅱ类飞机库飞机停放和维修区内的灭火系统的设置有两种：设置远控消防泡沫炮灭火系统或其他低倍数泡沫自动灭火系统、泡沫枪。设置高倍数泡沫灭火系统和泡沫枪。

（3）Ⅲ类飞机库飞机停放和维修区内设置泡沫枪为主要灭火设施。应注意在Ⅲ类飞机库内不应从事输油、焊接、切割和喷漆等作业；否则，宜按Ⅱ类飞机库选择灭火系统。Ⅲ类飞机库内如停放和维修特殊用途和价值昂贵的飞机，也可按Ⅱ类飞机库选用灭火系统。

（二）灭火设备的设置要求

（1）泡沫—水雨淋灭火系统

1）在飞机停放和维修区内的泡沫—水雨淋系统应分区设置，一个分区的最大保护地面面积不应大于 1 400 m^2，每个分区应由一套雨淋阀组控制。

2）泡沫—水雨淋灭火系统宜采用带溅水盘的开式喷头或吸气式泡沫喷头，开式喷头宜选

用流量系数 K=80 或 K=115 的喷头。

3）设置在靠近屋面处，每只喷头的保护面积不应大于 12.1 m^2，喷头的间距不应大于 3.7 m。喷头距墙及机库大门内侧不应大于 1.8 m。

4）泡沫—水雨淋灭火系统的泡沫混合液的设计供给强度要求：当采用氟蛋白泡沫液和吸气式泡沫喷头时，不应小于 8.0 L/（min · m^2）；当采用水成膜泡沫液和开式喷头时，不应小于 6.5 L/（min · m^2）；经水力计算后的任意四个喷头的实际保护面积内的平均供给强度不应小于设计供给强度。

5）泡沫—水雨淋灭火系统的用水量应满足以火源点为中心，30 m 半径水平范围内所有分区系统的雨淋阀组同时启动的最大用水量（当屋面板最大高度小于 23 m 时，半径可减为 22 m）。

6）泡沫—水雨淋灭火系统的连续供水时间不应小于 45 min。不设翼下泡沫灭火系统时，连续供水时间不应小于 60 min。泡沫液的连续供给时间不应小于 10 min。

（2）翼下泡沫灭火系统

1）翼下泡沫灭火系统是泡沫—水雨淋灭火系统的辅助灭火系统。其作用是对飞机机翼和机身下部喷洒泡沫，弥补泡沫—水雨淋灭火系统被大面积机翼遮挡的不足，控制和扑灭飞机初起火灾和地面燃油流散火；当飞机在停放和维修时发生燃油泄漏，可及时用泡沫覆盖，防止起火。

2）翼下泡沫灭火系统宜采用低位消防泡沫炮、地面弹射泡沫喷头或其他类型的泡沫释放装置。低位消防泡沫炮应具有自动或远控功能，并应具有手动及机械应急操作功能。系统的泡沫混合液的设计供给强度：当采用氟蛋白泡沫液时，不应小于 6.5 L/（min · m^2）；当采用水成膜泡沫液时，不应小于 4.1 L/（min · m^2）。泡沫混合液的连续供给时间不应小于 10 min，连续供水时间不应小于 45 min。

（3）远控消防泡沫炮灭火系统

1）远控消防泡沫炮灭火系统应具有自动和远控功能，并应具有手动及机械应急操作功能。

2）泡沫混合液的最小供给速率：Ⅰ类飞机库应为泡沫混合液的设计强度乘以 5 000 m^2；Ⅱ类飞机库应为泡沫混合液的设计强度乘以 2 800 m^2。

3）泡沫液的连续供给时间不应小于 10 min，连续供水时间：Ⅰ类飞机库不应小于 45 min、Ⅱ类飞机库不应小于 20 min。

4）泡沫炮的固定位置应保证两股泡沫射流到达被保护的飞机停放和维修区的任何部位。泡沫炮可设置在高位也可设置在低位，一般是高低位配合使用。

（4）泡沫枪

1）飞机库泡沫枪的布置应满足飞机停放和维修区内任一点发生火灾时应能同时得到两支泡沫枪保护，泡沫液连续供给时间不应小于 20 min。

2）泡沫枪宜采用室内消火栓接口，公称直径应为 65 mm，消防水带的长度不宜小于 40 m。

（5）高倍数泡沫灭火系统

1）高倍数泡沫灭火系统的设置要求：泡沫的最小供给速率应为泡沫增高速率乘以最大一个防火分区的全部地面面积，泡沫增高速率应大于 0.9 m/min；泡沫液和水的连续供给时间应大于 15 min；高倍数泡沫发生器的数量和设置地点应满足均匀覆盖飞机停放和维修区地面的要求。

2）移动式高倍数泡沫灭火系统的设置要求：泡沫的最小供给速率应为泡沫增高速率乘以

最大一架飞机的机翼面积，泡沫增高速率应大于 0.9 m/min；泡沫液和水的连续供给时间应大于 12 min；为每架飞机设置的移动式泡沫发生器不应少于 2 台。

3）移动式泡沫发生器适用于初期火灾，用于扑灭地面流散火或覆盖泄漏的燃油。

（6）自动喷水灭火系统

1）飞机库大厅自动喷水灭火系统宜采用湿式或预作用灭火系统，主要用于屋架内灭火、降温以保护屋架。

2）飞机库飞机停放和维修区设置的自动喷水灭火系统，其设计喷水强度不应小于 7.0 L/（min · m^2），Ⅰ类飞机库作用面积不应小于 1 400 m^2，Ⅱ类飞机库作用面积不应小于 480 m^2，一个报警阀控制的面积不应超过 5 000 m^2。

3）自动喷水灭火系统的喷头宜采用快速响应喷头，公称动作温度宜采用 79℃，周围环境温度较高区域宜采用 93℃。

4）Ⅲ类飞机库也可采用标准喷头，喷头公称动作温度宜为 162 ~ 190℃。

5）自动喷水灭火系统的连续供水时间不应小于 45 min。

【考点五】火灾自动报警系统的配置【★★】

（一）火灾自动报警系统设置要求

在飞机停放和维修区内设置火灾自动报警系统应符合以下要求：

（1）屋顶承重构件区宜选用感温探测器。屋顶承重构件区设感温探测器的目的主要是保护钢屋架。鉴于飞机维修库内空间高大，宜采用缆式感温探测器以便于安装、修护。

（2）在地上空间宜选用火焰探测器和感烟探测器。火焰探测器可采用红外—紫外复合式、多频段式火焰探测器或双波段图像式火焰探测器以减少误报。在建筑高度大于 20.0 m 的飞机库，可采用吸气式感烟探测器。

（3）在地面以下的地下室和地面以下的通风地沟内有可燃气体聚集的空间、燃气进气间和燃气管道阀门附近应选用可燃气体探测器。

（二）灭火设备的控制

飞机库灭火设备的控制功能应符合以下要求：

（1）泡沫—水雨淋灭火系统、翼下泡沫灭火系统、远控消防泡沫炮灭火系统和高倍数泡沫灭火系统宜由 2 个独立且不同类型的火灾信号组合控制启动，并应具有手动功能。

（2）泡沫—水雨淋灭火系统启动时，应能同时联动开启相关的翼下泡沫灭火系统。

（3）泡沫枪、移动式高倍数泡沫发生器和消火栓附近应设置手动启动消防泵的按钮，并应将反馈信号引至消防控制室。

（4）在Ⅰ、Ⅱ类飞机库的飞机停放和维修区内，应设置手动启动泡沫灭火装置，并应将反馈信号引至消防控制室。

第八章　汽车库、修车库防火

【考点一】汽车库、修车库的分类【★★★★】

汽车库、修车库的分类见表 2—4—8—1。

表 2—4—8—1　　汽车库、修车库的分类

名称		Ⅰ	Ⅱ	Ⅲ	Ⅳ
汽车库	停车数量（辆）	＞300	151～300	51～150	≤50
	或总建筑面积（m^2）	＞10 000	5 001～10 000	2 001～5 000	≤2 000
修车库	车位数（个）	＞15	6～15	3～5	≤2
	或总建筑面积（m^2）	＞3 000	1 001～3 000	501～1 000	≤500
停车场	停车数量（辆）	＞400	251～400	101～250	≤100

【考点二】汽车库、修车库的火灾危险性【★★】

汽车库、修车库内主要可燃物是停放的汽车，其火灾危险性主要包括：①起火快，燃烧猛；②火灾类型多，难以扑救；③通风排烟难；④灭火救援困难；⑤火灾影响范围大。

【考点三】汽车库、修车库总平面布局要求【★★★★】

（一）一般规定

汽车库、修车库的选址和总平面设计，应根据城市规划要求，合理确定汽车库、修车库、停车场的位置、防火间距、消防车道和消防水源等，并在总平面布局上应符合以下要求：

（1）汽车库、修车库、停车场不应布置在易燃、可燃液体或可燃气体的生产装置区和储存区内。汽车库不应与甲、乙类厂房、仓库贴邻或组合建造。

（2）Ⅰ类修车库应单独建造；Ⅱ、Ⅲ、Ⅳ类修车库可设置在一、二级耐火等级建筑的首层或与其贴邻，但不得与甲、乙类厂房、仓库、明火作业的车间，托儿所、幼儿园、中小学校的教学楼、老年人建筑、病房楼及人员密集场所组合建造或贴邻。

（3）地下、半地下汽车库内不应设置修理车位、喷漆间、充电间、乙炔间和甲、乙类物品库房。汽车库和修车库内不应设置汽油罐、加油机、液化石油气或液化天然气储罐、加气机。

（4）燃油或燃气锅炉、油浸变压器、充有可燃油的高压电容器和多油开关等，不应设置在汽车库、修车库内。

（5）甲、乙类物品运输车的汽车库、修车库应为单层建筑，且应独立建造。当停车数量不大于 3 辆时，可与一、二级耐火等级的Ⅳ类汽车库贴邻，但应采用防火墙隔开。

（二）防火间距

（1）汽车库、修车库之间及汽车库、修车库与除甲类物品仓库外的其他建筑物的防火间距，应符合表 2—4—8—2 的规定。

表 2—4—8—2 车库之间及车库与除甲类物品仓库外的其他建筑物的防火间距 （单位：m）

车库名称和耐火等级		汽车库、修车库、厂房、仓库、民用建筑和耐火等级		
		一、二级	三级	四级
汽车库、修车库	一、二级	10	12	14
	三级	12	14	16
停车场		6	8	10

（2）高层汽车库与其他建筑物，汽车库、修车库与高层建筑的防火间距应按表 2—4—8—2 的规定值增加 3 m。汽车库、修车库与甲类厂房的防火间距应按以上规定值增加 2 m。甲、乙类物品运输车的汽车库、修车库与民用建筑的防火间距不应小于 25 m，与重要公共建筑的防火间距不应小于 50 m。甲类物品运输车的汽车库、修车库与明火或散发火花地点的防火间距不应小于 30 m。

【考点四】防火分隔的要求【★★】

（一）防火分区

（1）汽车库应设防火墙、甲级防火门、防火卷帘等划分防火分区。每个防火分区的最大允许建筑面积应符合表 2—4—8—3 的规定。

表 2—4—8—3 汽车库防火分区最大允许建筑面积 （单位：m^2）

耐火等级	单层汽车库	多层汽车库	地下停车库或高层停车库
一、二级	3 000	2 500	2 000
三级	1 000	—	—

（2）敞开式、错层式、斜楼板式汽车库的上下连通层面积应叠加计算，每个防火分区的最大允许建筑面积不应大于表 2—4—8—3 规定的 2 倍；室内有车道且有人员停留的机械式汽车库，其防火分区最大允许建筑面积应按表 2—4—8—3 规定减少 35%。汽车库内设有自动灭火系统，其每个防火分区的最大允许建筑面积不应大于以上规定的 2 倍。

（3）机械式汽车库要求。室内无车道且无人员停留的机械式汽车库，当停车数量超过 100 辆时，应采用无门、窗、洞口的防火墙分隔为多个停车数量不大于 100 辆的区域，但当采用防火隔墙和耐火极限不低于 1.00 h 的不燃性楼板分隔成多个停车单元，且停车单元内的停车数量不大于 3 辆时，应分隔为停车数量不大于 300 辆的区域。

（4）甲、乙类物品运输车的汽车库、修车库要求。甲、乙类物品运输车的汽车库、修车库，每个防火分区的最大允许建筑面积不应大于 500 m^2。

（5）修车库要求。修车库每个防火分区的最大允许建筑面积不应大于 2 000 m^2，当修车部位与相邻使用有机溶剂的清洗和喷漆工段采用防火墙分隔时，每个防火分区的最大允许建筑面积不应大于 4 000 m^2。

（二）其他防火分隔要求

（1）为汽车库、修车库服务的以下附属建筑，可与汽车库、修车库贴邻，但应采用防火墙隔开，并应设置直通室外的安全出口：

1）储存量不大于 1.0 t 的甲类物品库房。

2）总安装容量不大于 5.0 m^3/h 的乙炔发生器间和储存量不超过 5 个标准钢瓶的乙炔气瓶库。

3）1 个车位的非封闭喷漆间或不大于 2 个车位的封闭喷漆间。

4）建筑面积不大于 200 m^2 的充电间和其他甲类生产场所。

（2）汽车库、修车库与其他建筑合建时，当贴邻建造时应采用防火墙隔开；设在建筑物内的汽车库（包括屋顶停车场）、修车库与其他部分之间，应采用防火墙和耐火极限不低于 2.00 h 的不燃性楼板分隔；汽车库、修车库的外墙门、洞口的上方，应设置耐火极限不低于 1.00 h、宽度不小于 1.0 m 的不燃性防火挑檐；汽车库、修车库的外墙上、下窗之间墙的高度，不应小于 1.2 m 或设置耐火极限不低于 1.00 h、宽度不小于 1.0 m 的不燃性防火挑檐。

（3）汽车库内设置修理车位时，停车部位与修车部位之间应采用防火墙和耐火极限不低于 2.00 h 的不燃性楼板分隔。修车库内使用有机溶剂清洗和喷漆的工段，当超过 3 个车位时，均应采用防火隔墙等分隔措施。

（4）附设在汽车库、修车库内的消防控制室、自动灭火系统的设备室、消防水泵房和排烟、通风空气调节机房等，应采用防火隔墙和耐火极限不低于 1.50 h 的不燃性楼板相互隔开或与相邻部位分隔。

（5）除敞开式汽车库、斜楼板式汽车库外，其他汽车库内的汽车坡道两侧应采用防火墙与停车区隔开，坡道的出入口应采用水幕、防火卷帘或甲级防火门等与停车区隔开；但当汽车库和汽车坡道上均设置自动灭火系统时，可不受此限。

【考点五】安全疏散的要求【★★★】

汽车库、修车库的人员安全出口和汽车疏散出口应分开设置。设在工业与民用建筑内的汽车库，其车辆疏散出口应与其他场所的人员安全出口分开设置。

（一）人员安全出口

除室内无车道且无人员停留的机械式汽车库外，汽车库、修车库内每个防火分区的人员安全出口不应少于 2 个，Ⅳ类汽车库和Ⅲ、Ⅳ类的修车库可设置 1 个。室内无车道且无人员停留的机械式汽车库可不设置人员安全出口，但应按相关规定设置供灭火救援用的楼梯间，且设汽车库检修通道，其净宽不应小于 0.9 m。

（1）疏散楼梯。汽车库、修车库内的人员疏散主要依靠楼梯进行。因此要求室内的楼梯必须安全可靠。

1）建筑高度大于 32 m 的高层汽车库、室内地面与室外出入口地坪的高差大于 10 m 的地下汽车库，应采用防烟楼梯间；其他车库应采用封闭楼梯间；楼梯间和前室的门应采用乙级防火门，并应向疏散方向开启；疏散楼梯的宽度不应小于 1.1 m。

2）室内无车道且无人员停留的机械式汽车库，停车数量大于 50 辆且小于等于 100 辆的，可设置 1 个楼梯间；停车数量大于 100 辆，且小于等于 300 辆的，设置不少于 2 个楼梯间，并应分散布置；楼梯间与停车区域之间应采用防火隔墙进行分隔，楼梯间的门应采用乙级防火门；楼梯的净宽不应小于 0.9 m。

3）与住宅地下室相连通的地下、半地下汽车库，人员疏散可借用住宅部分的疏散楼梯；当不能直接进入住宅部分的疏散楼梯间时，应在地下、半地下汽车库与住宅部分的疏散楼梯之间设置连通走道，走道应采用防火隔墙分隔。汽车库开向该走道的门均应采用甲级防火门。

（2）疏散距离。汽车库室内任一点至最近人员安全出口的疏散距离不应大于 45 m，当设置自动灭火系统时，其距离不应大于 60 m，对于单层或设置在建筑首层的汽车库，室内任一点至室外出口的距离不应大于 60 m。

（二）汽车疏散出口

（1）汽车库、修车库的汽车疏散出口总数不应少于两个，且应分散布置。以下汽车库、修车库的汽车疏散出口可设置 1 个：

1）Ⅳ类汽车库。

2）设置双车道汽车疏散出口的Ⅲ类地上汽车库。

3）设置双车道汽车疏散出口、停车数量小于或等于 100 辆且建筑面积小于 4 000 m^2 的地下或半地下汽车库。

4）Ⅱ、Ⅲ、Ⅳ类修车库。

（2）Ⅰ、Ⅱ类地上汽车库和停车数量大于 100 辆的地下、半地下汽车库，当采用错层或斜楼板式且车道、坡道为双车道时，其首层或地下一层至室外的汽车疏散出口不应少于两个，汽车库内其他楼层的汽车疏散坡道可设置 1 个。Ⅳ类汽车库设置汽车坡道有困难时，可采用汽车专用升降机作汽车疏散出口，升降机的数量不应少于 2 台，停车数少于 25 辆时，可设置 1 台。汽车疏散坡道的净宽度，单车道不应小于 3.0 m，双车道不应小于 5.5 m。

【考点六】消防设施的设置要求【★★★★★】

（一）消防给水

（1）汽车库、修车库应设置消防给水系统，消防给水可由市政给水管道、消防水池或天然水源供给。利用天然水源时，应设有可靠的取水设施和通向天然水源的道路，并应在枯水期最低水位时，确保消防用水量。耐火等级为一、二级的Ⅳ类修车库和耐火等级为一、二级停放车辆不大于 5 辆的汽车库可不设消防给水系统。

（2）当室外消防给水采用高压或临时高压给水系统时，车库的消防给水管道的压力应保证在消防用水量达到最大时，最不利点水枪充实水柱不应小于 10 m；当室外消防给水采用低压给水系统时，管道内的压力应保证灭火时最不利点消火栓的水压不小于 0.1 MPa（从室外地面算起）。

（二）室内外消火栓

（1）室外消火栓系统

1）汽车库、修车库应设室外消火栓给水系统，其室外消防用水量应按消防用水量最大的一座计算。Ⅰ、Ⅱ类汽车库、修车库的室外消防用水量不应小于 20 L/s；Ⅲ类汽车库、修车库的室外消防用水量不应小于 15 L/s；Ⅳ类汽车库、修车库的室外消防用水量不应小于 10 L/s。

2）汽车库、修车库室外消防给水管道、室外消火栓、消防泵房的设置应按《消防给水及消火栓系统技术规范》（GB 50974—2014）的有关规定执行。

（2）室内消火栓系统

1）设置范围。汽车库、修车库应设室内消火栓给水系统。

2）设置要求。Ⅰ、Ⅱ、Ⅲ类汽车库及Ⅰ、Ⅱ类修车库的用水量不应小于 10 L/s，系统管道内的压力应保证相邻两个消火栓的水枪充实水柱同时到达室内任何部位；Ⅳ类汽车库及Ⅲ、Ⅳ类修车库的用水量不应小于 5 L/s，系统管道内的压力应保证一个消火栓的水枪充实水柱到达室内任何部位。

3）车库室内消火栓水枪的充实水柱不应小于 10 m，同层相邻室内消火栓的间距不应大于 50 m，高层汽车库和地下汽车库室内消火栓的间距不应大于 30 m。室内消火栓应设置在明显易于取用的地方，以便于用户和消防队及时找到和使用。室内无车道且无人员停留的机械式汽车库楼梯间及停车区的检修通道上应设置室内消火栓。

（三）固定灭火系统

（1）自动灭火系统

1）设置范围。除敞开式汽车库外，Ⅰ、Ⅱ、Ⅲ类地上汽车库，停车数大于 10 辆的地下、半地下汽车库，机械式汽车库，采用汽车专用升降机作汽车疏散出口的汽车库，Ⅰ类修车库均要设置自动喷水灭火系统。环境温度低于 4℃时间较短的非严寒或寒冷地区，所设置的湿式自动喷水灭火系统应有防冻措施。

2）设置要求。设置在汽车库、修车库内的自动喷水灭火系统，喷头应设置在汽车库停车位的上方或侧上方。对于机械式汽车库，应按停车的载车板分层布置，且应在喷头的上方设置集热板。错层式、斜楼板式汽车库的车道、坡道上方均应设置喷头。

自动喷水灭火系统的设置应符合《自动喷水灭火系统设计规范》（GB 50084—2017）的有关规定。

（2）其他固定灭火系统

1）泡沫—水喷淋系统对于扑救汽车库火灾具有比自动喷水灭火系统更好的效果，对于Ⅰ类地下、半地下汽车库、Ⅰ类修车库、停车数大于 100 辆的室内无车道且无人员停留的机械式汽车库等一旦发生火灾扑救难度大的场所，宜采用泡沫—水喷淋系统。泡沫—水喷淋系统的设计应符合《泡沫灭火系统设计规范》（GB 50151—2010）有关规定。

2）地下、半地下汽车库可采用高倍数泡沫灭火系统。停车数量不大于 50 辆的室内无车道且无人员停留的机械式汽车库，可采用二氧化碳等气体灭火系统。高倍数泡沫灭火系统、二氧化碳等气体灭火系统的设计，应符合《泡沫灭火系统设计规范》（GB 50151—2010）、《二氧化碳灭火系统设计规范（2010 年版）》（GB 50193—1993）和《气体灭火系统设计规范》（GB 50370—2005）的有关规定。

（四）火灾自动报警系统

（1）设置范围。除敞开式汽车库外，Ⅰ类汽车库、修车库，Ⅱ类地下、半地下汽车库、修车库，Ⅱ类高层汽车库、修车库，机械式汽车库，以及采用汽车专用升降机作汽车疏散出口的汽车库应设置火灾自动报警系统。

（2）设置要求。火灾自动报警系统的设计应按《火灾自动报警系统设计规范》（GB 50116—2013）的规定执行。气体灭火系统、泡沫—水喷淋系统、高倍数泡沫灭火系统以及设置防火卷帘、防烟排烟系统的联动控制设计，应符合《火灾自动报警系统设计规范》（GB 50116—2013）等的有关规定。

（五）防烟排烟

（1）设置范围。除敞开式汽车库、建筑面积小于 1 000 m^2 的地下一层汽车库和修车库外，汽车库、修车库应设置排烟系统。

（2）设置要求

1）汽车库、修车库应划分防烟分区，防烟分区的建筑面积不宜大于 2 000 m^2，且防烟分区不应跨越防火分区。防烟分区可采用挡烟垂壁、隔墙或从顶棚下凸出不小于 0.5 m 的梁划分。

2）当采用自然排烟方式时，可采用手动排烟窗、自动排烟窗、孔洞等作为自然排烟口，自然排烟口应设置在外墙上方或屋顶上，并应设置方便开启的装置；房间外墙上的排烟口（窗）宜沿外墙周长方向均匀分布，排烟口（窗）的下沿不应低于室内净高的 1/2，并应沿气流方向开启，总面积不应小于室内地面面积的 2%。室内无车道且无人员停留的机械式汽车库排烟口设置在运输车辆的通道顶部。

3）机械排烟系统可与人防、卫生等排气、通风系统合用。排烟风机可采用离心风机或排烟轴流风机，并应保证 280℃时能连续工作 30 min。汽车库内无直接通向室外的汽车疏散出口的防火分区，当设置机械排烟系统时，应同时设置补风系统，且补风量不宜小于排烟量的 50%。设置通风系统的汽车库，其通风系统宜独立设置；喷漆间、电瓶间均应设置独立的排风系统。

（六）疏散指示标志和应急照明

（1）设置范围。除停车数量不大于 50 辆的汽车库，以及室内无车道且无人员停留的机械式汽车库外，汽车库内应设置消防应急照明和疏散指示标志。

（2）设置要求。安全出口标志宜设置在疏散出口的顶部；疏散指示标志宜设置在疏散通道及其转角处，且距地面高度 1 m 以下的墙面上。通道上的指示标志，其间距不宜大于 20 m。用于疏散走道上的消防应急照明和疏散指示标志，可采用蓄电池作备用电源，但其连续供电时间不应小于 30 min。

（七）灭火器的配置

除机械式汽车库外，汽车库、修车库均应配置灭火器，灭火器的配置应符合《建筑灭火器配置设计规范》（GB 50140—2005）的有关规定。

第九章　洁净厂房防火

【考点一】火灾危险性分类【★★】

洁净厂房内生产工作间的火灾危险性应符合现行国家标准《建筑设计防火规范》（GB 50016—2014）的有关规定，《洁净厂房设计规范》（GB 50073—2013）附录B中把洁净厂房生产工作间的火灾危险分为甲、乙、丙、丁、戊五类。洁净厂房内，当同一座厂房或厂房的任一防火分区内有不同火灾危险性生产时，该厂房或防火分区内的生产火灾危险性分类应按火灾危险性较大的部分确定。

【考点二】建筑材料及其燃烧性能【★★★】

（1）洁净厂房的耐火等级不应低于二级。

（2）洁净室的顶棚和壁板（包括夹芯材料）应为不燃烧体，且不得采用有机复合材料。顶棚和壁板的耐火极限不应低于0.4 h，疏散走道顶棚的耐火极限不应低于1.0 h。

（3）在一个防火区内的综合性厂房，其洁净生产与一般生产区域之间应设置不燃烧体隔墙封闭到顶。隔墙及其相应顶板的耐火极限不应低于1 h，隔墙上的门窗耐火极限不应低于0.6 h。穿过隔墙或顶板的管线周围空隙应采用防火或耐火材料紧密填塞。

（4）技术竖井井壁应为不燃烧体，其耐火极限不应低于1 h。井壁上检查门的耐火极限不应低于0.6 h；竖井内在各层或间隔一层楼板处，应采用相当于楼板耐火极限的不燃烧体做水平防火分隔；穿过防火分隔墙的管线周围空隙，应采用防火或耐火材料紧密填塞。

（5）洁净厂房的装修材料的燃烧性能应符合《建筑内部装修设计防火规范》（GB 50222—2017）的规定，装修材料的烟密度等级不应大于50，材料的烟密度等级试验应符合《建筑材料燃烧或分解的烟密度试验方法》（GB/T 8627—2007）的有关规定。

【考点三】防火分区和分隔【★★】

（1）为缩短管线距离、减少能耗、提高土地利用率、有利于生产管理，医药工业制剂厂房通常将生产、仓储、配套公用工程及生产管理、质监中心有机组合在一栋综合建筑体中。在建筑设计时，应按不同的生产功能、使用功能来划分不同的防火分区。

（2）甲、乙类生产的洁净厂房，宜采用单层厂房。其防火分区最大允许建筑面积，单层厂房宜为3 000 m^2，多层厂房宜为2 000 m^2。丙、丁、戊类生产的洁净厂房其防火分区最大允许建筑面积应符合《建筑设计防火规范》（GB 50016—2014）的规定。每一防火分区的建筑面积、安全出口、疏散距离均应满足规范要求。

【考点四】安全疏散设施【★★】

洁净厂房的特点是生产人员岗位固定，熟悉工作场所，熟悉疏散路线，有利于人员的安全疏散。一般来说，洁净厂房设计时应注意合理组织疏散路线、合理设置安全出口，使平面复杂的洁净厂房满足安全疏散要求。

（1）安全出口。为保证安全疏散的可靠性，洁净厂房每一生产层、每一防火分区或每一洁净区的安全出口的数量，均不应少于两个。安全出口应分散均匀布置，从生产地点至安全出口不用经过曲折的人员净化路线。洁净厂房符合下列要求时，可设置一个安全出口：

1）甲、乙类生产厂房每层的生产洁净区厂房，总建筑面积不超过 100 m^2，且同一时间内的生产人员总数不超过 5 人。

2）丙类生产每层的建筑面积不超过 250 m^2，且同一时间内生产人数不超过 20 人。

3）丁、戊类生产厂房，每层的建筑面积不超过 400 m^2，且同一时间内生产人数不超过 30 人。

洁净区与非洁净区和洁净区与室外相通的安全疏散门应向疏散方向开启，并应加闭门器。安全疏散门不得采用吊门、转门、侧拉门、卷帘门以及电控自动门。

（2）疏散距离。耐火等级为一、二级的洁净厂房内任一点到最近安全出口的距离应符合表 2—4—9—1 的要求。

表 2—4—9—1　　洁净厂房内任一点到最近安全出口的距离　　（单位：m）

生产类别	单层	多层	高层	地下室
甲	30	25		
乙	75	50	30	
丙	80	60	40	30
丁	不限	不限	50	45
戊	不限	不限	75	60

（3）疏散楼梯。洁净厂房各疏散楼梯均应出屋面，楼梯间的首层应设置直接对外的出口。当疏散楼梯在首层无法设置直接对外的出口时，应设置直通室外的安全通道（房间开向安全通道的门应为乙级防火门），安全通道内应设置正压送风设施。

（4）疏散通道。部分洁净厂房的平面布置因洁净度要求，每一工序都在单独的较小的空间内进行，使平面布置错综复杂。转折的生产流线和多重进出房门影响了人员安全疏散的时间。疏散通道的设置是保证洁净厂房安全疏散的重要措施。在医药工业制剂厂房中，疏散走道的确定应尽量结合工艺要求，将工艺中已采取防火分隔措施的主通道作为安全疏散通道。对于洁净区域相对较大的制剂生产厂房，人、物流通道往往由两部分组成，即洁净区外部的人、物流通道及洁净区内部的人、物流通道。洁净区各个生产用房往往由内部通道相连以满足不同的生产工序的需要，这些内部通道同时也作为洁净区人员的安全疏散路线，通过安全疏散门与外部非洁净通道相连，人员通过外部通道到达室外安全出口或疏散楼梯间。建筑平面设计时应合理构筑人员安全疏散体系，洁净区外部通道尽可能环通，达到多向疏散的目的，尽可能避免袋形走道，同时也有利于消防扑救。

（5）专用消防口。专用消防口是消防人员为灭火而进入建筑物的专用入口，平时封闭，火灾时由消防人员从室外打开。洁净厂房与洁净区同层外墙应设可供消防人员通往厂房洁净区的门窗，其洞口间距大于 80 m 时，在该段外墙的适当部位应设置专用消防口。专用消防口的宽度应不小于 750 mm，高度不应小于 1 800 mm，并应有明显标志。楼层专用消防口应设置阳台，并从二层开始向上层架设钢梯。洁净厂房外墙上的吊门、电控自动门以及装有栅栏的窗，均不应作为火灾发生时供消防人员进入厂房的入口。

第十章　信息机房防火

【考点一】信息机房分类【★★★】

根据机房的使用性质、管理要求及重要数据丢失或网络中断在经济或社会上造成的损失或影响程度，可将电子信息机房分为 A、B、C 三级。

（1）电子信息系统运行中断将造成重大的经济损失及公共场所秩序严重混乱的机房为 A 级。例如，国家气象台，国家级信息中心、计算中心，重要的军事指挥部门，大中城市的机场、广播电台、电视台、应急指挥中心、银行总行等的电子信息系统机房和重要的控制室。

（2）电子信息系统中断将造成较大的经济损失或公共场所秩序混乱的机房为 B 级。例如，科研院所、高等院校、三级医院，大中城市的气象台、信息中心、疾病预防和控制中心、电力调度中心、交通指挥调度中心、国际会议中心，省部级以上政府办公楼等的电子信息系统机房和重要的控制室。

（3）其余类型的机房为 C 级。

【考点二】信息机房的选址【★★】

（1）信息机房建筑规模大、价值高、设备贵重、服务面广，一旦发生火灾事故，影响大，损失大。因此，选择地址时不宜布置在火灾危险性高的场所，应远离散发有害气体、腐蚀气体和尘埃的地区，避免设置在落雷区和地震断裂带附近。要尽量选择在自然环境清洁、附近震动少以及水源、电源充足，交通方便的地点。

（2）信息机房与其他性质的用房设置在同一幢建筑内时，宜设在多层或高层建筑内的第二、三层，并应尽量避免与商场、宾馆、餐饮娱乐等影响机房安全的场所设在同一幢建筑物内。数据中心内放置计算机的机房不宜超过五层。

【考点三】建筑防火构造及分隔【★★★】

（1）信息机房的耐火等级不应低于二级（A 类信息机房为一级）。当 A 级或 B 级信息机房位于其他建筑物内时，在主机房与其他部位之间应设置耐火极限不低于 2 h 的隔墙，隔墙上的门应采用甲级防火门。

（2）附设在其他建筑内的 A、B 级信息机房应避免设置在建筑物地下室，以及用水设备的下层或隔壁，不应布置在燃油、燃气锅炉房，油浸电力变压器室，充有可燃油的高压电容器和多油开关室等易燃、易爆房间的上下层或贴邻。

（3）各级机房主体结构应具有耐久、抗震、防火、防止不均匀沉陷等性能，变形缝和伸缩缝不应穿过主机房，机房围护结构的构造应满足保温、隔热、防火等要求。

（4）管线敷设。主机房中各类管线宜暗敷，当管线需穿楼层时，宜设计技术竖井，并采取相应的防火分隔、封堵措施。

（5）主机房、基本工作间及辅助房间与其他建筑物合建时，应单独设置防火分区。主机房、终端室、网络设备室与磁介质、纸介质的存放间、备件库等仓储用房，以及维修室、电源室、蓄电池室、发电机室、空调系统用房、灭火钢瓶间等设备房之间应进行防火分隔，并独立设置防火分区。

（6）电子计算机产生的记录应当按其重要性和补充难度的不同加以保护，信息储存设备要安装在单独的房间，室内应配有金属柜或其他采用非燃材料制成的、能防火的资料架和资料柜用于存放记录介质，如果有备份记录，备份记录应当放置在具有同样防火要求的另一间房间。

（7）面积大于 100 m^2 的主机房，安全出口不应少于两个，并宜设于机房的两端，面积不大于 100 m^2 的主机房可设置一个安全出口，并可通过其他相邻房间的门进行疏散。门应向疏散方向开启，且应自动关闭，并应保证在任何情况下均能从机房内开启。走廊、楼梯间应畅通，并有明显的疏散指示标志。计算机房建筑的入口至主机房应设通道，通道净宽不应小于 1.5 m。

（8）在主机房出入口处或值班室，应设置应急电话和应急断电装置，机房应设置应急照明和安全出口指示灯。

【考点四】信息机房室内装修要求【★★】

信息机房室内装修材料的燃烧性能应符合《电子信息系统机房设计规范》（GB 50174—2008）和《建筑内部装修设计防火规范》（GB 50222—2017）的有关规定。

（1）计算机房的室内装修（包括吊顶、装修墙裙等）材料均应采用不燃或难燃材料（顶棚和墙面采用 A 级材料），应能防潮、吸音、不起尘、抗静电等，机房及媒体存放间的防火墙或隔板应从建筑物的楼、地板起直至梁板底部，将其完全封闭。

（2）机房内活动地板应采用导电性能好，具有足够的机械强度，具有耐腐蚀、耐潮湿和防火等特点的抗静电铝合金活动地板。具体要求应符合《防静电活动地板通用规范》（SJ/T 10796—2001）的规定。

（3）规模大的电子计算中心宜采用分区空调方式，避免风管穿过楼层和水平隔墙太多，防止火势蔓延扩大。空调系统的送、回风总管，在穿过主机房和其他重要机房或火灾危险性大的房间的隔墙、楼板以及垂直风管与每层水平风管交接处的水平支管上均应设置防火阀。空调系统的风管及其保温、消声材料（包括胶粘剂）应采用不燃材料。

（4）机房内要事先开设电缆沟，做到分层敷设电源电缆、信号线和接地线。电缆、电线沟要采取防潮湿和防鼠咬的措施，在机房吊顶和活动地板内敷设的电线，宜采用穿金属管布线或阻燃电缆。

（5）新建机房如采用下送风方式，机房活动地板距地面净高不小于 400 mm。

【考点五】消防设施分类及规定【★★★】

信息机房应根据机房的等级设置相应的消防设施，并应按《建筑设计防火规范》（GB 50016—2014）和《气体灭火系统设计规范》（GB 50370—2005）的要求执行。

（一）灭火系统

1. 一般规定

（1）A 级信息机房的主机房应设置洁净气体灭火系统。

（2）B 级信息机房的主机房，以及 A 级和 B 级机房中的变配电、不间断电源系统和电池室，宜设置洁净气体灭火系统，也可设置高压细水雾灭火系统。

（3）C级信息机房及其他区域，可设置高压细水雾灭火系统或自动喷水灭火系统。自动喷水灭火系统宜采用预作用系统。自动喷水灭火系统的喷水强度、作用面积等设计参数应按《自动喷水灭火系统设计规范》（GB 50084—2017）的有关规定执行。

（4）凡设置固定灭火系统及火灾探测器的计算机房，其吊顶的上、下及活动地板下，均应设置探测器和喷嘴。

2. 室内消火栓系统

当机房进深大于25 m时，应在机房两侧设置公共走道，并在走道上设置室内消火栓系统。

3. 气体灭火系统

（1）卡片穿孔室、纸带穿孔室、已记录的磁介质库和已记录的纸介质库、高低压配电室、变压器室、变频机室、稳压稳频室、发电机房等不能用水扑救的房间，应设置除二氧化碳以外的气体灭火系统。

（2）凡设置洁净气体灭火系统的主机房，应配置专用空气呼吸器或氧气呼吸器。

（3）当单个防护区面积小于800 m^2、体积小于3 600 m^3时，可考虑采用气体灭火系统。对面积大于800 m^2、体积大于3 600 m^3的机房设置气体灭火系统时应注意以下几点：

1）泄压措施。考虑到气体释放后，防护区内瞬间增压，所以在防护区机房内各防火分区隔墙均有对外泄压口，泄压口采用重力式，即设定一个压力值，当防护区内压力超过该值时，泄压口关闭。这样既可以有效地消除防护区的增压，又可以保护气体的过多泄漏。泄压口的过压峰值一般为500 MPa。

2）同步性、均衡性的技术措施。为了保证大面积机房气体灭火系统能够同时且有效地工作，必须使用多个选择阀并联保护，即多根主管同步进入该保护区，而软件计算只能分组计算，由此带来以下两个技术问题需要进行解决并采取相应的技术措施：一是多个选择阀的同步性；二是分组计算时组与组之间界面处喷头压力、时间、浓度的平衡性。

3）防止意外的措施。利用控制系统对所有的信号进行控制，对电源回路进行监控，任何回路出现短路、断路、接地故障时，控制系统都会进行反馈和报警，排除各回路工作不正常的可能性。

4）控制系统应具有三路供电，即消防电源主、备用供电和蓄电池供电，当消防水源被切断时，控制系统蓄电池可保证供电24 h。

5）为防止人为造成误喷的情况，在电气式手拉开关上设防护罩。

4. 其他灭火系统

（1）信息机房主机房及基本工作间内宜使用对设备无损坏且环保、安全无毒性的IG-541灭火系统或细水雾灭火系统。

（2）当防护区面积、体积大于上述标准或防护区个数大于8个时，为了经济实用，可采用细水雾系统或其他新型、环保的哈龙替代技术。

（二）火灾自动报警系统

（1）根据信息机房的重要程度、火灾危害性、疏散和扑救难度等因素，大型数据中心、计算中心的火灾自动报警系统应按特级保护对象的要求进行设置。A级计算机房及面积大于140 m^2的信息机房的火灾自动报警系统应按一级保护对象的要求进行设置，面积小于140 m^2的B级计算机房的火灾自动报警系统应按二级保护对象的要求进行设置。采用管网式洁净气体灭火系统高压细水雾灭火系统的主机应同时设置两种火灾探测器，且火灾报警系统应与灭火系统联动。

（2）火灾探测报警装置可根据信息机房的重要程度和火灾特点进行选择，具体如下：

1）传统的火灾探测器。在大型数据中心、主机房、基本工作间及其他 A 级计算机房不宜设置此类火灾探测器。面积小于 140 m^2 的计算机房及数据中心、计算中心内的第一、二、三类辅助用房可设置普通的感烟探测器。

2）空气采样烟雾报警器。对大型数据中心、计算中心及 A 级计算机房而言，为及时发现险情并控制火灾及减少损失，可采取空气采样烟雾报警器及传统的火灾报警系统相组合的方式。在主机房及基本工作间内设置空气采样烟雾报警器时，宜采用“空气处理单元”及箱柜取样的模式。

3）分布式感温光缆。为确保用电安全及数据传送安全，迅速而准确地探测出被保护区内发生火灾的部位，建议在综合布线区、电缆井道、桥架处设置分布式感温光缆温度探测报警系统。

4）火灾报警系统设置、联动中的特殊要求。当机房内采用由火灾自动报警系统启动的自动灭火系统时，其火灾探测器宜在感温、感烟和感光等不同类型的探测器中选用两种，采用立体安装，共同监控各个不同的空间，当采用空气采样烟雾报警器及传统火灾报警系统组合方式时，其中主机房及基本工作间应将空气采样等早期报警系统信号作为第一预警信号。

（3）由火灾自动报警系统确认火灾后，应切断火灾区域的非消防电源，但对计算机设备而言，仅需切断市政或发电机的供电，对不间断电源供电并不切断。切断市政或发电机的供电后，值班人员应及时对报警区域的火灾情况进行确认、处理，一旦发现误报或灾情很小能及时处理完毕，应及时送电以确保计算机系统稳定运行。如果机房内火灾自动报警系统并未报警，但值班人员在巡查中发现火情，应采用机械应急方式启动气体灭火系统，此时火灾自动报警系统应联动所有相关消防设施，切断火灾区域的非消防电源。

第十一章　古建筑防火

【考点一】我国古建筑分类【★★】

（1）按用途分类：①民居建筑；②宫殿建筑；③礼制性建筑；④宗教建筑；⑤陵墓建筑；⑥城防建筑；⑦古典园林；⑧桥梁建筑。

（2）按结构形式分类：①抬梁式；②穿斗式；③干阑式。

【考点二】古建筑防火安全措施【★★★】

（1）做好消防专项规划，改善消防安全环境

1）建立多种形式的消防站。

2）配备实用有效的消防器材。

3）因地制宜地设置消防供水设施。

4）科学合理地进行消防安全布局。

（2）改善耐火性能，提高耐火等级

1）阻燃处理。

2）替换可燃构件。

（3）开辟防火隔离带，打通消防通道。建在森林、郊野的古建筑周围应开辟宽度 30 ~ 50 m 的防火隔离带，并在秋冬季节清除 30 m 范围内的杂草、干枯树枝等可燃物。规模较大的古建筑，确实无法开辟防火间距的，应在不破坏原有格局的基础上，设置防火墙、水幕等防火分隔设施。

（4）拆除违章搭建房屋，消除火灾隐患。

（5）安装防雷设施。

（6）配置消防设施

1）消火栓系统。国家级文物保护单位的重点砖木、木结构的建筑物室外消火栓设计流量，按三级耐火等级民用建筑物消火栓设计流量确定。消火栓的设置数量、方式和位置应符合方便使用、有利灭火、便于管理的原则。

2）自动灭火系统。重要的砖木结构和木结构的古建筑内，宜设置湿式自动喷水灭火系统；寒冷地区需防冻或需防误喷的古建筑宜采用预作用自动喷水灭火系统；缺水地区和珍宝库、藏经楼等重要场所宜采用水喷雾灭火系统及细水雾、超细水雾灭火系统；对性质重要、不宜用水扑救的古建筑，如收藏珍贵文物的古建筑，可结合实际情况设置固定、半固定干粉、气体灭火系统或悬挂式自动干粉灭火装置、二氧化碳自动灭火装置、七氟丙烷自动灭火装置。

3）火灾自动报警系统。国家级文物保护单位的重点砖木或木结构的古建筑的非消防用电负荷宜设置电气火灾监控系统。古建筑内大殿可以选用红外线光束感烟探测器、缆式线型定温探测器及火焰探测器；佛像体上和壁挂、经书、文物较密集的部位可采用缆式线型定温探测器；对于人员住房、库房等其他建筑，可采用感烟探测器和火焰探测器的组合；收藏陈列珍贵

文物的古建筑，宜选择吸气式早期火灾探测器或线型光纤感温探测器。火焰图像探测器宜与图像监控系统相结合。

4）设置消防安全标志。

5）配置灭火器。

（7）严格控制火源和各种易燃易爆物品的管理。引发古建筑火灾的火源有生活用火、施工维修用火、宗教活动用火、电器火花等

1）禁止在古建筑保护范围内堆存柴草、木料等易燃、可燃物品。

2）严禁将煤气、液化石油气等引入古建筑内。

3）禁止在古建筑的主要殿屋设置生产、生活用火。在厢房、走廊、庭院等处需设置生活用火时，必须有防火安全措施。

4）古建筑内严禁使用卤钨灯等高温照明灯具和电炉等电加热器具，不准使用荧光灯和大于 60 W 的白炽灯。如确需安装照明灯具和电气设备，应严格执行有关电气安装使用的技术规范和规程。灯饰材料的燃烧性能不应低于 B_1 级，且不得靠近可燃物。

5）古建筑内的电气线路一律采用铜芯绝缘导线，并采用阻燃聚氯乙烯穿管保护或穿金属管敷设，不得直接敷设在梁、柱、枋等可燃构件上。严禁乱拉乱接电线。配线方式应以一座殿堂为一个单独的分支回路，控制开关、熔断器均应安装在专用的配电箱内，配电箱设在室外，严禁使用铜丝、铁丝、铝丝等代替熔丝。

6）古建筑内燃灯、点烛、烧香、焚纸等宗教活动用火，应在室外固定位置，并由专人负责看管。神佛像前的长明灯应设固定的灯座，灯座应为不燃材料。蜡烛应有固定的烛台，以防倾倒，发生意外。香炉应用不燃材料制作。放置香、烛、灯的木质供桌上，应铺盖金属薄板或涂防火材料。

第十二章　人民防空工程防火

【考点一】人民防空工程分类【★★】

（1）按构筑形式分类：坑道工程；地道工程；人民防空地下室；单建掘开式工程。

（2）按使用功能分类：指挥工程；医疗救护工程；防空专业队工程；人员掩蔽工程：按等级分为一等人员掩蔽所和二等人员掩蔽所；配套工程：主要包括区域电站、区域供水站、人防物资库、食品站、生产车间、人防汽车库、人防交通干（支）道、警报站以及核生化监测中心等工程。

【考点二】总平面布局和平面布局【★★★★】

（1）人防工程的总平面设计应根据人防工程建设规划、规模、用途等因素，合理确定其位置、防火间距、消防水源和消防车道等。人防工程内不得使用和储存液化石油气、相对密度（与空气密度比值）大于或等于 0.75 的可燃气体和闪点小于 60℃的液体燃料。人防工程内不得设置油浸电力变压器和其他油浸电气设备。

（2）人防工程内不应设置哺乳室、托儿所、幼儿园、游乐厅等儿童活动场所和残疾人员活动场所。医院病房以及歌舞厅、卡拉 OK 厅（含具有卡拉 OK 功能的餐厅）、夜总会、录像厅、放映厅、桑拿浴室（除洗浴部分外）、游艺厅（含电子游艺厅）、网吧等歌舞娱乐放映游艺场所（以下简称歌舞娱乐放映游艺场所），不应设置在人防工程内地下二层及以下层；当设置在地下一层时，室内地面与室外出入口地坪高差不应大于 10 m。

（3）人防工程内地下商店不应经营和储存火灾危险性为甲、乙类储存物品属性的商品；营业厅不应设置在地下三层及三层以下；当地下商店总建筑面积大于 20 000 m^2 时，应采用防火墙进行分隔，且防火墙上不得开设门窗洞口，相邻区域确需局部连通时，应采取可靠的防火分隔措施。

（4）人防工程的出入口地面建筑物与周围建筑物之间的防火间距，应按照表 2—4—12—1 的有关规定执行。

表 2—4—12—1　　采光窗井与相邻地面建筑的最小防火间距　　（单位：m）

人防工程类别 \ 防火间距和耐火等级 \ 地面建筑类别	民用建筑			丙、丁、戊类厂房、库房			高层民用建筑		甲、乙类厂房、库房
	一、二级	三级	四级	一、二级	三级	四级	主体	附属	—
丙、丁、戊类生产车间、物品库房	10	12	14	10	12	14	13	6	25
其他人防工程	6	7	9	10	12	14	13	6	25

【考点三】防火分区的划分和建筑面积【★★★★★】

（一）防火分区

（1）防火分区的划分。人防工程内采用防火墙划分防火分区，当采用防火墙确有困难时，可采用防火卷帘等防火分隔设施分隔。防火分区应在各安全出口处的防火门范围内划分；与柴油发电机房或锅炉房配套的水泵间、风机房、储油间等，应与柴油发电机房或锅炉房一起划分为一个防火分区；防火分区的划分宜与防护单元相结合。人防工程内设置有旅店、病房、员工宿舍时，不得设置在地下二层及以下层，并应划分为独立的防火分区，其疏散楼梯不得与其他防火分区的疏散楼梯共用。

（2）防火分区建筑面积

1）一般来说，人防工程每个防火分区的允许最大建筑面积，除另有规定者外，不应大于500 m^2。当设置有自动灭火系统时，允许最大建筑面积可增加1倍；局部设置时，增加的面积可按该局部面积的1倍计算。水泵房、污水泵房、水池、厕所、盥洗间等无可燃物的房间，其面积可不计入防火分区的面积之内。

2）丙、丁、戊类物品库房防火分区建筑面积。人防工程内丙、丁、戊类物品库房的防火分区允许最大建筑面积应符合表2—4—12—2的规定。当设置有火灾自动报警系统和自动灭火系统时，允许最大建筑面积可增加1倍；局部设置时，增加的面积可按该局部面积的1倍计算。

表2—4—12—2　丙、丁、戊类物品库房防火分区允许最大建筑面积　（单位：m^2）

储存物品类别		防火分区最大允许建筑面积
丙	闪点≥60℃的可燃液体	150
	可燃固体	300
丁		500
戊		1 000

3）人防工程内商业营业厅、展览厅、电影院和礼堂的观众厅、溜冰馆、游泳馆、射击馆、保龄球馆等防火分区建筑面积如下：

①设置有火灾自动报警系统和自动灭火系统的商业营业厅、展览厅等，当采用A级装修材料装修时，防火分区允许最大建筑面积不应大于2 000 m^2。

②电影院、礼堂的观众厅，其防火分区允许最大建筑面积不应大于1 000 m^2。当设置有火灾自动报警系统和自动灭火系统时，其允许最大建筑面积也不得增加。

③溜冰馆的冰场、游泳馆的游泳池、射击馆的靶道区、保龄球馆的球道区等，其面积可不计入溜冰馆、游泳馆、射击馆、保龄球馆的防火分区面积内。溜冰馆的冰场、游泳馆的游泳池、射击馆的靶道区等的装修材料应采用A级。

【考点四】其他防火分隔要求【★★★】

（1）下列场所应采用耐火极限不低于2.00 h的隔墙和1.5 h的楼板与其他场所隔开，并应符合以下规定：

1）消防控制室、消防水泵房、排烟机房、灭火剂储瓶室、变配电室、通信机房、通风和空调机房、可燃物存放量平均值超过 30 kg/m^2 火灾荷载密度的房间等，墙上如设门应设置常闭的甲级防火门。

2）柴油发电机房的储油间，墙上应设置常闭的甲级防火门，并应设置高 150 mm 的不燃烧、不渗漏的门槛，地面不得设置地漏。

3）同一防火分区内厨房、食品加工等用火用电用气场所，墙上应设置不低于乙级的防火门，人员频繁出入的防火门应设置火灾时能自动关闭的常开式防火门。

4）歌舞娱乐放映游艺场所，一个厅、室的建筑面积不应大于 200 m^2，且应采用耐火极限不低于 2 h 的隔墙和 1.5 h 的楼板与其他场所隔开，隔墙上如设门应设置不低于乙级的防火门。

（2）电影院、礼堂的观众厅与舞台之间的墙耐火极限不应低于 2.5 h，电影院放映室（卷片室）应采用耐火极限不低于 1 h 的隔墙与其他部位隔开，观察窗和放映孔应设置阻火闸门。

（3）人防工程中允许使用的可燃气体和丙类液体管道，除可穿过柴油发电机房、燃油锅炉房的储油间与机房间的防火墙外，严禁穿过防火分区之间的防火墙；当其他管道需要穿过防火墙时，应采用防火封堵材料将管道周围的空隙紧密填塞。

【考点五】安全出口形式【★★★】

（一）疏散楼梯间

（1）人防工程发生火灾时，建筑内人员不可能像在地面建筑那样还可以通过阳台或外墙上的门窗依靠云梯等手段救生，只能通过疏散楼梯垂直向上疏散，因此楼梯间必须安全可靠。

（2）设有下列公共活动场所的人防工程，当底层室内地面与室外出入口地坪高差大于 10 m 时，应设置防烟楼梯间；当地下为两层，且地下第二层的室内地面与室外出入口地坪高差不大于 10 m 时，应设置封闭楼梯间：

1）电影院、礼堂。

2）建筑面积大于 500 m^2 的医院、旅馆。

3）建筑面积大于 1 000 m^2 的商场、餐厅、展览厅、公共娱乐场所（礼堂、多功能厅、歌舞娱乐放映游艺场所等）、健身体育场所（溜冰馆、游泳馆、体育馆、保龄球馆、射击馆等）等。

（二）避难走通

避难走道是走道两侧为实体防火墙，并设置有效防烟等设施，仅用于人员安全通行至室外的走道。当人防工程设置直通室外的安全出口的数量和位置受条件限制时，可设置避难走道。避难走道的设置是为了满足坑、地道工程和大型集团式工程防火设计的需要，其作用与防烟楼梯间是相同的。防烟楼梯间是竖向布置的，而避难走道是水平布置的，人员疏散进入避难走道就可视为进入安全区域，避难走道不得用于除人员疏散外的其他用途。

人防工程中的避难走道的设置要求如下：

（1）避难走道直通地面的出口不应少于两个，并应设置在不同方向；当避难走道只与一个防火分区相通时，其直通地面的出口可设置一个，但该防火分区至少应有一个不通向该避难走道的安全出口。

（2）通向避难走道的各防火分区人数不等时，避难走道的净宽不应小于容纳人数最多的一个防火分区通向避难走道的各安全出口最小净宽之和。

（3）避难走道的装修材料燃烧性能等级应为 A 级。

（4）防火分区至避难走道入口处应设置前室，前室面积不应小于 6 m^2，前室的门应为甲级防火门。

（5）避难走道应设置消火栓，火灾应急照明、应急广播和消防专线电话。

【考点六】安全出口设置要求【★★】

（1）人防工程每个防火分区的安全出口数量不应少于两个。人防工程有两个或两个以上防火分区相邻，且将相邻防火分区之间防火墙上设置的防火门作为安全出口时，防火分区安全出口应符合以下规定：

1）防火分区建筑面积大于 1 000 m^2 的商业营业厅、展览厅等场所，设置通向室外、直通室外的疏散楼梯间或避难走道的安全出口个数不得少于两个。

2）防火分区建筑面积不大于 1 000 m^2 的商业营业厅、展览厅等场所，设置通向室外、直通室外的疏散楼梯间或避难走道的安全出口个数不得少于一个。

3）在一个防火分区内，设置通向室外、直通室外的疏散楼梯间或避难走道的安全出口宽度之和，不宜小于《人民防空工程设计防火规范》（GB 50098—2009）规定的安全出口总宽度的 70%。

（2）建筑面积不大于 500 m^2，且室内地面与室外出入口地坪高差不大于 10 m，容纳人数不大于 30 人的防火分区，当设置有仅用于采光或进风用的竖井，且竖井内有金属梯直通地面，防火分区通向竖井处设置有不低于乙级的常闭防火门时，可只设置一个通向室外、直通室外的疏散楼梯间或避难走道的安全出口；也可设置一个与相邻防火分区相通的防火门。

（3）建筑面积不大于 200 m^2，且经常停留人数不超过三人的防火分区，可只设置一个通向相邻防火分区的防火门。

【考点七】安全疏散距离【★★】

安全疏散距离是根据允许疏散时间和人员疏散速度确定的。人防工程内的安全疏散距离根据人员密度不同、疏散人员类型不同、工程类型不同及照明条件不同，也有一定幅度的变化。

（1）房间内最远点至该房间门的距离不应大于 15 m。

（2）房间门至最近安全出口的最大距离：医院应为 24 m，旅馆应为 30 m，其他工程应为 40 m。位于袋形走道两侧或尽端的房间，其最大距离应为上述相应距离的一半。

（3）观众厅、展览厅、多功能厅、餐厅、营业厅和阅览室等，其室内任意一点到最近安全出口的直线距离不宜大于 30 m；当该防火分区设置有自动喷水灭火系统时，疏散距离可增加 25%。

【考点八】人防工程疏散宽度【★★】

人防工程每个防火分区安全出口的总宽度，应按该防火分区设计容纳总人数乘以疏散宽度指标计算确定：

（1）室内地面与室外出入口地坪高差不大于 10 m 的防火分区，疏散宽度指标应为每 100 人不小于 0.75 m。

（2）室内地面与室外出入口地坪高差大于 10 m 的防火分区，疏散宽度指标应为每 100 人不小于1.00 m。

（3）人员密集的厅、室以及歌舞娱乐放映游艺场所，疏散宽度指标应为每100人不小于1.00 m。

（4）人防工程安全出口、疏散楼梯和疏散走道的最小净宽应符合表2—4—12—3的规定。

表2—4—12—3　安全出口、疏散楼梯和疏散走道的最小净宽　（单位：m）

工程名称	安全出口和疏散楼梯净宽	疏散走道净宽	
		单面布置房间	双面布置房间
商场、公共娱乐场所、健身体育场所	1.4	1.5	1.6
医院	1.3	1.4	1.5
旅馆、餐厅	1.1	1.2	1.3
车间	1.1	1.2	1.5
其他民用工程	1.1	1.2	—

【考点九】火灾自动报警系统【★★】

人防工程中建筑面积大于500 m^{2}的地下商店、展览厅和健身体育场所，建筑面积大于1 000 m^{2}的丙、丁类生产车间和丙、丁类物品库房，重要的通信机房和电子计算机机房，柴油发电机房和变配电室，重要的实验室和图书、资料、档案库房，歌舞娱乐放映游艺场所等，应设置火灾自动报警系统。

【考点十】消防电源及照明【★★★】

（一）消防电源

（1）消防疏散照明和消防备用照明在工作电源断电后，应能自动投合备用电源。

（2）建筑面积大于5 000 m^{2}的人防工程，其消防用电应按一级负荷要求供电，建筑面积小于或等于5 000 m^{2}的人防工程，其消防用电可按二级负荷要求供电。

（3）消防疏散照明和消防备用照明可用蓄电池作备用电源，其连续供电时间不应少于30 min。

（4）消防控制室、消防水泵、消防电梯、防烟风机、排烟风机等消防用电设备应采用两路电源或两回路供电线路供电，并应在最末一级配电箱处自由切换。

（5）当采用柴油发电机组作备用电源时，应设置自动启动装置，并应能在30 s内供电。

（二）消防疏散照明

（1）人防工程的疏散走道、楼梯间、防烟前室、公共活动场所等部位的墙面上部或顶棚下应设置消防疏散照明灯，其地面的最低照度不应低于5 lx。

（2）在人防工程有侧墙的疏散走道及其拐角处和交叉口处的墙面上、无侧墙的疏散走道的上方、疏散出入口和安全出口的上部应设置消防疏散标志灯。

（3）歌舞娱乐放映游艺场所、总建筑面积大于500 m^{2}的商业营业厅等公共活动场所的疏散走道的地面上，应设置能保持视觉连续发光的疏散指示标志，并宜设置灯光型疏散指示标志。

当地面照度较大时，可设置蓄光型疏散指示标志。沿地面设置的灯光型疏散指示标志的间距不宜大于 3 m，蓄光型疏散指示标志的间距不宜大于 2 m。

（三）消防备用照明

人防工程避难走道、消防控制室、消防水泵房、柴油发电机室、配电室、通风空调室、排烟机房、电话总机房以及发生火灾时仍需坚持工作的其他房间应设置消防备用照明。

建筑面积大于 5 000 m^2 的人防工程，其消防备用照明照度值宜保持正常照明的照度值；建筑面积不大于 5 000 m^2 的人防工程，其消防备用照明的照度值不宜低于正常照明照度值的 50%。

第五篇 消防安全评估

第一章 概　　述

【考点一】火灾风险评估的分类【★★】

（一）按建筑所处状态

根据建筑所处的不同状态，火灾风险评估可以分为预先评估和现状评估。

（1）预先评估。它是在建设工程的开发、设计阶段所进行的风险评估，用于指导建设工程的开发和设计，以在建设工程的基础阶段最大限度地降低建设工程的火灾风险。

（2）现状评估。它是在建筑（区域）建设工程已经竣工，即将投入运行前或已经投入运行时所处的阶段进行的风险评估，用于了解建筑（区域）的现实风险，以采取降低风险的措施。由于是在建筑（区域）的运行阶段，对建筑（区域）的风险已有一定了解，因而与预先评估相比，现状评估更接近于现实情况。当前的火灾风险评估大多数属于现状评估。

（二）按指标处理方式

根据建筑（区域）风险评估指标的处理方式，风险评估可以分为定性评估、半定量评估和定量评估。

（1）定性评估。它是依靠人的观察分析能力，借助经验和判断能力进行的评估。在风险评估过程中，无将不确定性指标转化为确定的数值进行度量，只需进行定性比较。常用的定性评估方法有安全检查表。

（2）半定量评估。它是在风险量化的基础上进行的评估。在评估过程中，需要通过数学方法，将不确定的定性指标转化为量化的数值。由于其评估指标可进行一定程度的量化，因而能够比较准确地描述建筑（区域）的风险。

（3）定量评估。它是在评估过程中所涉及的参数均已经通过实验、测试、统计等各种方法实现了完全量化的评估，且其量化数值可被业界公认。由于其评估指标可完全量化，因而评估结果更为精确。

【考点二】火灾风险评估的基本流程【★★】

（一）前期准备

明确火灾风险评估的范围，收集所需的各种资料，重点收集与实际运行状况有关的各种资料与数据。评估机构依据经营单位提供的资料，按照确定的范围进行火灾风险评估。

所需主要资料从以下方面收集：

（1）评估对象的功能。

（2）可燃物。

（3）周边环境情况。

（4）消防设计图样。

（5）消防设备相关资料。

（6）火灾应急救援预案。

（7）消防安全规章制度。

（8）相关的电气检测和消防设施与器材检测报告。

（二）火灾危险源的识别

应针对评估对象的特点，采用科学、合理的评估方法，进行火灾危险源识别和危险性分析。

（三）定性、定量评估

根据评估对象的特点，确定消防评估的模式及采用的评估方法。在系统生命周期内的运行阶段，应尽可能采用定量的安全评估方法，或定性与定量相结合的综合性评估模式进行分析和评估。

（四）消防安全管理水平评估

消防安全管理水平评估主要包含以下三个方面：

（1）消防管理制度评估。

（2）火灾应急救援预案评估。

（3）消防演练计划评估。

（五）确定对策、措施及建议

（六）确定评估结论

（七）编制火灾风险评估报告

第二章　火灾风险识别

【考点一】火灾危险源与火灾风险源【★★★】

早期的安全著作将影响系统安全的因素统称为危险源，分为第一类危险源和第二类危险源。按照两类危险源理论，依据危险源在事故发生、发展过程中的作用，危险源可分为以下两类：

第一类危险源是指产生能量的能量源或拥有能量的载体。它的存在是事故发生的前提。没有第一类危险源就谈不上能量或危险物质的意外释放，也就无所谓事故。由于第一类危险源在事故时释放的能量是导致人员伤害或财物损坏的能量主体，所以它决定了事故后果的严重程度。

第二类危险源是指导致约束、限制能量屏蔽措施失效或破坏的各种不安全因素。它是第一类危险源导致事故的必要条件。如果没有第二类危险源破坏第一类危险源的控制，也就不会发生能量或危险物质的意外释放。所以，第二类危险源出现的难易程度决定了事故发生的可能性大小。

根据上述危险源分类，火灾中的第一类危险源包括可燃物、火灾烟气及燃烧产生的有毒、有害气体成分；第二类危险源是人们为了防止火灾发生、减小火灾损失所采取的消防措施中的隐患。对于第一类火灾危险源，人们普遍接受。按照上述表述，火灾自动报警、自动灭火系统、应急广播及疏散系统等消防措施属于第二类危险源。因此，对火灾危险源进行界定，将其含义限定为引起火灾的一些因素，同时引入火灾风险源的概念，则更容易理解。应该说，关于危险源和风险源的概念，来自两个不同的方向。危险源首先来自理论上的定义，而风险源则来自实践的需要，采用由实践向理论的提升，将会有更大的适用性。

【考点二】火灾发展过程与火灾风险评估【★★】

一般情况下，火灾发展过程可以分为起火（阴燃或明火引起）、增长、充分发展、衰退直至最终熄灭等阶段。

（一）火灾发生

由于各种因素的影响，致使有火源突破控制，如雷电、地震、电气或设备故障以及人为纵火，造成物质的燃烧，引起火灾发生。

这一阶段考虑的是评估对象是否存在着火的可能性，其中有哪些因素可能导致火源突破控制，引起火灾发生。重点评估着火因素，这些可能引起火灾的因素即为火灾危险源。这一阶段的评估称为火灾危险源评估。火灾危险源的评估不能完全采用定量的方法进行，还需要根据以往的经验和历史统计数据进行分析和判断。

（二）火灾发生初期

在火灾发生初期，物质的燃烧主要受其物理性质和周边环境，如通风状况、燃料数量、环境温度、燃烧时间等的影响。

这一阶段考虑的是物质着火后，不考虑各种内外部消防措施和消防力量的干预作用，在纯自然状态下评估火灾可能引起的后果损失。这一阶段的评估称为火灾危险性评估。由于物质的火灾荷载、可燃物之间的距离、通风状况、建（构）筑物的耐火性能、人员数量等参数均存在可量化的数值，因此火灾危险性评估可采用量化的方法（包括现场实验、相似模拟实验和计算机模拟方法）进行。

（三）火灾发展中期

火灾发生后，物质的燃烧受到建（构）筑物内自动灭火系统启动灭火、防排烟系统发挥防烟分隔和排烟功能、人员参与灭火等消防措施和内部消防力量的影响。根据这些因素共同作用的效率，来衡量火灾可能造成的后果损失。因此，后果损失的严重程度与这些因素的作用效率密切相关。这一阶段的评估称为狭义火灾风险评估。

（四）火灾发展中后期

物质着火后，虽然建筑消防设施和内部人员对物质的燃烧过程进行了干预，但是由于某项消防措施失效或者人员灭火能力欠缺等种种原因，导致依靠单位自身的能力无法扑灭火灾，这时就需要出动消防部队以及调动专职消防队、志愿消防队赶赴现场灭火。这一阶段的评估称为广义火灾风险评估。

根据上述火灾发生发展的四个阶段，建筑防灭火工作大体上也可以划分为四个主要环节，即火灾预防、火灾报警、人员疏散和灭火救援。

【考点三】影响火灾发生的因素【★★】

可燃物、助燃剂（主要是氧气）和引火源是物质燃烧的三个要素；火灾是时间或空间上失去控制的燃烧，简单地说，就是人们不希望出现的燃烧。因此，可以说可燃物、助燃剂、引火源、时间和空间是火灾的五个要素。

消防工作的主要对象就是围绕这五个要素进行控制。控制可分为两类：对于存在生产、生活用燃烧的场所，将燃烧控制在一定的范围内，控制的对象是时间和空间；对于除此之外的任何场所，控制不发生燃烧，控制的对象是燃烧三要素，即控制这三要素同时出现的条件。

【考点四】火灾危险源【★★★★】

（一）客观因素

（1）电气引起火灾。电气火灾原因主要有以下几种：

1）接头接触不良导致电阻增大，发热起火。

2）可燃油浸变压器油温过高导致起火。

3）高压开关的油断路器中，由于油量过高或过低引起爆炸起火。

4）熔断器熔体熔断时产生电火花，引燃周围可燃物。

5）使用电加热装置时，不慎放入高温易爆物品导致爆炸起火。

6）机械撞击损坏线路，导致漏电起火。

7）设备过载导致线路温度升高，在线路散热条件不好时，经过长时间的过热，导致电缆起火或引燃周围可燃物。

8）照明灯具的内部漏电或发热引起燃烧，或引燃周围可燃物。

（2）易燃易爆物品引起火灾。

（3）气象因素引起火灾。火灾的发生与气象条件密切相关，影响火灾的气象因素主要有大风、降水、高温以及雷电。

（二）人为因素

（1）用火不慎引起火灾。

（2）不安全吸烟引起火灾。

（3）人为纵火。

【考点五】建筑防火【★★★】

（一）被动防火

（1）防火间距。防火间距是指两幢建（构）筑物之间，保持适应火灾扑救、人员安全疏散和降低火灾时热辐射等的必要间距。为了防止建筑物间的火势蔓延，各幢建筑物之间留出一定的距离是非常必要的。这样能减少辐射热的影响，避免相邻建筑物被烤燃，并可为疏散人员和灭火提供必要场地。影响防火间距的主要因素有：

1）热辐射。

2）热对流。

3）建筑物外墙开口面积。

4）建筑物内可燃物的性质、数量和种类。

5）风速。

6）相邻建筑物的高度。

7）建筑物内消防设施的水平。

8）灭火时间。

（2）耐火等级。通常用耐火等级来表示建筑物所具有的耐火性。一幢建筑物的耐火等级不是由一两个构件的耐火性决定的，而是由组成建筑物的所有构件的耐火性决定的，即由组成建筑物的墙、柱、梁、楼板等主要构件的燃烧性能和耐火极限决定的。

（3）防火分区。防火分区是指采用防火分隔措施划分出的、能在一定时间内防止火灾向同一建筑的其余部分蔓延的局部区域（空间单元），主要通过涵盖面积来确定。防火分区主要是通过在一定时间内阻止火势蔓延，且把建筑物的内部空间分隔成若干较小防火空间的防火分隔设施来实现的。常用的防火分隔设施有防火墙、防火门、防火卷帘等。

（4）消防扑救条件。建筑的消防扑救条件可根据消防通道和消防扑救面的实际情况进行衡量。消防通道的衡量标准包括有无穿越建筑的消防通道、环形消防车道以及消防电梯等。

（5）防火分隔设施。常用的防火分隔设施有防火墙、防火门、防火卷帘等。

（二）主动防火

（1）灭火器材。民用建筑灭火器配置场所的危险等级，应根据其使用性质、火灾危险性、可燃物数量、火灾蔓延速度以及扑救难易程度等因素，划分为以下三级：

1）严重危险级：功能复杂、用电用火多、设备贵重、火灾危险性大、可燃物多、起火后蔓延迅速或容易造成重大火灾损失的场所。

2）中危险级：用电用火较多、火灾危险性较大、可燃物较多、起火后蔓延迅速的场所。

3）轻危险级：用电用火较少、火灾危险性较小、可燃物较少、起火后蔓延较慢的场所。

（2）消防给水。

（3）火灾自动报警系统。火灾探测器是火灾自动报警系统的重要组成部分，它包括感烟火灾探测器、感温火灾探测器和一氧化碳火灾探测器。

（4）防排烟系统。防烟、排烟的目的是及时排除火灾产生的大量烟气，阻止烟气向防烟分区外扩散，确保建筑物内人员的顺利疏散和安全避难，并为消防救援创造有利条件。

（5）自动灭火系统。此处的自动灭火系统主要是指水自动灭火系统，是以水为主要灭火介质的灭火系统。它具体包括自动喷水灭火系统、水喷雾灭火系统、细水雾灭火系统和水炮灭火系统。

（6）疏散设施。疏散设施的目的主要是使人员能从发生事故的建筑物中迅速撤离到安全部位（室外或室内避难层、避难间等），及时转移室内重要的物资和财产，同时，尽可能地减少火灾造成的人员伤亡与财产损失，也能为消防人员提供有利的灭火救援条件等。

第三章　火灾风险评估方法概述

【考点一】安全检查表的编制与实施【★★★】

（一）确定系统

确定系统是指确定所要检查的对象。检查的对象可大可小，可以是某一工序、某个工作地点、某一具体设备等。

（二）找出危险点

在找危险点时，可采用系统安全分析法、经验法等方法分析寻找。

（三）确定项目与内容，编制成表

根据找出的危险点，对照有关制度、标准、法规、安全要求等分类确定项目与内容，按安全检查表的格式制成表格形式。

（四）检查应用

（五）整改

（六）反馈

【考点二】事件树的编制程序【★★★】

（一）确定初始事件

初始事件是事故在未发生时，其发展过程中的危害事件或危险事件。可以用两种方法确定初始事件：

（1）根据系统设计、系统危险性评价、系统运行经验或事故经验等确定。

（2）根据系统重大故障或事故树分析，从其中间事件或初始事件中选择。

（二）判定安全功能

（三）绘制事件树

从初始事件开始，按事件发展过程自左向右绘制事件树，用树枝代表事件发展途径。首先考察初始事件一旦发生时最先起作用的安全功能，把可以发挥功能的状态画在上面的分枝，不能发挥功能的状态画在下面的分枝；然后依次考察各种安全功能的两种可能状态，把发挥功能的状态（又称成功状态）画在上面的分枝，把不能发挥功能的状态（又称失败状态）画在下面的分枝，直至到达系统故障或事故为止。

（四）简化事件树

在绘制事件树的过程中，可能会遇到一些与初始事件或与事故无关的安全功能，或者其功能关系相互矛盾、不协调的情况，需用工程知识和系统设计知识予以辨别，然后将其从树枝中去掉，即构成简化的事件树。

在绘制事件树时，要在每个树枝上写出事件状态，树枝横线上面写明事件过程内容特征，横线下面注明成功或失败的状况说明。

第四章　建筑性能化防火设计评估

【考点一】火灾场景【★★】

火灾场景是对一次火灾整个发展过程的定性描述，该描述确定了反映该次火灾特征并区别于其他可能发生火灾的关键事件。火灾场景通常要定义火灾发生、增长、完全发展和衰减阶段以及影响火灾发展过程的各种消防系统和环境条件。

通过仔细选择对火灾场景设计影响较大的因素，然后运用适当的计算技术，可以较方便地得到等效安全解决方案。火灾场景的确定应根据最不利的原则确定，选择火灾风险较大的火灾场景作为设定的火灾场景。火灾风险较大的火灾场景应包括发生概率高，但火灾危害不一定最大，或者火灾危害大，但发生概率低的火灾场景。

火灾场景必须能描述火灾引燃、增长和受控火灾的特征以及烟气和火势蔓延的可能途径、设置在建筑室内外的所有灭火设施的作用、每一个火灾场景的可能后果。在设计火灾场景时，应确定设定火源在建筑物内的位置及着火房间的空间几何特征。

确定可能火灾场景可采用下述方法：故障类型和影响分析、故障分析、如果—怎么办分析、相关统计数据、工程核查表、危害指数、危害和操作性研究、初步危害分析、故障树分析、事件树分析、原因后果分析和可靠性分析等。

在进行火灾场景设计时，应该指定设定火源的位置及空间的几何形状，如有必要，还应指定房间内火源的位置。

【考点二】设定火灾【★★★】

设定火灾是对一个设定火灾场景假定火灾特征的定量描述。典型的情况就是对重要的火灾参数随时间的变化进行描述。如热释放速率和毒性组分的生成量。同时描述其他重要的模型输入数据，如火灾荷载密度。

在设定火灾时，一般不考虑火灾的阴燃阶段、衰退阶段，而主要考虑火灾的增长阶段及全面发展阶段。但在评价火灾探测系统时，不应忽略火灾的阴燃阶段；在评价建筑构件的耐火性能时，不应忽略火灾的衰退阶段。

在设定火灾时，可采取用热释放速率描述的火灾模型和用温度描述的火灾模型。在计算烟气温度、浓度、烟气毒性、能见度等火灾环境参数时，宜选用采用热释放速率描述的火灾模型；在进行构件耐火分析时，宜选用采用温度描述的火灾模型。在设定火灾时，需要分析和确定建筑物的基本情况，包括：建筑物内的可燃物、建筑结构、平面布置、建筑物的自救能力与外部救援力量等。

（1）在进行建筑物内可燃物的分析时，应着重分析以下因素：

1）潜在的引火源。

2）可燃物的种类及其燃烧性能。

3）可燃物的分布情况。

4）可燃物的火灾荷载密度。

（2）在分析建筑的结构和平面布置时，应着重分析以下因素：

1）起火房间的外形尺寸和内部空间情况。

2）起火房间的通风口形状及分布、开启状态。

3）房间与相邻房间、相邻楼层及疏散通道的相互关系。

4）房间的围护结构构件和材料的燃烧性能、力学性能、隔热性能、毒性性能及发烟性能。

（3）在分析和确定建筑物的自救能力与外部救援力量时，应分析以下因素：

1）建筑物的消防供水情况和建筑物室内外的消火栓灭火系统。

2）建筑内部的自动喷水灭火系统和其他自动灭火系统（包括各种气体灭火系统、干粉灭火系统等）的类型与设置场所。

3）火灾报警系统的类型与设置场所。

4）消防队的技术装备、到达火场的时间和灭火控火能力。

5）烟气控制系统的设置情况。

（4）在确定火灾发展模型时，应至少分析下列因素：

1）初始可燃物对相邻可燃物的引燃特征值和蔓延过程。

2）多个可燃物同时燃烧时热释放速率的叠加关系。

3）火灾的发展时间和火灾达到轰燃所需时间。

4）灭火系统和消防队对火灾发展的控制能力。

5）通风情况对火灾发展的影响。

6）烟气控制系统对火灾发展蔓延的影响。

7）火灾发展对建筑构件的热作用。

（5）对于建筑物内的初期火灾增长，可根据建筑物内的空间特征和可燃物特性采用下述方法之一确定：

1）实验火灾模型。

2）t^2 火灾模型。

3）MRFC 火灾模型。

4）按叠加原理确定火灾增长的模型。

对于火灾从轰燃到最高热释放速率之间的增长阶段，可以假设当轰燃发生时，火灾的热释放速率同时增长到最大值，此时房间内可燃物的燃烧方式多为通风控制燃烧，热释放速率将保持最大值不变。

（6）火灾的最大热释放速率可根据火灾发展模型结合灭火系统的灭火效果来计算确定。灭火系统的灭火效果可以参考以下三种情况：

1）在灭火系统的作用下，火灾最终熄灭。

2）火灾被控制到恒稳状态。在灭火系统的作用下，热释放速率不再增长，而是以一个恒定热释放速率燃烧。

3）火灾未受限制。这代表了灭火系统失效的情况。

（7）灭火系统的有效控火时间可按下述方式考虑：

1）对于自动喷水灭火系统，可采用顶棚射流的方法确定喷头的动作时间，再在考虑一定安全系数（如 1.5）后确定该系统的有效作用时间。

2）对于智能控制水炮和自动定位灭火系统，系统的有效作用时间可按火灾探测时间、水系统定位和动作时间之和乘以一定安全系数计算。

3）对于消防队控火，可计算从火灾发生到消防队有效控制火势的时间，一般按 15 min 计算。

【考点三】火灾增长分析【★★】

（一）描述可燃物燃烧性能的主要参数

（1）可燃物的点火性能，通常用单位面积可燃物在一定功率热辐射作用下的点火时间表示（s）。

（2）可燃物的热值（kJ/kg）。

（3）单位面积上的质量损失速率［kg/（m^2·s）］。

（4）单位面积上的热释放速率［kJ/m^2·s］。

（5）毒性气体的生成率（kg/kg）。

（6）烟气的遮光性，一般采用减光系数（m^{-1}）表示。

（二）可燃物的状况及火灾荷载密度

可燃物的状况主要考虑可燃物的形状、分布、堆积密度、高度、含水率、可燃烧的类型或燃烧性能等。建筑物内的火灾荷载密度用室内单位地板面积的燃烧热值表示。

一个空间内的火灾荷载密度也可以参考同类型建筑内火灾荷载密度的统计数据来确定。在进行此类统计时，应该至少对五个典型建筑取样。

在一定种类可燃物分布和相应的通风条件下，火灾发展的最大热释放速率主要受最大的火源面积控制。此外，用参数计算的方法确定火灾热释放速率随时间的变化，也需要最大火源面积这一参数。火灾发展的面积（A_f）可采用可燃物水平方向的火焰蔓延速度表示。

着火房间内烟气层的中性面位置，随热烟气的温度和开口位置而变化。在中性面上方，着火房间内部的气体压力大于相邻房间或外部的气体压力；在中性面下方，着火房间内部的气体压力小于相邻房间或外部的气体压力。

通风口的形状、大小和分布影响着火房间内的燃烧类型、气体流动状态和火灾烟气及热的排放。

【考点四】热释放速率【★★★】

（一）实际火灾实验

试验结果表明，在一个大约和 ISO 9705 房间大小相当的房间内燃烧带坐垫的椅子，当考虑从 100 ~ 1 000 kW 范围的火灾时，要比在敞开式大空间内的燃烧速率增加 20%。

（二）类似实验

如果缺少分析对象的可燃组件的试验数据，可以采用具有类似的燃料类型、燃料布置及引燃场景的火灾实验数据。当然，实验条件与实际要考虑的情况越接近越好。

（三）稳态火灾

在稳态火灾的整个发展过程中，火源的热释放速率始终保持一个定值。火灾发展过程中的充分发展阶段可以近似看成是稳态火灾。稳态火灾的热释放速率应该对应预期火灾增长的最大规模，因此稳态火灾的热释放速率也可以用自动喷水灭火系统的第一个洒水喷头启动时的火灾规模来判断。

（四）t^2 模型

t^2 模型描述火灾过程中火源热释放速率随时间的变化关系。根据火灾发展系数，火灾发展阶段可分为极快、快速、中速和慢速四种类型。

（五）MRFC 模型

MRFC 模型是火灾与烟气在建筑物内蔓延的多室区域模拟软件。该软件中运用可燃物火焰蔓延速度及其燃烧特性参数计算热释放速率。

（六）热释放速率曲线叠加模型

当房间内某可燃物着火后，会因火源和热烟气层的热辐射作用，而在一定时间内引燃其周围可燃物，使热释放速率增长。此时的热释放速率应为原着火可燃物的热释放速率和被引燃可燃物热释放速率的叠加。

【考点五】火羽流的形成【★★】

在火灾中，火源上方的火焰及燃烧生成的烟气通常称为火羽流。实际上，所有的火灾都要经历这样一个重要的初始阶段，即在火焰上方由浮力驱动的热气流持续地上升进入新鲜空气占据的环境空间，这一阶段从着火（包括连续的阴燃）然后经历明火燃烧过程直至轰燃前结束。图 2—5—4—1 给出了包括中心线上温度和流速分布在内的火羽流示意图，可燃挥发成分与环境空气混合形成扩散火焰，平均火焰高度为 L，火焰两边向上伸展的虚线表示羽流边界，即由燃烧产物和卷吸空气构成的整个浮力羽流的边界。图 2—5—4—1b 所示为理想化的轴对称火羽流模型，z_0 表示虚点火源高度。

图 2—5—4—1c 中定性地给出了试验观测得到的火羽流中心线上温度和纵向流速分布，其中温度以相对于环境的温差表示。从图 2—5—4—1 中可以看到，火焰的下部为持续火焰区，因而温度较高且几乎维持不变；而火焰的上部为间歇火焰区，从此温度开始降低。这是由于燃烧反应逐渐减弱并消失，同时环境冷空气被大量卷入的缘故。火焰区的上方为燃烧产物（烟气）的羽流区，其流动完全由浮力效应控制，一般称其为浮力羽流，或称烟气羽流。火羽流中心线上的速度在平均火焰高度以下逐渐趋于最大值，然后随高度的增加而下降。

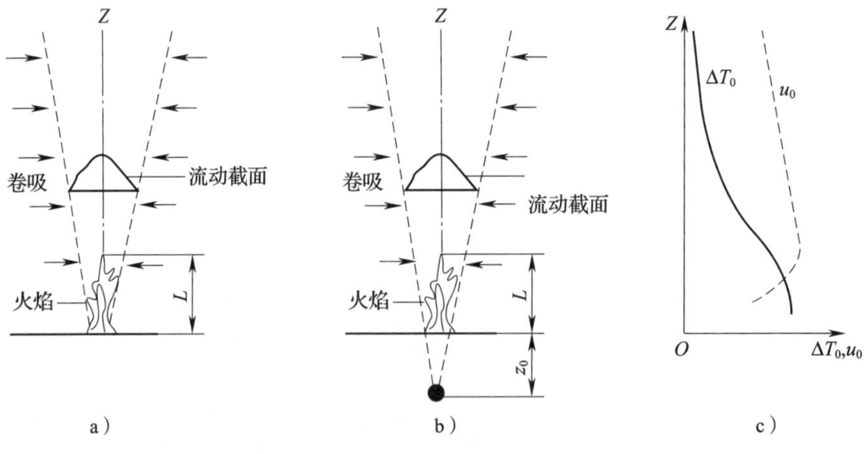

图 2—5—4—1　火羽流示意图

【考点六】顶棚射流【★★★★】

顶棚射流是一种半无限的重力分层流，当烟气在水平顶棚下积累到一定厚度时，它便发生水平流动。羽流在顶棚上的撞击区大体为圆形，刚离开撞击区边缘的烟气层不太厚，顶棚射流由此向四周扩散。顶棚的存在将表现出固壁边界对流动的黏性影响，因此在十分贴近顶棚的薄层内，烟气的流速较低。随着垂直向下离开顶棚距离的增加，其速度不断增大，而超过一定距离后，速度又逐步降低为零。这种速度分布使得射流前锋的烟气转向下流，然而热烟气仍具有一定的浮力，还会很快上浮。于是顶棚射流中便形成一连串的漩涡，它们可将烟气层下方的空气卷吸进来，因此顶棚射流的厚度逐渐增加而速度逐渐降低。

【考点七】大空间窗口羽流【★★】

从墙壁上的开口（如门、窗等）流出而进入其他开放空间中的烟流通常被称为“窗口羽流”。一般情况下，在房间起火之后，火灾全面发展的性状（即可燃物的燃烧速度、热释放速率等）是由墙壁上的门窗等通风开口的空气流速控制的，即热释放速率与通风口的特性有关。

【考点八】烟气层有关参数【★★】

烟气层高度对人员疏散是一个重要的影响因素，人员在到达安全位置之前，应尽量保证疏散过程中不会在建筑烟气中穿过。封闭空间的烟气填充过程：直到烟气层界面下移到垂直开口的上边缘为止，烟气始终在封闭空间的上部累积。由于热膨胀，过量的空气被挤出封闭空间。当烟气层降低到开口上界面以下位置时，随着新鲜空气的进入，烟会流出封闭空间。

【考点九】烟气流动的计算方法及模型选用原则【★★★★】

（一）概述

建筑火灾的计算机模型有随机性模型和确定性模型两类。随机性模型把火灾的发展看成一系列连续的事件或状态，由一个事件转变到另一个事件，如由引燃到稳定燃烧等。而由一种状态转变到另一种状态有一定的概率，在分析有关的实验数据和火灾事故数据的基础上，通过这种事件概率的分析计算，可以得到出现某种结果状态的概率分布，建立概率与时间的函数关系。而确定性模型是以物理和化学定律（如质量守恒定律、动量守恒定律和能量守恒定律等基本物理定律）为基础，用相互关联的数学公式来表示建筑物的火灾发展过程。如果给定有关空间的几何尺寸、物性参数、相应的边界条件和初始条件，利用这种模型就可以得到相当准确的计算结果。

（二）经验模型

经验模型则是指以试验测定的数据和经验为基础，通过将实验研究的一些经验性模型或是将一些经过简化处理的半经验模型加上重要的热物性数据编制成的数学模型。现有的经验模型通常局限于描述火源空间的一些特征物理参数，如烟气温度、浓度、热流密度等随时间的变化，因此经常被称为“局部模型”。

（三）区域模型

把所研究的受限空间划分为不同的区域，并假设每个区域内的状态参数是均匀一致的，而质量、能量的交换只发生在区域与区域之间、区域与边界之间以及它们与火源之间。从这一思想出发，根据质量、能量守恒原理可以推导出一组常微分方程；而区域、边界及火源之间的质量、能量交换则是通过方程中所出现的各源项体现出来的。

（四）场模型

火灾的场模拟研究利用计算机求解火灾过程中各参数（如速度、温度、组分浓度等）的空间分布及其随时间的变化，是一种物理模拟。场是多种状态参数（如速度、温度与组分浓度）的空间分布，是通过计算这些状态参数的空间分布随着时间的变化来描述火灾发展过程的数学方程集合。场模拟可以得到比较详细的物理量的时空分布，能精细地体现火灾现象。

由于场模型是通过把一个房间划分为几千甚至上万个控制体，计算得出室内各局部空间的有关参数的变化。计算时通常所使用的场模拟方法有有限差分法、有限元法、边界元法等，导致这种模型的计算量很大。

（五）场区混合模型

对于复杂多室建筑的火灾过程进行计算机模拟，通常是采用区域模拟的方法。基于试验研究的结果和计算机客观条件等限制，采用场模拟的方法来研究着火房间或强流动区域，对其他非着火和非强流动区间则采用区域模拟的方法。这种混合模拟方法，兼顾场模拟和区域模拟两者的优点，并能更为准确地反映火灾过程的特征，这种方法简称为场区模拟方法。

【考点十】影响人员安全疏散的因素【★★★】

（一）人员内在影响因素

人员内在影响因素主要包括：人员心理因素、人员生理因素、人员现场状态因素、人员社会关系因素等。

（1）人员心理因素。人员在紧急情况下的心理普遍会发生显著的变化，这些心理变化因素一方面能够激发人的避险本能，另一方面也会导致人员理性判断能力降低、情绪失控。

（2）人员生理因素。人员生理因素包括人员自身的身体条件影响因素，如幼儿、成年、老年、健康、疾病等条件差异。不同的身体条件会显著影响人员的运动机能。此外，紧急情况下环境条件的变化也会对人员生理因素造成影响。

（3）人员现场状态因素。人员现场状态因素包括清醒状态、睡眠状态、人员对周围环境的熟悉程度等。

（4）人员社会关系因素。

（二）外在环境影响因素

外在环境影响因素主要是指建筑物的空间几何形状、建筑功能布局以及建筑内具备的防火条件等因素。

（三）环境变化影响因素

（四）救援和应急组织影响因素

【考点十一】人员安全疏散分析的目的及性能判定标准【★★】

（一）人员安全疏散分析的目的

人员安全疏散分析的目的是通过计算可用疏散时间（t_{ASET}）和必需疏散时间（t_{RSET}），从而判定人员在建筑物内的疏散过程是否安全。

（二）人员安全疏散分析的性能判定标准

人员安全疏散分析的性能判定标准为：可用疏散时间（t_{ASET}）必须大于必需疏散时间

（t_{RSET}）。

计算 t_{ASET} 时，应重点考虑发生火灾时建筑物内影响人员安全疏散的烟气层高度、热辐射、对流热、烟气毒性和能见度。这些参数可以通过对建筑内特定的火灾场景进行火灾与烟气流动的模拟得到。

在计算 t_{RSET} 时，可按以下三种情况考虑：

（1）如果能够将火灾和烟气控制在着火房间内，则可只计算着火房间内人员的 t_{RSET}。

（2）如果火灾及其产生的烟气只在着火楼层蔓延，则可只计算着火楼层内人员的 t_{RSET}。

（3）如果火灾及其产生的烟气可能在垂直方向蔓延至其他楼层（例如，建筑内存在连通上下层的中庭），则需计算整个建筑内人员的 t_{RSET}。当建筑存在坍塌的危险时，也需要计算整个建筑内人员的 t_{RSET}。

【考点十二】人员疏散时间【★★】

探测时间 t_{det}、报警时间 t_{warn}、预动作时间 t_{pre} 三者的和称为疏散开始时间 t_{start}。预动作时间 t_{pre} 与运动时间 t_{trav} 的和称为疏散时间 t_{evac}。

【考点十三】火灾探测报警时间【★★】

对于安装了点式火灾探测报警装置以及安装了闭式自动喷水灭火系统的场所，火灾探测报警时间应根据建筑内所采用的火灾探测与报警装置的类型及其布置、火灾的发展速度及其规模、着火空间的高度等条件，考虑设计火灾场景下火灾探测报警装置或自动喷水装置对火灾烟气的反应时间。

对于日常有人停留的房间并且人员处于清醒状态，可以采用特定经验公式算法预测人员发觉火灾征兆的时间。

【考点十四】疏散预动作时间【★★】

疏散预动作时间包括识别时间和反应时间。受到建筑类型、功能与用途、使用人员的性质及建筑火灾报警广播和物业管理系统等各种内在及外在因素的影响，疏散预动作时间的长短具有很大的不确定性。表 2—5—4—1 给出了各种不同类型的人员和报警系统的典型疏散预动作时间。

表 2—5—4—1　疏散预动作时间（引自美国《SFPE 防火工程手册》）

建筑物用途及特性	人员响应时间 /min 报警系统类型		
	W1	W2	W3
办公楼、商业或工业厂房、学校（居民处于清醒状态，对建筑物、报警系统和疏散措施熟悉）	＜1	3	＞4
商店、展览馆、博物馆、休闲中心等（居民处于清醒状态，对建筑物、报警系统和疏散措施不熟悉）	＜2	3	＞6
旅馆或寄宿学校（居民可能处于睡眠状态，但对建筑物、报警系统和疏散措施熟悉）	＜2	4	＞5
旅馆、公寓（居民可能处于睡眠状态，对建筑物、报警系统和疏散措施不熟悉）	＜2	4	＞6
医院、疗养院及其他社会公共机构（有相当数量的人员需要帮助）	＜3	5	＞8

表 2—5—4—1 中的报警系统类型如下：

W1——实况转播指示，采用声音广播系统，例如带闭路电视设施的控制室。

W2——非直播（预录）声音系统和（或）视觉信息警告播放系统。

W3——采用警铃、警笛和其他类似报警装置的报警系统。

在应用表 2—5—4—1 时，还要考虑火灾场景的影响，建议将表 2—5—4—1 中的识别时间根据人员所处位置的火灾条件做如下调整：

（1）人员处于较小着火房间 / 区域。人员可以清楚地发现烟气及火焰或感受到灼热，这种情况下可采用表 2—5—4—1 中给出的与 W1 报警系统相关的识别时间，即使安装了 W2 或 W3 报警系统。

（2）人员处于较大着火房间 / 区域。人员在一定距离外也可发现烟气及火焰时，如果没有安装 W1 报警系统，则采用表 2—5—4—1 中给出的与 W2 报警系统相关的识别时间，即使安装了 W3 报警系统。

（3）识别报警与向出口疏散之间没有延迟。例如办公室，则可以假设表 2—5—4—1 给出的识别时间为 0。

（4）某些场所的识别时间很难确定。可对上述可能时间段进行估计，如可以根据日常的观测记录提供某些文件证明所需要的时间。

在反应时间阶段，人们会停止日常活动开始处理火灾。在反应时间内会采取的行动有：

1）确定火源、火警的实际情况或火警与其他警报的重要性。

2）停止机器或生产过程，保护重要文件或贵重物品等。

3）寻找和召集儿童及其他家庭成员。

4）灭火。

5）决定合适的出口路径。

6）警告其他人员。

7）其他疏散行为。

【考点十五】疏散运动时间【★★】

人员疏散运动时间是指建筑内的人员从疏散行动开始至疏散结束所需要的时间，包含行走时间和通过时间。

（一）行走时间

行走时间是指行走到疏散线路上安全出口的时间。行走时间与人的行走速度以及到达出口的距离有关。行走速度与行走时间和人员密度有关，当人员密度较大时会出现拥挤，导致行走速度下降；当人员密度较低且人员行走不受阻时则代表最短的行走时间。

（二）通过时间

通过时间是指人流通过出口或通道的时间。通过时间由出口的通行人数和出口的通行能力决定，出口的通行能力则与出口有效宽度和出口流量有关。当计算建筑内某区域的疏散行动时间时，需要考虑行走时间 t_w 和通过时间 t_p 之间的关系。

（1）当 $t_w < t_p$ 时，说明人员行走到达出口时，人员并没有全部通过出口，因此人员将会在出口处出现滞留现象，此时该区域内疏散行动时间由通过时间 t_p 决定。

（2）当 $t_w < t_p$ 时，说明区域内人员在到达出口时，其他人员已经通过了出口，因而不必再

在出口处排队等候，因此疏散行动时间由最远点的人员行走时间 t_w 决定。

人员疏散行动时间的计算可按照数学模拟计算进行。数学模拟计算方法主要有水力疏散计算模型和人员行为疏散计算模型两种方法。

1）水力疏散计算模型。水力疏散计算模型将人在疏散通道内的走动模拟为水在管道内的流动状态，将人群的疏散作为一种整体运动，完全忽略人的个体特性。

2）人员行为疏散计算模型。人员行为疏散计算模型应综合考虑人与人、人与建筑物以及人与环境之间的相互作用，并能够从一定程度上反映火灾时人员疏散运动规律和个体特性对人员疏散的影响。

【考点十六】疏散分析参数【★★★★】

（一）人员数量的确定

在确定起火建筑内需要疏散的人数时，通常根据建筑的使用功能首先确定人员密度（单位：人/m^2），其次确定该人员密度下的空间使用面积，由人员密度与使用面积的乘积得到需要计算的人员数目。

（1）人员密度。在计算疏散时间时，人员密度可采用单位面积上分布的人员数目表示（人/m^2），也可采用其倒数表示（m^2/人），或采用单位面积地板上人员的水平投影面积所占百分比表示。

（2）计算面积。人数的确定是通过各使用功能区的人员密度与计算面积的乘积得到的。

（3）人流量法。在一些公共使用场所，人员流动较快，停留时间较短，例如机场安检、候机大厅、科技馆、展览厅等，其人数的确定可以采用人流量法。即设定人员在某个区域的平均停留时间，并根据该区域人员流量情况按以下公式计算瞬间时刻的楼内人员流量（称为人流量法），即人员数量＝每小时人数 × 停留时间。

（二）人员的行走速度

人员自身的条件、人员密度和建筑的情况均对人员的行走速度有一定的影响。

（三）出口处人流的比流量

比流量是指建筑物出口在单位时间内通过单位宽度的人流数量［单位：人/（m·s）］，比流量反映了单位宽度的通行能力。根据对多种建筑的观测结果，比流量在水平出口、通道处和在楼梯处不同，而不同的人员密度也将影响比流量。随着人员密度的增大，单位时间内通过单位宽度疏散走道的人员数目也增大，当人员密度增大到一定程度，疏散走道内的人员由于过分拥挤，限制了人员行走速度，从而导致比流量的减少。

（四）通道的有效宽度

大量的火灾演练实验表明人群的流动依赖于通道的有效宽度，而不是通道实际宽度，也就是说在人群和侧墙之间存在一个“边界层”。对于一条通道来说，每侧的边界层大约是 0.15 m，如果墙壁表面是粗糙的，那么这个距离可能会再大一些。而如果在通道的侧面有数排座位，例如在剧院或体育馆，这个边界层是可以忽略的。在工程计算中应从实际通道宽度中减去边界层的厚度，得到有效宽度。

疏散走道或出口的净宽度应按下列要求计算：

（1）对于走廊或过道，为从一侧墙到另一侧墙之间的距离。

（2）对于楼梯间，为踏步两扶手间的宽度。

（3）对于门扇，为门在其开启状态时的实际通道宽度。

（4）对于布置固定座位的通道，为沿走道布置的座位之间的距离或两排座位中间最狭窄处之间的距离。

【考点十七】计算分析模型【★★】

抗火验算时建筑结构耐火性能计算（一般也可称为抗火验算）一般有三种方法：第一种方法是采取整体结构的计算模型；第二种方法是采取子结构的计算模型；第三种方法是采取单一构件计算模型。《建筑钢结构防火技术规范》（GB 51249—2017）中要求，所有钢结构均需要进行构件的抗火验算，预应力钢结构和跨度不小于 120 m 的大跨钢结构还应补充进行整体结构的耐火验算，跨度不小于 60 m 的大跨钢结构还宜补充进行整体结构的耐火验算，通过抗火验算确定防火保护层厚度。

【考点十八】建筑结构耐火性能分析的内容和步骤【★★★】

建筑结构耐火性能分析包括温度场分析和高温下结构的安全性分析。

（一）结构温度场分析

确定建筑火灾温度场需要火灾模型。我国《建筑设计防火规范》（GB 50016—2014）提出，可采用 ISO834 标准升温曲线作为一般建筑室内火灾的火灾模型。由于建筑室内可燃物数量和分布、建筑空间大小及通风形式等因素对建筑火灾有较大影响，为了更加准确地确定火灾温度场，也可采用火灾模拟软件对建筑火灾进行数值模拟。在进行构件温度场分布的分析时，涉及的材料热工性能有三项，即热导率、质量热容和密度，其他的参数可以由这三项推导出。

（二）材料的高温性能

（三）火灾极限状态下荷载效应组合

（四）结构构件抗火验算基本规定

（1）耐火极限要求。构件的耐火极限要求与《建筑设计防火规范》（GB 50016—2014）及其他国家标准一致。

（2）构件抗火极限状态设计要求。基于承载能力极限状态的要求，根据《建筑钢结构防火技术规范》（GB 51249—2017）钢构件抗火设计应满足下列要求之一：

1）在规定的结构耐火极限时间内，结构或构件的承载力 R_d 不应小于各种作用所产生的组合效应 S_m，即 $R_d \geqslant S_m$（公式 2—5—4—1）。

2）在各种荷载效应组合下，结构或构件的耐火时间 t_d 不应小于规定的结构或构件的耐火极限 t_m，即 $t_d \geqslant t_m$（公式 2—5—4—2）。

3）结构或构件的临界温度 T_d 不应低于在耐火极限时间内结构或构件的最高温度 T_m，即 $T_d \geqslant T_m$（公式 2—5—4—3）。

（3）构件抗火验算步骤

采用承载力法进行单层和多高层建筑钢结构各构件抗火验算时，其验算步骤如下：

1）设定防火保护层厚度。

2）计算构件在要求的耐火极限下的内部温度。

3）计算结构构件在外荷载作用下的内力。

4）进行荷载效应组合。

5）根据构件和受载的类型，进行构件抗火承载力极限状态验算。

6）当设定的防火保护层厚度不合适时（过小或过大），可调整防火保护层厚度，重复上述步骤1）~5）。

采用承载力法进行单层和多高层混凝土结构各构件抗火验算时，其验算步骤如下：

1）计算构件在要求的耐火极限下的内部温度。

2）计算结构构件在外荷载作用下的内力。

3）进行荷载效应组合。

4）根据构件和受载的类型，进行构件抗火承载力极限状态验算。

5）当设定的截面大小及保护层厚度不合适（过小或过大）时，可调整截面大小及保护层厚度，重复上述步骤1）~4）。

（4）钢结构构件抗火验算。

（5）钢筋混凝土构件抗火验算。

（6）整体结构抗火验算

1）整体结构抗火极限状态。整体结构的承载能力极限状态如下：

①结构产生足够的塑性铰形成可变机构；

②结构整体丧失稳定。对于一般的建筑结构，可只验算构件的承载能力，对于重要的建筑结构，还要进行整体结构的承载能力验算。

2）整体结构抗火验算原理。前面给出的规范抗火设计方法是基于计算的抗火设计方法，要求结构的设计内力组合小于结构或构件的抗力。在火灾高温作用下，结构的材料力学性质发生较大变化。基于防火设计性能化的要求，对于一些复杂且重要性高的建筑结构，需要考虑高温下材料本构关系的变化、结构的内力重分布、整体结构的倒塌破坏过程，这就需要对火灾下建筑结构的行为进行准确确定。对火灾下建筑结构的内力重分布、结构极限状态及耐火极限的确定，需要采用基于性能的结构耐火性能计算方法。整体结构耐火性能计算方法需要采用非线性有限元方法完成。

整体结构耐火性能计算的一般步骤如下：

①确定材料热工性能及高温下材料的本构关系和热膨胀系数。

②确定火灾升温曲线及火灾场景。

③建立建筑结构传热分析和结构分析有限元模型。

④进行结构传热分析。

⑤将按照火灾极限状态的组合荷载施加到结构分析有限元模型，进行结构力学性能非线性分析。

⑥确定建筑结构整体的火灾安全性。

⑦按照上节要求进行构件的验算。

3）钢结构及钢筋混凝土结构整体结构抗火验算的具体步骤。对单层和多高层建筑钢结构整体抗火验算时，其验算步骤如下：

①设定结构所有构件一定的防火保护层厚度。

②确定一定的火灾场景。

③进行火灾温度场分析及结构构件内部温度分析。

④荷载作用下，分析结构整体和构件是否满足结构耐火极限状态的要求。

⑤当设定的结构防火保护层厚度不合适（过小或过大）时，调整防火保护层厚度，重复上述步骤①～④。

对单层和多高层钢筋混凝土结构整体抗火验算时，可采用如下步骤：

①确定一定的火灾场景。

②进行火灾温度场分析及结构构件内部温度分析。

③荷载作用下，分析结构整体和构件是否满足结构耐火极限状态的要求。

④当整体结构和构件承载力不满足要求时，调整截面大小及其配筋，重复上述步骤①～③。

第三部分　模考实战

第一单元　模考试题

一、单项选择题（共 80 题，每题 1 分。每题的备选项中，只有 1 个最符合题意）

1. 用着火四面体来表示燃烧发生和发展的必要条件时，“四面体”是指可燃物、氧化剂、引火源和（　　）。

A. 氧化反应　　B. 热分解反应　　C. 链传递　　D. 链式反应自由基

2. 下列初始条件中，可使甲烷爆炸极限范围变窄的是（　　）。

A. 注入氮气　　B. 提高温度　　C. 增大压力　　D. 增大点火能量

3. 在标准耐火试验条件下，对一墙体进行耐火极限试验，试验记录显示，该墙体在受火作用至 0.50 h 时粉刷层开始脱落，受火作用至 1.00 h 时背火面的温度超过规定值，受火作用至 1.20 h 时出现了穿透裂缝，受火作用至 1.50 h 时墙体开始垮塌。该墙体的耐火极限是（　　）h。

A. 1.0　　B. 0.5　　C. 1.2　　D. 1.5

4. 根据《建筑材料及制品燃烧性能分级》（GB 8624—2012），建筑材料及制品性能等级标识 GB 8624 B_1（B–S1，d0，t1）中，t1 表示（　　）等级。

A. 烟气毒性　　B. 燃烧滴落物 / 颗粒　　C. 产烟特性　　D. 燃烧持续时间

5. 建筑物的耐火等级由建筑主要构件的（　　）决定。

A. 燃烧性能　　B. 耐火极限

C. 燃烧性能和耐火极限　　D. 结构类型

6. 下列建筑或楼层中，可以开办幼儿园的是（　　）。

A. 租用消防验收合格后未经改造的设有一个疏散楼梯的 6 层单元式住宅的第三层

B. 租用消防验收合格、能提供一个独立使用的封闭楼梯间的高层办公楼裙房的第四层

C. 租用消防验收合格、建筑面积为 500 m^2，有 2 个防烟楼梯间的单独建造的半地下室

D. 建筑面积为 600 m^2，安全疏散和消防设置满足要求的单层砖木结构的房屋

7. 某办公楼建筑，地上 28 层，地下 3 层，室外地坪标高为 –0.600 m，地下三层的地面标高为 –10.000 m。下列关于该建筑平面布置的做法中，错误的是（　　）。

A. 将消防控制室设置在地下一层，其疏散门直通紧邻的防烟楼梯间

B. 将使用天然气作燃料的常压锅炉房布置在屋顶，与出屋面的疏散楼梯间出口的最近距离为 7 m

C. 将消防水泵房布置在地下三层，其疏散门直通紧邻的防烟楼梯间

D. 将干式变压器室布置在地下二层，其疏散门直通紧邻的防烟楼梯间

8. 下列建筑场所中，不应布置在民用建筑地下二层的是（　　）。

A. 礼堂 B. 电影院观众厅 C. 歌舞厅 D. 会议厅

9. 关于建筑防火分隔的做法中，错误的是（ ）。

A. 卡拉 OK 厅各厅室之间采用耐火极限为 2.00 h 的防火墙面和 1.5 h 的不燃性楼板和乙级防火门分隔

B. 柴油发电机房内的储油间（柴油储量为 0.8 m^3），采用耐火极限为 2.50 h 的防火隔墙和 1.50 h 的不燃性楼板和甲级防火门与其他部位分隔

C. 高层住宅建筑下部设置的商业服务网点，采用耐火极限为 2.50 h 且无门、窗、洞口的防火隔墙和 1.50 h 的不燃性楼板与其他部位分隔

D. 医院病房内相邻护理单元之间采用耐火极限为 2.00 h 的防火隔墙和乙级防火门分隔

10. 对建筑划分防烟分区时，下列构件和设备中，不应用作防烟分区分隔构件和设施的是（ ）。

A. 特级防火卷帘 B. 防火水幕
C. 防火隔墙 D. 高度不小于 50 cm 的建筑结构梁

11. 某商业综合体建筑，裙房与高层建筑主体采用防火墙分隔，地上 4 层，地下 2 层，地下二层为汽车库，地下一层为超市及设备用房，地上各层功能包括商业营业厅、餐厅及电影院。下列场所对应的防火分区建筑面积中，错误的是（ ）。

A. 地下超市，2 100 m^2 C. 餐饮区，4 200 m^2
B. 商业营业厅，4 800 m^2 D. 电影院区域，3 100 m^2

12. 某集成电路工厂新建一个化学清洗间，建筑面积为 100 m^2，设置一个安全出口，清洗作业使用火灾危险性为甲类的易燃液体，该清洗间同一时间内清洗操作人员应该不超过（ ）人。

A. 10 B. 5 C. 15 D. 20

13. 下列场所中，应在疏散走道和主要疏散路径的地面上增设能保持视觉连续的疏散指示标志的是（ ）。

A. 总建筑面积为 6 000 m^2 的展览厅 B. 座位数为 1 200 个的剧场
C. 总建筑面积为 500 m^2 的电子游艺厅 D. 总建筑面积为 500 m^2 的地下超市

14. 某多功能建筑，建筑高度 54.8 m，2 座楼梯间分别位于“一”字形走廊的尽端，楼梯间形式和疏散宽度符合相关规范规定。地下一层建筑面积为 2 600 m^2，用途为餐厅、设备房；地上共 14 层，建筑面积为 24 000 m^2，用途为歌舞娱乐、宾馆、办公。该建筑按照规范要求设置建筑消防设施。下列关于该建筑房间疏散门的设置中，错误的是（ ）。

A. 九层至十四层每层的会议室相邻两个疏散门最近边缘之间的水平距离不小于 6 m

B. 位于地下一层的一个建筑面积为 50 m^2、使用人数为 10 人的小餐厅，设置 1 个向内开启的疏散门

C. 位于三层的一个建筑面积为 80 m^2、使用人数为 50 人的会议室，设置 2 个向内开启的疏散门

D. 位于一层的一个建筑面积为 60 m^2、使用人数为 16 人的录像厅，设置 1 个向外开启的疏散门

15. 下列关于建筑安全出口或疏散楼梯间的做法中，错误的是（ ）。

A. 位于地下一层，总建筑面积为 1 000 m^2 的卡拉 OK 厅和舞厅，设置了 3 个净宽度均为

2 m 的安全出口

B. 每层为一个防火分区且每层使用人数不超过 180 人的多层制衣厂，设置了 2 座梯段净宽度均为 1.2 m 的封闭楼梯间

C. 每层办公楼的每层使用人数为 60 人，设置了 2 座防烟疏散楼梯间，楼梯间的净宽度及楼梯间在首层的门的净宽度均为 1.2 m

D. 单层二级耐火等级且设置自动喷水灭火系统的电影院，其中一个 1 000 座的观众厅设置了 4 个净宽度均为 1.50 m 的安全出口

16. 某建筑高度为 300 m 的办公建筑，首层室内地面标高为 ±0.000 m，消防车登高操作场地的地面标高为 –0.600 m，首层层高为 6.0 m，地上其余楼层的层高均为 4.8 m。下列关于该建筑避难层的做法中，错误的是（　　）。

A. 第二个避难层与第一个避难层相距 10 层设置

B. 第一个避难层的避难净面积按其负担的避难人数乘以 0.25 m^2/ 人计算确定

C. 将第一个避难层设置在第十二层

D. 第二个避难层的避难净面积按其负担的避难人数乘以 0.2 m^2/ 人计算确定

17. 某 7 层商业综合体建筑，裙房与塔楼连通部位采用防火卷帘分隔。裙房地上 1 层，地下 2 层，建筑面积 35 000 m^2，耐火等级为 1 级，商业业务包括商业营业厅及餐厅等。裙房第三层的百人疏散宽度指示标应为（　　）m/ 百人。

A. 0.65　　B. 1.00　　C. 0.75　　D. 0.85

18. 下列建筑中，不需要设置消防电梯的是（　　）。

A. 建筑高度 26 m 的医院　　B. 总建筑面积 21 000 m^2 的高层商场

C. 建筑高度 32 m 的二类办公室　　D. 12 层住宅建筑

19. 下列关于建筑防爆的基本措施中，不属于减轻性技术措施的是（　　）。

A. 设置防爆墙　　B. 设置泄压面积

C. 采用不发火花的地面　　D. 采用合理的平面布置

20. 某地上 4 层乙类厂房，其有爆炸危险的生产部位宜设置在第（　　）层靠外墙泄压设施附近。

A. 三　　B. 四　　C. 二　　D. 一

21. 下列关于建筑供暖系统防火防爆的做法中，错误的是（　　）。

A. 生产过程中散发二氧化碳气体的厂房，冬季采用热风供暖，回风经净化除尘在加热后配部分新风送入送风系统

B. 甲醇合成厂房采用热水循环供暖，散热器表面的平均温度为 90℃

C. 面粉加工厂的碾磨车间采用热水循环供暖，散热器表面的最高温度为 82.5℃

D. 铝合金汽车轮胎毂的抛光车间采用热水循环供暖，散热器表面的平均温度为 80℃

22. 下列关于与基层墙体、装饰层之间无空腔且每层设置防火隔离带的建筑外墙外保温系统的做法中，错误的是（　　）。

A. 建筑高度为 23.8 m 的住宅建筑，采用 B_2 级保温材料，外墙上门、窗的耐火或完整性为 0.25 h

B. 建筑高度为 48 m 的办公建筑，采用 B_1 级保温材料，外墙上门、窗的耐火完整性为 0.5 h

C. 建筑高度为 70 m 的住宅建筑，采用 B_1 级保温材料，外墙上门、窗的耐火完整性为 0.5 h

D. 建筑高度为23.8 m的办公建筑，采用B_1级保温材料，外墙上门、窗的耐火完整性为0.25 h

23. 下列关于地下商店营业厅的内部装修材料中，允许采用B_1级燃烧性能的是（ ）。

A. 地面装修材料　B. 装饰织物　C. 售货柜台　D. 墙面装修

24. 下列装修材料中，属于B_1级墙面装修材料的是（ ）。

A. 塑料贴面装饰板　B. 纸质装饰板　C. 无纺贴墙布　D. 纸面石膏板

25. 一座建筑高度为55 m的新建办公楼，无裙房，矩形平面尺寸为80 m×20 m，沿该建筑南侧的长边连续布置消防车登高操作场地。该消防车登高操作场地的最小平面尺寸应为（ ）。

A. 15 m×10 m　B. 20 m×10 m　C. 15 m×15 m　D. 80 m×10 m

26. 关于消防车道设置的说法，错误的是（ ）。

A. 消防车道的坡度不宜大于9%

B. 超过3 000个座位的体育馆应设置环形消防车道

C. 消防车道边缘距离取水点不宜大于2 m

D. 高层住宅建筑可沿建筑的一个长边设置消防车道

27. 某建筑采用临时高压消防给水系统，经计算消防水泵设计扬程为0.90 MPa。选择消防水泵时，消防水泵零流量时的压力应在（ ）MPa。

A. 0.9 ~ 1.08　B. 1.26 ~ 1.35　C. 1.26 ~ 1.44　D. 1.08 ~ 1.26

28. 下列建筑中，室内采用临时高压消防给水系统时，必须设置高位消防水箱的建筑是（ ）。

A. 建筑面积为5 000 m^2的单层丙类厂房　B. 建筑面积为40 000 m^2的4层丁类厂房

C. 建筑面积为5 000 m^2的2层办公楼　D. 建筑面积为30 000 m^2的3层商业中心

29. 下列关于消防给水设施的说法中，错误的是（ ）。

A. 消防水泵的串联可在流量不变的情况下增加扬程，消防水泵的并联可增加流量

B. 消防水泵控制柜在平时应使消防水泵处于自动启泵状态

C. 室内消火栓给水管网宜与自动喷水等其他灭火系统的管网分开设置，当合用消防水泵时，供水管路沿水流方向应在报警阀分开后设置

D. 室外消防给水管道应采用阀门分成若干独立段，每段内室外消火栓数量不宜超过5个

30. 下列关于室外消火栓设置的说法中，错误的是（ ）。

A. 室外消火栓应集中布置在建筑消防扑救面一侧，且不小于2个

B. 室外消火栓的保护半径不应大于150 m

C. 地下民用建筑应在入口附近设置室外消火栓，且距离出入口不宜小于5 m，不宜大于40 m

D. 停车场的室外消火栓与最近一排汽车的距离不宜小于7 m

31. 建筑高度为48 m的16层住宅建筑，一梯3户，每户建筑面积为120 m^2，每单元设置一座防烟楼梯间，一部消防电梯和一部客梯。该建筑每个单元需设置的室内消火栓总数不应少于（ ）个。

A. 16　B. 8　C. 32　D. 48

32. 室外消火栓距建筑物外墙不宜小于（ ）m。

A. 2.0　B. 3.0　C. 6.0　D. 5.0

33. 室内消火栓栓口动压力大于（　　）MPa 时，必须设置减压装置。

A. 0.70　　B. 0.30　　C. 0.35　　D. 0.50

34. 某单层工业厂房，建筑面积 10 000 m^2，室内最大净高为 80 m，屋面坡度为 2%，未设置吊顶。该建筑按中危险级Ⅱ级设置自动喷水灭火系统，应选择（　　）。

A. 直立型　　B. 隐蔽型　　C. 吊顶型　　D. 边墙型

35. 某座 3 100 个座位的大剧院，地下车库采用预作用自动喷水灭火系统，演员化妆间等采用湿式自动喷水灭火系统，舞台葡萄架下采用雨淋系统，舞台口采用防护冷却水幕系统。该建筑的自动喷水灭火系统应选用（　　）种报警阀组。

A. 1　　B. 2　　C. 3　　D. 4

36. 下列关于自动喷水灭火系统的说法中，错误的是（　　）。

A. 雨淋系统与预作用系统均应采用开式洒水喷头

B. 干式系统和预作用系统的配水管道应设置快速排气阀

C. 雨淋系统应能有配套的火灾自动报警系统或传动管控制并启动雨淋系统

D. 预作用系统应由火灾自动报警系统自动开启雨淋报警阀并转换为湿式系统

37. 某总建筑面积为 5 200 m^2 的百货商场，其营业厅的室内净高为 5.8 m，所设置的自动喷水灭火系统的设计参数应按火灾危险等级不低于（　　）确定。

A. 中危险Ⅱ级　　B. 严重危险Ⅱ级　　C. 严重危险Ⅰ级　　D. 中危险Ⅰ级

38. 某 2 层地上商店建筑，每层建筑面积为 6 000 m^2，所设置的自动喷水灭火系统应至少设置（　　）个水流指示器。

A. 2　　B. 3　　C. 4　　D. 5

39. 湿式自动喷水灭火系统的喷淋泵，应由（　　）信号直接控制启动。

A. 信号阀　　B. 水流指示器　　C. 压力开关　　D. 消防联动控制器

40. 下列关于采用传动管启动水喷雾灭火系统的做法中错误的是（　　）。

A. 雨淋报警阀组通过电动开启　　B. 系统利用闭式喷头探测火灾

C. 雨淋报警阀组通过气动开启　　D. 雨淋报警阀组通过液动开启

41. 水喷雾灭火系统的基本设计参数根据其防护目的和保护对象确定。水喷雾灭火系统用于液化石油气罐瓶间防护冷却目的时，系统的响应时间不应大于（　　）s。

A. 45　　B. 120　　C. 60　　D. 300

42. 水喷雾的主要灭火机理不包括（　　）。

A. 窒息　　B. 乳化　　C. 稀释　　D. 阻断链式反应

43. 某房产开发商拟在石油化工厂附近开发建设一个居住区，石油化工厂设有总容积为 10 000 m^3 的液化石油气储罐区，根据《石油化工企业设计防火规范》（GB 50160—2008）的规定，该新建居住区与石油化工厂液化石油气储罐区的防火间距不应小于（　　）m。

A. 50　　B. 100　　C. 200　　D. 150

44. 下列气体灭火系统分类中，按系统的结构特点进行分类的是（　　）。

A. 二氧化碳灭火系统、七氟丙烷灭火系统、惰性灭火系统和气溶胶灭火系统

B. 管网灭火系统和预制灭火系统

C. 全淹没灭火系统和局部应用灭火系统

D. 自压式气体灭火系统、内储压式气体灭火系统和外储压式气体灭火系统

45. 机械加压送风系统启动后，按照余压值从大到小排列，排序正确的是（　　）。

A. 走道、前室、防烟楼梯间　　B. 前室、防烟楼梯间、走道

C. 防烟楼梯间、前室、走道　　D. 防烟楼梯间、走道、前室

46. 下列建筑中的消防应急照明备用电源的连续供电时间按 1.0 h 设置，其中不符合规范要求的是（　　）。

A. 医疗建筑、老年人建筑

B. 总建筑面积大于 100 000 m^2 的商业建筑

C. 建筑高度大于 100 m 的住宅建筑

D. 总建筑面积大于 20 000 m^2 的地下汽车库

47. 下列火灾中，不应采用碳酸氢钠干粉灭火的是（　　）。

A. 可燃气体火灾　　B. 易燃可燃液体火灾

C. 可溶化固体火灾　　D. 可燃固体表面火灾

48. 某建筑面积为 70 000 m^2，建筑高度为 80 m 的办公建筑，下列供电电源中，不能满足该建筑消防用电设备供电要求的是（　　）。

A. 由城市一个区域变电站引来 2 路电源，并且每根电缆均能承受 100% 的负荷

B. 由城市不同的两个区域变电站引来两路电源

C. 由城市两个不同的发电厂引来两路电源

D. 由城市一个区域变电站引来一路电源，同时设置一台自备发电机组

49. 下列消防配电设计方案中，符合规范要求的是（　　）。

A. 消防水泵电源由建筑一层低压分配电室出线

B. 消防电梯配电线路采用树干式供电

C. 消防配电线路设置过负载保护装置

D. 排烟风机两路电源在排烟机房内自动切换

50. 某电子计算机主机房为无人值守的封闭区域，室内净高为 3.6 m，采用全淹没式七氟丙烷灭火系统防护。该防护区设置的泄压口下沿距离防护区楼地板的高度不应低于（　　）m。

A. 2.4　　B. 1.8　　C. 3.0　　D. 3.2

51. 七氟丙烷气体灭火系统不适用于扑救（　　）。

A. 电气火灾　　B. 固体表面火灾

C. 金属氢化物火灾　　D. 灭火前能切断气源的气体火灾

52. 在低倍数泡沫灭火系统中，泡沫从储罐底部注入，并通过软管浮升到燃烧液体表面进行喷放的灭火系统是（　　）。

A. 固定式系统　　B. 半固定式系统　　C. 液下喷射系统　　D. 半液下喷射系统

53. 某储罐区有 4 个固定顶轻柴油储罐，单罐容积为 2 000 m^3，设置了低倍数泡沫灭火系统，该泡沫灭火系统的设计保护面积应按（　　）确定。

A. 储罐罐壁与泡沫堰板间的环形面积　　B. 储罐表面积

C. 储罐横截面面积　　D. 防火堤内的地面面积

54. 某石油库储罐区共有 14 个储存原油的外浮顶储罐，单罐容量均为 100 000 m^3，该储罐区应选用的泡沫灭火系统是（　　）。

A. 液上喷射中倍数泡沫灭火系统　　B. 液下喷射低倍数泡沫灭火系统

C. 液上喷射低倍数泡沫灭火系统　　D. 液下喷射中倍数泡沫灭火系统

55. 闭式泡沫—水喷淋系统的供给强度不应小于（　　）L/（min.m^2）。

A. 4.5　　B. 6.5　　C. 5.0　　D. 6.0

56. 某白酒灌装车间设置推车式灭火器，应优先选择的是（　　）。

A. 抗溶性泡沫灭火器　　B. 清水灭火器

C. 水雾灭火器　　D. 碳酸氢钠干粉灭火器

57. 某设置有中央空调送风系统的建筑，其火灾自动报警系统中的点型火灾探测器至空调送风口和多孔送风顶棚孔口边缘的水平距离，分别不应小于（　　）m。

A. 1.2，1.0　　B. 2.0，1.0　　C. 1.0，1.5　　D. 1.5，0.5

58. 某建筑面积为2 000 m^2的展厅，层高为7 m，设置了格栅吊顶，吊顶距离楼地面6 m，镂空面积与吊顶的总面积之比为10%。该展厅内感烟火灾探测器应设置的位置是（　　）。

A. 吊顶上方　　B. 吊顶上方和下方

C. 吊顶下方　　D. 根据实际实验结果确定

59. 根据《火灾自动报警系统设计规范》（GB 50116—2013）的规定，区域报警系统应由火灾探测器、手动火灾报警按钮、火灾报警控制器和（　　）等组成。

A. 消防应急广播　　B. 消防专用电话　　C. 气体灭火控制器　　D. 火灾声光警报器

60. 对于可能散发相对密度为1的可燃气体的场所，可燃气体探测器应设置在该场所室内空间的（　　）。

A. 中间高度位置　　B. 中间高度位置或顶部

C. 下部　　D. 中间高度位置或下部

61. 下列关于火灾自动报警系统组件设置的做法中，错误的是（　　）。

A. 壁挂手动火灾报警按钮的底边距离楼地面1.4 m

B. 壁挂紧急广播扬声器的底边距离楼地面2.2 m

C. 壁挂消防联动控制器的主显示屏的底边距离楼地面1.5 m

D. 墙上安装的消防专用电话插孔的底边距离楼地面1.3 m

62. 根据规范要求，剩余电流式电气火灾监测探测器应设置在（　　）。

A. 高压配电系统末端　　B. 采用IT、TN系统的配电线路上

C. 泄漏电流大于500 mA的供电线路上　　D. 低压配电系统首端

63. 下列厂房或仓库中，按规范应设置防排烟设施的是（　　）。

A. 每层建筑面积为1 200 m^2的2层丙类仓库

B. 丙类厂房内建筑面积为120 m^2的生产监控室

C. 建筑面积为3 000 m^2的丁类生产车间

D. 单层丙类厂房内长度为35 m的疏散走道

64. 净空高度不大于6.0 m的民用建筑采用自然排烟的防烟分区内任一点至最近排烟窗的水平距离不应大于（　　）m。

A. 20　　B. 35　　C. 50　　D. 30

65. 城市消防远程监控系统由用户信息传输装置、报警传输网络、监控中心和（　　）等部分组成。

A. 用户服务系统　　B. 火警信息终端　　C. 报警受理系统　　D. 远程查岗系统

66. 与其他手提式灭火器相比，手提式二氧化碳灭火器的结构特点是（　　）。

A. 取消了压力表，增加了虹吸管　　B. 取消了安全阀，增加了虹吸管

C. 取消了安全阀，增加了压力表　　D. 取消了压力表，增加了安全阀

67. 需 24 h 有人值守的大型通信机房，不应选用（　　）。

A. 二氧化碳灭火器　　B. 七氟丙烷灭火系统

C. IG–541　　D. 细水雾灭火系统

68. 某单位拟新建一座石油库，下列该石油库规划布局方案中，不符合消防安全布局原则的是（　　）。

A. 储罐区布置在本单位地势较低处

B. 储罐区泡沫站布置在罐区防火墙外的非防爆区

C. 铁路装卸区布置在地势高于石油库的边缘地带

D. 行政管理区布置在本单位全年最小频率风向的上风侧

69. 关于地铁车站安全出口设置的说法，错误的是（　　）。

A. 每个站厅公共区应设置不少于 2 个直通地面的安全出口

B. 安全出口同方向设置时，两个安全出口通道口部之间净距不应小于 5 m

C. 地下车站的设备与管理用房区域安全出口的数量不应少于 2 个

D. 地下换乘车站的换乘通道不应作为安全出口

70. 某长度为 1 400 m 的城市交通隧道，顶棚悬挂有若干射流风机，该隧道的排烟方式属于（　　）方式。

A. 纵向排烟　　B. 重点排烟　　C. 横向排烟　　D. 半横向排烟

71. 某汽车加油站有 2 个单罐容积为 30 m^3 的煤气罐、1 个单罐容积为 50 m^3 的柴油罐。该加油站的等级是（　　）。

A. 一级　　B. 二级　　C. 四级　　D. 三级

72. 下列关于汽车加油加气站的消防设施设置和灭火器材配置的说法中，错误的是（　　）。

A. 加气机应配置手提干粉灭火器

B. 合建站中地上 LPG 设施应设置消防给水系统

C. 二级加油站应配置灭火毯 3 块、沙子 2 m^3

D. 合建站中地上 LPG 储罐总容积不大于 60 m^3 可不设置消防给水

73. 某燃煤火力发电厂，单机容量为 200 MW，总容量为 1 000 MW。下列关于该电厂消防设施的做法中，错误的是（　　）。

A. 消防控制室与主控制室合并设置　　B. 储煤场的室外消防用水量采用 15 L/s

C. 设置控制中心火灾自动报警系统　　D. 主厂房周围采用环状消防给水管网

74. 某修车库设有 7 个修车位。根据《汽车库、修车库、停车场设计防火规范》（GB 50067—2014），该修车库的防火分类应为（　　）类。

A. Ⅰ　　B. Ⅱ　　C. Ⅲ　　D. Ⅳ

75. 根据《汽车库、修车库、停车场设计防火规范》（GB 50067—2014），关于室外消火栓用水量的说法，正确的是（　　）。

A. Ⅱ类汽车库、修车库、停车场室外消火栓用水量不应小于 15 L/s

B. Ⅰ类汽车库、修车库、停车场室外消火栓用水量不应小于 20 L/s

C. Ⅰ类汽车库、修车库、停车场室外消火栓用水量不应小于 10 L/s

D. Ⅴ类汽车库、修车库、停车场室外消火栓用水量不应小于 5 L/s

76. 某人防工程设置在地下一层，其室内地面与室外出入口地坪的高差为 8 m。下列场所中，不能设置在该人防工程内的是（　　）。

A. 歌舞娱乐放映游艺场所　　B. 医院病房

C. 儿童游乐厅　　D. 百货商店

77. 根据《人民防空工程设计防火规范》（GB 50098—2009）的规定，人防工程设置有火灾自动报警系统和自动灭火系统，人防工程中电影院的观众厅一个防火分区最大建筑面积为（　　）m^2。

A. 500　　B. 1 000　　C. 1 500　　D. 2 000

78. 在开展建筑消防性能化设计与评估时，预测自动喷水灭火系统洒水喷头的启动时间，主要应考虑火灾的（　　）。

A. 阻燃　　B. 增长　　C. 全面发展　　D. 衰退

79. 对某石油库进行火灾风险评估，辨识火灾危险源时，下列因素中，应确定为第一类危险源的是（　　）。

A. 雷电　　B. 油罐呼吸阀故障

C. 操作人员在卸油时打手机　　D. 2 000 m^3 的柴油罐

80. 将计算空间划分为众多相互关联的体积元，通过求解质量、能量和动量方程，获得空间热参数在设定时间步长内变化情况的预测，以描述火灾发展过程的模型属于（　　）。

A. 经验模型　　B. 区域模型　　C. 不确定模型　　D. 场模型

二、多项选择题（共 20 题，每题 2 分。每题的备选项中，有 2 个或 2 个以上符合题意，至少有 1 个错项。错选，本题不得分；少选，所选的每个选项得 0.5 分）

81. 导致高层建筑火灾烟气快速蔓延的主要因素包括（　　）。

A. 热浮力　　B. 建筑物的高度

C. 风压　　D. 建筑物的楼层面积

E. 建筑的室内外温度

82. 下列物品中，储存与生产火灾危险性类别不同的有（　　）。

A. 铝粉　　B. 竹藤家具

C. 漆布　　D. 桐油织物

E. 谷物面粉

83. 某工厂的一座大豆油浸出厂房，其周边布置有二级耐火等级的多个建筑以及储油罐，下列关于该浸出厂房与周边建（构）筑物防火间距的做法中，正确的有（　　）。

A. 与大豆预处理厂房（建筑高度 27 m）的防火间距 12 m

B. 与燃煤锅炉房（建筑高度 7.5 m）的防火间距 25 m

C. 与豆粕脱溶烘干厂房（建筑高度 15 m）的防火间距 10 m

D. 与油脂精炼厂房（建筑高度 21 m）的防火间距 12 m

E. 与溶剂油储罐（钢质，容量 20 m^3）的防火间距 15 m

84. 生产厂房在划分防火分区时，确定防火分区建筑面积的主要因素有（　　）。

A. 生产的火灾危险性类别
B. 厂房内火灾自动报警系统设置情况
C. 厂房的层数和建筑高度
D. 厂房的耐火等级
E. 特殊生产工艺需要和灭火技术措施

85. 某商业建筑，建筑高度 23.3 m，地上标准层每层划分为面积相近的 2 个防火分区，防火分隔部位的宽度为 60 m，该商业建筑的下列防火分隔做法中，正确的有（　　）。

A. 防火墙设置两个不可开启的乙级防火窗

B. 防火墙上设置两樘常闭式乙级防火门

C. 设置总宽度为 18 m、耐火极限为 3.00 h 的特级防火卷帘

D. 采用耐火极限为 3.00 h 的不燃性墙体从楼地面基层隔断至梁或楼板底面基层

E. 通风管道在穿越防火墙处设置一个排烟防火阀

86. 某食用油加工厂，拟新建一单层大豆油浸出车间厂房，其耐火等级为一级，车间需要设置与生产配套的浸出溶剂中间仓库、分控制室、办公室和专用 10 kV 变电所。对该厂房进行总平面布局和平面布置时，正确的措施有（　　）。

A. 车间专用 10 kV 变电所贴邻厂房建造，并用无门窗洞口的防火墙与厂房分隔

B. 中间仓库在厂房内靠外墙布置，并用防火墙与其他部位分隔

C. 分控制室贴邻厂房外墙设置，并采用耐火极限 4.00 h 的防火墙与厂房分隔

D. 厂房平面采用矩形布置

E. 办公室设置在厂房内，并与其他区域之间设耐火极限 2.00 h 的隔墙分隔

87. 某建造在山坡上的办公楼，建筑高度为 48 m，长度和宽度分别为 108 m 和 32 m，地下设置了 2 层汽车库，建筑的背面和两侧无法设置消防车道，下列该办公楼消防车登高操作场地的设计，符合规范要求的有（　　）。

A. 消防车登高操作场地靠建筑正面一侧的边缘与建筑外墙的距离为 5 ~ 7 m

B. 消防车登高操作场地宽度为 12 m

C. 消防车登高操作场地的坡度为 1%

D. 消防车登高操作场地设置在建筑的正面，因受大门雨棚的影响，在大门前不能连续布置

E. 消防车登高操作场地位于可承受重型消防车压力的地下室上部

88. 某寒冷地区环境温度低于 4℃，有一个地上 3 层、建筑面积 40 000 m^2 的汽车库，未设置采暖设施。该汽车库设置自动喷水灭火系统时，可采用（　　）等系统。

A. 干式
B. 预作用
C. 自动喷水—泡沫联用
D. 湿式
E. 雨淋

89. 某单位经规划部门许可在一江边新建一座油品装卸码头，委托设计单位进行工程设计。下列关于油品装卸码头防火设计要求的说法中，正确的是（　　）。

A. 油品码头宜布置在港口的边缘区域

B. 装卸甲、乙类油品的泊位与明火或散发火花地点的防火间距不应小于 40 m

C. 甲、乙类油品码头前沿线与陆上储油罐的防火间距不应小于 20 m

D. 油品泊位的码头结构应采用不燃烧材料

E. 油品码头上应设置人行道和检修道

90. 下列关于气体灭火系统操作和控制的说法中，正确的有（　　）。

A. 组合分配系统启动时，选择阀应在容器阀开启后打开

B. 采用气体灭火系统防护区应选用灵敏度级别高的火灾探测器

C. 自动控制装置应在接到任一火灾信号后联动启动

D. 预制灭火系统应设置自动控制和手动控制两种启动方式

E. 气体灭火系统的操作和控制应包括对防火阀、通风机械、开口封闭装置的联动操作与控制

91. 关于防烟排烟系统联动控制的做法，符合规范要求的有（　　）。

A. 同一防烟分区内的一只感烟探测器和一只感温探测器报警，联动控制该防烟分区的排烟口开启

B. 同一防烟分区内的两只感烟探测器报警，联动控制该防烟分区及相邻防烟分区的排烟口开启

C. 排烟口附近的一只手动报警按钮报警，控制该排烟口开启

D. 排烟阀开启动作信号联动控制排烟风机启动

E. 通过消防联动控制器上的手动控制盘直接控制排烟风机启动、停止

92. 关于火灾报警和消防应急广播系统联动控制设计的说法，符合规范要求的有（　　）。

A. 火灾确认后应启动建筑内所有火灾声光警报器

B. 消防控制室应能手动控制选择广播分区、启动和停止应急广播系统

C. 消防应急广播启动后应停止相应区域的声警报器

D. 集中报警系统和控制中心报警系统应设置消防应急广播

E. 当火灾确认后，消防联动控制器应联动启动消防应急广播向火灾发生区域及相邻防火分区广播

93. 某建筑高度为23 m的5层商业建筑，长100 m，宽50 m，每层建筑面积5 000 m^2设置有自动喷水灭火系统、火灾自动报警系统和防烟排烟系统等消防设施。下列关于机械排烟系统应满足要求的说法中，正确的有（　　）。

A. 与垂直管道连接的每层水平支管上应设置280℃防火阀

B. 排烟风机配电线路的末端自动切换应设置在楼层配电间内

C. 采用的排烟风机应能在280℃时连续工作30 min

D. 火灾时应有火灾自动报警系统联动开启排烟口

E. 排烟口应设置现场手动开启装置

94. 关于古建筑灭火器配置的说法，错误的有（　　）。

A. 县级以上的文物保护古建筑，单具灭火器最小配置灭火级别是3 A

B. 县级以上的文物保护古建筑，单位灭火级别最大保护面积是60 m^2/A

C. 县级以下的文物保护古建筑，单具灭火器最小配置灭火级别是2 A

D. 县级以下的文物保护古建筑，单位灭火级别最大保护面积是90 m^2/A

E. 县级以下的文物保护古建筑，单位灭火级别最大保护面积是75 m^2/A

95. 下列城市汽车加油加气站中，应设消防给水系统的有（　　）。

A. 一级加油站　　B. 压缩天然气储罐埋地设置的加气站

C. 二级液化石油气加气站　　D. 加油和液化石油气加气合建站

E. 压缩天然气储罐埋地设置的加油加气合建站

96. 新建一座大型城市商业综合体，根据有关规定，需要在该综合体设置人民防空工程。下列关于该人防工程中避难走道的做法中，正确的有（　　）。

A. 设置 2 个直通地面的出口

B. 防火分区至避难走道入口处设置面积为 6 m^2 的前室

C. 设置室内消火栓

D. 设置火灾应急照明和应急广播

E. 采用燃烧性能等级为 B_1 级的装修材料进行装修

97. 下列汽车库、修车库、停车场中，可不设置自动喷水灭火系统的有（　　）。

A. Ⅳ类地上汽车库　　B. 机械式汽车库

C. Ⅰ类汽车库　　D. 屋面停车场

E. 停车数量为 10 辆的地下停车库

98. 某地市级电力调度中心大楼内设置了电子信息系统机房，下列关于该机房的防火措施中，正确的是（　　）。

A. 主机房与其他部位之间采用 200 mm 厚加气混凝土砌块墙分隔，隔墙上的门采用甲级防火门

B. 主机房、辅助区和支持区采用 200 mm 厚加气混凝土砌块墙与其他区域分隔成独立的防火分区

C. 建筑面积为 500 m^2 的主机房设置 2 个净宽度均为 1.6 m、感应式自动齐闭的推拉门通向疏散走道

D. 主机房设置高压细水雾灭火系统

E. 主机房设置点式光电感烟火灾探测器，并由其中的 2 只火灾探测器的报警信号作为自动灭火系统的联动信号

99. 对建筑进行性能化防火设计评估中，在计算人员安全疏散时间时，应确定人员密度、疏散宽度、行走速度等相关参数。行走速度的确定需要考虑影响行走速度的因素。影响行走速度的因素主要有（　　）。

A. 灭火器配置　　B. 人员自身条件

C. 报警时间　　D. 建筑情况

E. 人员密度

100. 基于热辐射影响，在确定建筑防火间距时应考虑的主要因素有（　　）。

A. 相邻建筑的生产和使用性质

B. 相邻建筑外墙燃烧性能和耐火极限

C. 相邻建筑外墙开口大小及相对应位置

D. 建筑高差小于 15 m 的相邻较低建筑的建筑层高

E. 建筑高差大于 15 m 的较高建筑的屋顶天窗开口大小

第二单元　参考答案与解析

一、单项选择题参考答案与解析

1. D

【解析】大部分燃烧发生和发展需要 4 个必要条件，即可燃物、助燃物（氧化剂）、引火源（温度）和链式反应自由基。

2. A

【解析】对于同种可燃气体，其爆炸极限受以下几方面影响：①火源能量。引燃混合气体的火源能量越大，可燃混合气体的爆炸极限范围越宽，爆炸危险性越大。因此选项 D 错。②初始压力。可燃混合气体初始压力增加，爆炸范围增大，爆炸危险性增加。值得注意的是，干燥的一氧化碳和空气的混合气体初始压力上升，其爆炸极限范围缩小。因此选项 C 错。③初温。混合气体初温越高，混合气体的爆炸极限范围越大，爆炸危险性越大。因此选项 B 错。④惰性气体。可燃混合气体中加入惰性气体，会使爆炸极限范围变窄，一般上限降低，下限变化比较复杂。当加入的惰性气体超过一定量以后，任何比例的混合气体均不能发生爆炸。因此选项 A 正确。

3. A

【解析】耐火极限是指建筑构件按时间—温度标准曲线进行耐火试验，从受到火的作用时起，至失去承载能力、完整性或隔热性时止所用时间，用小时（h）表示。其中，承载能力是指在标准耐火试验条件下，承重或非承重建筑构件在一定时间内抵抗垮塌的能力；耐火完整性是指在标准耐火试验条件下，当建筑分隔构件某一面受火时，能在一定时间内防止火焰和热气穿透或在背火面出现火焰的能力；耐火隔热性是指在标准耐火试验条件下，当建筑分隔构件某一面受火时，能在一定时间内其背火面温度不超过规定值的能力。题中受火作用至 1.00 h 时背火面的温度超过规定值，说明该墙体失去了耐火隔热性。

4. A

【解析】GB 8624 B_1（B–S1，d0，t1），表示属于难燃 B_1 级建筑材料及制品，燃烧性能细化分级为 B 级，产烟特性等级为 S1 级，燃烧滴落物 / 微粒等级为 d0 级，烟气毒性等级为 t1 级。

5. C

【解析】建筑耐火等级是衡量建筑物耐火程度的分级标准，它由组成建筑物的构件的燃烧性能和耐火极限确定，分为一级、二级、三级、四级。

6. D

【解析】《建筑设计防火规范》（GB 50016—2014）规定，托儿所、幼儿园的儿童用房，老年人活动场所和儿童游乐厅等儿童活动场所宜设置在独立的建筑内，且不应设置在地下或半地下（因此选项 C 错误）；当采用一、二级耐火等级的建筑时，不应超过 3 层（因此选项 B 错误）；当采用三级耐火等级的建筑时，不应超过 2 层；当采用四级耐火等级的建筑时，应为单层。

确需设置在其他民用建筑内时，设置在高层建筑内，应设置独立的安全出口和疏散楼梯；设置在单多层建筑内，宜设置独立的安全出口和疏散楼梯（因此选项 A 错误）。

老年人建筑的住宿部分，托儿所、幼儿园的儿童用房和活动场所设置在木结构建筑内时，应布置在首层或二层（因此选项 D 正确）。

7. C

【解析】《建筑设计防火规范》（GB 50016—2014）规定：

附设在建筑物内的消防控制室，宜设置在建筑内首层或地下一层，并宜布置在靠外墙部位，疏散门应直接通向室外或安全出口。题中防烟楼梯间的出入口可认为是安全出口，选项 A 符合规定。

燃油或燃气锅炉房、变压器应设置在首层或地下一层的靠外墙部位，但常（负）压燃油或燃气锅炉可设置在地下二层或屋顶上。设置在屋顶上的常（负）压燃气锅炉，距离通向屋面的安全出口不应小于 6 m，选项 B 符合规定。

附设在建筑内的消防水泵房，不应设置在地下三层及以下或室外出入口地坪高差大于 10 m 的地下楼层。选项 C 不符合规定。

锅炉房、变压器的疏散门均应直通室外或安全出口。选项 D 符合规定。

8. C

【解析】《建筑设计防火规范》（GB 50016—2014）规定，歌舞厅、录像厅、夜总会、卡拉 OK 厅（含具有卡拉 OK 功能的餐厅）、游艺厅（含电子游艺厅）、桑拿浴室（不包括洗浴部分）、网吧等歌舞娱乐放映游艺场所（不含剧场、电影院）不应布置在地下二层及以下楼层。

9. B

【解析】《建筑设计防火规范》（GB 50016—2014）规定，柴油发电机房内设置储油间时，其总储存量不应大于 1 m^3，储油间应采用耐火极限不低于 3.00 h 的防火隔墙与发电机间分隔；确需在防火隔墙上开门时，应设置甲级防火门。选项 B 中耐火极限为 2.50 h 不符合规定。

10. B

【解析】划分防烟分区的构件主要有挡烟垂壁、隔墙、防火卷帘、建筑横梁等。

11. A

【解析】《建筑设计防火规范》（GB 50016—2014）规定，一、二级耐火等级建筑内的商店营业厅、展览厅，当设置自动灭火系统和火灾自动报警系统并采用不燃或难燃装修材料时，其每个防火分区的最大允许建筑面积应符合下列规定：①设置在高层建筑内时，不应大于 4 000 m^2；②设置在单层建筑或仅设置在多层建筑的首层内时，不应大于 10 000 m^2，题中商业综合体建筑不在高层建筑内，因此选项 B、C、D 均符合规定；③设置在地下或半地下时，不应大于 2 000 m^2。题中选项 A 地下超市建筑面积为 2 100 m^2，不符合规定。

12. B

【解析】《建筑设计防火规范》（GB 50016—2014）规定：厂房内每个防火分区或一个防火分区内的每个楼层，其安全出口的数量应经计算确定，且不应少于 2 个；当符合下列条件时，可设置 1 个安全出口：

（1）甲类厂房，每层建筑面积不大于 100 m^2，且同一时间的作业人数不超过 5 人。

（2）乙类厂房，每层建筑面积不大于 150 m^2，且同一时间的作业人数不超过 10 人。

（3）丙类厂房，每层建筑面积不大于 250 m^2，且同一时间的作业人数不超过 20 人。

（4）丁、戊类厂房，每层建筑面积不大于 400 m^2，且同一时间的作业人数不超过 30 人。

（5）地下或半地下厂房（包括地下或半地下室），每层建筑面积不大于 50 m^2，且同一时间的作业人数不超过 15 人。

13. C

【解析】《建筑设计防火规范》（GB 50016—2014）规定，下列建筑或场所应在疏散走道和主要疏散路径的地面上增设能保持视觉连续的灯光疏散指示标志或蓄光疏散指示标志：①总建筑面积大于 8 000 m^2 的展览建筑（选项 A 不符合规定）；②总建筑面积大于 5 000 m^2 的地上商店；③总建筑面积大于 500 m^2 的地下或半地下商店（选项 D 不符合规定）；④歌舞娱乐放映游艺场所（选项 C 符合规定）；⑤座位数超过 1 500 个的电影院、剧场，座位数超过 3 000 个的体育馆、会堂或礼堂（选项 B 不符合规定）；⑥车站、码头建筑和民用机场航站楼中建筑面积大于 3 000 m^2 的候车、候船厅和航站楼的公共区。

14. D

【解析】《建筑设计防火规范》（GB 50016—2014）第 5.5.5 条规定，除规范另有规定外，建筑面积不大于 200 m^2 的地下或半地下设备间、建筑面积不大于 50 m^2 且经常停留人数不超过 15 人的其他地下或半地下房间，可设置 1 个疏散门（选项 B 设置 1 个疏散门正确；选项 D 错误，不应设置 1 个疏散门）。

15. D

【解析】《建筑设计防火规范》（GB 50016—2014）第 5.5.19 条规定，人员密集的公共场所、观众厅的疏散门不应设置门槛，其净宽度不应小于 1.40 m，且紧靠门口内外各 1.40 m 范围内不应设置踏步。选项 D 电影院观众厅的每个疏散门的总净宽度满足规范要求；第 5.5.20-2 条规定，剧场、电影院、礼堂等场所供观众疏散的所有内门、外门、楼梯和走道的各自总净宽度，应根据疏散人数按每 100 人的最小疏散净宽度不小于表 3—1 的规定计算确定。

表 3—1　　剧场、电影院、礼堂等场所每 100 人所需最小疏散净宽度　（单位：m/ 百人）

观众厅座位数（座）			≤ 2 500	≤ 1 200
耐火等级			一、二级	三级
疏散部位	门和走道	平坡地面	0.65	0.85
		阶梯地面	0.75	1.00
	楼梯		0.75	1.00

当为平坡地面时，电影院观众厅的最小净宽度为 1 000 × 0.65/100=6.5 m（若为阶梯地面则为 7.5 m），选项 D 电影院观众厅的总净宽度为 4 × 1.5=6 m ＜ 6.5 m，选项 D 错误。

16. C

【解析】《建筑设计防火规范》（GB 50016—2014）第 5.5.23 条规定，建筑高度大于 100 m 的公共建筑，应设置避难层（间）。避难层（间）应符合下列规定：第一个避难层（间）的楼地面至灭火救援场地地面的高度不应大于 50 m，两个避难层（间）之间的高度不宜大于 50 m；例如，第一个避难层设置在 12 层，则该层楼地面至灭火救援场地地面的高度为 6.0+11 ×

4.8 m−0.6 m=58.2 m ＞ 50 m，不符合规定，因此选项 C 错误。

17. B

【解析】除剧场、电影院、礼堂、体育馆外的其他公共建筑的房间疏散门，安全出口、疏散走道和疏散楼梯的各自总宽度，应按表 3—2 的要求计算确定。当疏散人数不等时，疏散楼梯总净宽度应按该层及以上各楼层人数最多的一层人数计算，地下建筑中上层楼梯的总净宽度应按该层及以下人数最多一层的人数计算。地下或半地下人员密集的厅、室和歌舞娱乐放映游艺场所，其房间疏散门、疏散走道、安全出口和疏散楼梯的各自总宽度，应按每百人不小于 1.00 m 计算确定。办公建筑的门洞口宽度不应小于 1.00 m，高度不应小于 2.10 m。首层外门的总宽度应按该层及以上人数最多的一层人数计算确定，不供楼上人员疏散的外门，可按本层人数计算确定。

表 3—2　　疏散楼梯、疏散出口和疏散走道的每百人净宽度　　（单位：m）

建筑层数		耐火等级		
		一、二级	三级	四级
地上楼层	1 ~ 2 层	0.65	0.75	1.00
	3 层	0.75	1.00	—
	≥ 4 层	1.00	1.25	—
地下楼层	与地面出入口地面的高差≤ 10 m	0.75	—	—
	与地面出入口地面的高差＞ 10 m	1.00	—	—

该商业综合体建筑为 7 层，故耐火等级应为一、二级。裙房与塔楼连通部位采用防火卷帘分隔，故疏散并非完全独立设置，疏散宽度指标为 1.00 m/ 百人。

18. C

【解析】《建筑设计防火规范》（GB 50016—2014）第 7.3.1 条规定，下列建筑应设置消防电梯：①建筑高度大于 33 m 的住宅建筑。②一类高层公共建筑和建筑高度大于 32 m 的二类高层公共建筑。③设置消防电梯的建筑的地下或半地下室，埋深大于 10 m 且总建筑面积大于 3 000 m^2 的其他地下或半地下建筑（室）。

19. C

【解析】建筑防爆的基本技术措施分为预防性技术措施和减轻性技术措施。

（1）预防性技术措施

1）排除能引起爆炸的各类可燃物质：①在生产过程中尽量不用或少用具有爆炸危险的各类可燃物质；②生产设备应尽可能保持密闭状态，防止“跑、冒、滴、漏”；③加强通风除尘；④预防燃气泄漏，设置可燃气体浓度报警装置；⑤利用惰性介质进行保护。

2）消除或控制能引起爆炸的各种火源：①防止撞击、摩擦产生火花；②防止高温表面成为点火源；③防止日光照射；④防止电气火灾；⑤消除静电火花；⑥防雷电火花；⑦防止明火。

（2）减轻性技术措施

1）采取泄压措施；

2）采用抗爆性能良好的建筑结构体系；

3）采取合理的建筑布置。

采用不发火花的地面属于消除或控制能引起爆炸的各种火源，为预防性技术措施。

20. B

【解析】《建筑设计防火规范》（GB 50016—2014）第3.6.7条规定，有爆炸危险的甲、乙类生产部位，宜布置在单层厂房靠外墙的泄压设施或多层厂房顶层靠外墙的泄压设施附近。有爆炸危险的设备宜避开厂房的梁、柱等主要承重构件布置。

21. B

【解析】《建筑设计防火规范》（GB 50016—2014）第3.1.1条规定，甲醇合成厂房为甲类厂房，应采用不循环使用的热风供暖（选项B不符合规定）。第9.2.1条规定，在散发可燃粉尘、纤维的厂房内，散热器表面平均温度不应超过82.5℃；输煤廊的散热器表面平均温度不应超过130℃（因此，选项C、D均不超过82.5℃，符合规定）。第9.2.3条规定，下列厂房应采用不循环使用的热风供暖：①生产过程中散发的可燃气体、蒸气、粉尘或纤维与供暖管道、散热器表面接触能引起燃烧的厂房；②生产过程中散发的粉尘受到水、水蒸气的作用能引起自燃、爆炸或产生爆炸性气体的厂房（选项A符合规定）。

22. A

【解析】《建筑设计防火规范》（GB 50016—2014）第6.7.5、6.7.7-1条规定，与基层墙体、装饰层之间无空腔的建筑外墙外保温系统，其保温材料应符合下列规定：

（1）住宅建筑

1）建筑高度大于100 m时，保温材料的燃烧性能应为A级；

2）建筑高度大于27 m但不大于100 m时，保温材料的燃烧性能不应低于B_1级；

3）建筑高度不大于27 m时，保温材料的燃烧性能不应低于B_2级。

（2）除住宅建筑和设置人员密集场所的建筑外，其他建筑：

1）建筑高度大于50 m时，保温材料的燃烧性能应为A级；

2）建筑高度大于24 m，但不大于50 m时，保温材料的燃烧性能不应低于B_1级；

3）建筑高度不大于24 m时，保温材料的燃烧性能不应低于B2级。

除采用B_1级保温材料且建筑高度不大于24 m的公共建筑或采用B_1级保温材料且建筑高度不大于27 m的住宅建筑外，建筑外墙上门、窗的耐火完整性不应低于0.50 h。

23. B

【解析】地下商场的营业厅地面装修材料不应低于A级，选项A错误；装饰织物不应低于B_1级，选项B正确；墙面装修材料不应低于A级，选项D错误；地下商场、地下展览厅的售货柜台、固定货架、展览台等，应采用A级装修材料，选项C错误。

24. D

【解析】塑料贴面装饰板、纸制装饰板、无纺贴墙布为B_2级，纸面石膏板为B_1级。

25. D

【解析】《建筑设计防火规范》（GB 50016—2014）第7.2.1条规定，高层建筑应至少沿一个长边或周边长度的1/4且不小于一个长边长度的底边连续布置消防车登高操作场地。本题沿长边80 m连续布置登高操作场地，即该办公楼连续布置的消防登高操作场地长度为80 m。第7.2.2-2条规定，对于建筑高度大于50 m的建筑，消防车登高操作场地的长度和宽度分别不应小于 20 m 和 10 m，即该办公楼连续布置的消防登高操作场地的宽度不应小于 10 m，故该消防车操作场地的最小平面尺寸应为 80 m × 10 m。

26. A

【解析】《建筑设计防火规范》（GB 50016—2014）第 7.1.8 条规定：①车道的净宽度和净空高度均不应小于 4.0 m；②转弯半径应满足消防车转弯的要求；③消防车道与建筑之间不应设置妨碍消防车操作的树木、架空管线等障碍物；④消防车道靠建筑外墙一侧的边缘距离建筑外墙不宜小于 5 m；⑤消防车道的坡度不宜大于 8%，故选项 A 错误。

27. B

【解析】流量扬程性能曲线应为无驼峰、无拐点的光滑曲线，零流量时的压力不应超过设计压力的 140%，且不宜小于设计额定压力的 120%。

28. D

【解析】《消防给水及消火栓系统技术规范》（GB 50974—2014）第 6.1.9-1 条规定，高层民用建筑、总建筑面积大于 10 000 m^2 且层数超过 2 层的公共建筑和其他重要建筑，必须设置高位消防水箱。因此选择选项 D。

29. C

【解析】消防泵的串联是将一台泵的出水口与另一台泵的吸水管直接连接且两台泵同时运行。消防泵的串联在流量不变时可增加扬程。消防泵的并联是通过两台和两台以上的消防泵同时向消防给水系统供水。消防泵的并联主要在于增加流量，选项 A 正确。消防水泵控制柜应设置在消防水泵房或专用消防水泵控制室内，并应符合消防水泵控制柜在平时应使消防水泵控制柜处于自动启泵状态，选项 B 正确。室内消火栓给水管网宜与自动喷水等其他水灭火系统的管网分开设置；当合用消防泵时，供水管路沿水流方向应在报警阀前分开设置。消防给水管道应采用阀门分成若干独立段，每段内室内消火栓的数量不宜超过 5 个，选项 D 正确。

30. A

【解析】《消防给水及消火栓系统技术规范》（GB 50974—2014）第 7.3.3 条规定，室外消火栓宜沿建筑周围均匀布置，且不宜集中布置在建筑一侧；建筑消防扑救面一侧的室外消火栓数量不宜少于 2 个。

31. A

【解析】《消防给水及消火栓系统技术规范》（GB 50974—2014）第 7.4.6 条规定，室内消火栓的布置应满足同一平面有 2 支消防水枪的 2 股充实水柱同时到达任何部位的要求，但建筑高度小于或等于 54 m 且每单元设置一部疏散楼梯的住宅，可采用 1 支消防水枪的 1 股充实水柱到达室内任何部位。

32. D

【解析】《消防给水及消火栓系统技术规范》（GB 50974—2014）第 7.2.6 条规定，市政消火栓应布置在消防车易于接近的人行道和绿地等地点，且不应妨碍交通，并应符合下列规定：①市政消火栓距路边不宜小于 0.5 m，并不应大于 2.0 m；②市政消火栓距建筑外墙或外墙边缘不宜小于 5.0 m（因此选择选项 D）；③市政消火栓应避免设置在机械易撞击的地点，确有困难时，应采取防撞措施。

33. A

【解析】《消防给水及消火栓系统技术规范》（GB 50974—2014）第 7.4.12 条规定，室内消火栓栓口压力和消防水枪充实水柱，应符合下列规定：消火栓栓口动压力不应大于 0.50 MPa；当大于 0.70 MPa 时必须设置减压装置。选项 A 正确。

34. A

【解析】此题是单层工业厂房，自动喷水灭火系统可选湿式、干式或预作用。

（1）对于湿式自动喷水灭火系统，在吊顶下布置喷头时，应采用下垂型或吊顶型喷头；顶板为水平面的轻危险级、中危险级Ⅰ级居室和办公室，可采用边墙型喷头；易受碰撞的部位，应采用带保护罩的喷头或吊顶型喷头；在不设吊顶的场所内设置喷头，当配水支管布置在梁下时，应采用直立型喷头。

（2）对于干式系统和预作用系统，应采用直立型喷头或干式下垂型喷头。

35. C

【解析】自动喷水灭火系统的报警阀组分为湿式报警阀组、干式报警阀组、雨淋报警阀组和预作用报警阀组，此题中涉及预作用、湿式以及雨淋三种报警阀组。

36. A

【解析】《自动喷水灭火系统设计规范》（GB 50084—2017）第 2.1.6 条规定，预作用系统是准工作状态时配水管道内不充水，发生火灾时由火灾自动报警系统、充气管道上的压力开关联锁控制预作用装置和启动消防水泵，向配水管道供水的闭式系统。预作用系统为闭式系统，因此选项 A 错误。

《自动喷水灭火系统设计规范》（GB 50084—2017）第 2.1.8 条规定雨淋系统由开式洒水喷头、雨淋报警阀组等组成，发生火灾时由火灾自动报警系统或传动管控制，自动开启雨淋报警阀组和启动消防水泵，用于灭火的开式系统。

37. A

【解析】《自动喷水灭火系统设计规范》（GB 50084—2017）附录 A 设置场所火灾危险等级分类，与本题相关内容见表 3—3。

表 3—3　　设置场所火灾危险等级分类

火灾危险等级		设置场所分类
中危险级	Ⅰ级	1）高层民用建筑：旅馆、办公楼、综合楼、邮政楼、金融电信楼、广播电视楼（塔）等；2）公共建筑（含单多高层）：医院、疗养院；图书馆（书库除外）、档案馆、展览馆（厅）；影剧院、音乐厅和礼堂（舞台除外）及其他娱乐场所；火车站和飞机场及码头的建筑；总建筑面积小于 5 000 m^2 的商场、总建筑面积小于 1 000 m^2 的地下商场等；3）文化遗产建筑：木结构古建筑、国家文物保护单位等；4）工业建筑：食品、家用电器、玻璃制品等工厂的备料与生产车间等；冷藏库、钢屋架等建筑构件
	Ⅱ级	1）民用建筑：书库、舞台（葡萄架除外）、汽车停车场、总建筑面积 5 000 m^2 及以上的商场、总建筑面积 1 000 m^2 及以上的地下商场、净空高度不超过 8 m、物品高度不超过 3.5 m 的自选商场等； 2）工业建筑：棉毛麻丝及化纤的纺织、织物及制品、木材木器及胶合板谷物加工、烟草及制品、饮用酒（啤酒除外）、皮革及制品、造纸及纸制品、制药等工厂的备料与生产车间

38. C

【解析】《建筑设计防火规范》（GB 50016—2014）第 5.3.1 条规定，不同耐火等级建筑的允许建筑高度或层数、防火分区最大允许建筑面积见表 3—4。

表 3—4　不同耐火等级建筑的允许建筑高度或层数、防火分区最大允许建筑面积

<table>
<tr><th>名称</th><th>耐火等级</th><th>允许建筑高度或层数</th><th>防火分区的最大允许建筑面积（m^2）</th><th>备注</th></tr>
<tr><td>高层民用建筑</td><td>一、二级</td><td>按本规范第 5.1.1 条确定</td><td>1 500</td><td rowspan="2">对于体育馆、剧场的观众厅，防火分区的最大允许建筑面积可适当增加</td></tr>
<tr><td rowspan="3">单多层民用建筑</td><td>一、二级</td><td>按本规范第 5.1.1 条确定</td><td>2 500</td></tr>
<tr><td>三级</td><td>5 层</td><td>1 200</td><td>—</td></tr>
<tr><td>四级</td><td>2 层</td><td>600</td><td>—</td></tr>
<tr><td>地下或半地下建筑（室）</td><td>一级</td><td>—</td><td>500</td><td>设备用房的防火分区最大允许建筑面积不应大于 1 000 m^2</td></tr>
</table>

注：1. 表中规定的防火分区最大允许建筑面积，当建筑内设置自动灭火系统时，可按本表的规定增加 1.0 倍；局部设置时，防火分区的增加面积可按该局部面积的 1.0 倍计算。

2. 裙房与高层建筑主体之间设置防火墙时，裙房的防火分区可按单多层建筑的要求确定。

根据表 3—4，题中按一、二级耐火等级的单多层民用建筑来设置防火分区，同时设置了自动喷水灭火系统，则最大允许建筑面积可增加 1 倍，即为 5 000 m^2，则每层建筑面积为 6 000 m^2 需至少设置 2 个防火分区。

《自动喷水灭火系统设计规范》（GB 50084—2017）第 6.3.1 条规定：除报警阀组控制的洒水喷头只保护不超过防火分区面积的同层场所外，每个防火分区、每个楼层均应设水流指示器。

本建筑每层至少划分 2 个防火分区，每个防火分区 1 个水流指示器，共 4 个。

39. C

【解析】湿式系统在准工作状态时，由消防水箱或稳压泵、气压给水设备等稳压设施维持管道内的充水压力。发生火灾时，在火灾温度的作用下，闭式喷头的热敏元件动作，喷头开启并开始喷水。此时，管网中的水由静止变为流动，水流指示器动作送出电信号，在火灾报警控制器上显示某一区域喷水的信息。由于持续喷水泄压造成湿式报警阀的上部水压低于下部水压，在压力差的作用下，原来处于关闭状态的湿式报警阀将自动开启。此时，压力水通过湿式报警阀流向管网，同时打开通向水力警铃的通道，延迟器充满水后，水力警铃发出声响警报，压力开关动作并输出启动供水泵的信号。

40. A

【解析】《水喷雾灭火系统技术规范》（GB 50219—2014）第 4.0.3-1 条规定，接收电控信号的雨淋报警阀组应能电动开启，接收传动管信号的雨淋报警阀组应能液动或气动开启，选项 A

错误，选项 C 和 D 正确；由传动管系统的工作原理可知，选项 B 正确。

41. C

【解析】用于灭火目的时，系统的响应时间不应大于 60 s；用于其他设施的防护冷却目的时，系统的响应时间不应大于 300 s。

42. D

【解析】水喷雾灭火系统的灭火机理主要是表面冷却、窒息、乳化和稀释作用，这四种作用在水雾滴喷射到燃烧物质表面时通常是以几种作用同时发生并实现灭火的。

43. D

【解析】根据《石油化工企业设计防火规范》（GB 50160—2008）表 4.1.9 可知，该防火间距为 150 m。

44. B

【解析】按系统的结构特点进行分类可分为管网灭火系统和无管网灭火系统。无管网灭火系统是指按一定的应用条件，将灭火剂储存装置和喷放组件等预先设计、组装成套且具有联动控制功能的灭火系统，又称预制灭火系统。

45. C

【解析】风压的有关规定及计算方法。机械加压送风机的全压，除计算最不利管道压头损失外，尚应有余压。机械加压送风量应满足走廊至前室至楼梯间的压力呈递增分布，余压值应符合下列要求：①前室、合用前室、消防电梯前室、封闭避难层（间）与走道之间的压差应为 25 ~ 30 Pa。②防烟楼梯间、封闭楼梯间与走道之间的压差应为 40 ~ 50 Pa。③当系统余压值超过最大允许压力差时应采取泄压措施。为了促使防烟楼梯间内的加压空气向走道流动，发挥对着火层烟气的阻挡作用，因此要求在加压送风时，防烟楼梯间的空气压力大于前室的空气压力，而前室的空气压力大于走道的空气压力。故选项 C 正确。

46. C

【解析】《建筑设计防火规范》（GB 50016—2014）第 10.1.5 条规定，建筑内消防应急照明和灯光疏散指示标志的备用电源的连续供电时间应符合下列规定：①建筑高度大于 100 m 的民用建筑，不应小于 1.5 h；②医疗建筑、老年人建筑、总建筑面积大于 100 000 m^2 的公共建筑和总建筑面积大于 20 000 m^2 的地下、半地下建筑，不应少于 1.0 h；③其他建筑，不应少于 0.5 h。选项 C 不符合要求。

47. D

【解析】《建筑灭火器配置设计规范》（GB 50140—2005）第 4.2.1 条规定，A 类火灾场所应选择水型灭火器、磷酸铵盐干粉灭火器、泡沫灭火器或卤代烷灭火器。第 4.2.2 条规定，B 类火灾场所应选择泡沫灭火器、碳酸氢钠干粉灭火器、磷酸铵盐干粉灭火器、二氧化碳灭火器、灭 B 类火灾的水型灭火器或卤代烷灭火器。极性溶剂的 B 类火灾场所应选择灭 B 类火灾的抗溶性灭火器。第 4.2.3 条规定，C 类火灾场所应选择磷酸铵盐干粉灭火器、碳酸氢钠干粉灭火器、二氧化碳灭火器或卤代烷灭火器。第 4.2.4 条规定，D 类火灾场所应选择扑灭金属火灾的专用灭火器。第 4.2.5 条规定，E 类火灾场所应选择磷酸铵盐干粉灭火器、碳酸氢钠干粉灭火器、卤代烷灭火器或二氧化碳灭火器，但不得选用装有金属喇叭喷筒的二氧化碳灭火器。

普通干粉灭火剂可扑救 B 类、C 类、E 类火灾，因而又称为 BC 干粉灭火剂。属于这类的干粉灭火剂包括以碳酸氢钠为基料的钠盐干粉灭火剂。因而，碳酸氢钠干粉灭火器是BC干粉灭火器，不能扑救A类可燃固体表面火灾。

48. A

【解析】《建筑设计防火规范》(GB 50016—2014)第10.1.1条规定，下列建筑物的消防用电应按一级负荷供电：①建筑高度大于50 m的乙丙类厂房和丙类仓库；②一类高层民用建筑。

题中建筑高度为80 m的办公建筑为一类高层民用建筑，需按一级负荷供电。

49. D

【解析】《建筑设计防火规范》(GB 50016—2014)第10.1.8条规定，消防控制室、消防水泵房、防烟和排烟风机房的消防用电设备及消防电梯等的供电，应在其配电线路的最末一级配电箱处设置自动切换装置。本条为强制性条文。本条要求也是保证消防用电供电可靠性的一项重要措施。

50. A

【解析】《气体灭火系统设计规范》(GB 50370—2005)第3.2.7条规定，防护区应设置泄压口，七氟丙烷灭火系统的泄压口应位于防护区净高的2/3以上。$3.6 \times 2/3=2.4$ m。

51. C

【解析】

《气体灭火系统设计规范》(GB 50370—2005)第3.2.1条规定，气体灭火系统适用于扑救下列火灾：①电气火灾；②固体表面火灾；③液体火灾；④灭火前能切断气源的气体火灾。注：除电缆隧道(夹层、井)及自备发电机房外，K型和其他型热气溶胶预制灭火系统不得用于其他电气火灾。第3.2.2条规定，气体灭火系统不适用于扑救下列火灾：①硝化纤维、硝酸钠等氧化剂或含氧化剂的化学制品火灾；②钾、镁、钠、铁、镐、铀等活泼金属火灾；③氢化钾、氢化钠等金属氢化物火灾；④过氧化氢、联胺等能自行分解的化学物质火灾；⑤可燃固体物质的深位火灾。

52. D

【解析】《泡沫灭火系统设计规范》(GB 50151—2010)第2.2.3条规定，半液下喷射系统是指泡沫从储罐底部注入，并通过软管浮升到燃烧液体表面进行喷放的灭火系统。

53. C

【解析】储罐区泡沫灭火系统扑救一次火灾的泡沫混合液设计用量，应按罐内用量、该罐辅助泡沫枪用量、管道剩余量三者之和最大的储罐确定。固定顶与内浮顶油罐的保护面积应为油罐的横截面积。

54. C

【解析】低倍数泡沫灭火系统是指发泡倍数小于20的泡沫灭火系统。该系统是甲、乙、丙类液体储罐及石油化工装置区等场所的首选灭火系统。根据《泡沫灭火系统设计规范》(GB 50151—2010)第4.1.2-3条规定，储罐区低倍数泡沫灭火系统的选择，应符合外浮顶和内浮顶储罐应选用液上喷射系统的规定。

55. B

【解析】《泡沫灭火系统设计规范》(GB 50151—2010)第7.3.5条规定，闭式泡沫—水喷淋系统的供给强度不应小于6.5 L/(min·m^2)。

56. D

【解析】白酒属于 B 类火灾，宜使用干粉灭火器。

57. D

【解析】点型探测器至空调送风口边的水平距离不应小于 1.5 m，并宜接近回风口安装。探测器至多孔送风顶棚孔口的水平距离不应小于 0.5 m。

58. C

【解析】《火灾自动报警系统设计规范》（GB 50116—2013）第 6.2.18 条规定：

感烟火灾探测器在格栅吊顶场所的设置，应符合下列规定：

（1）镂空面积与总面积的比例不大于 15% 时，探测器应设置在吊顶下方。

（2）镂空面积与总面积的比例大于 30% 时，探测器应设置在吊顶上方。

（3）镂空面积与总面积的比例为 15% ~ 30% 时，探测器的设置部位应根据实验结果确定。

（4）探测器设置在吊顶上方且火警确认灯无法观察时，应在吊顶下方设置火警确认灯。

（5）地铁站台等有活塞风影响的场所，镂空面积与总面积的比例为 30% ~ 70% 时，探测器宜同时设置在吊顶上方和下方。

59. D

【解析】区域报警系统由火灾探测器、手动火灾报警按钮、火灾声光警报器及火灾报警控制器等组成，系统中可包括消防控制室图形显示装置和指示楼层的区域显示器。

60. B

【解析】《火灾自动报警系统设计规范》（GB 50116—2013）第 8.2.1 条规定：探测气体密度小于空气密度的可燃气体探测器应设置在被保护空间的顶部，探测气体密度大于空气密度的可燃气体探测器应设置在被保护空间的下部，探测气体密度与空气密度相当时，可燃气体探测器可设置在被保护空间的中间部位或顶部。空气密度为 1，选项 B 正确。

61. B

【解析】《火灾自动报警系统设计规范》（GB 50116—2013）第 6.3.2 条规定，手动火灾报警按钮应设置在明显和便于操作的部位。当采用壁挂方式安装时，其底边距地高度宜为 1.3 ~ 1.5 m 且应有明显的标志，选项 A 正确。第 6.6.2 条规定，壁挂扬声器的底边距地面高度应大于 2.2 m，选项 B 错误。第 6.1.3 条规定，火灾报警控制器和消防联动控制器安装在墙上时，其主显示屏高度宜为 1.5 ~ 1.8 m，其靠近门轴的侧面距墙不应小于 0.5 m，正面操作距离不应小于 1.2 m，选项 C 正确。第 6.7.4–4 条规定，电话插孔在墙上安装时，其底边距地面高度宜为 1.3 ~ 1.5 m，选项 D 正确。

62. D

【解析】《火灾自动报警系统设计规范》（GB 50116—2013）第 9.2.1 条规定，剩余电流式电气火灾监控探测器应以设置在低压配电系统首端为基本原则，宜设置在第一级配电柜（箱）的出线端。在供电线路泄漏电流大于 500 mA 时，宜在其下一级配电柜（箱）设置。

63. A

【解析】《建筑设计防火规范》（GB 50016—2014）第 8.5.2 条规定，厂房或仓库的下列场所或部位应设置排烟设施：①人员或可燃物较多的丙类生产场所，丙类厂房内建筑面积大于 300 m^2 且经常有人停留或可燃物较多的地上房间（选项 B 符合要求）；②建筑面积大于

5 000 m^2 的丁类生产车间（选项 C 符合要求）；③占地面积大于 1 000 m^2 的丙类仓库（选项 A 不符合要求）；④高度大于 32 m 的高层厂房（仓库）内长度大于 40 m 的疏散走道（选项 D 符合要求）。

64. D

【解析】排烟窗应设置在排烟区域的顶部或外墙，并应符合下列要求：室内或走道的任一点至防烟分区内最近的排烟窗的水平距离不应大于 30 m，当室内高度超过 6.00 m 且具有自然对流条件时，其水平距离可增加 25%。当工业建筑采用自然排烟方式时，其水平距离尚不应大于建筑内空间净高的 2.8 倍。

65. B

【解析】城市消防远程监控系统由用户信息传输装置、报警传输网络、监控中心以及火警信息终端等几部分组成。

66. D

【解析】手提式二氧化碳灭火器的结构与其他灭火器的结构基本相似，只是二氧化碳灭火器的充装压力较大，取消了压力表，增加了安全阀。

67. A

【解析】洁净气体灭火器是将洁净气体（如 IG–541、七氟丙烷、三氟甲烷等）灭火剂直接加压充装在容器中，使用时，灭火剂从灭火器中排出，形成气雾状射流射向燃烧物，当灭火剂与火焰接触时发生一系列物理化学反应，使燃烧中断，达到灭火目的。洁净气体灭火器适用于扑救可燃液体、可燃气体和可熔化的固体物质以及带电设备的初起火灾，可在图书馆、宾馆、档案室、商场以及各种公共场所使用。其中 IG–541 灭火剂的成分为 50%的氮气、10%的二氧化碳和 40%的惰性气体。洁净气体灭火器对环境无害，在自然环境中存留期短，灭火效率高且低毒，适用于有工作人员常驻的防护区，是卤代烷灭火器在现阶段较为理想的替代产品。所以选项 B、C 正确。信息机房主机房及基本工作间内宜使用对设备无损坏且环保、安全无毒性的 IG–541 灭火系统或细水雾灭火系统。所以选项 D 正确。二氧化碳全淹没灭火系统不应用于经常有人停留的场所，所以选项 A 不正确。

68. D

【解析】《石油天然气工程设计防火规范》（GB 50183—2004）第 5.1.2 条规定，甲、乙类液体储罐，宜布置在站场地势较低处，故选项 A 正确。第 5.1.13 条规定，储罐区泡沫站应布置在罐组防火堤外的非防爆区，与储罐的防火间距不应小于 20 m，故选项 B 正确。第 5.1.10 条规定，铁路装卸区宜布置在石油库的边缘地带，铁路线不宜与石油库出入口的道路相交叉，故选项 C 正确。第 5.1.2 条规定，可能散发可燃气体的场所和设施，宜布置在人员集中场所及明火或散发火花地点的全年最小频率风向的上风侧，反之，行政管理区显然不适合布置在全年最小频率风向的上风侧，故选项 D 错误。

69. B

【解析】安全出口相关规定如下：①车站每个站厅公共区安全出口的数量应经计算确定，且应设置不少于两个直通地面的安全出口；②地下单层侧式站台车站，每侧站台安全出口数量应经计算确定，且不应少于两个直通地面的安全出口；③地下车站的设备与管理用房区域安全出口的数量不应少于两个，其中有人值守的防火分区应有 1 个安全出口直通地面；④安全出口应分散设置，当同方向设置时，两个安全出口通道口部之间的净距不应小于 10 m；⑤竖井、爬楼、电梯、消防专用通道，以及设在两侧式站台之间的过轨地道、地下换乘车站的换乘通道不应作为安全出口。

70. A

【解析】《建筑设计防火规范》（GB 50016—2014）第 12.3.2 条规定，隧道内机械排烟系统的设置应符合下列规定：①长度大于 3 000 m 的隧道，宜采用纵向分段排烟方式或重点排烟方式；②长度不大于 3 000 m 的单洞单向交通隧道，宜采用纵向排烟方式；③单洞双向交通隧道，宜采用重点排烟方式。

71. D

【解析】《汽车加油加气站设计与施工规范》（GB 50156—2012）规定，加油站的等级划分，应符合表 3—5 的规定。

表 3—5　　加油站的等级划分

级别	油罐容积 /m^3	
	总容积	单罐容积
一级	$150 < V \leqslant 210$	$V \leqslant 50$
二级	$90 < V \leqslant 150$	$V \leqslant 50$
三级	$V \leqslant 90$	汽油罐 $V \leqslant 30$，柴油罐 $V \leqslant 50$

注：柴油罐容积可折半计入油罐总容积。

柴油罐容积可折半计入油罐总容积，则本题 $V=30\times2+50\div2=85$ m^3，划分为三级。

72. C

【解析】《汽车加油加气站设计与施工规范》（GB 50156—2012）第 10.1.1–1 条规定，每 2 台加气机应配置不少于 2 具 4 kg手提式干粉灭火器，加气机不足 2 台应按 2 台配置（选项 A 符合要求）。第 10.1.1–6 条规定，一、二级加油站应配置灭火毯 5 块、沙子 2 m^3；三级加油站应配置灭火毯不少于 2 块、沙子 2 m^3。加油加气合建站应按同级别的加油站配置灭火毯和沙子（选项 C 配备灭火毯 3 块，不符合要求）。第 10.2.1 条规定，加油加气站的 LPG 设施应设置消防给水系统（选项 B 符合要求）。第 10.2.3 条规定，加油站、CNG 加气站、三级 LNG 加气站和采用埋地、地下和半地下 LNG 储罐的各级 LNG 加气站及合建站，可不设消防给水系统。合建站中地上 LNG 储罐总容积不大于 60 m^3 时，可不设消防给水系统（选项 D 符合要求）。

73. B

【解析】《火力发电厂与变电设计站防火规范》（GB 50229—2006）第 7.12.4 条规定，消防控制室应与单元控制室或主控制室合并设置，选项 A 正确。第 7.2.2–3 条规定，储煤场的消防用水量不应少于 20 L/s，选项 B 错误。第 7.12.2 条规定，单机容量为 200 MW 及以上的燃煤电厂，应设置控制中心报警系统，选项 C 正确。第 7.2.2–5 条规定，主厂房、储煤厂（室内储煤场）、点火油罐区周围的消防给水管网应为环状，选项 D 正确。

74. B

【解析】根据车位数和总建筑面积可将修车库分为四类：① Ⅰ 类修车库。修车库车位数大于 15 辆或总建筑面积大于 3 000 m^2 的修车库为 Ⅰ 类修车库。② Ⅱ 类修车库。修车库车位数大于 5 辆且小于等于 15 辆或总建筑面积大于 1 000 m^2 且小于等于 3 000 m^2 的修车库为 Ⅱ 类修车库。③Ⅲ类修车库。修车库车位数大于 2 辆且小于等于 5 辆或总建筑面积大于 500 m^2 且小于等于 1 000 m^2 的修车库为Ⅲ类修车库。④Ⅳ类修车库。修车库车位数小于等于 2 辆或总建筑面积小于等于 500 m^2 的修车库为Ⅳ类修车库。所以题中 7 个修车位的修车库属于Ⅱ类修车库。

75. B

【解析】《汽车库、修车库、停车场设计防火规范》（GB 50067—2014）第 7.1.5 条规定，除本规范另有规定外，汽车库、修车库、停车场应设置室外消火栓系统，其室外消防用水量应按消防用水量最大的一座计算，并应符合下列规定：①Ⅰ、Ⅱ类汽车库、修车库、停车场，不应小于 20 L/s；②Ⅲ类汽车库、修车库、停车场，不应小于 15 L/s；③Ⅳ类汽车库、修车库、停车场，不应小于 10 L/s。

76. C

【解析】《人民防空工程设计防火规范》（GB 50098—2009）第 3.1.3 条规定，人防工程内不应设置哺乳室、托儿所、幼儿园、游乐厅等儿童活动场所和残疾人员活动场所，选项 C 错误。第 3.1.4 条规定，医院病房不应设置在地下二层及以下层，当设置在地下一层时，室内地面与室外出入口地坪高差不应大于 10 m，选项 B 正确；第 3.1.5 条规定，歌舞厅、卡拉 OK 厅（含具有卡拉 OK 功能的餐厅）、夜总会、录像厅、放映厅、桑拿浴室（除洗浴部分外）、游艺厅（含电子游艺厅）、网吧等歌舞娱乐放映游艺场所，不应设置在地下二层及以下层；当设置在地下一层时，室内地面与室外出入口地坪高差不应大于 10 m，选项 A 正确。第 3.1.6-2 条规定，地下商店应符合下列规定：营业厅不应设置在地下三层及三层以下，选项 D 正确。

77. B

【解析】人防工程内商业营业厅、展览厅、电影院和礼堂的观众厅、溜冰馆、游泳馆、射击馆、保龄球馆等防火分区建筑面积：①设置有火灾自动报警系统和自动灭火系统的商业营业厅、展览厅等，当采用 A 级装修材料装修时，防火分区允许最大建筑面积不应大于 2 000 m^2。②电影院、礼堂的观众厅，防火分区允许最大建筑面积不应大于 1 000 m^2。当设置有火灾自动报警系统和自动灭火系统时，其允许最大建筑面积也不得增加。

78. B

【解析】预测自动喷水灭火系统洒水喷头的启动时间，主要应考虑火灾的增长。

79. D

【解析】第一类危险源是指产生能量的能量源或拥有能量的载体。它的存在是事故发生的前提，没有第一类危险源就谈不上能量或危险物质的意外释放，也就无所谓事故。由于第一类危险源在事故时释放的能量是导致人员伤害或财务损失的能量主体，所以它决定了事故后果的严重程度，火灾中的第一类危险源包括可燃物、火灾烟气及燃烧产生的有毒有害气体成分。

80. D

【解析】《消防安全工程指南 第 2 部分：火灾发生、发展及烟气的生成》（GB/T 31540.2—2015）第 7.4 条规定，场模型也可用于模拟分析火灾的发展过程、生成物的浓度变化和输运现象。场模型利用数值计算方法将计算空间划分为数量众多而又相互关联的体积元，根据质量守恒定律（连续性方程）、动量守恒定律（内维尔—斯托克斯方程）、能量守恒定律（能量方程）以及化学反应定律，在体积元之间建立相互关联的方程组，求解质量方程、动量方程和能量方程，获得对于热浮力、热辐射和气流扰动等参数在设定时间步长内变化情况的预测。

二、多项选择题参考答案与解析

81. ACE

【解析】建筑物内火灾蔓延是通过热传播进行的，其形式与起火点、建筑材料、物质的燃烧性能和可燃物的数量等因素有关。在火场上燃烧物质所放出的热能，通常是以传导、辐射和对流三种方式传播，并影响火势蔓延扩大，选项A正确。当建筑物内外的温度不同时，室内外空气的密度随之出现差别，这将引发浮力驱动的流动。如果室内空气温度高于室外，室内空气将发生向上运动，建筑物越高，这种流动越强。竖井是发生这种现象的主要场合，在竖井中，由于浮力作用产生的气体运动十分显著，通常称这种现象为烟囱效应。在火灾过程中，烟囱效应是造成烟气向上蔓延的主要因素。选项C、E正确。

82. DE

【解析】《建筑设计防火规范》（GB 50016—2014）第3.1.3条规定：有些生产的原料、成品的火灾危险性较低，但当生产条件发生变化或经化学反应后产生了中间产物，则可能增加火灾危险性。例如，可燃粉尘静止时的火灾危险性较小，但在生产过程中，粉尘悬浮在空气中并与空气形成爆炸性混合物，遇火源则可能爆炸着火，而这类物品在储存时就不存在这种情况。与此相反，桐油织物及其制品，如堆放在通风不良地点，受到一定温度作用时，则会缓慢氧化、积热不散而自燃着火，因而在储存时其火灾危险性较大，而在生产过程中则不存在此种情形。

依据《建筑设计防火规范》（GB 50016—2014）第3.1.1条及第3.1.3条规定，铝粉生产和储存均为乙类，竹藤家具生产和储存均为丙类，漆布生产和储存均为乙类，桐油织物生产为丙类、储存为乙类，谷物面粉生产为乙类、储存为丙类。

83. DE

【解析】大豆油浸出厂房属于甲类厂房，与大豆预处理高层厂房（丙类）的防火间距不应小于13 m，选项A错误；甲类厂房与燃煤锅炉房（丁类）的防火间距不应小于30 m，选项B错误；与豆粕脱溶烘干厂房（丁类）的防火间距不应小于12 m，选项C错误；与油脂精炼厂房（丙类）的防火间距不应小于12 m，选项D正确；与溶剂油储罐（乙类）的防火间距不应小于12 m，选项E正确。

84. ACD

【解析】厂房的防火分区面积应根据其生产的火灾危险性类别、厂房的层数和厂房的耐火等级等因素确定。

85. CD

【解析】《建筑设计防火规范》（GB 50016—2014）第6.1.5条规定，防火墙上不应开设门、窗、洞口，确需开设时，应设置不可开启或火灾时能自动关闭的甲级防火门、窗。故选项A应为甲级防火窗，选项B应为甲级防火门，选项A、B错误。第6.5.3-1条规定，防火分隔部位设置防火卷帘时，除中庭外，当防火分隔部位的宽度不大于30 m时，防火卷帘的宽度不应大于10 m；当防火分隔部位的宽度大于30 m时，防火卷帘的宽度不应大于该部位宽度的1/3，且不应大于20 m。故选项C正确。第6.1.1条规定，防火墙应从楼地面基层隔断至梁、楼板或屋面板的底面基层。故选项D正确。第6.3.5条规定，防烟、排烟、供暖、通风和空气调节系统中的管道及建筑内的其他管道，在穿越防火隔墙、楼板和防火墙处的孔隙应采用防火封堵材料封堵。故选项E错误。

86. ABCD

【解析】单层大豆油浸出车间厂房的火灾危险性属于甲类，而办公室、休息室等不应设置在甲、乙类厂房内，确需贴邻本厂房时，其耐火等级不应低于二级，并应采用耐火极限不低于3.00 h 的防爆墙隔开且应设置独立的安全出口，所以选项 E 错误。

87. ABCE

【解析】《建筑设计防火规范》（GB 50016—2014）第 7.2.2 条规定，消防车登高操作场地应符合下列规定：①场地与厂房、仓库、民用建筑之间不应设置妨碍消防车操作的树木、架空管线等障碍物和车库出入口。选项 D 错误。②场地的长度和宽度分别不应小于 15 m 和 10 m。对于建筑高度大于 50 m 的建筑，场地的长度和宽度分别不应小于 20 m 和 10 m。本题建筑高度 48 m ＜ 50 m，所以选项 B 正确。③场地及其下面的建筑结构、管道和暗沟等，应能承受重型消防车的压力。选项 E 正确。④场地应与消防车道连通，场地靠建筑外墙一侧的边缘距离建筑外墙不宜小于 5 m，且不应大于 10 m，场地的坡度不宜大于 3%，选项 A、C 正确。

88. AB

【解析】干式系统适用于环境温度低于 4℃或高于 70℃的场所；预作用系统可消除干式系统在喷头开放后延迟喷水的弊病，因此其在低温和高温环境中可替代干式系统。因此选择选项 A、B。

89. ABDE

【解析】甲、乙类油品码头前沿线与陆上储油罐的防火间距不应小于 50 m。

90. BDE

【解析】《气体灭火系统设计规范》（GB 50370—2005）第 5.0.9 条规定，组合分配系统启动时，选择阀应在容器阀开启前或同时打开，选项 A 错误；第 5.0.1 条规定，采用气体灭火系统防护区，应设置火灾自动报警系统，并选用灵敏度级别高的火灾探测器，选项 B 正确；第 5.0.5 条规定，自动控制装置应在接到两个独立的火灾信号后才能启动，选项 C 错误；第 5.0.2 条规定，预制灭火系统应设自动控制和手动控制两种启动方式，选项 D 正确；第 5.0.6 条规定，气体灭火系统的操作与控制应包括对防火阀、通风机械、开口封闭装置等设备的联动操作与控制，选项 E 正确。

91. ADE

【解析】《火灾自动报警系统设计规范》（GB 50116—2013）第 4.5.1 条规定，防烟系统的联动控制方式应符合下列规定：①应由加压送风口所在防火分区内的两只独立的火灾探测器或一只火灾探测器与一只手动火灾报警按钮的报警信号，作为送风口开启和加压送风机启动的联动触发信号，并应由消防联动控制器联动控制相关层前室等需要加压送风场所的加压送风口开启和加压送风机启动。②应由同一防烟分区内且位于电动挡烟垂壁附近的两只独立的感烟火灾探测器的报警信号，作为电动挡烟垂壁降落的联动触发信号，并应由消防联动控制器联动控制电动挡烟垂壁的降落。

《火灾自动报警系统设计规范》（GB 50116—2013）第 4.5.2 条规定，排烟系统的联动控制方式应符合下列规定：①应由同一防烟分区内的两只独立的火灾探测器的报警信号，作为排烟口、排烟窗或排烟阀开启的联动触发信号，并应由消防联动控制器联动控制排烟口、排烟窗或排烟阀的开启，同时停止该防烟分区的空气调节系统。②应由排烟口、排烟窗或排烟阀开启的动作信号，作为排烟风机启动的联动触发信号，并应由消防联动控制器联动控制排烟风机的启动。

《火灾自动报警系统设计规范》（GB 50116—2013）第 4.5.3 条规定，防烟系统、排烟系统的手动控制方式，应能在消防控制室内的消防联动控制器上手动控制送风口、电动挡烟垂壁、排烟口、排烟窗、排烟阀的开启或关闭及防烟风机、排烟风机等设备的启动或停止，防烟、排烟风机的启动、停止按钮应采用专用线路直接连接至设置在消防控制室内的消防联动控制器的手动控制盘，并应直接手动控制防烟、排烟风机的启动、停止。

92. ABD

【解析】《火灾自动报警系统设计规范》（GB 50116—2013）第 4.8.1 条规定，火灾自动报警系统应设置火灾声光警报器，并应在确认火灾后启动建筑内的所有火灾声光警报器。故选项 A 正确。第 4.8.10 条规定，在消防控制室应能手动或按预设控制逻辑联动控制选择广播分区、启动或停止应急广播系统，并应能监听消防应急广播。在通过传声器进行应急广播时，应自动对广播内容进行录音。故选项 B 正确。第 4.8.7 条规定，集中报警系统和控制中心报警系统应设置消防应急广播。故选项 D 正确。

93. CDE

【解析】排烟系统竖向穿越防火分区时垂直风管应设置在管井内，且与垂直风管连接的水平风管应设置 280℃排烟防火阀，所以选项 A 错误。由于消防控制室、消防水泵、消防电梯、防烟排烟风机等的供电要在最末一级配电箱处设置自动切换装置，切换部位是指各自的最末一级配电箱，如消防水泵应在消防水泵房的配电箱处切换，消防电梯应在电梯机房配电箱处切换，所以选项 B 错误。

94. BD

【解析】依据《建筑灭火器配置设计规范》（GB 50140—2005），A 类火灾场所灭火器的最低配置基准见表 3—6。最大保护面积依据火灾危险等级、火灾种类表 3—0—2—8、表 3—0—2—9 选取。

表 3—6　A 类火灾场所灭火器的最低配置基准

危险等级	严重危险级	中危险级	轻危险级
单具灭火器最小配置灭火级别	3A	2A	1A
单位灭火级别最大保护面积（m^2/A）	50	75	100

95. CD

【解析】《汽车加油加气站设计与施工规范》（GB 50156—2012）第 10.2.2 条规定，设置有地上 LNG 储罐的一、二级 LNG 加气站和地上 LNG 储罐总容积大于 60 m^3 的合建站应设消防给水系统（因此选项 C 和 D 符合要求）。第 10.2.3 条规定，加油站、CNG 加气站、三级 LNG 加气站和采用埋地、地下和半地下 LNG 储罐的各级 LNG 加气站及合建站，可不设消防给水系统。合建站中地上 LNG 储罐总容积不大于 60 m^3 时，可不设消防给水系统（因此，选项 A、B、E 可不设置消防给水系统）。

因此本题选择选项 CD。

96. ABCD

【解析】《人民防空工程设计防火规范》（GB 50098—2009）第 5.2.5 条规定，避难走道的设置应符合下列规定：①避难走道直通地面的出口不应少于 2 个，并应设置在不同方向；当避难走道只与一个防火分区相通时，避难走道直通地面的出口可设置一个，但该防火分区至少应有一个不通向该避难走道的安全出口（因此选项 A 符合规定）。②避难走道的装修材料燃烧性能等级应为 A 级（因此选项 E 不符合规定）。③防火分区至避难走道入口处应设置前室，前室面积不应小于 6 m^2，前室的门应为甲级防火门（因此选项 B 符合规定）。④避难走道应设置应急广播和消防专线电话，避难走道的消火栓设置、火灾应急照明应符合相关规定（因此选项 C、D 符合规定）。

97. ADE

【解析】《汽车库、修车库、停车场设计防火规范》（GB 50067—2014）第 7.2.1 条规定，除敞开式汽车库、屋面停车场外，下列汽车库、修车库应设置自动灭火系统：①Ⅰ、Ⅱ、Ⅲ类地上汽车库；②停车数大于 10 辆的地下、半地下汽车库；③机械式汽车库；④采用汽车专用升降机作汽车疏散出口的汽车库；⑤Ⅰ类修车库。

98. ABD

【解析】根据《建筑设计防火规范》（GB 50016—2014）附录，100 mm 加气混凝土砌块墙的耐火极限为 2.00 h。《电子信息系统机房设计规范》（GB 50174—2008）第 3.1.3 条规定，该地市级电力调度中心大楼内设置的电子信息系统机房应为 B 级。《电子信息系统机房设计规范》（GB 50174—2008）第 6.3.3 条规定，当 A 级或 B 级电子信息系统机房位于其他建筑物内时，在主机房与其他部位之间应设置耐火极限不低于 2 h 的隔墙，隔墙上的门应采用甲级防火门。选项 A、B 正确。

《电子信息系统机房设计规范》（GB 50174—2008）第 6.2.3 条规定，主机房门的尺寸不宜小于 1.2 m（宽）×2.2 m（高）。《建筑设计防火规范》（GB 50016—2014）第 6.4.11-1 条规定，民用建筑和厂房的疏散门，应采用向疏散方向开启的平开门，不应采用推拉门、卷帘门、吊门、转门和折叠门。选项 C 错误。

《电子信息系统机房设计规范》（GB 50174—2008）第 13.1.2 条规定，A 级电子信息系统机房的主机房应设置洁净气体灭火系统。B 级电子信息系统机房的主机房，以及 A 级和 B 级机房中的变配电、不间断电源系统和电池室，宜设置洁净气体灭火系统，也可设置高压细水雾灭火系统。选项 D 正确。

主机房是电子信息系统的核心，在确定消防措施时，应同时保证人员和设备的安全，避免灭火系统误动作造成损失。只有当两种火灾探测器同时发出报警后，才能确认为真正的灭火信号。当两种火灾探测器可采用感烟和感温、感烟和离子或感烟和光电的组合，也可以采用两种不同灵敏度的感烟探测器。对于含有可燃物的技术夹层（吊顶内和活动地板下），也应同时设置两种火灾探测器。对于空气高速流动的主机房，由于烟雾被气流稀释，致使一般感烟探测器的灵敏度降低；此外，烟雾可导致电子信息设备损坏，如能及早发现火灾，可减少设备损失，因此主机房宜采用吸气式烟雾探测火灾报警系统作为感烟探测器。选项 E 错误。

99. BDE

【解析】人员自身的条件、人员密度和建筑的情况均对人员行走速度有一定的影响。

100. ABC

【解析】相邻建筑的生产和使用性质以及相邻建筑外墙燃烧性能和耐火极限决定了可燃物的性质和数量，故选项 A、B 应选。影响防火间距的因素很多，发生火灾时建筑物可能产生的热辐射强度是确定防火间距应考虑的主要因素。热辐射强度与消防扑救力量、火灾延续时间、可燃物的性质和数量、相对外墙开口面积的大小、建筑物的长度和高度以及气象条件等有关，故应选选项 C。建筑层高不影响防火间距的选择，故选项 D 不应选。建筑高差大于 15 m 的较高建筑的屋顶天窗开口大小不影响防火间距的大小，只有较低建筑的屋顶天窗开口大小才影响，故选项 E 不应选。

后　记

注册消防工程师资格考试一直受到全国消防行业及社会各界的广泛关注。为了提高应试人员备考复习的效率，作者编写了考前冲刺系列考试辅导用书，共三册，分别为《消防安全技术实务考前冲刺2018年版》《消防安全技术综合能力考前冲刺2018年版》《消防安全案例分析考前冲刺2018年版》。

《消防安全技术实务考前冲刺2018年版》的编写，结合了2018年版教材和国家消防技术标准规范，同时参考了近三年注册消防工程师资格考试题型和难度。全书共分为三个部分。第一部分备考攻略，主要介绍了正向学习、反向学习和模块学习的三种学习方法；统计分析了近三年考试知识点的分值分布情况，从中提炼出各章的复习重点内容以及考点的思维导图；结合注册消防工程师资格考试特点，总结备考经验，分别对单项选择题、多项选择题的答题技巧进行了翔实介绍。第二部分考点汇集，是本书的核心和精髓，对梳理出的每个考点给出关注度（以★的多少表示）提示，在对每个考点的解读中，既突出考点的条理化，又将考点追源至法律规范的具体条款规定，这是对消防专业知识的总结，更是通关考试的必备。第三部分模考实战，精选一套模拟测试题，逐题给出参考答案和解析，达到模考实战和举一反三的良好效果。

本书第一部分由刘双跃编写。第二部分第一篇、第二篇、第五篇由田晴晴编写；第三篇第一章至第八章由刘天琪、田晴晴编写；第三篇第九章至第十四章、第四篇由史昕编写。第三部分由史昕编写。刘小芬、刘俊林、张杰、胡欢、赵国程也参与了本书有关的编写工作。韩中华对全书进行了统稿和校对工作。

本书适用于参加注册消防工程师资格考试的人员，特别是缺少复习备考时间或需要迅速提高得分率的应试人员，还可供指导教师及其他消防相关人员使用。

由于作者的知识水平有限，书中难免存在不足之处，恳请广大读者批评指正。

编者

2018年6月